Antennas and Propagation of Waves

안테나공학

이 성 렬 저

SHJ 도서출판 신화전산기획
SHIN-HWA JUNSAN KIHOEK

머 리 말

오늘날 정보화 사회에서 정보통신의 형태가 무선화되는 추세에 있으며, 무선화를 통한 신호 및 정보의 전파 전파에 필수적인 것으로 안테나에 대한 전반적인 이해가 필요하다.

이 책은 무선설비기사 및 산업기사 시험에 응시하고자 하는 분들을 위하여 새로 개정된 국가 기술 자격 검정(기술계) 기준안의 내용에 알맞는 문제를 골고루 선정 하였다.

특히 과년도 문제에 대한 출제 경향을 분석하여 효과적인 학습이 되도록 하였다.
따라서 본서 전반을 통해 각 항목에 대한 과거의 출제 경향을 적절히 분석 이와 유사한 문제와 새로운 유형의 문제를 풍부하게 수록하였다.

제1장에서는 전자파의 이론, 제2장에서는 안테나 이론, 제3장에서는 안테나의 종류 및 특성, 제4장에서는 급전선 이론, 제5장에서는 전파의 전파이론(Ⅰ), 제6장에서는 전파의 전파이론(Ⅱ), 부록에는 과년도 출제 문제를 수록하였다.

이 책을 충분히 활용하여 문제해결의 능력을 터득함과 아울러 자신의 능력을 측정하고 보완하기를 바라면서 많은 성과가 있기를 기원합니다.

저자씀

CONTENTS

무선통신기사 및 산업기사
국가기술자격검정에 관련된 자료

제1장 전자파의 이론

1·1 전자파의 기본원리 / 1－1
▶▶ 출제 예상 문제 / 1－13

제2장 안테나 이론

2·1 미소다이폴(dipole) / 2－1
2·2 선상 안테나의 전류분포 / 2－4
2·3 안테나의 전력과 임피던스 / 2－6
2·4 더블렛 안테나의 방사이론 / 2－10
2·5 접지 안테나의 방사이론 / 2－12
2·6 안테나의 이득 / 2－14
2·7 수신 안테나 / 2－17
▶▶ 출제 예상 문제 / 2－20

제3장 안테나의 종류 및 특성

3·1 장파 및 중파 안테나 / 3－1
3·2 단파 안테나 / 3－7
3·3 초단파 안테나 / 3－16
3·4 극초단파 안테나 / 3－24
▶▶ 출제 예상 문제 / 3－28

제4장 급전선 이론

4·1 급전선의 기본 개요 / 4－1
4·2 급전방식 / 4－2
4·3 각 급전선의 특성 / 4－4
4·4 임피던스 정합(matching) / 4－7
4·5 도파관(Wave guide) / 4－12
▶▶ 출제 예상 문제 / 4－17

제5장 전파의 전파이론(Ⅰ)

5·1 전파 전파의 개요 / 5－1
5·2 지상파 전파 / 5－3
5·3 대류권 전파 / 5－14
▶▶ 출제 예상 문제 / 5－19

제6장 전파의 전파이론(Ⅱ)

6·1 전리층 전파 / 6－1
6·2 우주통신 전파 / 6－15
6·3 전파 잡음 / 6－18
▶▶ 출제 예상 문제 / 6－19

부록 과년도 출제 문제

제 1 장 전자파의 이론

1·1 전자파의 기본원리

1·1·1 변위 전류와 맥스웰의 방정식

(1) 변위 전류의 정의

전극간의 유전체를 통하여 흐르는 전류를 변위 전류라 한다.

변위 전류밀도 $i = \dfrac{dD}{dt}$ (A/m²)

여기서 극의 면적을 S (m²), 전극의 전하를 Q (c), 전극간 전속밀도를 D 라 하면 $D = \dfrac{Q}{S}$ [c/m²] 이다.

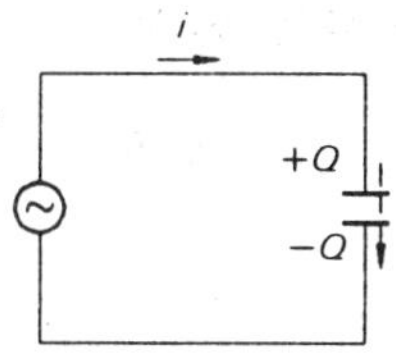

〈그림 1－1〉 변위전류

맥스웰은 이 변위전류도 도전류와 같이 **암페어 법칙**이 성립하므로 자계 H 가 발생하고 이것은 시간적으로 변화하므로 **Faraday 법칙** 에 따라 H 와 쇄교하는 전계 E 가 만들어지며 이것을 따라 또 변위전류가 흐르는 현상이 반복되어 전파로 된다는 이론을 정립하였다.

① **암페어 법칙** : 전류의 방향과 전류에 의한 자계의 방향을 결정하는 법칙으로 전류가 오른나사의 진행방향으로 흐르면 자계는 그 나사의 회전 방향으로 발생한다. 이를 암페어 법칙이라고 한다.

② **Faraday 법칙** : 도체회로와 쇄교하는 자속 ϕ [Wb] 가 변화하면 이 회로내에는 역기전력이 발생한다. 일반적으로 n 회 코일이 감겨있을 때 이에 유도되는 기전력 e 는

$$e = -n\frac{d\phi}{dt} \text{ [V]}$$

(2) 맥스웰의 방정식

$$\mathrm{rot}\,H = i + \frac{\partial D}{\partial t}$$

$$\mathrm{rot}\,E = -\frac{\partial B}{\partial t} = -\mu\frac{\partial H}{\partial t}$$

$$\mathrm{div}\,B = 0$$

$$\mathrm{div}\,D = \sigma$$

(3) 맥스웰의 전자(電磁)기본 방정식

전계의 시간적 변화에 따라 자계의 회전이 생기고, 또 자계의 시간적 변화에 따라 전계의 회전이 생긴다. 즉, 진동적 전계에 따라 진동적 자계회전이 발생하고, 진동적 자계에 따라 진동적 전계 회전이 발생하여 이 전계와 자계가 합해져서 공간을 전파하는 전자파를 구성하게 된다.

$$\mathrm{rot}\,H = \frac{\partial D}{\partial t} = \varepsilon\frac{\partial E}{\partial t}$$

$$\mathrm{rot}\,E = -\frac{\partial B}{\partial t} = -\mu\frac{\partial H}{\partial t}$$

1·1·2 전자파(또는 전파)의 성질

(1) 파동 방정식

$$\nabla^2 E = \frac{1}{c^2}\ \frac{\partial^2 E}{\partial t^2},\ \nabla^2 H = \frac{1}{c^2}\ \frac{\partial^2 H}{\partial t^2}$$

여기서 $c = \frac{1}{\sqrt{\varepsilon\mu}}$ [m/sec]는 전자파의 속도이다.

진공 중에서는

$$c_0 = \frac{1}{\sqrt{\varepsilon_0\mu_0}} \fallingdotseq 3\times10^8\,[\mathrm{m/sec}]$$ 이다.

$\frac{c_0}{c} = \sqrt{\varepsilon_s\mu_s} = \eta$ 를 그 물질의 굴절률이라 한다.

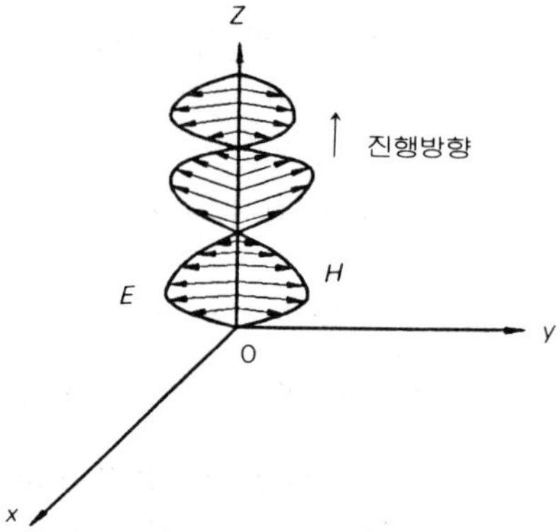

〈그림 1－2〉

(2) 평면파

〈그림 1－2〉와 같이 전계 E와 자계 H가 x와 y에 의하지 않고 z만의 함수일 경우

$$\frac{\partial^2 E_x}{\partial z^2} = \frac{1}{c^2}\ \frac{\partial^2 E_x}{\partial t^2},\qquad \frac{\partial^2 E_y}{\partial z^2} = \frac{1}{c^2}\ \frac{\partial^2 E_y}{\partial t^2}$$

이 방정식의 해는

$$E_x = f_x(z-ct) + g_x(z+ct)$$

$$E_y = f_y(z-ct) + g_y(z+ct)$$

여기서 $f(z-ct)$는 진행파, $g(z+ct)$는 후퇴파이다.

마찬가지로 자계에 대한 일반해는 다음과 같다.

$$H_x = -\sqrt{\frac{\varepsilon}{\mu}} f_y(z-ct) + \sqrt{\frac{\varepsilon}{\mu}} g_y(z+ct)$$

$$H_y = \sqrt{\frac{\varepsilon}{\mu}} f_x(z-ct) - \sqrt{\frac{\varepsilon}{\mu}} g_x(z+ct)$$

(3) 전계와 자계와의 관계

$$Z_0 = \frac{E}{H} = \frac{\sqrt{E_x^2 + E_y^2}}{\sqrt{H_x^2 + H_y^2}} = \sqrt{\frac{\mu}{\varepsilon}} = \sqrt{\frac{\mu_0}{\varepsilon_0}}\ \sqrt{\frac{\mu_s}{\varepsilon_s}}$$

$$= 120\,\pi\sqrt{\frac{\mu_s}{\varepsilon_s}} = 376.7\sqrt{\frac{\mu_s}{\varepsilon_s}}$$

진공 중의 $\dfrac{E}{H} = \sqrt{\dfrac{\mu_0}{\varepsilon_0}} = Z_0 = 376.7\,[\Omega]$ 을 진공의 고유(방사) 임피이던스라 한다.

(4) 전파의 성질

① 동일 매질중을 전파하는 전파는 직진한다.

② 입사파 및 반사파의 통로는 동일 평면 내에 있고 반사점에 세운 법선에 대하여 입사각과 반사각은 같다.

③ 서로 다른 매질의 경계면을 통과하는 경우에는 굴절한다.

④ 회절현상이 있다.

(5) 전자파의 종류

전자파의 종류	주 파 수	파 장
장 파(長 波)	100kHz이하	3,000m 이상
중 파(中 波)	100～1,500kHz	200m 이상
중 단 파(中 短 波)	1.5～6MHz	50m 이상
단 파(短 波)	3～30MHz	10m 이상
초 단 파(超 短 波)	30～300MHz	1m 이상
초고주파(超高周波)	300MHz 이상	1m 이하

1·1·3 전파의 에너지와 전파(傳播)

(1) 전계, 자계에 축적되는 에너지 : 전계와 자계가 동시에 존재할 때 전자계 에너지 W 는

$$W = W_E + W_H = \frac{1}{2}(\varepsilon E^2 + \mu H^2)\ [\mathrm{J/m^3}]$$

$$= \frac{1}{2}\left(\varepsilon\sqrt{\frac{\mu}{\varepsilon}}EH + \mu\sqrt{\frac{\varepsilon}{\mu}}EH\right) = \sqrt{\varepsilon\mu}\,EH\ [\mathrm{J/m^3}]$$

(2) **포인팅 벡터(poynting vector)** : 평면 전자파는 전계와 자계에 직각인 방향으로 $v = 1/\sqrt{\varepsilon\mu}$ [m/s] 의 속도로 전파하므로 진행방향과 직각인 단위체적을 단위시간에 통과하는 에너지 P는

$$P = \frac{1}{2}(\varepsilon E^2 + \mu H^2) \cdot c \, [\mathrm{J/m^3}] \, [\mathrm{m/sec}]$$

$$= EH = E^2/Z_0 = \frac{E^2}{120\pi} \, [\mathrm{W/m^2}]$$

여기서 P를 포인팅 전력이라고 한다. 이를 vector 표시하면

$$\boldsymbol{P} = \boldsymbol{E} \times \boldsymbol{H} \, [\mathrm{W/m^2}]$$

이 vector $\boldsymbol{P}$는 전자계내의 한 점 P를 통과하는 에너지 흐름의 면적밀도를 표시하는 vector 이다.

매초당 면 s를 지나는 전자에너지, 즉 방사전력 p는

$$P = \int_s p \cdot n \, ds = \int_s [\mathrm{EH}] \cdot nds \, [\mathrm{W}]$$

예제 1-1 전파의 에너지

전계강도가 377 [mV/m] 인 자유공간의 단위면적당 단위시간에 통과하는 전자파 에너지를 구하라.

풀이 포인팅 정리에 의한 $P = E \cdot H$ 이므로

$Z_0 = \dfrac{E}{H} = 120\pi$ 의 관계에서 $P = E^2/Z_0$ 이다.

$$P = (377 \times 10^{-3})^2 / 120\pi = \frac{142129}{376.8} \times 10^{-6}$$

$$= 377.2 \times 10^{-6} \fallingdotseq 377.2 \, [\mu\mathrm{W}]$$

(3) **전파 방정식** : 공간에 발사된 전파는 $e^{-\alpha l}$에 비례한다. α는 감쇠정수이고, l은 발사원으로부터의 거리이다.

$$E = E_0 e^{-\alpha l} \sin\left(t - \frac{l}{c}\right)\omega$$

$$= E_0 e^{j\omega t} e^{-(\alpha + j\frac{\omega}{c})l}$$

$$= E_0 e^{j\omega t} e^{-(\alpha + j\beta)l} \qquad \left(\text{단, } \frac{\omega}{c} = \beta\right)$$

$$= (E_0 \sin \omega t) \, e^{-rl}$$

여기서 $r = \alpha + j\beta$ 이고 $E_0 \sin \omega t$는 발사원의 전파이다. r은 전파정수, β는 위상정수, α은 감쇠정수이다.

1·1·4 전자파의 반사와 굴절

(1) **경계조건** : 어떤 전계 중에 유전율이 각각 ε_1, ε_2일 때 2종의 매질이 서로 접하고 있다.

① 경계면의 양쪽에 있어서의 전계의 접선성분은 서로 같다. : $E_{1t} = E_{2t}$

② 경계면의 양쪽에 있어서의 전속밀도의 법선성분은 서로 같다. : $D_{1n} = D_{2n}$

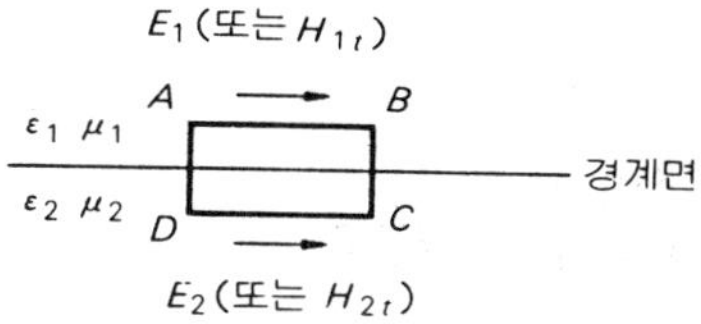

〈그림 1－3〉 경계조건

(2) **경계면에서의 굴절의 법칙** : 지금 전기력선이 비유전율 ε_{s1}인 유전체에서 ε_{s2}인 유전체로 입사하는 경우 입사각, 굴절각을 각각 θ_1, θ_2라고 한다.

$$D_1 \cos\theta_1 = D_2 \cos\theta_2$$
$$E_1 \sin\theta_1 = E_2 \sin\theta_2$$

여기서 $D_1 = \varepsilon_1 E_1$, $D_2 = \varepsilon_s E_2$이므로

$$\frac{\varepsilon_{s1}}{\varepsilon_{s2}} = \frac{\tan\theta_1}{\tan\theta_2}$$

마찬가지로 어떤 자계 중에 투자율이 각각 μ_1, μ_2인 경우 $H_{1t} = H_{2t}$ 이고 $B_{1n} = B_{2n}$ 이다. 굴절의 법칙은

$$\frac{\mu_{s1}}{\mu_{s2}} = \frac{\tan\theta_1}{\tan\theta_2}$$

로 표시된다.

(3) **경계면에서의 반사와 침입** : 매질 1과 매질 2가 한 평면을 경계로 접하여 있을 때 매질의 1의 입사파는 경계면에서 일부는 반사하고 일부는 매질 2로 침입하여 들어간다. n 은 굴절율($= \sin\theta / \sin\varphi$)이다.

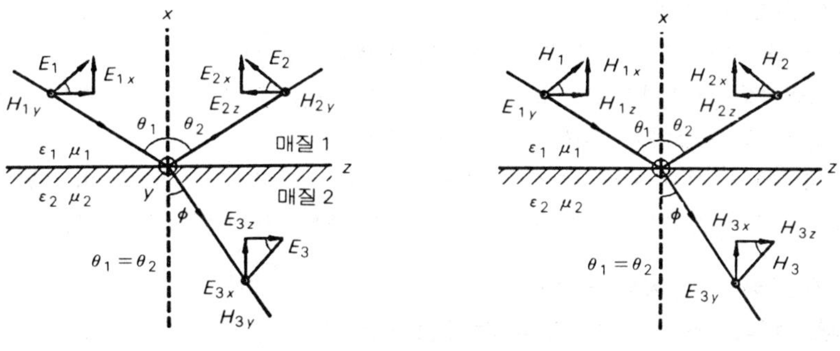

(a) 수직 편파의 경우 (b) 수평 편파의 경우

〈그림 1－4〉 반사파와 침입파

〈1〉 수직편파의 경우 : 전계가 입사면에 평행

① 대지의 반사계수(R_V)

$$R_V = \frac{E_2}{E_1} = \frac{n\cos\theta - \cos\varphi}{n\cos\theta + \cos\varphi} = \frac{n^2\cos\theta - \sqrt{n^2 - \sin^2\theta}}{n^2\cos\theta + \sqrt{n^2 - \sin^2\theta}}$$

② 침입계수(T_V)

$$T_V = \frac{E_3}{E_1} = \frac{2n\cos\theta}{n^2\cos\theta + \sqrt{n^2 - \sin^2\theta}}$$

〈2〉 수평 편파의 경우 : 전계가 입사면에 수직

① 대지의 반사계수(R_H)

$$R_H = \frac{E_2}{E_1} = \frac{\cos\theta - \sqrt{n^2 - \sin^2\theta}}{\cos\theta + \sqrt{n^2 - \sin^2\theta}}$$

② 침입 계수(T_H)

$$T_H = \frac{E_2}{E_1} = \frac{2\cos\theta}{\cos\theta + \sqrt{n^2 - \sin^2\theta}}$$

(4) 대지에서의 전파의 반사

① Brewster 각 : $\theta = \tan^{-1} n$ 으로 주어지는 각이다. 수직편파 R_V의 식에 $n = \tan\theta$를 대입하면 $R_V = 0$ (반사가 일어나지 않음)이다. 실제에 있어서 이 각은 70～90° 사이의 입사각에서 나타난다.

② 전반사의 임계각 : $\theta = \sin^{-1} n$ 으로 주어지는 각이다. $n < 1$ 인 경우 $\sin\theta \leq n$ 인 범위 내에서 $|R_V| = 1$, $|R_H| = 1$고 되어 전반사가 일어난다.

③ 대지가 완전도체 평면의 경우 : 매질 2가 완전도체이면 $\sigma_2 \to \infty$, $n \to \infty$ 이므로

$$R_V = 1,\ R_H = -1,\ T_V = 0,\ T_H = 0$$

가 되어 완전히 반사한다.

(5) 반사계수의 일반적 성질

① 매질의 유전율이나 도전율이 클 수록 반사량도 커진다.

② 입사각이 90° 에 가까이되면 수직・수평편파 다같이 반사량이 커지고 반사계수는 1에 가까워지고 위상차는 180° 에 가까워진다.

③ 입사각이 0° 에 가까워지면 수직・수평편파의 반사계수는 서로 비슷한 값이 된다.

④ 수평 편파는 수직편파보다 입사각의 변화에 따른 반사계수의 변화가 적다.

(6) 매질내에 침입하는 전파의 감쇠

① 매질이 양도체($g \gg \omega\varepsilon$)일 때의 전파정수(r) :

$$r \doteqdot \sqrt{j\omega\mu\sigma} = \sqrt{\frac{\omega\mu\sigma}{2}} + j\sqrt{\frac{\omega\mu\sigma}{2}}$$

$$\alpha = \sqrt{\frac{\omega\mu\sigma}{2}}$$

$$\beta = \sqrt{\frac{\omega\mu\sigma}{2}}$$

② 표피의 깊이(skin depth) : 침입의 깊이(δ)

$$\delta = \sqrt{\frac{2}{\omega\mu\sigma}}$$

1·1·5 분포 정수 회로

(1) 선로의 전압과 전류

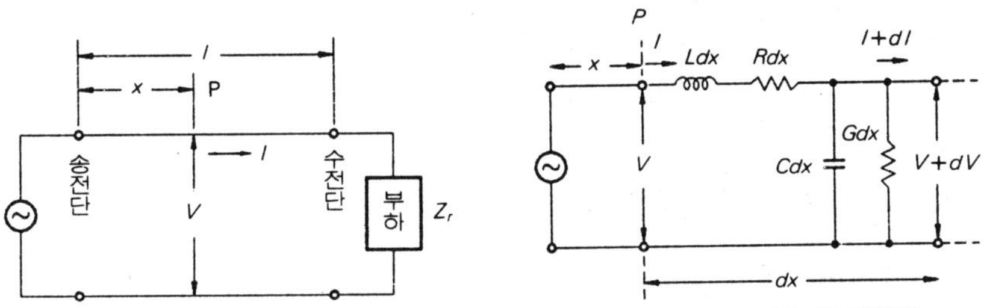

(a) 평행 도선 회로　　(b) 분포 정수 등가회로

〈그림 1-5〉 평행도선 및 등가회로

① 도선의 단위길이당 전압의 감소분 : 단위길이당 임피던스 $Z = R + j\omega L$ 와 전류 I 의 곱으로 표시된다.

$$\frac{V - (V + dV)}{dx} = -\frac{dV}{dx} = IZ$$

② 도선의 단위길이당 누설전류 : 단위길이당 어드미턴스 $Y = G + j\omega C$ 와 전압 V 의 곱으로 표시된다.

$$\frac{I - (I + dI)}{dx} = -\frac{dI}{dx} = VY$$

③ 선로의 전압, 전류의 미분 방정식

$$\frac{d^2V}{dx^2} = -\frac{dV}{dx}Y = VYZ$$

$$\frac{d^2I}{dx^2} = -\frac{dI}{dx}Z = ZYI$$

④ **미분방정식의 해** : 선로의 전압과 전류에 대한 분포 상태를 알 수 있다. 여기서 A, B는 회로에 따라 정해지는 정수이고, r는 전파정수이다.

$$V = Ae^{-rx} + Be^{-rx}$$

$$I = \frac{1}{Z_0}(Ae^{-rx} - Be^{rx})$$

$$r = \sqrt{(R + j\omega L)(G + j\omega C)} = \sqrt{ZY}$$

$$Z_0 = \sqrt{\frac{R + j\omega L}{G + j\omega C}} = \sqrt{\frac{Z}{Y}}$$

대부분 선로에서 $R \ll \omega L$ 이고 $G \ll \omega C$ 의 조건이 성립하므로 특성 임피던스 Z_0는

$$Z_0 = \sqrt{\frac{L}{C}}$$

$$\begin{aligned} r &= \sqrt{(R + j\omega L)(G + j\omega C)} = \{-\omega^2 LC + RG + j\omega(RC + LG)\}^{1/2} \\ &\approx \{-\omega^2 LC + j\omega(RC + LG)\}^{1/2} \\ &= \sqrt{-\omega^2 LC}\left(1 + \frac{RC + LG}{j\omega LC}\right)^{1/2} \\ &\approx j\omega\sqrt{LC} + \frac{1}{2}\sqrt{LC}\left(\frac{R}{L} + \frac{G}{C}\right) \end{aligned}$$

여기서 $r = \alpha + j\beta$ 이므로

$$\alpha = \frac{1}{2}\left(\frac{R}{Z_0} + GZ_0\right) \text{[nep/m]}$$

$$\beta = \omega\sqrt{LC} = \frac{2\pi}{\lambda} \text{[rad/m]}$$

예제 1-2 감쇠정수와 위상정수

고주파의 분포정수선로에 있어서 $R \ll \omega L$, $G \ll \omega C$ 라고 할 때 감쇠정수 α와 위상정수 β를 구하라.

풀이 전파정수 $r = \sqrt{Z \cdot Y} = \sqrt{(R + j\omega L)(G + j\omega C)} = \alpha + j\beta$ 에서

$R \ll \omega L$, $G \ll \omega C$ 이면

$$\alpha = \frac{R}{2}\sqrt{\frac{C}{L}} + \frac{G}{2}\sqrt{\frac{L}{C}}$$

$$\beta = \omega\sqrt{LC}$$

이다.

(2) 무한장 선로 : $x \to \infty$ 인 경우

$$V = Ae^{-rx}, \quad I = \frac{1}{Z_0}Ae^{-rx}$$

이때 $x = 0$ 에서 송전단의 전압, 전류를 각각 V_s, I_s라고 하면

$$V = V_s e^{-\gamma x},\ I = \frac{V_s}{Z_0} e^{-\gamma x} = I_s e^{-\gamma x}$$

즉 송단으로 부터 x가 증가함에 따라 전압, 전류의 진폭은 지수함수적으로 감소하고 위상은 늦어진다.

1·1·6 선로에서의 반사

(1) 진행파 : 선로가 무한히 긴 경우 송단을 출발한 전압과 전류의 파는 R와 G에 의해 감쇠하면서 진행하며 이때 반사파는 없다. 실제로 무한장 선로는 없으므로 선로의 특성임피던스와 동일한 임피던스의 부하를 접속한다.

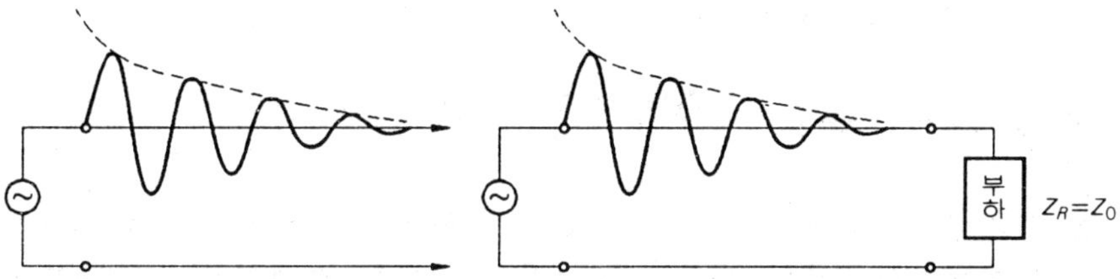

(a) 무한장 회로의 진행파

(b) 파동 임피이던스와 같은 부하 Z_R가 접속된 회로에서의 진행파

〈그림 1−6〉 진행파 회로(무반사 선로)

(2) 반사계수 : 수단에 부하임피던스 Z_R가 선로의 특성임피던스가 서로 다른 경우 반사파가 생긴다.

① 전압반사계수

$$\Gamma_v = \frac{\text{반사파 전압}}{\text{진행파 전압}} = \frac{V^-}{V^+} = \frac{Z_R - Z_0}{Z_R + Z_0}$$

② 전류반사계수

$$\Gamma_i = \frac{\text{반사파 전류}}{\text{진행파 전류}} = \frac{I^-}{I^+} = \frac{Z_0 - Z_R}{Z_R + Z_0} = -\Gamma_v$$

(3) $Z_R = 0$ 인 경우와 $Z_R = \infty$ 인 경우의 반사파

① 수단을 단락한 경우($Z_R = 0$) : $\Gamma_v = -1$, $\Gamma_i = 1$ 이다.

- 전압파는 진행파와 반사파의 크기는 같고 반사파와 위상이 180° 늦어진다.
- 전류파는 크기와 위상이 모두 같다.

② 수단을 개방한 경우($Z_R = \infty$) : $\Gamma_v = 1$, $\Gamma_i = -1$ 이다.

- 전압파는 진행파와 반사파의 크기가 같고 동위상이다.
- 전류파는 크기는 같으나 반사파의 위상의 180° 늦어진다.

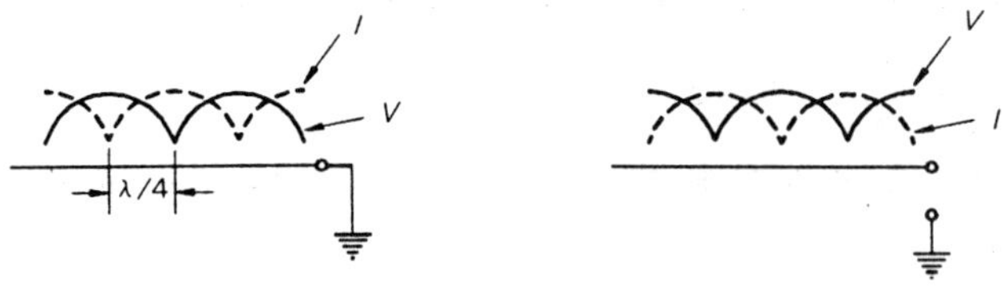

(a) $Z_R = 0$ 인 경우 (b) $Z_r = \infty$ 인 경우

〈그림 1-7〉 $Z_R = 0, \infty$ 인 경우의 반사파

(4) **정재파 : $Z_R \neq Z_0$** 인 경우 선로상에 진행파와 반사파가 모두 존재한다. 이들 두파가 서로 간섭하여 두파가 동위상으로 만나는곳에서는 최대점(파복), 역위상으로 만나는 곳에서는 최소점(파절)이 생긴다.

$$\text{전압 정재파비(VSWR)} = \frac{\text{최대 전압}}{\text{최소 전압}} = \frac{|V^+| + |V^-|}{|V^+| - |V^-|}$$

① **$Z_R = Z_0$인 경우** : 선로에는 반사파가 없고 진행파만 존재하므로 VSWR = 1 이다.
② **$Z_R \neq Z_0$인 경우** : 선로에는 반사파와 진행파가 모두 존재하므로 VSWR > 1 이다.

$$\text{VSWR} = \frac{1 + \left|\frac{V^-}{V^+}\right|}{1 - \left|\frac{V^-}{V^+}\right|} = \frac{1 + |\Gamma|}{1 - |\Gamma|} = \frac{1 + \left|\frac{Z_R - Z_0}{Z_R + Z_0}\right|}{1 - \left|\frac{Z_R - Z_0}{Z_R + Z_0}\right|}$$

$$= \frac{Z_0}{Z_R} \quad (Z_0 > Z_R \text{ 인 경우})$$

$$= \frac{Z_R}{Z_0} \quad (Z_0 < Z_R \text{ 인 경우})$$

■ 진행파와 정재파의 비교

	진 행 파	정 재 파
발생 조건	선로의 특성임피던스와 부하가 정합되어 있을 때 ($Z_0 = Z_R$)에 생긴다.	정합되어 있지 않을 때 ($Z_0 \neq Z_R$)에 생긴다.
정 의	한방향으로 진행하는 파이다.	한방향으로 진행하는 진행파와 반사파가 합성한 파이다.
전류·전압의 분포상태	선로상 어디서나 같다	λ/2의 거리마다 최대와 최소가 있다.
전류·전압의 위상	선로의 각점에 따라 위상이 다르다	위상은 어디서나 같다.
전송 손실	작 다	크 다
지 향 성	공중선에서 사용시 단향성이다.	쌍향성이다.

예제 1－3 반사계수와 정재파비 구하기

특성 임피던스와 300 [Ω] 인 전송선로에 100 [Ω] 의 부하가 접속되어 있다. 정재파의 최대전압 V_{max} 가 600 [V] 일 때 다음 물음에 답하라.

(1) 반사계수
(2) 전압정재파비(VSWR)
(3) 입사전력(P_i)과 반사전력(P_r)
(4) 입사전력의 몇 [%] 가 반사되는가?
(5) 부하에서 흡수되는 전력(P_a)은 입사전력의 몇 [%] 가 되는가?

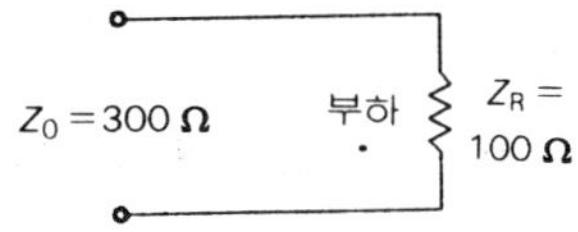

〈그림 1－8〉

풀이 $Z_0 = 300\,[\Omega]$, $Z_R = 100\,[\Omega]$ 이므로

(1) 반사계수 : $\Gamma = \dfrac{V_r}{V_i} = \dfrac{I_r}{I_i} = \dfrac{Z_R - Z_0}{Z_R + Z_0} = \dfrac{100 - 300}{100 + 300} = -\dfrac{1}{2}$

(2) 전압 정재파비 : $\text{VSWR} = \dfrac{1 + |\Gamma|}{1 - |\Gamma|} = \dfrac{Z_0}{Z_R} = \dfrac{300}{100} = 3$

(3) 입사전력(P_i)과 반사전력(P_r) : 정재파 전압의 최소치 $V_{min} = V_{max} / \text{VSWR} = 600/3 = 200\,[\text{V}]$ 이므로

$$I_{max} = V_{max}/Z_0 = 600/300 = 2\,[\text{A}], \qquad I_{min} = V_{min}/Z_0 = 200/300 = 2/3\,[\text{A}]$$

를 구할 수 있다. 입사파 전압 V_i 와 반사파전압 V_r 을 구하면

$$V_i = \frac{V_{max}}{1 + |\Gamma|} = \frac{600}{1 + \frac{1}{2}} = 400\,[\text{V}]$$

$$V_r = |\Gamma| V_i = \frac{1}{2} \times 400 = 200\,[\text{V}]$$

이로부터 입사파 전류 I_i 와 반사파 전류 I_r 을 구한다.

$$I_i = V_i / Z_0 = 400/300 = 1.33\,[\text{A}]$$

$$I_r = |\Gamma| I_i = \frac{1}{2} \times \frac{4}{3} = \frac{2}{3} = 0.66\,[\text{A}]$$

따라서 입사전력(P_i)와 반사전력(P_r) 은 다음과 같이 구한다.

$$P_i = I_i^2 \cdot Z_0 = \left(\frac{4}{3}\right)^2 \times 300 = 533.3\,[\text{W}]$$

$$P_r = I_r^2 \cdot Z_0 = \left(\frac{2}{3}\right)^2 \times 300 = 133.3\,[\text{W}]$$

(4) 반사계수 $\Gamma = \dfrac{V_r}{V_i} = \dfrac{I_r}{I_i}$ 이므로

$$\frac{P_r}{P_i} = \frac{I_r^2 \cdot Z_0}{I_i^2 \cdot Z_0} = \left(\frac{I_r}{I_i}\right)^2 = \Gamma^2 = \left(-\frac{1}{2}\right)^2 = 0.25$$

즉, 입사전력의 25%가 반사전력이 된다.

(5) 반사전력이 입사전력의 25 [%] 이므로 부하에 흡수되는 전력(P_0)은 입사전력의 75 [%] 가 된다.

$$P_a = P_i - P_r = P_i\left(1 - \frac{P_r}{P_i}\right) = P_i(1 - \Gamma^2) = 400\,[\text{W}]$$

(5) 송단에서 본 임피던스 : 특성 임피던스 Z_0, 선로의 길이 l 인 경우 송단에서 수단(부하측)을 본 임피던스 Z_S는

$$Z_S = \frac{V_S}{I_S} = \frac{V_R \cos \beta l + j I_R Z_0 \sin \beta l}{I_R \cos \beta l + j \dfrac{V_R}{Z_0} \sin \beta l} = Z_0 \cdot \frac{Z_R + jZ_0 \tan \beta l}{Z_0 + jZ_R \tan \beta l}$$

여기서 선로의 감쇠는 무시하였다.

① $Z_R = 0$ 인 경우 : $Z_S = jZ_0 \tan \beta l\ [\Omega]$

② $Z_R = \infty$ 인 경우 : $Z_S = -jZ_0 \cot \beta l\ [\Omega]$

③ $Z_0 = Z_R$인 경우 : $Z_S = Z_0$

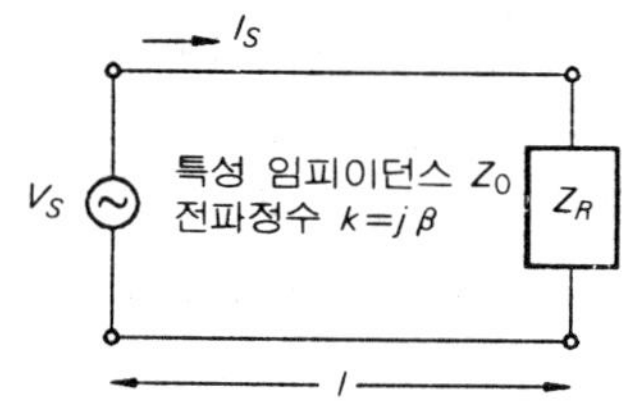

〈그림 1－9〉 송단 임피던스

다음 그림은 수단 개방($Z_R = \infty$) 의 경우 Z_S의 변화를 보인 것이다.

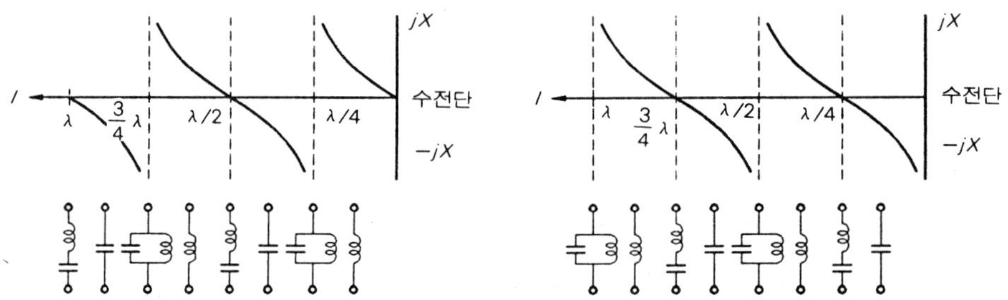

(a) 수단 단락일 때의 임피던스

(b) 수단 개방의 경우 임피던스

〈그림 1－10〉 Z_S의 변화

출 제 예 상 문 제

1. 다음 중 맥스웰의 방정식이 아닌 것은?

가. rot $\boldsymbol{H} = \boldsymbol{J} + \dfrac{d\boldsymbol{D}}{dt}$ 　　나. rot $\boldsymbol{E} = -\dfrac{d\boldsymbol{B}}{dt}$

다. div $\boldsymbol{B} = \mu H$ 　　라. div $\boldsymbol{D} = \rho$

해설 Maxwell의 방정식

(1) rot $\boldsymbol{H} = \boldsymbol{J} + \dfrac{\partial \boldsymbol{D}}{\partial t}$: Ampere 주회적분 법칙의 수정

(2) rot $\boldsymbol{E} = -\dfrac{\partial \boldsymbol{B}}{\partial t}$: Faraday 법칙의 수정

(3) div $\boldsymbol{D} = \rho$: Gauss 법칙의 수정

(4) div $\boldsymbol{B} = 0$: 자장(磁場) 발산정리의 수정

2. 변화하고 있는 자계는 전계를 발생하고, 반대로 변화하고 있는 전계는 자계를 발생시킨다는 사실은 어느 방정식에서 알 수 있는가?

가. Maxwell 방정식 　　나. Lenzz 방정식

다. Poynting 정리 　　라. Laplace 방정식

해설 Maxwell의 전자 방정식

(1) **맥스웰의 제 1 방정식** : 전계와 자계의 상호관계를 나타내는 식으로 전류의 자기작용에 관한 Ampere의 법칙을 점으로 축소시킨 극한에 있어서 변위전류에 까지 확대 적용시킨 것이다.

$$\boldsymbol{J} + \frac{d\boldsymbol{D}}{dt} = \text{rot } \boldsymbol{H} = \text{curl } \boldsymbol{H}$$

(2) **맥스웰의 제 2 방정식** : Faraday의 전자유도 법칙을 점에 이르기까지 축소시킨 극한의 관계를 표시한 것이다.

$$\text{rot } \boldsymbol{E} = -\frac{d\boldsymbol{B}}{dt}$$

3. 다음 중 전자계의 기초방정식이 아닌 것은?

가. rot $\boldsymbol{H} = \boldsymbol{J} + \dfrac{\partial \boldsymbol{D}}{\partial t}$ 　　나. div $\boldsymbol{B} = 0$

다. rot $\boldsymbol{E} = -\dfrac{\partial \boldsymbol{B}}{\partial t}$ 　　라. div $\boldsymbol{D} = 0$

해설 자유공간의 원천이 없는 영역에 있어서 $\boldsymbol{J} = \rho = 0$ 이므로 맥스웰 방정식은 다음과 같다.

① rot $\boldsymbol{H} = \dfrac{\partial \boldsymbol{D}}{\partial t} = \varepsilon_0 \dfrac{\partial \boldsymbol{E}}{\partial t}$

② rot $\boldsymbol{E} = -\dfrac{\partial \boldsymbol{B}}{\partial t} = -\mu_0 \dfrac{\partial \boldsymbol{H}}{\partial t}$

③ div $\boldsymbol{D} = \varepsilon_0$ div $\boldsymbol{E} = 0$

④ div $\boldsymbol{B} = \mu_0$ div $\boldsymbol{H} = 0$

해답 1. 다 2. 가 3. 라

4. 공간 도체내의 어느 한 점에 있어서 자속이 시간적으로 변화하는 경우 성립하는 식은？

가. rot $\boldsymbol{E} = \frac{\partial \boldsymbol{H}}{\partial t}$ 나. rot $\boldsymbol{E} = -\frac{\partial \boldsymbol{H}}{\partial t}$

다. rot $\boldsymbol{E} = \frac{\partial \boldsymbol{B}}{\partial t}$ 라. rot $\boldsymbol{E} = -\frac{\partial \boldsymbol{B}}{\partial t}$

5. 안테나의 성능과 특성은 주로 Maxwell 방정식에 의해 결정된다. 이 방정식은 Ampere 법칙과 Faraday 법칙에서 각기 1개의 식, Gauss의 법칙에서 2개의 식이 유도된다. 다음 중 Gauss의 법칙은？

가. $\nabla \times \boldsymbol{H} = \frac{\partial \boldsymbol{D}}{\partial t} + \boldsymbol{J}$ 나. $\nabla \times \boldsymbol{E} = -\frac{\partial \boldsymbol{B}}{\partial t}$

다. $\int_v \nabla \cdot \boldsymbol{E}\, dv = \frac{Q}{\varepsilon_0}$ 라. $\oint \boldsymbol{D} \cdot d\boldsymbol{s} = 0$

해설 Gauss의 법칙

$$\int_s \boldsymbol{E} \cdot d\boldsymbol{s} = \frac{Q}{\varepsilon_0}, \quad \int_v \operatorname{div} \boldsymbol{E}\, dv = \frac{1}{\varepsilon_0}\int_v \rho\, dv, \quad \operatorname{div} \boldsymbol{E} = \frac{\rho}{\varepsilon_0}$$

또는

$$\int_s \boldsymbol{D} \cdot d\boldsymbol{s} = Q, \quad \operatorname{div} \boldsymbol{D} = \rho$$

6. 평행판 콘덴서에 교류전원을 접속할 때 전류의 연속성을 나타내는 식은？

가. rot $\boldsymbol{E} = -\frac{\partial \boldsymbol{B}}{\partial t}$ 나. div $\boldsymbol{D} = \rho$

다. div $\boldsymbol{B} = 0$ 라. div $\left(\boldsymbol{J} + \frac{\partial \boldsymbol{D}}{\partial t}\right) = 0$

7. 자유공간의 변위전류가 발생하는 것은？

가. 전계 나. 자계 다. 전하 라. 전속

해설 변위 전류 $i_d = \frac{\partial \boldsymbol{D}}{\partial t}$ [A/m²] 이다. rot $\boldsymbol{H} = \boldsymbol{J} + \frac{\partial \boldsymbol{D}}{\partial t}$

8. 매질이 완전 유전체인 경우 전자 파동 방정식은？

가. $\nabla^2 \boldsymbol{E} = \varepsilon\mu \frac{\partial^2 \boldsymbol{E}}{\partial t^2}$, $\nabla^2 \boldsymbol{H} = \varepsilon\mu \frac{\partial^2 \boldsymbol{H}}{\partial t^2}$

나. $\nabla^2 \boldsymbol{E} = \varepsilon\mu \frac{\partial \boldsymbol{E}}{\partial t}$, $\nabla^2 \boldsymbol{H} = \varepsilon\mu \frac{\partial \boldsymbol{H}}{\partial t}$

다. $\nabla^2 \boldsymbol{E} = \varepsilon\mu \frac{\partial \boldsymbol{E}}{\partial t}$, $\nabla^2 \boldsymbol{H} = k\mu \frac{\partial \boldsymbol{H}}{\partial t}$

라. $\nabla^2 \boldsymbol{E}' = k\mu \frac{\partial^2 \boldsymbol{E}}{\partial t^2}$, $\nabla^2 \boldsymbol{H} = k\mu \frac{\partial^2 \boldsymbol{H}}{\partial t^2}$

해답 4. 라 5. 다 6. 라 7. 나 8. 가

해설 공간이 균질성의 유전체 (ε, μ, k 일정)라 하고 공간의 전하분포가 없으면 다음 식을 얻는다.

$$\nabla \times \boldsymbol{H} = J_c + J_d = k\boldsymbol{E} + \varepsilon \frac{\partial \boldsymbol{E}}{\partial t}$$

$$\nabla \times \boldsymbol{E} = -\frac{\partial \boldsymbol{B}}{\partial t} = -\mu \frac{\partial \boldsymbol{H}}{\partial t}$$

$$\nabla \cdot \boldsymbol{D} = \varepsilon \quad \nabla \cdot \boldsymbol{E} = 0$$

$$\nabla \cdot \boldsymbol{B} = \mu \quad \nabla \cdot \boldsymbol{H} = 0$$

따라서

$$\nabla \times \nabla \times \boldsymbol{E} = -\left(k\mu \frac{\partial \boldsymbol{E}}{\partial t} + \varepsilon\mu \frac{\partial^2 \boldsymbol{E}}{\partial t^2}\right) = -(\nabla\nabla \cdot \boldsymbol{E} - \nabla^2 \boldsymbol{E})$$

$$\nabla^2 \boldsymbol{E} = k\mu \frac{\partial \boldsymbol{E}}{\partial t} + \varepsilon\mu \frac{\partial^2 \boldsymbol{E}}{\partial t^2}$$

같은 방법으로

$$\nabla^2 \boldsymbol{H} = -k\mu \frac{\partial \boldsymbol{H}}{\partial t} + \varepsilon\mu \frac{\partial^2 \boldsymbol{H}}{\partial t^2}$$

만일 유전체가 완전 절연체이면 $k = 0$ 이므로

$$\nabla^2 \boldsymbol{E} = \varepsilon\mu \frac{\partial^2 \boldsymbol{E}}{\partial t^2}$$

$$\nabla^2 \boldsymbol{H} = \varepsilon\mu \frac{\partial^2 \boldsymbol{H}}{\partial t^2}$$

9. 진공중에서 주파수 3 [MHz] 의 파장은?

가. 100 [m]　　나. 50 [m]　　다. 30 [m]　　라. 15 [m]

해설 진공중에서 파장 $\lambda = \frac{C}{f} = \frac{3\times10^8}{3\times10^6} = 100$ [m]

10. 전파속도 v 에 해당되지 않는 것은?

가. $f\lambda$　　나. $\frac{\omega}{\beta}$　　다. $\frac{1}{\sqrt{\varepsilon\mu}}$　　라. $\sqrt{\varepsilon\mu}$

해설 전파 속도

(1) 진공중에서의 전파속도 : $v = 1/\sqrt{\varepsilon_0\mu_0}$

(2) 매질내의 전파의 속도

$$v = \frac{1}{\sqrt{\varepsilon\mu}} = \frac{1}{\sqrt{\varepsilon_0\mu_0}} \cdot \frac{1}{\sqrt{\varepsilon_s\mu_s}} = \frac{3\times10^8}{\sqrt{\varepsilon_s\mu_s}} = \frac{c}{\sqrt{\varepsilon_s\mu_s}}$$

(3) 도체내의 전파의 속도 : $v = \lambda \cdot f$ 에서

$$v = \lambda \cdot f = \frac{2\pi f}{2\pi/\lambda} = \frac{\omega}{\beta} \text{ [m/s]}$$

(4) 무손실 선로의 전파속도 : $\beta = \omega\sqrt{LC}$

$$v = \frac{\omega}{\beta} = \frac{\omega}{\omega\sqrt{LC}} = \frac{1}{\sqrt{LC}} \text{ [m/s]}$$

해답 9. 가　10. 라

11. 비유전율 $\varepsilon_s = 4$, 비투자율 $\mu_s = 1$ 인 유리에서 전파의 전파속도는 자유공간에서 전파속도의 몇배인가 ?

가. 2 배　　　　나. 4 배

다. $\frac{1}{2}$ 배　　　　라. $\frac{1}{4}$ 배

해설 $v = \frac{1}{\sqrt{\varepsilon\mu}} = \frac{1}{\sqrt{\varepsilon_0\mu_0}} \cdot \frac{1}{\sqrt{\varepsilon_s\mu_s}} = \frac{c}{\sqrt{\varepsilon_s\mu_s}}$ 의 식에서

$\therefore\ v = \frac{c}{\sqrt{\varepsilon_s\mu_s}} = \frac{c}{\sqrt{4\times1}} = \frac{1}{2}c$

12. $\varepsilon_s = 10$ $\mu_s = 5$ 인 매질내에서 전자파 속도는 얼마인가 ?

(단, $\mu_0 = 4\pi\times10^{-7}$[henry/m], $\varepsilon_0 = \frac{1}{36\pi}\times10^{-9}$[farad/m] 이다.)

가. $\frac{1}{3\sqrt{2}}\times10^7$[m/sec]　　　　나. $3\sqrt{5}\times10^7$[m/sec]

다. $3\sqrt{2}\times10^7$[m/sec]　　　　라. $\frac{1}{3\sqrt{5}}\times10^7$[m/sec]

해설 $v = \frac{1}{\sqrt{\varepsilon_s\mu_s}\sqrt{\mu_o\varepsilon_o}} = \frac{3\times10^8}{\sqrt{5\times10}} = 3\sqrt{2}\times10^7$[m/sec]

13. 전파의 속도는 매질의 다음 어느량에 따라서 변화하는가 ?

가. 점도와 밀도　　　　나. 밀도와 도전율

다. 도전율과 유전율　　　　라. 유전율과 투자율

14. 전송선로의 Inductance가 3 [μH/m] 캐패시턴스가 300 [pF/m] 일 때 이 선로에 대한 위상 속도는 ?

가. 0.33×10^8 [m/sec]　　　　나. 3.33×10^8 [m/sec]

다. 33.3×10^8 [m/sec]　　　　라. 333×18^8 [m/sec]

해설 선로에서의 전파속도 $v = \frac{1}{\sqrt{LC}}$

$r = \frac{1}{\sqrt{3\times10^{-6}\times300\times10^{-12}}} = \frac{1}{\sqrt{900\times10^{-18}}} = 0.033\times10^9 = 0.33\times10^8$[m/sec]

15. 자유 공간의 파동 임피던스를 나타내는 것 중에서 틀린 것은 어느 것인가 ?
(단, ε 는 유전율, μ 는 투자율, E 는 전계, H 는 자계로서 자유 공간의 값)

가. μ_0 / ε_0　　　　나. 377 [Ω]

다. 120π [Ω]　　　　라. E/H

해설 자유공간의 파동 임피던스 Z 는

$$Z = \frac{E}{H} = \sqrt{\frac{\mu_0}{\varepsilon_0}} = 120\pi = 377\ [\Omega]$$

해답 11. 다　12. 다　13. 라　14. 가　15. 가

16. 전파의 전계 E 와 자계 H 사이에는 어떤 관계식이 성립되는가? 즉 E/H 의 값은?

가. $\sqrt{\varepsilon\mu}$ 　　나. $\sqrt{\varepsilon/\mu}$

다. $1/\sqrt{\varepsilon\mu}$ 　　라. $\sqrt{\mu/\varepsilon}$

해설 파동방정식

$$\frac{\partial^2 E_x}{\partial t^2} = \frac{1}{\varepsilon\mu}\frac{\partial^2 E_x}{\partial z^2}, \qquad \frac{\partial^2 E_y}{\partial t^2} = \frac{1}{\varepsilon\mu}\frac{\partial^2 E_y}{\partial z^2}$$

$$Z_0 = \frac{\boldsymbol{E}}{\boldsymbol{H}} = \frac{\sqrt{E_x^2+E_y^2}}{\sqrt{H_x^2+H_y^2}} = \sqrt{\frac{\mu}{\varepsilon}} = \sqrt{\frac{\mu_s}{\varepsilon_s}}\sqrt{\frac{\mu_0}{\varepsilon_0}} = 120\pi\sqrt{\frac{\mu_s}{\varepsilon_s}} = 377\sqrt{\frac{\mu_s}{\varepsilon_s}}$$

만약 공기중일 때 $\varepsilon_s = \mu_s = 1$ 이므로

$$Z_0 = \frac{\boldsymbol{E}}{\boldsymbol{H}} = \sqrt{\frac{\mu_0}{\varepsilon_0}} = \sqrt{\frac{\frac{1}{36\pi}\times10^{-9}}{4\pi\times10^{-7}}} \fallingdotseq 377\,[\Omega]$$

17. 평면파의 설명으로 잘못된 것은?

가. 공중선으로부터 방사된 전파는 공중선 부근에서는 구형파이지만 상당히 먼거리에서는 평면파로 된다.

나. 전파 속도는 $v = \dfrac{1}{\sqrt{\varepsilon\mu}} = \dfrac{c}{\sqrt{\varepsilon_s\mu_s}}$ [m/s] 이다.

다. 자유 공간 임피던스는 $Z_0 = 120\pi\,[\Omega]$ 이다.

라. 진행방향에 대해서 전계와 자계가 서로 180° 를 이룬다.

해설 진행 방향에 대해서 전계와 자계가 서로 90° 를 이룬다.

18. 전파에 관한 설명으로 맞는 것은?

가. 전파는 종파이다.

나. 매질의 종류에 관계없이 속도는 광속과 같다.

다. 군속도×위상 속도 = (광속도)^2

라. 진행 방향에는 E 및 H 가 없고 직각인 방향에만 E 와 H 성분이 있는 경우를 구면파라고 한다.

19. Poynting Vector를 바르게 나타내는 식은?

가. $\dfrac{1}{2}\boldsymbol{E}\times\boldsymbol{H}$ 　　나. $\sqrt{\varepsilon\mu}\boldsymbol{E}\times\boldsymbol{H}$

다. $\boldsymbol{E}\times\boldsymbol{H}$ 　　라. $\nabla\cdot(\boldsymbol{E}\times\boldsymbol{H})$

해설 $P = \boldsymbol{E}\times\boldsymbol{H} = E^2/Z_0 = E^2/120\pi\,[\text{W/m}^2]$

20. 자유공간의 단위면적당 단위시간에 통과하는 전자파 에너지가 3 [μW/m^2] 이었다. 이때 이 자유공간의 전계강도는 얼마정도인가?

가. 8.45 [mV/m] 　　나. 16.81 [mV/m]

다. 33.62 [mV/m] 　　라.45.65 [mV/m]

해답 16. 라 17. 라 18. 다 19. 다 20. 다

해설 $P = \dfrac{E^2}{120\pi} = 3 \times 10^{-6}$[W/m²] 이므로 전계강도 $E = 33.62$ [mV/m] 가 된다.

21. 전계강도가 377 [mV/m] 인 자유공간의 단위면적당 단위시간에 통과하는 전자파 에너지는 얼마인가?

가. 120×10^{-4}[μW]　　나. 12×10^{-4}[μW]

다. 3.77×10^{-4}[μW]　　라. 37.7×10^{-4}[μW]

해설 Poynting 정리 $P = E \cdot H$

$Z = \dfrac{E}{H} = 120\pi$ 의 관계에서

$$P = \frac{E^2}{Z_0} = \frac{(377 \times 10^{-3})^2}{120\pi} \fallingdotseq 3.77 \times 10^{-4}[\mu W]$$

22. 자유 공간내를 전파하는 균일평면 전자파가 있다. 이 전자계내 저축되어 있는 전계에너지 및 자계에너지 밀도를 각각 w_e, w_m 라고 할 때 다음 어느 관계가 성립하는가?

가. $w_e > w_m$　　나. $w_e < w_m$

다. $w_e = w_m$　　라. $w_e > w_m$ 또는 $w_e < w_m$

23. 다음 중 잘못된 것은?

가. 자유공간의 특성 임피던스는 E/H [Ω] 이다.

나. 복사전계가 원거리까지 전파한다.

다. 포인팅 벡터(poyning vector)는 $E^2/377$ [W] 이다.

라. 자유공간에서는 전계와 자계는 직각이고 진행방향은 자계방향이다.

해설 전계와 자계에 따라서 진행하는 파를 전자파 또는 전파라 하며 전파는 진동방향과 직각인 방향으로 진행하는 횡파이다.

24. 파동의 전파속도 v 는?

가. $\dfrac{\beta}{\omega}$　　나. $\dfrac{\omega}{\beta}$

다. $\dfrac{\omega}{\beta^2}$　　라. $\dfrac{\omega^2}{\beta^2}$

25. 어떤 전자파의 전장이 다음과 같다. 이 전자파의 위상속도는?

$\overline{E} = \overline{A}_x\, 10 \cos(10^9 t + 30Z)$

가. $\dfrac{1}{9} \times 10^8$[m/sec]　　나. $\dfrac{1}{3} \times 10^8$[m/sec]

다. 3×10^8[m/sec]　　라. 9×10^8[m/sec]

해설 위상속도 v_p는 $v_p = \dfrac{\omega}{\beta} = \dfrac{10^9}{30} = \dfrac{1}{3} \times 10^8$[m/sec] 또는 $\overline{E} = \overline{A}_x\, 10\cos(\omega t + \beta Z)$ 에서 $10^9 t + 30Z = \text{const.}$ 이므로 t 에 관해서 미분하면 $10^9 + 30\dfrac{dz}{dt} = 0$, $\dfrac{dz}{dt} = -\dfrac{1}{3} \times 10^8$[m/sec] 이 된다.

해답 21. 다　22. 다　23. 라　24. 나　25. 나

26. 매질의 상수가 $\sigma = 0.1$ [V/m], $\mu_s = 1$, $\varepsilon_s = 40$ 이고 이 값이 주파수와 무관하다. 10 [GHz]의 주파수에 대하여 이 매질은 어떠한 특성을 가지는가?

가. 도체　　나. 유전체

다. 준도체　　라. 준 유전체

해설 $\frac{i_c}{i_d} = \frac{\sigma}{\omega\varepsilon} = \frac{0.1}{200}$ 이므로 변위전류 (i_d) ≫ 전도전류(i_c)가 된다. 따라서 이 매질은 유전체가 된다.

27. x, y, z의 직각 좌표에서 z 방향으로 진행하는 평면파의 전계 E_x와 자계 H_y가 각각 다음과 같이 표시될 때 전파 정수 r는 어떻게 표시되는가?

$$\frac{dH_y}{dz} = -(\sigma + j\omega\varepsilon)E_x,\quad \frac{dE_x}{dz} = -j\omega\mu H_y$$

가. $-j\omega\mu$　　나. $-(\sigma + j\omega\varepsilon)$

다. $j\omega\mu(\sigma + j\omega\varepsilon)$　　라. $\sqrt{j\omega\mu(\sigma + j\omega\varepsilon)}$

해설 전파정수(r)

$$\frac{dH_y}{dz} = -(\sigma + j\omega\varepsilon)E_x \quad (1)$$

$$\frac{dE_x}{dz} = -j\omega\mu H_y \quad (2)$$

식(1)을 dz에 관하여 한번 더 미분하여

$$\frac{d^2H_y}{dz^2} = -(\sigma + j\omega\varepsilon)\frac{dE_x}{dz} \quad (3)$$

식(3)에 식(2)를 대입하면

$$\frac{d^2H_y}{dz^2} = -(\sigma + j\omega\varepsilon)(-j\omega\mu)H_y = j\omega\mu(\sigma + j\omega\varepsilon)H_y = r^2H_y$$

$$r^2 = j\omega\mu(\sigma + j\omega\varepsilon) \qquad \therefore\ r = \sqrt{j\omega\mu(\sigma + j\omega\varepsilon)}$$

28. 평면대지의 전파 이론에서 동일한 전파를 동일한 안테나로 발사할 경우 다음 중 맞는 것은?

가. 수직 편파의 전계강도가 수평편파보다 강하다.

나. 수평 편파의 전계강도가 수직파보다 강하다.

다. 수직 편파나 수평 편파의 전계강도는 같다.

라. 수직 편파나 수평 편파의 전계강도는 항상 자유공간 전계강도의 2배이다.

29. 대지에서 전파의 발사에 대한 일반적 성질 중 틀린 것은?

가. 매질의 유전율이나 도전율이나 클 수록 반사량도 커진다.

나. 입사각 90° 에 가까이 되면 반사계수는 1에 가까와진다.

다. 입사각이 0° 에 가까와지면 수직, 수평 편파의 반사계수는 서로 비슷한 값이 된다.

라. 수평 편파는 수직편파보다 입사각의 변화에 따른 반사 계수의 변화가 많다.

해답 26. 나 27. 라 28. 다 29. 라

해설 **반사계수의 일반적 성질**

① 매질의 유전율이나 도전율이 클 수록 반사량도 커진다.

② 입사각이 90° 가까이되면 수직·수평편파 모두가 반사량이 커지고 반사계수는 1에 가까워지고 위상차는 180° 에 가까워진다.

③ 입사각이 0°에 수직·수평편파의 반사계수는 서로 비슷한 값이 된다.

④ 수평편파는 수직편파보다 입사각의 변화에 따른 반사계수의 변화가 적다.

30. Brewster각이란? (단, n 은 공기의 대지에 대한 굴절율이다.)

가. $\theta = \tan^{-1} n$ 으로 주어진다.　　나. 전반사가 일어나는 각이다.

다. 수평 조건파일 때 존재한다.　　라. 투과 계수가 0이 되는 각이다.

해설 입사각이 어느 각 이내인 때에는 반사가 일어나지 않는데 이를 Brewster 각이라고 하고 $\theta_i = \tan^{-1} n$ 으로 주어지며 실제상 70°~90° 사이에서 일어난다.

31. 급전선의 1차정수가 R, L, G, C 일 때 무왜(distorotionless)의 조건이 되면서 극소감소의 조건이 되는 것은?
(단, R : 저항, L : 인덕턴스 C : 캐패시턴스, G : 콘덕턴스)

가. $\dfrac{R}{G} = \dfrac{L}{C}$　　나. $\dfrac{R}{C} = \dfrac{L}{G}$

다. $\dfrac{R}{G} = \dfrac{C}{L}$　　라. $\dfrac{R}{C} = \dfrac{G}{L}$

해설 **무왜 조건** : 감쇠정수 α 의 최소값을 구하기 위해 L 을 변수로 하여 α 를 미분하면 다음값을 얻는다.

$$LG = RC$$

이 무왜조건으로 부터 다음 식들을 얻을 수 있다.

(1) 감쇠 정수 : $\alpha = \sqrt{R \cdot G}$

(2) 위상 정수 : $\beta = \omega\sqrt{LC}$

(3) 전파 속도 : $v_p = 1/\sqrt{LC}$

32. 무손실 전송선로의 특성 임피던스는?

가. $Z_0 = \sqrt{L/C}$　　나. $Z_0 = \dfrac{L}{C}$　　다. $Z_0 = C/L$　　라. $Z_0 = \sqrt{C/L}$

해설 **무손실 전송 선로** : 선로의 특성 임피던스는 선로에 삽입된 전자파가 선로를 따라 전파될 경우 실제적으로 접하게 되는 임피던스 성분을 특성 임피던스라고 한다.

$$Z_o = \sqrt{\frac{Z}{Y}} = \sqrt{\frac{R + j\omega L}{G + j\omega C}}$$

(1) 무손실 조건 : $R = G = 0$

(2) 무손실 선로의 특성임피던스 : $Z_0 = \sqrt{\dfrac{L}{C}}\,[\Omega]$

(3) 무손실 선로의 감쇠정수 : $\alpha = \dfrac{R}{2}\sqrt{C/L} + \dfrac{G}{2}\sqrt{L/C} = \dfrac{R}{2Z_0} + \dfrac{G}{2}Z_0$

(4) 무손실 선로의 위상정수 : $\beta = \omega\sqrt{LC}$

해답 30. 가　31. 가　32. 가

33. 전송선에서 $R = G = 0$일 때 특성임피던스는?

가. $j\omega\sqrt{\dfrac{L}{G}}$　　나. $\dfrac{1}{j\omega}\sqrt{\dfrac{R}{C}}$　　다. $\sqrt{\dfrac{L}{C}}$　　라. $\sqrt{\dfrac{C}{L}}$

해설 특성 임피던스 $Z_0 = \sqrt{\dfrac{R + j\omega L}{G + j\omega C}}$

34. 고주파의 분포정수 회로에서 $R \ll L$, $G \ll C$ 라고 할 경우의 위상정수 β의 표시로 옳은 식은?

가. $\beta = \sqrt{LC}$　　나. $\beta = \omega\sqrt{LC}$

다. $\beta = \dfrac{1}{\sqrt{LC}}$　　라. $\beta = \dfrac{1}{\omega\sqrt{LC}}$

해설 전파속도 v

$$v = \lambda f = \frac{\omega}{\beta} = \frac{1}{\sqrt{LC}} \quad \therefore\ \beta = \omega\sqrt{LC}$$

35. 무손실 선로의 등가회로로서 옳은 것은?

가.
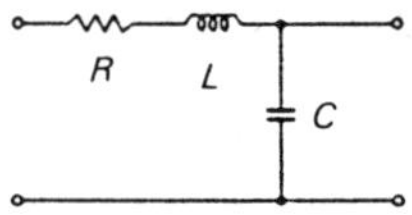

나.
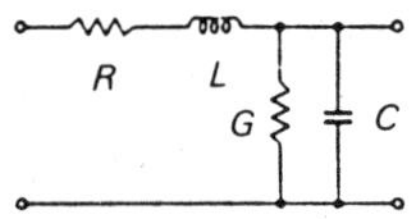

다.
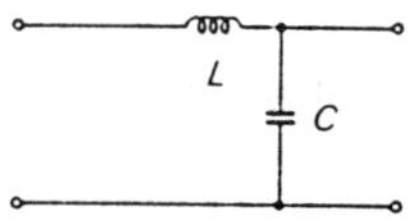

라.
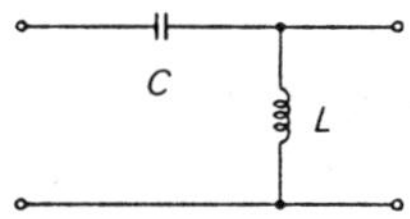

36. 특성 임피던스가 50 [Ω]인 급전선이 있다. 이 선로의 감쇠정수가 0.03 [dB/m]인 경우 급전선의 단위 길이당 도선저항(왕복도선)은? (단, 도선간의 콘덕턴스는 영(0)이라고 지정하며 1 [nep] − 8.6 [dB]이다.)

가. 3.0 [Ω/m]　　나. 0.95 [Ω/m]　　다. 0.45 [Ω/m]　　라. 0.35 [Ω/m]

해설 $\alpha = \dfrac{R}{2Z_o} + \dfrac{GZ_o}{2}$ [Nep/m]

37. 표피작용의 깊이(skin depth)에 관하여 옳은 것은?

가. 전체의 크기가 금속 표면에서의 값에 대하여 23.68 [%]로 되는 깊이를 말한다.

나. $1\sqrt{f}$에 비례한다.

다. 유전율과 관계가 있다.

라. 전리층에 전화가 반사되는 현상과 관계가 깊다.

해설 표피작용의 깊이(skin depth)

표피효과에 의하여 전계, 자계, 전류 등이 도체표면에서의 값에 대하여 $1/e$ 즉 0.368 배로 감쇠되는 깊이를 말한다.

$$\delta = \sqrt{\frac{2}{\omega\mu\sigma}}$$ 단, σ는 도전율, μ는 투자율, ω는 각속도이다.

일명 침입의 깊이(depth of penetration)라고도 한다.

해답 33. 다　34. 나　35. 다　36. 라　37. 나

38. 도선의 고주파에 대한 표피효과의 영향으로 저항분이 증가하는 양은?

가. $\sqrt{f^2}$에 비례한다.　　나. f에 비례한다.

다. $\sqrt{f}$에 비례한다.　　라. f에 반비례한다.

해설 **표피 효과와 침입 깊이**

(1) **표피 효과(skin effect)** : 도체에 전류가 흐르면 도체내의 자속의 변화에 의하여 내부에 기전력이 유기된다. 이 유기된 기전력은 도선의 내부에서 전류밀도를 감소시키고 표피 근처에서는 증가시키는 결과가 된다. 이러한 현상을 표피효과라 한다.

(2) **침입 깊이(depth of penetration)** : ρ는 도선의 비저항 [ohm-m], f는 주파수 [Hz], μ는 투자율 [H/m] 이라고 할 때

$$\delta = \sqrt{\frac{\rho}{\pi f \mu}}$$

(3) **저항분** : 반지름이 a인 경우

$$R = \frac{2\rho}{2\pi a \delta} = \frac{1}{a}\sqrt{\frac{\rho f \mu}{\pi}}\ [\Omega/\text{m}]$$

이 식에서 $R \propto \sqrt{f}$임을 알 수 있다.

(4) **동(구리)선의 표피효과에 의한 침입 깊이** : 동의 비저항 $\rho = 1.74 \times 10^{-8} [\Omega \cdot \text{m}]$ 이고 투자율 $\mu \fallingdotseq \mu_0 = 4\pi \times 10^{-7} [\text{H/m}]$ 이므로

$$\delta = \sqrt{\frac{1.74 \times 10^{-8}}{\pi \times f \times 4\pi \times 10^{-7}}} = \frac{6.64}{\sqrt{f}}\ [\text{cm}]$$

39. 급전선에서 진행파 전압을 V_f 반사파 전압을 V_r라고 하면 전압 정재파비 S는 다음 중 어느 것인가? (단, $P = V_r / V_f$ 임)

가. $S = \frac{1+P^2}{1-P^2}$　　나. $S = \frac{1-P^2}{1+P^2}$

다. $S = \sqrt{\frac{1+P}{1-P}}$　　라. $S = \frac{1+|P|}{1-|P|}$

해설 **전압 정재파비 VSWR** : 정재파의 최대 전압과 최소 전압의 비이다.

$$\text{전압 정재파비 } S = \frac{\text{전압 최소치 } (V_{min})}{\text{전압 최대치 } (V_{max})} = \frac{\text{입사파 전압} + \text{반사파 전압}}{\text{입사파 전압} - \text{반사파 전압}} = \frac{V_f + V_r}{V_f - V_r}$$

반사계수 $|P| = V_r / V_f$ 이므로 $S = \frac{1+|P|}{1-|P|}$ 이다.

40. 송신기에서 급전선으로 공급되는 전력이 100 [W] 일때 반사되어 들어 오는 전력은 4 [W] 이었다. 이때의 전압 정재파비는 대략 얼마인가?

가. 1　　나. 1.2　　다. 1.5　　라. 2

해설 정재파비(SWR) $= \frac{V_{max}}{V_{min}} = \frac{1+m}{1-m} = \frac{1+0.224}{1-0.224} \fallingdotseq 1.5$

$$m = \sqrt{\frac{P_r}{P_f}} = \frac{I_r}{I_f} = \frac{V_r}{V_f} = \sqrt{\frac{4}{100}} = \sqrt{\frac{1}{20}} \fallingdotseq 0.224$$

해답 38. 다　39. 라　40. 다

41. 그림과 같이 특성 임피던스 50[Ω]의 선로에 저항 100[Ω]의 부하가 연결되었을 때 부하단에서의 전압반사계수는?

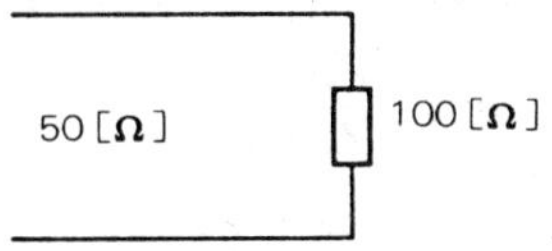

가. $\frac{1}{3}$ 나. $\frac{1}{2}$

다. 1 라. 2

해설 $\Gamma = \left| \frac{Z_L - Z_o}{Z_L + Z_o} \right| = \frac{100-50}{100+50} = \frac{1}{3}$

(단, Z_L : 부하의 임피던스 Z_o : 급전선의 특성 임피던스)

42. 급전선에 접속된 부하가 정합되었을 때 급전선의 전압 정재파비(VSWR)를 측정하면 얼마가 되겠는가?

가. $\frac{1}{2}$ 나. ∞ 다. 0 라. 1

해설 $Z_o = Z_L$일 경우 반사계수 m은 "0"이 되어 급전선상에는 진행파 전압만 존재하게 되어 VSWR은 1이 된다.

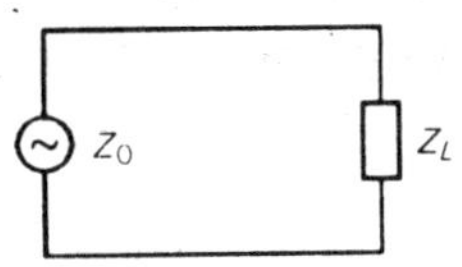

$$\text{VSWR} = \frac{V_{max}}{V_{min}} = \frac{V_f + V_r}{V_f - V_r} = \frac{1 + \frac{V_r}{V_f}}{1 - \frac{V_r}{V_f}} = \frac{1+m}{1-m}$$

43. 300[Ω]의 TV 급전선에 75[Ω]의 공중선을 접속하면 전압 정재파비는?

가. 1 나. 2 다. 3 라. 4

해설 전압 정재파비(VSWR) $S = \frac{V_1 + V_2}{V_1 - V_2} = \frac{1+|m|}{1-|m|}$, $m = \frac{Z_L - Z_o}{Z_L + Z_o}$

$$m = \frac{75-300}{300+75} = 0.6 \qquad \therefore\ S = \frac{1+|m|}{1+|m|} = \frac{1+0.6}{1-0.6} = 4$$

44. 특성 임피던스가 300[Ω]인 급전선에 안테나를 연결하였더니 급전성상의 VSWR이 3이었다. 만일 안테나의 리액턴스는 0이고, 복사저항은 300[Ω]보다 작다면 이 안테나의 복사저항은?

가. 200[Ω] 나. 150[Ω]

다. 100[Ω] 라. 50[Ω]

해설 $\text{VSWR} = \frac{1+m}{1-m} = 3 \qquad m = 0.5$

$$m = \frac{Z_o - Z_L}{Z_o + Z_L} = \frac{300 - Z_L}{300 + Z_L} = 0.5 \qquad \therefore\ Z_L = 100[\Omega]$$

45. 특성 임피던스가 Z_o인 전송선로가 $Z_L = (0.5 + j0.9)Z_o$인 부하(load)로 종단된 경우 정재파비 S를 구하라.

가. 0.589 나. 1.029 다. 2.058 라. 3.865

해설 $Z_L = (0.5 + j0.9)Z_o$, $Z_L = 1.029Z_o \qquad \therefore\ S = \frac{Z_L}{Z_o}$ ($Z_L > Z_o$인 경우) $= 1.029$

해답 41. 가 42. 라 43. 라 44. 다 45. 나

46. 부하의 정규화 임피던스를 Z_n인 경우 무손실 급전선의 반사계수를 구하는 식은? (단, Z_o : 선로의 특성 임피던스, Z_R : 종단 부하 임피이던스)

가. $m = \dfrac{Z_n - 1}{Z_n + 1}$　　나. $m = \dfrac{Z_n}{Z_n + Z_R}$

다. $m = \dfrac{Z_o + Z_n}{Z_o + Z_R}$　　라. $m = \dfrac{Z_n}{Z_R + Z_o}$

해설 $m = \dfrac{Z_R - Z_o}{Z_R + Z_0} = \dfrac{Z_n - 1}{Z_n + 1}$　$\left(\dfrac{Z_R}{Z_o} = Z_n \text{(정규화 임피던스)}\right)$

47. 임피이던스가 50 [Ω] 인 급전선의 입력전력 및 반사전력이 각각 50 [W] 및 8 [W] 일 때의 전압 반사계수는?

가. 0.86　　나. 0.40

다. 0.16　　라. 0.14

해설 반사계수와 반사전력

(1) 반사계수 : 반사전압(V_r)과 입사전압(V_i)과의 비 또는 반사전류(I_r)와 입사전류(I_i)와의 비로 정의된다.

$$\Gamma = \frac{V_r}{V_i} = \frac{I_r}{I_i} = \left|\frac{Z_L - Z_o}{Z_o + Z_L}\right|$$

(2) 반사전력

$$\frac{P_r}{P_i} = \frac{V_r^2/R_L}{V_i^2/R_L} = \frac{V_r^2}{V_i^2} = \Gamma^2$$

48. 특성 임피이던스가 50 [Ω] 인 선로에 75 [Ω] 의 부하가 연결되었을 때 전압 정재파비는?

가. 1.33　　나. 1.5

다. 5.0　　라. 7.5

해설 전압 정재파비(VSWR) : 부하저항과 특성 임피이던스 값이 얼마나 서로 근접해 있는가의 정도를 나타낸다.

① $$\text{VSWR} = \frac{V_{max}}{V_{min}} = \frac{V_i + V_r}{V_i - V_r} = \frac{1 + \dfrac{V_r}{V_i}}{1 - \dfrac{V_r}{V_i}} = \frac{1 + \Gamma}{1 - \Gamma}$$

② $$\text{VSWR} = \frac{Z_L}{Z_o}$$

문제에서 $\text{VSWR} = Z_L/Z_o = 75/50 = 1.5$ 이다.

49. 특성 임피던스가 300 [Ω] 인 무손실 선로에 흐르는 전류의 최대값이 600 [mA] 이고 최소값이 200 [mA] 일 때, 이 선로에서 전송되고 있는 전력은 몇 [W] 인가?

가. 20 [W]　　나. 36 [W]

다. 46 [W]　　라. 56 [W]

해설 $P = I_{max} \cdot I_{min} \cdot Z_o = 600 \times 10^{-3} \times 200 \times 10^{-3} \times 300 = 36{,}000{,}000 \times 10^{-6} = 36$ [W]

해답 46. 가　47. 다　48. 나　49. 나

50. 정재파를 설명하는데 옳지 못한 것은?

가. 한방향으로 진행하는 파이다.

나. 정합이 되어있지 않았을 때 생긴다.

다. 정재파가 크면 클 수록 전송 손실이 크다.

라. 전류 전압의 위상은 선로상 어느점에서도 동일하다.

해설 정재파의 특징

① 발생 원인 : 정합이 되지 않을 경우

② 전압 전류의 분포 : $\lambda/2$ 거리마다 최대와 최소가 있다.

③ 전류 · 전압의 위상 : 어디서나 위상은 같다.

④ 진행파＋반사파의 합성파(쌍향성)

51. 다음 중 진행파에 관한 특징으로서 옳지 않은 것은?

가. 선로의 특성 임피던스와 부하가 정합되어 있을때 진행파가 발생한다.

나. 전류, 전압의 분포는 선로상의 어느 위치에서나 대체로 동일하다.

다. 전송 손실이 매우 적다.

라. 전류, 전압의 위상은 선로상의 어느 위치에서나 동일하다.

해설 진행파의 전류, 전압의 위상은 선로의 각점에 따라서 위상이 다르다.

52. 선로의 특성 임피던스(Impedance)를 Z_o 부하 임피던스를 Z_R 이라고 할 경우 정재파비가 1 이라고 한다면 다음 중 어느 경우인가?

가. 반사파가 없을 경우　　　　나. 반사계수가 1인 경우

다. $Z_R \fallingdotseq Z_o$ 인 경우　　　　라. 진행파와 반사파의 크기가 같은 경우

해설 정재파비(VSWR)가 1이 되는 경우는 반사파가 없을때 즉, 반사계수가 0으로 되는 경우이다.

53. 급전선에서 정재파비가 1인 경우는?

가. 반사계수의 값이 1이다.

나. 급전선의 고유 임피이던스가 1[Ω]이다.

다. 급전선의 고유 임피이던스가 종단되고 있다.

라. 급전선의 표피효과를 무시할 수 있을 때이다.

해설 정재파의 이해

(1) **정재파는 어떠한 경우에 생기는가? :** 급전선의 종단에 접속된 부하임피던스가 특성임피던스와 같지 않을 때 진행파의 일부가 부하로인해 반사되어서 반사파가 되어 부하에서 송단(전원)측으로 되돌아오므로 급전선상에 정재파가 생긴다.

(2) **정재파비(S) :** 정재파의 최대전압 V_{max} 와 최소전압 V_{min} 의 비

$$S = \frac{V_{max}}{V_{min}} = \frac{V_i + V_r}{V_i - V_r} = \frac{1+\Gamma}{1-\Gamma}$$

(3) **정재파비 $S = 1$ 인 경우 :** 반사계수 $\Gamma = 0$ 이 되어 반사가 전혀없다. 즉, 부하와 급전선은 완전히 정합되어 있음을 뜻한다.

(4) **정재파비 $S > 1$ 인 경우 :** $0 < \Gamma \leq 1$ 이며 반사파가 존재한다.

해답 50. 가 51. 라 52. 가 53. 다

54. 파동 임피이던스 75 [Ω] 인 급전선상의 전압 정재파비가 4라면 전압 정재파의 파복에서 부하측을 본 임피이던스는 얼마가 되는가?

가. 18.65 [Ω]　　나. 75 [Ω]

다. 300 [Ω]　　라. 600 [Ω]

55. 다음에서 진행파와 반사파가 있는 급전선은 어느 것인가?

가. 무한장 급전선

나. SWR = 1 인 급전선

다. 정규하 부하 임피이던스가 1인 급전선

라. 반사계수 1인 급전선

해설 진행파와 반사파의 이해

(1) **무한장 급전선** : 진행파만 존재하고 반사파는 존재하지 않는다.

(2) **SWR = 1 인 급전선** : 진행파만 존재한다.

(3) **정규화 임피던스 $Z_r = Z_L / Z_o = 1$ 인 급전선** : 특성임피던스로 종단되므로 진행파만 존재한다.

(4) **반사계수가 0인 급전선** : 반사파가 없다.

문제에서 반사계수가 1인 급전선은 전부 반사하므로 진행파와 반사파가 다 존재한다.

56. 급전선을 통과하여 부하에 공급되는 전력은 파동 임피이던스 Z_o 선로의 정재파의 루우프(loop) 점의 전류를 사용하면 어떻게 표시할 수 있는가?

가. $I^2 Z_o$　　나. $I^2 Z_o S$

다. $I^2 Z_o S^2$　　라. $I^2 Z_o / S$

해설 입력전력 $P_i = \dfrac{V_i^2}{Z_o} = I_i^2 Z_o$

반사전력 $P_r = \dfrac{V_r^2}{Z_o} = I_r^2 Z_o$

통과전력 $P = P_i - P_r = \dfrac{1}{Z_o}(V_i^2 - V_r^2) = \dfrac{1}{Z_o}(|V_i| + |V_r|)(|V_i| - |V_r|) = \dfrac{1}{Z_o} V_{max} V_{min}$

$$= Z_o I_{max} I_{min} = \frac{V_{max}{}^2}{SZ_o} = \frac{V_{max} V_{min}}{Z_o}$$

$V_{max} = I \cdot Z_o$ (loop점의 전류 I 이므로)

$$P = \frac{(IZ_o)^2}{SZ_o} = \frac{I^2 Z_o^2}{SZ_o} = \frac{I^2 Z_o}{S}$$

57. 전압 정재파비가 S 인 급전선에서 부하에의 입사전력 P_i 와 부하에 공급되는 전력 P_R 와의 비 P_i / P_R 은 얼마인가?

가. $\dfrac{1}{S^2}$　　나. $\dfrac{(S-1)^2}{S}$

다. $\dfrac{(S+1)^2}{4S}$　　라. $\dfrac{(S+1)^2}{S}$

해답 54. 다　55. 라　56. 라　57. 다

해설 투과계수 $r_V = \dfrac{\text{진행파 전압} + \text{반사파 전압}}{\text{진행파 전압}} = \dfrac{2Z_R}{Z_R + Z_o}$

$$r_i = \frac{\text{진행파 전류} + \text{반사파 전류}}{\text{진행파 전류}} = \frac{2Z_o}{Z_R + Z_o}$$

$$\therefore \frac{P_R}{P_i} = \frac{I_R^2 Z_R}{I^2 Z_o} = \frac{Z_R}{Z_o} r_i^2 = \frac{4S}{(1+S)^2}$$

$$\left(S = \frac{1+|\Gamma|}{1-|\Gamma|} \quad ① \ Z_o > Z_R,\ S = \frac{Z_o}{Z_R}, \quad ② \ Z_o < Z_R,\ S = \frac{Z_R}{Z_o} \right)$$

58. 어떤 급전선이 있다. 종단을 단락 및 개방했을 때의 입력 임피던스가 각각 25 [Ω], 100 [Ω] 이었다. 이 급전선의 특성 임피던스는 얼마냐?

가. 25 [Ω]　　나. 50 [Ω]

다. 75 [Ω]　　라. 100 [Ω]

해설 ab에서 들여다 본 임피던스 Z_{ab}

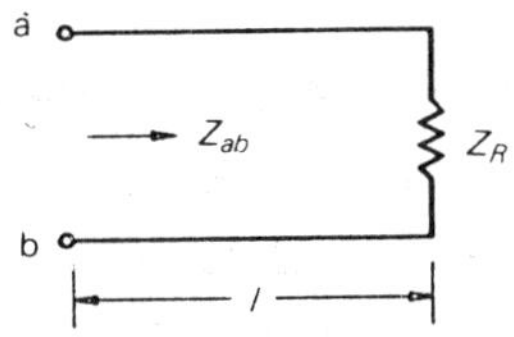

$$Z_{ab} = Z_o \cdot \frac{Z_R + jZ_o \tan \beta l}{Z_o + jZ_R \tan \beta l}$$

① 선로의 종단을 단락하면 : $Z_R = 0$

$$Z_{ab} = Z_o \cdot \frac{jZ_o \tan \beta l}{Z_o} = jZ_o \tan \beta l = 25$$

② 선로를 개방하면 : $Z_R = \infty$

$$Z_{ab} = Z_o \frac{Z_R + jZ_o \tan \beta l}{Z_o + jZ_R \tan \beta l} = Z_o \frac{1 + j\dfrac{Z_o}{Z_R} \tan \beta l}{\dfrac{Z_o}{Z_R} + j \tan \beta l} = jZ_o \cot \beta l = 100$$

③ 특성 임피던스 $Z_o = \sqrt{(\text{단락 임피이던스}) \times (\text{개방 임피이던스})} = \sqrt{25 \times 100} = 50$ [Ω]

59. 다음 그림에서 a−b로 부터 AB를 본 임피던스는 얼마인가? (단, 선로의 파동 임피던스는 50 [Ω] 이다.)

가. $Z_{ab} = 0$ [Ω]

나. $Z_{ab} = 25$ [Ω]

다. $Z_{ab} = 50$ [Ω]

라. $Z_{ab} = \infty$ [Ω]

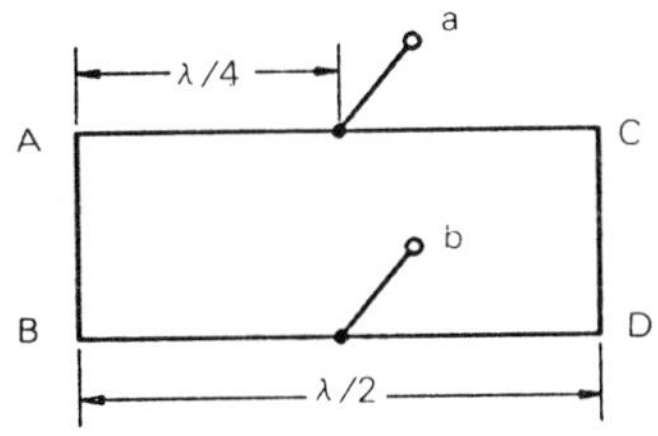

해설 a, b에서 들여다본 임피던스 Z_{ab}

$$Z_{ab} = Z_o \cdot \frac{Z_L + jZ_o \tan \beta l}{Z_o + jZ_L \tan \beta l}$$

단, Z_o : 선로특성 임피던스　Z_L : 부하 임피던스

위 문제에서 $Z = 50$ [Ω], $Z_L = 0$, $\beta = \dfrac{2\pi}{\lambda}$　$l = \dfrac{1}{4}\lambda$ 이므로

$$Z_{ab} = 50 \times \frac{0 + j50 \tan \beta l}{50 + j0 \tan \beta l} = 50 \times \frac{j50 \tan \dfrac{2\pi}{\lambda} \times \dfrac{1}{4}\lambda}{50} = j50 \tan \frac{\pi}{2} = \infty$$

해답 58. 나　59. 라

60. 종단 개방선로(terminated open transmission line)에서 개방단으로부터 $d = \frac{\lambda}{4}$ 지점의 임피던스는?

가. $Z_d = 0$ 나. $Z_d = 1$

다. $Z_d = \pi$ 라. $Z_d = \infty$

해설

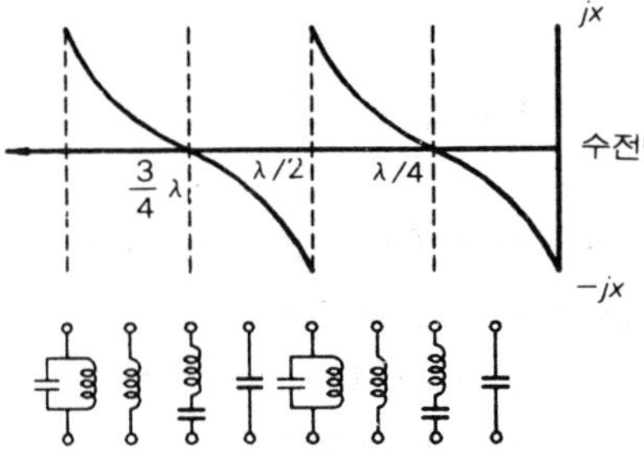

수전단 개방의 경우 임피던스

61. 무손실 전송선로(lossless transmission line)의 끝이 단락(short)된 경우 이 선로의 입력 임피던스는 얼마인가?

가. $Z_i = -jZ_o \tan \beta l$ 나. $Z_i = jZ_o \tan \beta l$

다. $Z_i = jZ_o \cot \beta l$ 라. $Z_i = jZ_o \cot \beta l$

해설 $Z_i = Z_o \dfrac{Z_L + jZ_o \tan \beta l}{Z_o + jZ_L \tan \beta l}$, $Z_l = 0$ 이므로 $Z_i = jZ_o \tan \beta l$

해답 60. 가 61. 나

제 2 장 안테나 이론

2·1 미소 다이폴(dipole)

2·1·1 헬쯔(Hertz)의 다이폴로부터의 방사전계

헬쯔의 다이폴에서 방사되는 전계강도 $\boldsymbol{E}$는

$$\boldsymbol{E} = \frac{\boldsymbol{Il}\,\varepsilon^{-j\beta r}}{4\pi\omega\varepsilon}\left(\frac{1}{jr^3} + \frac{\beta}{r^2} - \frac{\beta}{jr}\right)\sin\theta$$

단, $\boldsymbol{I}$: 헬쯔 발진기의 전류, l : 헬쯔 다이폴의 길이, ω : 각 주파수, $\beta = 2\pi/\lambda$, r : 헬쯔 발진기에서의 거리, θ : 헬쯔 발진기의 축방향과 r의 거리에 있는 점과 이루는 각도

(1) 헬쯔 다이폴에서 발생되는 전자계의 종류

① **정전계** : 전기쌍극자에 의한 전계, 거리의 3승에 반비례해서 감쇠한다.

② **유도계** : 자계에서 Bio-savart 의 법칙을 만족하는 계, 거리의 자승에 반비례하여 감쇠한다.

③ **방사계** : 복사에 기여하는 계, 거리 r에 반비례하여 감쇠한다.

(2) 방사계와 유도계의 세기가 같은 점 : $\beta^2/r = \beta/r^2$의 식에서 $r\beta(r\beta - 1) = 0$ 이 식이 성립하기 위해서는 $r\beta \neq 0$이므로 $r\beta = 1$인 경우이므로

$$r = \frac{\lambda}{2\pi}\ [\mathrm{m}]$$

인 지점에서 유도전계와 방사전계의 세기는 같다.

예제 2-1 유도전계와 방사전계의 세기가 같은 점

헬쯔 다이폴에서 발생되는 유도전계와 방사전계의 세기가 같아지는 점은 헬쯔 다이폴에서 몇 [m] 떨어진 곳인가? 단, 사용주파수는 1 [MHz] 이다.

풀이 유도전계 = 방사전계로 놓으면 $r = \lambda/2\pi$ [m] 가 구해진다. $\lambda = c/f = 3 \times 10^8/10^6 = 300$ [m] 이다.

$$\therefore\ r = \frac{\lambda}{2\pi} = \frac{300}{2\pi} \fallingdotseq 48\ [\text{m}]$$

2·1·2 헬쯔의 미소 다이폴에 의한 방사전계

자유 공간에 놓인 미소 다이폴에 의한 임의의 점 P 의 방사전계 강도의 절대치 E_θ는 다음과 같다.

$$E_\theta = \frac{60\pi Il}{\lambda d} \sin\theta\ [\text{V/m}]$$

여기서 λ = 파장 [m], l = 안테나의 길이 [m] ($\lambda \gg l$), I : 안테나의 전류(실효치) [A], d : 안테나의 중심 O에서 P까지의 거리 [m] ($d \gg \lambda$), θ : 안테나 축에서 P 에의 각도이다. $\sin\theta$를 지향성 계수라 한다.

안테나의 직각 방향인 전계강도 E 는, 즉 $\theta = 90°$ 일 때

$$E = \frac{60\pi Il}{\lambda d}\ [\text{V/m}]$$

2·1·3 방사 전력과 방사 저항

(1) 미소 다이폴의 방사 전력 P_r

미소 다이폴의 방사 전력 P_r은 다음과 같다.

$$P_r = 80\pi^2 I^2 \left(\frac{l}{\lambda}\right)^2 [\text{W}]$$

(2) 미소 다이폴의 방사 저항 R_r

미소 다이폴의 방사 저항 $R_r = P_r/I^2$은 다음과 같다.

$$R_r = 80\pi^2 \left(\frac{l}{\lambda}\right)^2 [\Omega]$$

(3) 방사 전계강도 E_θ와 방사전력 P_r과 관계

$$E_\theta = \frac{60\,\pi}{d}\left(\frac{Il}{\lambda}\right)\sin\theta = \frac{60\,\pi}{d}\sqrt{\frac{P_r}{80\,\pi^2}}\sin\theta = \frac{\sqrt{45\,P_r}}{\mathrm{d}}\sin\theta\,[\mathrm{V/m}]$$

여기서, 단위는 P_r[W], d[m] 이다. 안테나와 직각방향 ($\theta = 90°$) 인 경우 전계강도의 절대치 E는 다음과 같다.

$$E = \frac{60\,\pi Il}{\lambda d} = \frac{\sqrt{45\,P_r}}{d}\,[\mathrm{V/m}]$$

예제 2－2 Hertz dipole의 방사전력과 방사저항

자유공간에 있는 길이 $l = 5$ [m] 의 공중선에 파장 $\lambda = 100$ [m] 의 전류를 공급할 경우 최대 전류가 10 [A] 이다.

(a) 방사저항(R_r)

(b) 방사전력(P_r)

(c) 최대 방사 방향으로 $d = 100$ [km] 떨어진 점에서의 전계강도 E를 구하시오.

풀이 (a) 방사저항 : $R_r = 80\,\pi^2\left(\frac{l}{\lambda}\right)^2 = 80\,\pi^2\left(\frac{5}{100}\right)^2 \fallingdotseq 1.97\,[\Omega]$

(b) 방사전력 : $P_r = 80\,\pi^2 I^2\left(\frac{l}{\lambda}\right)^2 = I^2 R_r = (10)^2 \times 1.97 = 197\,[\mathrm{W}]$

(c) 최대방사방향($\theta = 90°$) 인 경우 전계강도 E :

$$E = \frac{\sqrt{45\,P_r}}{d} = \frac{\sqrt{45 \times 197}}{100 \times 10^3} \fallingdotseq 942\,[\mu\mathrm{V/m}]$$

2·2 선상안테나의 전류분포

2·2·1 전류분포와 고유파장

(1) **전류분포** : 수직접지 안테나의 경우 개방점에서 전류는 영(0)이고, 전압은 최대, 접지점에서는 안테나의 길이 $l = n\lambda/4$ (n 은 홀수) 될 때 전류는 최대, 전압은 최소로 된다.

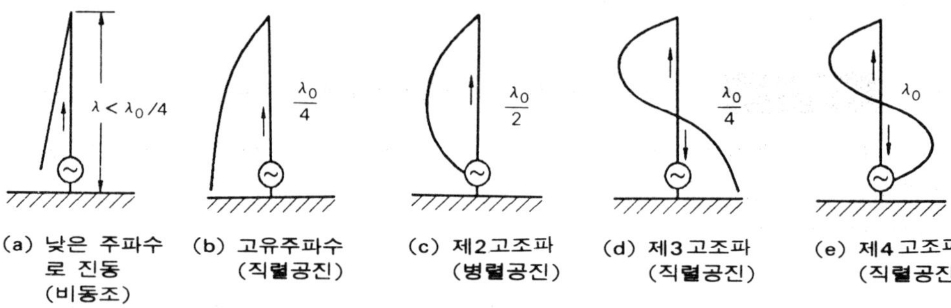

〈그림 2-1〉 높이 l 일정한 수직접지 안테나의 전류분포와 공진

(2) **수직접지 안테나의 고유파장** : 안테나가 공진(직렬공진)하는 파장중에서 가장 긴 파장은 고유파장이라고 하고 $\lambda_0 \fallingdotseq 4l$ 이다.
또, 고유주파수 $f_0 \fallingdotseq (3 \times 10^8) / 4l$ [Hz] 이다.
즉 수직접지 안테나를 기저부에서 여진할 경우 안테나의 공진주파수 중에서 최저의 공진주파수를 고유주파수라 한다.

(3) **반파 다이폴 안테나의 고유파장** : $\lambda_0 = 2l$ 이다.

예제 2-3 고유 파장과 안테나 길이

주파수 7.5 [MHz]를 고유주파수로하는 수직접지 안테나와 반파 다이폴 안테나의 길이를 구하라. 단, 단축율은 무시한다.

풀이 (1) 수직접지 안테나의 길이 : 7.5 [MHz]의 파장 $\lambda = c/f = 3 \times 10^8 / 7.5 \times 10^6 = 40$ [m] 이다.

$l = \lambda / 4 = 40 / 4 = 10$ [m]

(2) 반파 다이폴 안테나의 길이 : $l = \lambda / 2 = 40 / 2 = 20$ [m]

2·2·2 전류 분포의 일반식

급전점 전류 I_0에 임의의 점의 전류 I_x를 나타내면 다음과 같다.

$$I_x = \frac{I_0}{\sin \beta l} \sin \beta (l - x)$$

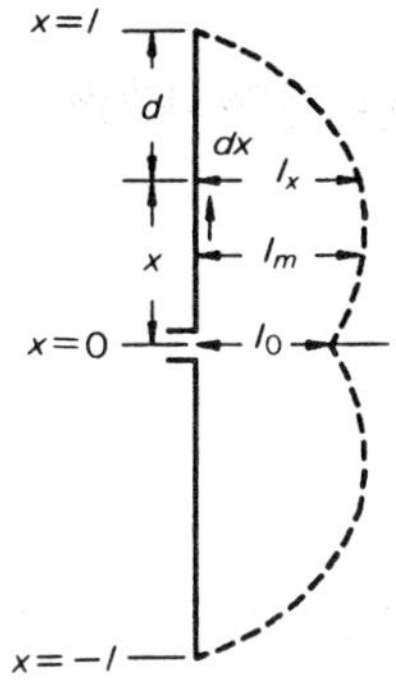

〈그림 2−2〉 직선상 안테나의 전류

반파장 안테나에서는 $2l = \lambda / 2$ 이므로

$$I_x = I_0 \sin\left(\frac{\pi}{2} - \frac{2\pi}{\lambda} x\right) = I_0 \cos \frac{2\pi}{\lambda} x$$

예제 2−4　λ/4 수직접지 안테나의 전류 분포식

주파수 7.5 [MHz] 용의 λ/4 수직접지 안테나가 있다.
기저부의 전류가 5 [A] 일 때 지상 5 [m] 인 점에서의 전류를 구하라.

풀이 λ/4 수직접지 안테나의 기저부 전류 I_0, 지상 x [m] 인 지점에서 전류 I_x는

$$I_x = I_0 \cos \frac{2\pi x}{\lambda}$$

여기서 파장 $\lambda = \frac{c}{f} = \frac{3 \times 10^8}{7.5 \times 10^6} = 40$ [m] 이므로

$$I_x = 5 \times \cos \frac{2\pi \times 5}{40} = 5 \cos \frac{\pi}{4} = 5 \times \frac{1}{\sqrt{2}} \fallingdotseq 2.9 \text{ [A]}$$

예제 2−5　반파 다이폴 안테나의 전류 분포식

15 [m] 의 도선을 반파 다이폴 안테나로서 사용할 때의 주파수와 안테나의 선단에서 2.5 [m] 인 점에서의 전류를 구하라. 단, 파복부의 전류는 5 [A] 이다.

풀이 (1) **주파수 구하기** : 안테나의 고유파장 $\lambda = 2l$ 이므로

$\lambda = 2l = 2 \times 15 = 30$ [m] 이므로 주파수 f는

$$f = \frac{c}{\lambda} = \frac{3 \times 10^8}{30} = 10 \text{ [MHz]}$$

(2) **전류 분포식** : 파복부의 전류를 I_0, 안테나 선단에서 x [m] 인 점에서 전류 I_x는,

$$I_x = I_0 \sin \frac{2\pi x}{\lambda}$$

$$= 5 \times \sin \frac{2\pi \times 2.5}{30} = 5 \sin \frac{\pi}{6} = 5 \times \frac{1}{2} = 2.5 \text{ [A]}$$

2·3 안테나의 전력과 임피던스

2·3·1 안테나계의 전력과 임피던스의 관계

- 안테나 급전점 입력전력 P_f (입력 임피던스 $Z_f = \frac{V}{I_0}$)
  - 유효전력 P_i (입력저항 R_e)
    - 방사전력 P_r (방사저항 R_r)
    - 손실전력 P_l (손실저항 R_l)
  - 무효전력 P_j (입력 리액턴스 jX_e)
    - 안테나에 축적되는 에너지 P_a (안테나 자신의 리액턴스 jX_a)
    - 안테나 주위에 축적되는 에너지 P_s (방사 리액턴스 jX_r)

$P_f = P_i + jP_j = (P_r + P_l) + j(P_a + P_s)$

$Z_f = R_e + jX_e = (R_r + R_l) + j(X_a + X_r)$

$R_e = R_r$(방사저항) + R_l(손실저항)

$X_e = X_r$(방사 리액턴스) + X_a(안테나 자신의 리액턴스)

방사 임피던스 Z_r은 복소전력 P_r에서 다음과 같이 정의 된다.

$$Z_r = R_r + jX_r = \frac{P_r + jP_s}{|I_0|^2}$$

2·3·2 반파장 안테나의 방사 임피던스와 접지 안테나의 실효정수

(1) 반파장 안테나 방사 임피던스 Z_r

$Z_r = 73.13 + j\,42.5\,[\Omega]$

(2) 접지 안테나의 실효 정수

입력 임피던스 Z_f는

$$Z_f = R_e + j\left(\omega L_e - \frac{1}{\omega C_e}\right)[\Omega]$$

R_e : 실효 저항(입력저항) [Ω]

L_e : 실효 임피던스 [H]

C_e : 실효 정전용량 [F]

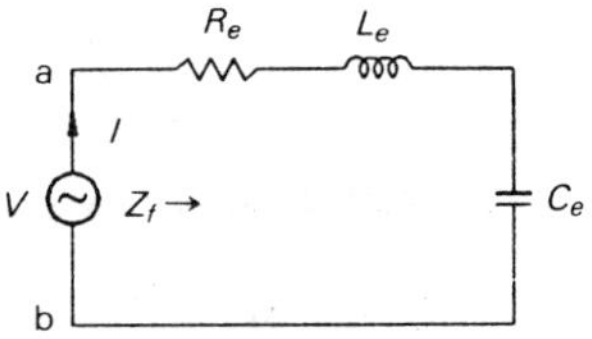

〈그림 2−3〉 접지 안테나의 등가회로

입력 임피던스가 순저항으로 되는 고유 주파수 f_0는

$$f_0 = \frac{1}{2\pi\sqrt{L_e C_e}}$$

2·3·3 안테나의 실효정수와 분포정수와의 관계

안테나의 길이 $l = \lambda/4$의 수직접지안테나에서 분포정수의 저항 R, 분포정수회로의 단위길이의 용량 C, 분포정수의 인덕턴스 L 이라 하면

$$R_e = \frac{1}{2}Rl, \qquad L_e = \frac{1}{2}Ll, \qquad C_e = \frac{8}{\pi^2}Cl$$

로 된다.

2·3·4 안테나의 리액턴스

자유공간에 있는 한줄의 직선도체의 정전용량 C_0, 자기 인덕턴스 L_0는

$$C_0 \fallingdotseq \frac{2\pi\varepsilon_0 l}{\log_e \frac{2l}{d}} \text{ [F]} \qquad L_0 \fallingdotseq \frac{\mu_0 l}{2\pi}\log_e\frac{2l}{d} \text{ [H]}$$

단, l : 안테나 도선의 길이 [m],　　d : 안테나 도선의 직경 [m]

이 C_0와 L_0는 도선에 균일하게 분포하므로 주파수에는 무관계한 값으로 실측할 수는 없다. 이를 안테나의 정전정수라 한다. 분포정수회로의 단위길이에 대한 정전용량 C, 자기 인덕턴스 L 과의 관계는

$$C_0 = lC, \quad L_0 = lL$$

이다. 분포정수회로의 특성 임피던스 Z_0의 정의를 접지 안테나에 적용하여 보면 다음과 같다.

$$Z_0 = \sqrt{\frac{Z}{Y}} \fallingdotseq \sqrt{\frac{L}{C}} = \sqrt{\frac{L_0}{C_0}} = 60\log_e\frac{2l}{d} \fallingdotseq 138\log_{10}\frac{2l}{d} \ [\Omega]$$

2·3·5 안테나의 Q

회로의 선택성 Q 는

$$Q = \frac{\omega_0 L_e}{R_e} = \frac{1}{\omega_0 C_e R_e} = \frac{1}{R_e}\sqrt{\frac{L_e}{C_e}}$$

단, R_e(실효저항) $= R_r$(방사저항) $+ R_l$(손실저항)

$l = \lambda / 4$ 의 수직접지안테나의 $Z_0 \fallingdotseq \sqrt{\frac{L}{C}} = \sqrt{\frac{L_e}{C_e}} \cdot \frac{4}{\pi}$ 이고, 방사저항 $R_r = 36.56$ [Ω] 이므로

$$Q = \frac{1}{R_r}\sqrt{\frac{L_e}{C_e}} = \frac{\pi Z_0}{36.56 \times 4} = \frac{\pi Z_0}{146.24}$$

(1) **Q가 큰 안테나** : Z_0가 큰(직경이 가는 경우) 안테나는 주파수 특성은 급진적이다.

(2) **Q가 작은 안테나** : Z_0가 작은(직경이 굵은 경우, 또는 표면적이 넓은 경우) 안테나는 주파수에 따라 임피던스의 변화가 완만하고 광대역성을 지닌다.

2·3·6 안테나의 손실과 효율

(1) **안테나의 손실 저항** : 손실 전력 P_l을 급전점 전류 I_0(실효치)의 제곱으로 나눈 값 (P_l / I_0^2) 이다.

① **접지 저항** : 접지 안테나에서 손실의 대부분을 차지하는 저항으로 대지와 안테나와의 접촉 저항이다.

② **도체 저항** : 안테나 도선자신의 고주파저항(표피효과의 영향으로 주파수의 평방근에 비례) 및 연장코일 등의 저항이다.

③ **유전체손** : 안테나 지지물이나 안테나 주변의 유도체에 의한 고주파 손실이다.

④ **와전류손** : 안테나 주변의 도체내에 유기되는 고주파 와전류에 의한 손실

⑤ **코로나손, 누전손** : 코로나 방전이나 애자가 고해를 받거나, 더러워지거나, 또한 비등에 의해 절연이 저하하여 새는 전류가 생겨서 손실로 된다.

(2) 안테나의 효율(능률)

$$\eta = \frac{P_r(\text{방사전력})}{P_i(\text{입력전력})} = \frac{I_0^2 R_r}{I_0^2 R_e} = \frac{R_r}{R_r + R_l} \times 100\%$$

2·3·7 연장 코일과 단축 콘덴서

(1) **연장 코일(로오딩 코일)** : 안테나의 고유파장이 사용하는 전파의 파장보다 짧을 때 사용된다.

① 안테나만의 공진주파수 : $f_0 = \dfrac{1}{2\pi\sqrt{L_e C_e}}$

② **연장 코일 L_b를 넣은 경우** : 공진주파수 f로 저하

$$f = \frac{1}{2\pi\sqrt{(L_e + L_b)\,C_e}}$$

로 되어 $f < f_0$이다.

$$L_b = \frac{1}{\omega^2 C_e} - L_e[\text{H}]$$

기저부에 삽입한 인덕턴스 L_b는 공진주파수를 낮게 하여, 안테나를 길게한 것과 같은 값이 되므로 **연장 코일**이라 한다.

(2) **단축 콘덴서** : 안테나를 고유파장(고유 주파수)보다 짧은 파장(또는 높은 주파수)에 공진시키고자 할 때에 사용된다.

연장코일 L_b대신에 정전용량 C_b인 콘덴서를 기저부에 직렬로 삽입하면 공진주파수는

$$f = \frac{1}{2\pi\sqrt{L_e\left(\dfrac{C_eC_b}{C_e + C_b}\right)}} \text{ [Hz]}$$

로 되어 높게 된다. 이 때 안테나를 짧게한 것이 되므로 **단축 콘덴서** 라 한다.

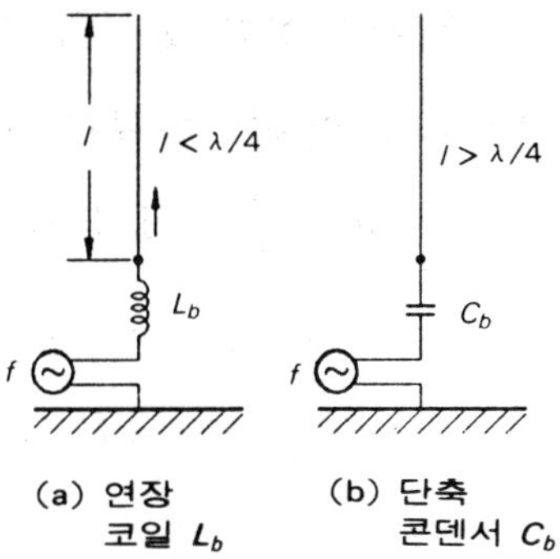

〈그림 2−4〉 베이스 로오딩

예제 2−6 연장 코일의 인덕턴스

역 L 형 안테나의 실효인덕턴스 L_e와 실효정전 용량 C_e를 측정하였더니 $L_e = 10$ [μH] 이고 $C_e = 45$ [pF] 이였다. 이 안테나를 주파수 2.5 [MHz] 의 송신안테나로 사용하기 위해서 필요한 연장 코일의 인덕턴스를 구하라.

풀이 연장 코일의 인덕턴스를 L_b로 하면 안테나의 공진 주파수 f_0는

$$f_0 = \frac{1}{2\pi\sqrt{(L_e + L_b)\,C_e}}$$

따라서, 연장 코일의 인덕턴스 L_b

$$L_b = \frac{1}{4\pi^2 f_0^2 C_e} - L_e$$

$$= \frac{1}{4\pi^2(2500 \times 10^3)^2 \times 45 \times 10^{-12}} - 10 \times 10^{-6}$$

$$\fallingdotseq 80 \text{ [μH]}$$

2·3·8 반파장 안테나의 단축율 δ

반파장 안테나의 단축율 δ는

$$\delta = \frac{42.55}{\pi Z_0} \times 100 \text{ [\%]}$$

단파 안테나에서는 소자의 길이를 사용파장의 1/2 또는 1/4 로 하나 실제로는 이 길이보다 짧게하는데 이 짧게하는 비율을 안테나의 단축율이라고 한다.

2·4 더블렛 안테나의 방사 이론

2·4·1 실효 길이와 최대 방사 전계

(1) $\lambda/2$ 안테나의 실효 길이(effective length) : h_e

$$h_e = \frac{1}{I_0}\int_{-l}^{l} I_x\, dx\ [\text{m}]$$

여기서, dx 상의 전류 $I_x = I_0 \cos\frac{2\pi}{\lambda}x$ [A] 이므로

반파장 안테나의 실효 길이 h_e는 다음과 같다.

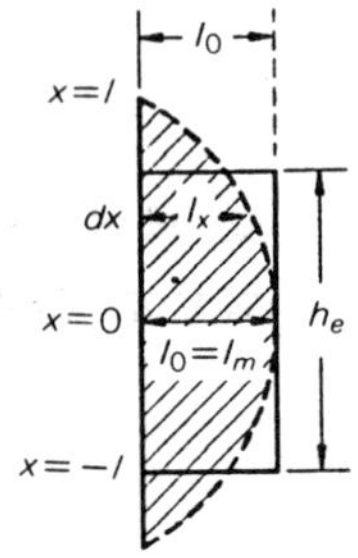

〈그림 2－5〉

$$h_e = \int_{x=-\lambda/4}^{x=\lambda/4} \cos\frac{2\pi}{\lambda}x\ dx = \frac{\lambda}{\pi}$$

(2) $\lambda/2$ 안테나의 방사 전계 : 안테나의 급전점의 전류를 I_0[A] (실효치)라고 할 때 d [m] 지점에서의 반파장 안테나에 의한 방사 전계 강도는 다음과 같다.

$$E = \frac{60\pi I_0 h_e}{\lambda d} = \frac{60 I_0}{d}\ [\text{V/m}]$$

(3) 방사 전력 P_r과 전계강도 E와의 관계

$$E = \frac{7\sqrt{P_r[\text{W}]}}{d\,[\text{m}]}\ [\text{V/m}]$$
$$= \frac{222\sqrt{P_r[\text{kW}]}}{d\,[\text{km}]}\ [\text{mV/m}]$$

예제 2－7 반파장 다이폴 안테나의 실효길이와 방사전계

(1) 주파수 60 [MHz] 인 반파장 다이폴 안테나의 실효길이를 구하라.
(2) 반파장 다이폴 안테나의 파복전류가 3 [A] 일 때 최대 방사방향으로 거리 2 [km] 지점에 생기는 방사 전계강도를 구하라.

풀이 (1) 실효길이 구하기 : 파장 $\lambda = \frac{c}{f} = \frac{3\times10^8}{60\times10^6} = 5$ [m] 이므로 실효길이 h_e는

$$h_e = \frac{\lambda}{\pi} = \frac{5}{\pi} \fallingdotseq 1.6\ [\text{m}]$$

(2) 방사 전계강도

$$E = \frac{60 I_0}{d} = \frac{60\times3}{2\times10^3} = 90\times10^{-3}\ [\text{V/m}]$$

2·4·2 지향 특성

(1) **지향 계수** : 보통 최대 방사방향의 값을 1로하여 상대적인 강도를 나타낼 때 이를 지향계수라고 한다.

$$\text{지향 계수 } D(\theta) = \frac{E_\theta\,(\theta \text{ 방향의 전계강도})}{E\,(\text{최대방사 방향 전계강도})}$$

(2) 미소 다이폴의 지향성

① 수직면 지향성 : $D(\theta) = \sin\theta$

② 수평면 지향성 : $D(\phi) = 1$

(3) 반파장 안테나의 지향성

① 수직면 지향성 : $D(\theta) = \dfrac{\cos\left(\dfrac{\pi}{2}\cos\theta\right)}{\sin\theta}$

② 수평면 지향성 : $D(\phi) = 1$

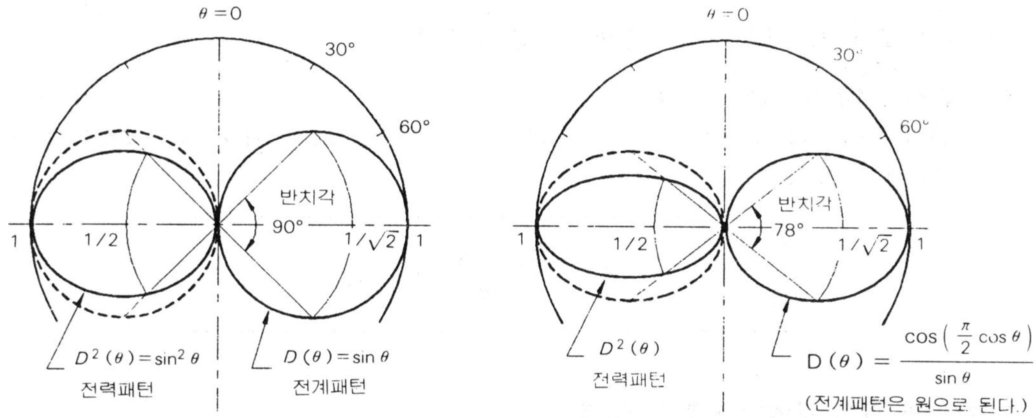

(a) 미소 다이폴 (b) 반파장 안테나

〈그림 2-6〉 지향 특성

(4) 반치각과 전방대 후방비

① **반치각** : 주엽(main lobe)의 최대 방사 방향에서 -3dB(전력밀도 1/2, 전계강도 $1/\sqrt{2}$)로 되는 값을 갖는 각도, 지향 특성의 첨예도를 나타낸다.

② **전방대 후방비(FB비 − front to back ratio)**

$$\text{FB비} = 20\log_{10}\frac{E_f\,(\text{전방의 전계강도 : 주엽})}{E_b\,(\text{후방의 전계강도 : 부엽})}\ [\text{dB}]$$

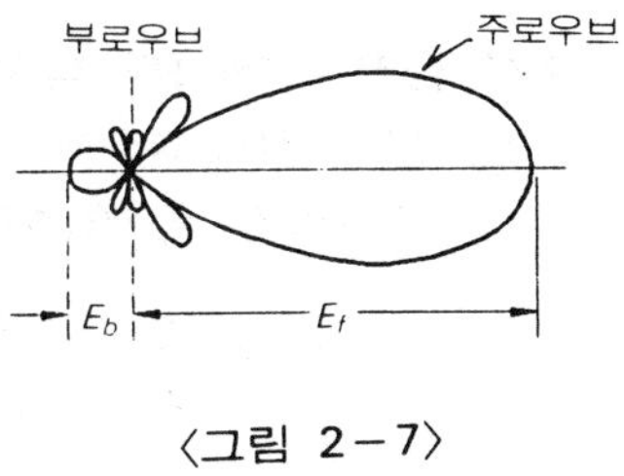

〈그림 2-7〉

2·5 접지 안테나의 방사이론

2·5·1 실효 높이(실효고) 구하기

(1) λ/4 수직 접지 안테나의 실효고

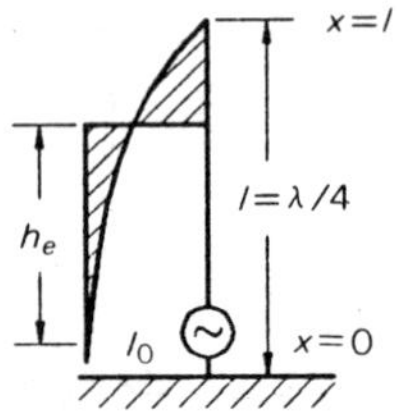

〈그림 2−8〉

$$h_e = \frac{1}{I_0}\int_0^{l=\lambda/4} I_x dx$$

$$\left(I_x = I_0 \cos\frac{2\pi}{\lambda}x\right)$$

$$= \frac{\lambda}{2\pi}\left[\sin\frac{2\pi}{\lambda}x\right]_0^{\lambda/4} = \frac{\lambda}{2\pi}$$

(2) 역 *L* 형 접지 안테나의 실효고

수직 부분의 길이가 l_1, 수평 부분의 길이가 l_2이고, $l_1 + l_2 = \lambda/4$ 일 때 실효고는 다음과 같다.

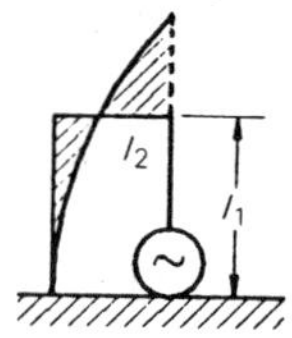

〈그림 2−9〉

$$h_e = \frac{\lambda}{2\pi}\cos\frac{2\pi}{\lambda}l_2$$

2·5·2 방사 전계, 방사 전력 및 방사 저항

(1) 접지 안테나의 방사 전계

접지 안테나의 급전점의 전류 I_0[A], 실효고가 h_e[m] 일 때 *d* [m] 지점의 방사 전계 *E* 는 다음과 같다.

$$E = \frac{120\pi I_0 h_e}{\lambda d}\ [\mathrm{V/m}]$$

(2) λ/4 접지 안테나의 방사 전계

λ/4 수직 접지 안테나의 실효고 $h_e = \lambda/2\pi$ 이므로 방사 전계 *E* 는 다음과 같다.

$$E = \frac{60 I_0}{d}\ [\mathrm{V/m}]$$

(3) 접지 안테나의 방사 전력과 방사 저항

① **방사 전력** : 반파장 안테나의 방사전력을 P_0[W] 라고 하면 λ/4 접지 안테나의 방사전력은 $P_0/2$ [W] 이다.

$$P_r = \frac{P_0}{2} = \frac{73.13 I_0^2}{2} = 36.56 I_0^2\ [\mathrm{W}]$$

② **방사 저항** : 반파장 안테나의 방사저항 약 73 [Ω] 의 반이다.

$$R_r = 36.56\,[\Omega]$$

(4) 방사 전력 P_r과 전계 강도 E와의 관계

$$E = \frac{60}{d} I_0 = \frac{60}{d}\sqrt{\frac{P_r}{36.56}} = \frac{9.9\sqrt{P_r}}{d} = \frac{7\sqrt{P_r}}{d} \times \sqrt{2}$$

즉, 동일 방사 전력의 반파장 안테나에 비하여 전계 강도는 $\sqrt{2}$ 배이다.

$$\boxed{E = \frac{60}{d} I_0 = \frac{9.9\sqrt{P_r[\mathrm{W}]}}{d\,[\mathrm{m}]}\,[\mathrm{V/m}]}$$

단위를 P_r[kW], d [km], E [mV/m] 로 나타내면

$$E = \frac{313\sqrt{P_r[\mathrm{kW}]}}{d\,[\mathrm{km}]}\,[\mathrm{mV/m}]$$

이 된다.

예제 2-8 $\lambda/4$ 수직접지 안테나의 실효고와 방사전계

(1) 주파수 1 [MHz] 용인 $\lambda/4$ 수직접지 안테나의 실효길이를 구하라.

풀이 파장 $\lambda = \dfrac{c}{f} = \dfrac{3 \times 10^8}{1 \times 10^6} = 300\,[\mathrm{m}]$ 이므로

실효고 $h_e = \dfrac{\lambda}{2\pi} = 300/2\pi \doteqdot 48\,[\mathrm{m}]$ 이다.

(2) $\lambda/4$ 수직접지 안테나의 기저부 전류가 3 [A] 일 때 5 [km] 떨어진 지점에 생기는 전계강도를 구하라. 단, 대지는 완전도체이며 평면이다.

풀이 전계강도 E는

$$E = \frac{120\pi I_0 h_e}{\lambda d} = \frac{60 I_0}{d} = \frac{60 \times 3}{5 \times 10^3} = 36\,[\mathrm{mV/m}]$$

예제 2-9 방사전력과 전계강도의 관계

$\lambda/4$ 수직접지 안테나에서 20 [kW] 의 전력을 방사하고 있을 때 15 [km] 의 지점에 생기는 전계강도를 구하라. 단, 대지는 완전도체이다.

풀이 전계강도 E는,

$$E = \frac{9.8\sqrt{P}}{d} = \frac{9.8\sqrt{20 \times 10^3}}{15 \times 10^3} \doteqdot 0.91 \times 10^{-1}\,[\mathrm{V/m}]$$

2·6 안테나의 이득

2·6·1 안테나 이득의 정의

(1) **이득의 정의** : 안테나의 이득(전력 이득)이란 어떤 안테나를 송신 또는 수신에 사용했을 경우에 어떤 방향(보통 최대 방사 전력)에 얼마만큼의 전력을 내 보내고, 흡수하는가를 정한 기준을 안테나와 비교한 것이다.

$$G = \frac{E^2/P}{E_0^2/P_0} = \left(\frac{E}{E_0}\right)^2_{P=P_0} = \left(\frac{P_0}{P}\right)_{E=E_0}$$

이득을 dB표시로 하면

$$G\,[\text{dB}] = 10\log_{10}G = 20\log_{10}\frac{E}{E_0} + 10\log_{10}\frac{P_0}{P}$$

(2) **이득의 종류**

① **상대이득(G_h)** : 반파장 안테나(무손실로 간주되는 것)에 대한 전력이득, 선상 안테나에 주로 사용.

② **절대이득(G_a)** : 등방성 안테나(isotropic antenna)에 대한 전력이득

③ **지상이득(G_v)** : 단소 수직 안테나(완전도체면의 $\lambda/4$ 보다 대단히 짧은 무손실 접지 안테나)에 대한 전력이득

(3) **상대이득, 절대이득에 의한 전계강도의 표시**

① **절대이득 G_a에 의한 표시** : 등방성 안테나를 기준으로 한다.

어떤 점의 전력강도 W(포인팅 전력)은

$$W = \frac{E_0^2}{120\pi} = \frac{P_0}{4\pi r^2}\ [\text{W/m}^2]$$

등방성 안테나에서 거리 r[m]인 점의 전계 강도 E_0는

$$E_0 = \frac{\sqrt{30P_0}}{r}\ [\text{V/m}]$$ 단, P_0 : 방사전력[W], r : 거리[m]

$$G_a = \left|\frac{P_0(\text{등방성 안테나의 입력전력})}{P(\text{임의의 안테나의 입력전력})}\right|_{E=E_0}$$

따라서, 임의의 안테나의 거리 r[m]에서의 전계강도는

$$E = \frac{\sqrt{30\,G_aP\,[\text{W}]}}{r\,[\text{m}]}\ [\text{V/m}]$$

② **상대이득 G_h에 의한 표시** : 반파장 안테나를 기준으로 한다.
반파장 안테나의 전계강도 E는

$$E = \frac{7\sqrt{P_r[\mathrm{W}]}}{r[\mathrm{m}]} [\mathrm{V/m}]$$ 에서

$$E_0 = \frac{\sqrt{49.2 P_0}}{r} [\mathrm{V/m}]$$ 에 대응시켜서 $E = E_0$일 때 $P_0 = G_h P$이다.

$$E = \frac{\sqrt{49.2\, G_h P}}{r} \approx \frac{7\sqrt{G_h p}}{r} [\mathrm{V/m}]$$

P : 임의의 안테나의 입력전력 $(= P_r / \eta)$ [W]
r : 안테나에서의 거리 [m]

임의의 안테나의 $G_h P$는 기준 안테나의 방사전력 P_0에 대응하므로 $G_h P$를 **실효 방사전력**(effective radiation power) 이라 한다.

$$E = \frac{\sqrt{30\, G_a P}}{r} = \frac{\sqrt{49.2\, G_h P}}{r}$$

절대이득 G_a와 상대이득 G_h의 관계는

$$G_a = 1.64\, G_h$$
$$G_a[\mathrm{dB}] = G_h[\mathrm{dB}] + 2.15\,[\mathrm{dB}]$$

(4) 이득과 실효길이와 방사저항의 관계

상대이득 G_h는

$$G_h = \frac{P_0}{P} = \eta\left(\frac{\pi h_e}{\lambda}\right)^2 \frac{73.13}{R_r}$$

안테나 효율 $\eta = 1$이면 $G_h = \left(\frac{\pi h_e}{\lambda}\right)^2 \frac{73.13}{R_r}$ 이므로

실효길이 h_e는

$$h_e = \frac{\lambda}{\pi}\sqrt{G_h}\sqrt{\frac{R_r}{73.13}} [\mathrm{m}]$$

또 임의의 안테나의 전계강도 E는

$$E = \frac{60\pi h_e}{\lambda r}\sqrt{\frac{P_r}{R_r}} = \frac{\sqrt{49\,G_h P}}{r} = \frac{\sqrt{30\,G_a P}}{r}$$

절대이득 G_a는 안테나 효율 $\eta = 1$ 이면 $G_a = \frac{120}{R_r}\left(\frac{\pi h_e}{\lambda}\right)^2$ 이므로 실효길이 h_e는

$$h_e = \frac{\lambda}{\pi}\sqrt{G_a}\sqrt{\frac{R_r}{120}}\ [\mathrm{m}]$$

2·7 수신 안테나

2·7·1 수신개방전압, 수신전력, 안테나 이득

(1) **수신개방전압** : 급전점에 해당하는 단자를 개방하고, 도래전계에 평행으로 놓았을 때 개방단자에 유기되는 개방전압 V_0는

$$V_0 = h_e E \text{ [V]}$$

단, h_e[m], E[V/m] 이다.

또 편파면이 안테나와 동일평면상에 있고, 전파의 도래방향이 θ일 때의 개방전압 V는, 그 안테나의 지향계수 $D(\theta)$를 고려해서

$$V_\theta = V_0 D(\theta) = h_e E \cdot D(\theta)$$

(2) **수신 전력** : 수신안테나에서 부하에 나오는 전력 P는

$$P = I^2 R_L = \frac{V_0^2 R_L}{(R + R_L)^2 + (X + X_L)^2}$$

단, $Z = R + jX$, $Z_L = jX_L$

이것을 최대로 하려면 부하 임피던스 Z_L를 안테나 입력 임피던스 Z와 공역정합시키면 수신 최대 유효 전력 P_a를 구할 수 있다.

$$P_a = \frac{V_0^2}{4R} \text{ [W]}$$

이 때의 부하단자전압 V_L은

$$V_L = \sqrt{RP_a} = \frac{V_0}{2}$$

(3) **수신 안테나의 이득 G** : 수신 안테나의 이득 G는 전계강도 E인 어떤 일정한 수신지점에 있어서, 임의의 안테나의 수신최대 유효전력 P_a와, 기준 안테나가 부하에 공급하는 수신최대 유효전력 P_{0a}와의 비로 정의한다.

$$G = \frac{P_a}{P_{0a}}$$

지금 실효길이 h_e, 방사저항 R_r의 (수신) 안테나를 전계강도 E[V/m]인 공간에 놓았을 때의 유효전력은 $P_a = \dfrac{(Eh_e)^2}{4R_r}$, 반파장 안테나의 유효전력은 $R_r = 73.13$, 실효길이는 $h_e = \dfrac{\lambda}{\pi}$ 이므로

$$P_{0a} = \frac{\left(E\frac{\lambda}{\pi}\right)^2}{4 \times 73.13}$$ 로 되어, 상대이득 G_h는

$$G_h = \frac{(Eh_e)^2 / 4R_r}{\left(E \cdot \frac{\lambda}{\pi}\right)^2 / 4 \times 73.13}$$

이다. 실효 길이 h_e는

$$h_e = \frac{\lambda}{\pi}\sqrt{G_h}\sqrt{\frac{R_r}{73.13}} = \frac{\lambda}{\pi}\sqrt{G_a}\sqrt{\frac{R_r}{120}}$$

2·7·2 안테나의 실효면적

(1) 정　　의 : 전자 혼의 개구면에서, 정면에서의 도래전파를 수신하여, 그 에너지를 전부 부하쪽으로 전송했다고 하면, 이 안테나가 흡수한 수신최대 유효전력 P_a는

$$P_a = A \cdot W \,[\mathrm{W}]$$

단, A : 안테나의 실제의 개구면적 $[\mathrm{m}^2]$
　W : 도래전파의 포인팅 전력 $[\mathrm{W/m}^2]$

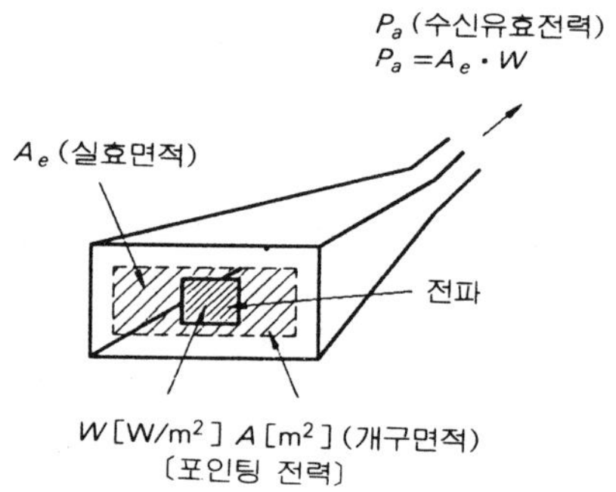

〈그림 2-10〉 전자 혼

실제로는 개구면상의 전계분포가 균일하지 않으면 안테나에서의 반사, 손실, 산란등에 의해, 유효전력 P_a는 도래전파의 단면적 $A_e[\mathrm{m}^2]$ 내에 운반되어 있는 전력과 같다고 하면, A_e는 A 보다 작게 된다. A_e는 **실효면적** 혹은 **수신유효면적**이라고 한다.

$$A_e \fallingdotseq \frac{P_a}{W}\,[\mathrm{m}^2]$$

(2) 실효면적 A_e와 실제의 개구면적 A 와의 관계 : $A_e = \eta_a A$

여기서 η_a인 계수를 **구개(면) 효율** 혹은 **이득계수** 라 하고, 개구면을 가진 마이크로파 안테나 등에서는 $\eta_a = A_e / A = 0.4 \sim 0.8$ 정도이다.

(3) 개구면이 있는 안테나의 실효면적과 절대이득의 관계

포인팅 전력 $W = E^2/120\pi$ 이고 수신유효전력 P_a

$$P_a = \frac{E^2}{4R_r} \cdot \left(\frac{\lambda}{\pi}\right)^2 \frac{G_a R_r}{120} = \frac{\lambda^2}{4\pi}\ \frac{G_a}{120\pi}\ E^2\,[\mathrm{W}]$$

이므로, 실효면 A_e와 절대이득 G_a와의 관계는 $P_a = A_e W$에서

$$G_a = \frac{4\pi}{\lambda^2} A_e = \frac{4\pi}{\lambda^2} \eta_a A$$

(4) **회전 포물선 안테나의 경우** : 개구직경 D[m], 파장 λ[m], 개구면 효율 η_a, 절대이득 G_a 인 안테나의 경우는 $A = \pi (D/2)^2$에서 G_a는 다음과 같다.

$$G_a = \eta_a \left(\frac{\pi D}{\lambda} \right)^2$$

따라서 파장이 일정하면 이득과 실효면적은 비례한다.

(5) **선상 안테나의 실효면적** : 실효면적 A_e를 실효길이 h_e와 방사저항 R_r로 표시하면

$$A_e = \frac{P_a}{W} = \frac{\dfrac{(Eh_e)^2}{4R_r}}{\dfrac{E^2}{120\pi}} = \frac{30\pi}{R_r} h_e^2$$

실효길이 $h_e = \frac{\lambda}{\pi} \sqrt{G_h} \sqrt{\frac{R_r}{73.13}}$ 이므로 상대이득 G_h, 파장 λ[m]가 주어진다.
안테나가 정합이 취해져 있을 때 실효면적은

$$A_e = 0.13\, G_h \cdot \lambda^2 [\mathrm{m}]$$

(6) 예 : 손실이 없는 선상안테나의 실효면적

① **반파장 안테나** : $R_r = 73.13$, $h_e = \lambda / \pi$ 또는 $G_h = 1$ 에서

$$A_e = 0.13\lambda^2 \fallingdotseq \frac{\lambda}{2} \times \frac{\lambda}{4} [\mathrm{m}^2]$$

② **미소 다이폴(dipole)** : 파장에 비해 길이가 충분히 짧고 전류분포가 균일한 안테나에서 방사저항

$$R_r = 80\pi^2 \left(\frac{l}{\lambda} \right)^2, \; h_e = l$$

이므로

$$A_e = \frac{3}{8\pi} \lambda^2 = 0.119\, \lambda^2 [\mathrm{m}^2]$$

출 제 예 상 문 제

1. 헬쯔 더블렛트 안테나에 고주파 전류가 흐르면 전파가 발생한다. 이 안테나 부근에서 가장 주가되는 성분부터 차례로 쓴 것은?

가. 복사계, 유도계, 정전계　　나. 유도계, 정전계, 복사계

다. 정전계, 유도계, 복사계　　라. 복사계, 정전계, 유도계

해설 헬쯔 발진기에서 방사되는 전계강도 (E_θ)

$$E_\theta = j\left(\frac{60\pi Il}{\lambda d}\right)\left\{1 + \frac{1}{j\beta d} - \frac{1}{(\beta d)^2}\right\}\sin\theta$$

(1) 제 1 항 : 거리 d에 대해 $1/d$에 비례하는 항으로 복사계(radiation field)라고 한다.

(2) 제 2 항 : $1/d^2$에 비례하는 항으로 유도계(induction field)라고 한다.

(3) 제 3 항 : $1/d^3$에 비례하는 항으로 정전계(electrostatic field)라고 한다.

즉, 안테나 중심으로 부터 멀어짐에 따라 정전계 및 유도계는 급격히 감쇠하지만 복사계는 먼거리에 까지 감쇠가 비교적 적어서 무선통신에 실용된다.

2. 다음은 전류소자로부터 발생하는 전계를 나타낸 식이다. (　)속의 어느 항이 전자파로서 방사되는가?

$$E = K\left(\frac{1}{r} + \frac{1}{j\beta r^2} - \frac{1}{\beta^2 r^3}\right)$$

여기서 K는 비례상수 r은 전류소자로 부터의 거리 β는 위상정수이다.

가. 제 1 항　　나. 제 2 항

다. 제 3 항　　라. 제 4 항

3. 정전계와 방사전계의 크기가 같아지는 점은?

가. λ　　나. 3.14λ　　다. $\lambda/2$　　라. 0.16λ

해설 정전계와 복사전계 및 복사전계와 유도전계가 같아지는 거리(d)

$$d = \frac{\lambda}{2\pi} = 0.16\lambda$$

이 지점을 경계로 해서 이 지점보다 가까우면 정전계와 유도전계가 지배적이고 먼곳에서는 복사전계가 지배적이다. 즉, 가까운 거리에서는

정전계 > 유도전계 > 복사전계

가 된다.

4. 정전계와 방사전계의 크기가 같아지는 것은 송신 안테나에서 몇 m 떨어진 지점에서인가? (단, λ : 파장)

가. λ[m]　　나. $\pi\lambda$[m]

다. $\frac{\lambda}{\pi}$[m]　　라. $\frac{\lambda}{2\pi}$[m]

해답 1. 다 2. 가 3. 라 4. 라

5. 원거리 통신에 이용될 수 있는 것은 어느 성분인가?

가. 정전계 나. 유도계
다. 복사계 라. 스칼라계

6. 주파수 1[MHz]에 대한 전기적 미소 dipole의 방사전계가 그 정전계보다 이론상 커지는 것은 송신안테나에서 얼마만큼 떨어진 곳에서 부터인가?

가. 약 50[m] 나. 약 100[m]
다. 약 150[m] 라. 약 300[m]

해설 정전계=방사전계가 되는 거리 $d = \lambda / 2\pi$ 이다.

$$\lambda = \frac{c}{f} = \frac{3 \times 10^8}{1 \times 10^6} = 300\,[\text{m}]$$

$$d = \frac{\lambda}{2\pi} = \frac{300}{2\pi} = \frac{150}{\pi} \fallingdotseq 48\,[\text{m}]$$

7. 다음 중 틀린 것은?

가. 정전계와 유도전계가 같아지는 거리는 0.16λ이다.
나. UHF란 파장이 10[cm] ~ 100[cm]인 범위를 말한다.
다. 복사전계의 크기는 파장에 비례한다.
라. 정전계에 수반하는 자계는 없다.

해설 복사전계의 크기는 거리에 반비례 한다.

8. 작은 루−프(small loop) 안테나에 의한 복사전계세기는?
(단, 루−프의 면적은 A이다.)

가. $E = \frac{60\pi^2}{r} \cdot \frac{IA}{\lambda} \sin\theta$ 나. $E = \frac{120\pi^2}{r} \cdot \frac{IA}{\lambda^2} \sin\theta$

다. $E = \frac{60\pi}{r} \cdot \frac{IA}{\lambda^2} \sin\theta$ 라. $E = \frac{120\pi}{r} \cdot \frac{IA}{\lambda^2} \sin\theta$

해설 **미소 루프 안테나의 방사** : 면적 A인 루프에 전류 I가 흐르는 미소 루프안테나에서의 전계와 자계를 나타낸다.

$$E_\phi = \frac{120\pi^2 [\text{I}] \sin\theta}{r} \cdot \frac{A}{\lambda^2}$$

$$H_\theta = \frac{\pi [\text{I}] \sin\theta}{r} \cdot \frac{A}{\lambda^2}$$

9. 자유공간에 헬쯔 쌍극자에 의한 임의의 점 P의 전계강도 E는? (단, I는 쌍극자전류, d는 거리, θ는 적도면과 이루어지는 각도, l은 길이, λ는 파장, 단위는 [MKS])

가. $E = \frac{60\pi Il}{\lambda d} \sin\theta\,[\text{V/m}]$ 나. $E = \frac{60\pi Il}{\lambda d} \cos\theta\,[\text{V/m}]$

다. $E = \frac{60 Il}{\lambda \pi d} \cos\theta\,[\text{V/m}]$ 라. $E = \frac{60\pi Id}{\lambda l} \cos\theta\,[\text{V/m}]$

해답 5. 다 6. 가 7. 다 8. 나 9. 가

해설 안테나와 직각 ($\theta = 90°$) 방향에서 전계강도의 절대치 E는

$$E = \frac{60\pi Il}{\lambda d}\ [\text{V/m}]$$

10. 안테나 개구면의 전류밀도를 J라 할 때 거리 r인 점의 자계 벡터포텐셜(Vector potential) A는?

가. $\frac{\varepsilon}{4\pi}\int \frac{Je^{-jkr}}{r} ds$　　나. $\frac{\mu}{4\pi}\int \frac{Je^{-jkr}}{r} ds$

다. $\frac{1}{4\pi\mu}\int \frac{Je^{-jkr}}{r} ds$　　라. $\frac{1}{4\pi\varepsilon}\int \frac{Je^{-jkr}}{r} ds$

해설 거리 r 떨어진 점 $p(r, \theta, \phi)$에서의 전계 및 자계는 전계 벡터 포텐셜 F 및 자계 벡터 포텐셜 A를 사용하여 결정할 수 있다.

(1) **자계벡터 포텐셜 A** : s는 개구면적이고 J는 개구면의 자계에 의한 전계표면 전류밀도이다.

$$A = \mu \int \frac{Je^{-jkr}}{4\pi r} ds \qquad \text{단, } J = n \times H$$

n은 개구면 s의 단위 수직벡터이다.

(2) **전계 벡터 포텐셜 F** : M은 개구면의 전계에 의한 자계 표면 전류 밀도이다.

$$F = \varepsilon \int \frac{Me^{-jkr}}{4\pi r} ds \qquad \text{단, } M = -n \times E$$

11. 길이 3×10^{-2}[m]의 Hertz 쌍극자에 주파수 1,000[MHz] 실효치 5[A]의 전류가 흐르고 있다. $\theta = 90°$의 방향, 거리 100[km] 지점의 전계 강도는?

가. 0.0944[mV/m]　　나. 0.94[mV/m]

다. 0.47[mV/m]　　라. 0.047[mV/m]

해설 Hertz 미소 다이폴에 의한 방사전계

$$E_\theta = \frac{60\pi I_0 l}{\lambda r}\sin\theta = \frac{60\times3.14\times5\times3\times10^{-2}}{0.3\times10^5} \fallingdotseq 0.944\ [\text{mV/m}]$$

12. 그림과 같이 미소 다이폴에 의한 θ방향의 복사전계 E_θ는 복사가 최대인 방향의 복사전계를 E_o라 할 때 어떻게 표현되어야 하는가?

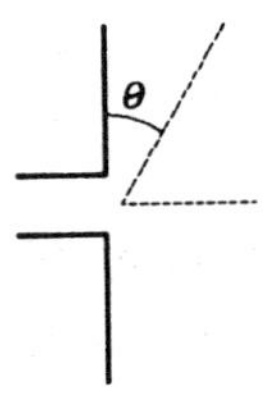

가. $E_o \cos\left(\frac{\pi}{2}\cos\theta\right)/\sin\theta$

나. $E_o \sin(\cos\theta)/\cos\theta$

다. $E_o \sin\theta$

라. $E_o \cos\theta$

해설 미소 다이폴의 전계강도 $E = \frac{60\pi I_0 l}{\lambda r}\sin\theta = E_o \sin\theta$

해답 10. 나　11. 나　12. 다

13. 다음 그림에서 미소 다이폴로 부터 복사되는 전계의 세기는?
(단, r는 아주 먼 거리이다)

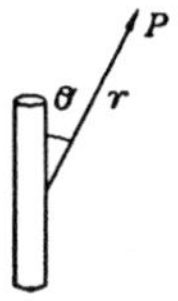

가. $\sin\theta$에 비례한다.
나. $\cos\theta$에 비례한다.
다. $\sin^2\theta$에 비례한다.
라. $\cos^2\theta$에 비례한다.

14. 헬쯔 다이폴(Hertz dipole)의 길이 1 [m] 사용파장 λ[m], 안테나에 공급되는 전류를 I[A] 라고 할 때, 전 방사전력 P[W] 는?

가. $P = 80\pi^2(Il/\lambda)^2$　　나. $P = 80\pi^2(\lambda I/l)^2$
다. $P = 60\pi^2(\lambda I/l)$　　라. $P = 60\pi^2(Il/\lambda)^2$

해설 poynting 법칙에 의한 복사전력(P)

$$W = EH = \frac{E^2}{120\pi} = \frac{1}{120\pi}\left(\frac{60\pi\cdot I\cdot l}{\lambda d}\right)^2$$

$$P = \int_0^{2\pi} d\phi \int_{\pi/2}^{-\pi/2} [E \times H]\, r^2 \sin\theta\, d\theta = 80\pi^2\left(\frac{I\cdot l}{\lambda}\right)^2 [\mathrm{W}]$$

15. 파장 100 [m] 실효높이 50 [m] 인 공중선에 10 [A] 의 전류가 흐를 때 이로부터 복사되는 전 전력은?

가. 19.74 [kW]　　나. 25.43 [kW]
다. 16.52 [kW]　　라. 22.4 [kW]

해설 안테나로 복사되는 전력

$$P_r = 80\pi^2\left(\frac{50}{100}\right)^2 \times \frac{1}{4} \times 10^2 = 80\pi^2 \times \frac{1}{4} \times 10^2 ≒ 19.74\,[\mathrm{kW}]$$

16. 공중선의 복사저항을 계산하는 식은? (단, λ : 파장, l : 공중선 길이)

가. $80\pi^2\left(\frac{l}{\lambda}\right)^2$　　나. $80\pi\left(\frac{l}{\lambda}\right)^2$　　다. $80\pi^2\left(\frac{l}{\lambda}\right)$　　라. $80\left(\frac{l}{\lambda}\right)^2$

해설 헬쯔 다이폴에 대한 복사저항

$$R_r = \frac{P_r}{I^2} = 80\pi^2\left(\frac{l}{\lambda}\right)^2$$

17. 길이 3 [cm] 의 헬쯔 다이폴에 주파수 1000 [MHz], 5 [A] 의 전류를 흘렸을 때 방사전력은 얼마인가?

가. 10 [W]　　나. 19.7 [W]
다. 100 [W]　　라. 197 [W]

해설 헬쯔 다이폴의 방사전력 P_r

$$P_r = 80\pi^2 I^2\left(\frac{l}{\lambda}\right)^2 [\mathrm{W}] = 80\pi^2 \cdot 5^2\left(\frac{0.03}{0.3}\right)^2 = 197\,[\mathrm{W}]$$

$$\lambda = \frac{c}{f} = \frac{3\times10^8}{1000\times10^6} = 0.3\,[\mathrm{m}]$$

해답 13. 가　14. 가　15. 가　16. 가　17. 라

18. 미소 다이폴 안테나에서 발생된 전계강도를 계산하는 식은? (P_r : 급전 전력, r : 안테나로 부터 떨어진 거리)

가. $\dfrac{7\sqrt{P_r}}{r}$　　　　나. $\dfrac{7\sqrt{45P_r}}{r}$

다. $\dfrac{49\sqrt{R_r}}{r}$　　　　라. $\dfrac{\sqrt{45P_r}}{r}$

해설 미소 다이폴 안테나에서 발생된 전계강도

$$E = \frac{60\pi}{r}\left(\frac{Il}{r}\right) = \frac{60\pi}{r}\sqrt{\frac{P_r}{80\pi^2}} = \frac{\sqrt{45P_r}}{r} = \frac{6.7\sqrt{P_r}}{r}\ [\text{V/m}]$$

19. 자유공간에 놓인 미소 다이폴(dipole)에 의한 임의의 점에서 전계강도를 나타내는 식은?

가. $\dfrac{\sqrt{45P_r}}{r}$ [V/m]　　　　나. $\dfrac{\sqrt{49P_r}}{r}$ [V/m]

다. $\dfrac{\sqrt{30P_r}}{r}$ [V/m]　　　　라. $\dfrac{9.8\sqrt{P_r}}{r}$ [V/m]

해설 ① 미소 다이폴(Hertz dipole) 전계강도 : $E = \dfrac{6.7\sqrt{P_r}}{r}$

② 반파장 다이폴 전계강도 : $E = \dfrac{7\sqrt{P_r}}{r}$

③ λ/4 수직접지 전계강도 : $E = \dfrac{9.9\sqrt{P_r}}{r}$

20. 안테나를 공진시켰을 때의 전류분포를 그린 것이다. 틀린 것은? 단, λ는 여진 파형이다.

가. 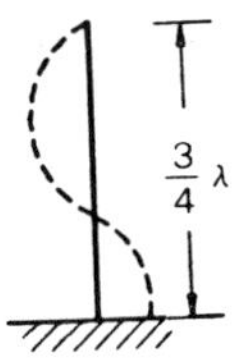

나. 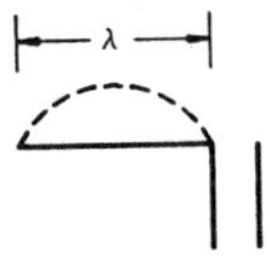

다. 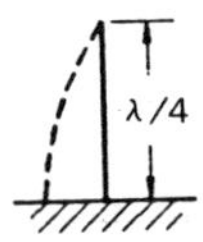

라. 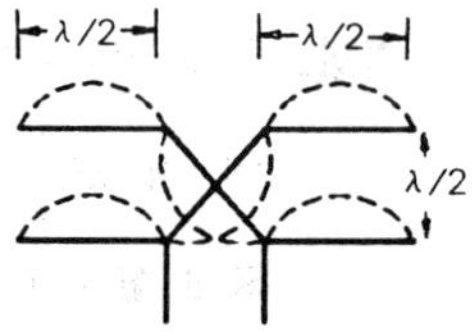

해설

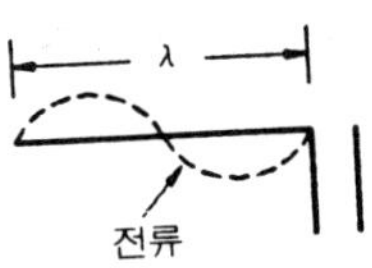

---

21. 다음 〈보기〉의 안테나를 공진시켰을 때의 전압분포상태를 표시한 것으로 옳은 것은?
(단, λ는 여진파형이다.)

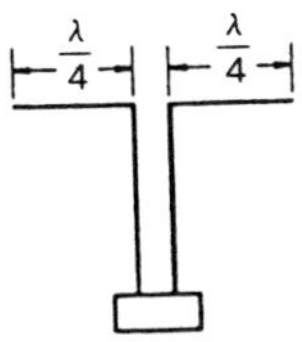

가. 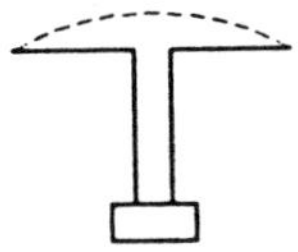 나. 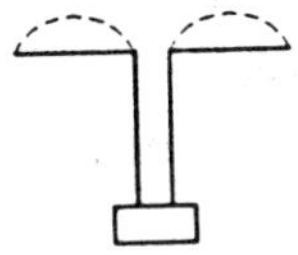

다. 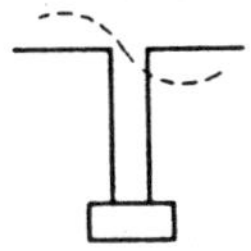 라. 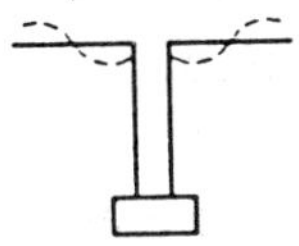

해설 점선은 전류분포이고 실선은 전압분포상태를 나타낸다.

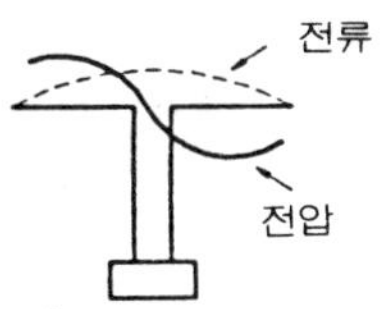

22. 다음 그림에서 A 점 또는 AB 점에서 전압급전을 나타낸 것은?

가. 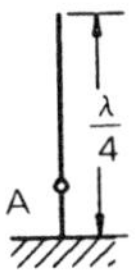

나. 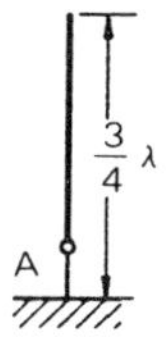

다. 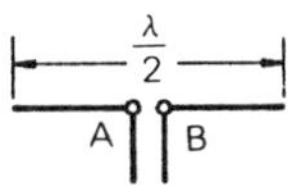

라. 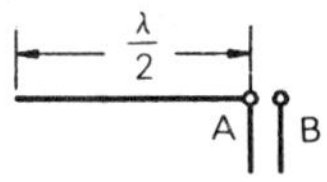

해설 안테나와 급전선과의 접속부를 급전점이라고 한다. 이 급전점이 전류 파복일 때를 전류급전, 전압파복일 때를 전압급전이라고 한다.
(가) : A 점은 전류급전 (나) : A 점은 전류급전 (다) : AB 점은 전류급전

23. 접지 안테나의 길이가 얼마일 때 직렬공진이 되는가?

가. λ/4 나. λ/2 다. λ 라. 3λ/2

해설 안테나는 분포정수회로이며, 공진이 되어야 손실이 없는 송수신을 할 수 있다. λ/4 의 기수배(홀수 고조파)인 때 **직렬공진**하고, 우수배(짝수고조파)인 때는 **병렬공진** 한다. 즉, λ/2 의 **정수배일 때는 모두 병렬 공진**이 일어난다. 이 많은 동조상태 중 가장 주파수가 낮은 경우를 안테나의 고유 주파수라고 한다.

24. 수직 접지 안테나의 고유파장과 안테나 길이와의 관계는?

가. 안테나 길이의 1/2 배 나. 안테나 길이의 1/4 배
다. 안테나 길이의 2 배 라. 안테나 길이의 4 배

해설 고유파장 $\lambda_0 = 4l$ 이다.

25. 길이 20 [m] 의 수직공중선의 고유파장과 고유 주파수는 얼마인가?

가. λ : 40 [m], f : 12 [MHz] 나. λ : 80 [m], f : 20 [MHz]
다. λ : 40 [m], f : 7500 [kHz] 라. λ : 80 [m], f : 3750 [kHz]

해설 $l = \frac{\lambda}{4}$ 에서 $\lambda = 4 \times l = 4 \times 20 = 80$ [m] $\quad \therefore f = \frac{C}{\lambda} = \frac{3 \times 10^8}{80} = 3750$ [kHz]

해답 21. 다 22. 라 23. 가 24. 라 25. 라

26. 반파 다이폴 안테나의 고유파장을 안테나 길이의 몇 배인가?

가. 1/2 배　　나. 1/4 배
다. 2 배　　라. 4 배

해설 고유파장 $\lambda_0 = 2l$ 이다.

27. 주파수 2 [MHz] 를 고유주파수로 하는 접지 안테나의 길이는?

가. 12 [m]　　나. 13.5 [m]
다. 25 [m]　　라. 37.5 [m]

해설 $\lambda = 3 \times 10^8 / 2 \times 10^6 = 150$ [m] 이고 $l = \lambda/4$ 이다.

28. 길이 50 [m] 의 도선이 있다. 이것을 반파장 다이폴 안테나로 사용했을 때의 고유파장은? 단, 단축률은 무시한다.

가. 100 [m]　　나. 200 [m]
다. 400 [m]　　라. 800 [m]

29. $\lambda / 4$ 수직접지 안테나의 전류 분포식은?

가. $I_x = I_o \cos \dfrac{2\pi}{\lambda} x$

나. $I_x = I_o \cos \dfrac{\lambda}{2\pi} x$

다. $I_x = I_o \sin \dfrac{2\pi}{\lambda} x$

라. $I_x = I_o \sin \dfrac{\lambda}{2\pi} x$

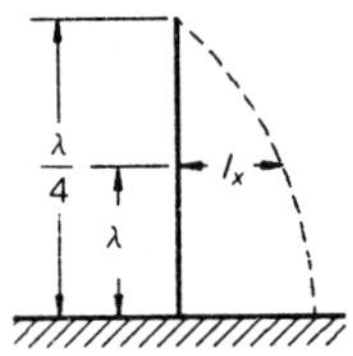

해설 $x = 0$ 되는 기저부의 크기가 I_0 이고 $x = \lambda / 4$ 일 때 즉, 안테나 선단부의 전류의 크기는 0이다. 기저부에서 x 만큼의 전류분포는 $\cos \beta x$ 의 분포이다.

$$I_x = I_0 \cos \beta x = I_0 \cos \frac{2\pi}{\lambda} x \text{ [A]}$$

단, $\beta = 2\pi / \lambda$ 이다.

30. 주파수 7.5 [MHz] 용의 $\dfrac{\lambda}{4}$ 수직접지 안테나가 있다. 급전점 전류가 5 [A] 일 때 지상 5 [m] 인 점에서의 전류를 계산하면?

가. 0.5 [A]　　나. 1.5 [A]
다. 3.5 [A]　　라. 5.0 [A]

해설 $\lambda = \dfrac{c}{f} = \dfrac{3 \times 10^8}{7.5 \times 10^6} = 40$ [m]

$$I = I_0 \cos \frac{2\pi}{\lambda} x = 5 \cos \frac{2\pi}{40} \cdot 5 = 5.0 \text{ [A]}$$

해답 26. 다　27. 라　28. 가　29. 가　30. 라

31. λ/2 다이폴 안테나의 선단에서 x[m]인 점에서의 전류 분포식은? 단, 파복점의 전류는 I_0이다.

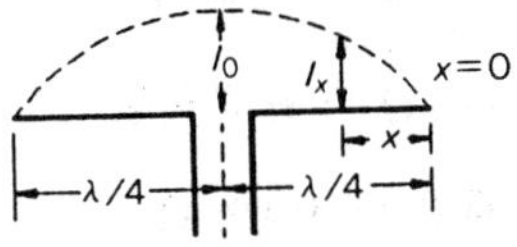

가. $I_x = I_o \cos \dfrac{2\pi}{\lambda} x$　　나. $I_x = I_o \sin \dfrac{2\pi}{\lambda} x$

다. $I_x = I_o \cos \dfrac{\lambda}{2\pi} x$　　라. $I_x = I_o \sin \dfrac{\lambda}{2\pi} x$

해설 파복점의 전류가 I_0이고 안테나의 선단에서 x[m]인 점에서 전류 I_x는 정현적 분포이다.

$$I_x = I_o \sin \beta x = I_o \sin \frac{2\pi}{\lambda} x$$

32. 15[m]의 도선을 반파 다이폴 안테나로서 사용할 때 안테나의 선단에서 2.5[m]인 점에서의 전류를 구하면? 단, 파복부의 전류는 10[A]이다.

가. 0.5[A]　　나. 1.5[A]

다. 2.5[A]　　라. 5[A]

해설 안테나의 고유파장 $\lambda_0 = 2l = 2 \times 15 = 30$[m]이므로
주파수 $f = c/\lambda = 3 \times 10^8/30 = 10$[MHz]이다.

$$I_x = I_o \sin \frac{2\pi}{\lambda} x = 10 \times \sin \frac{2\pi \times 2.5}{30} = 10 \sin \frac{\pi}{6} = 10 \times \frac{1}{2} = 5\,[\mathrm{A}]$$

33. 중파용 안테나의 등가회로는?

가.

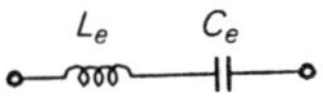

나.

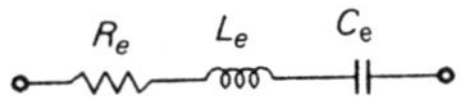

다.

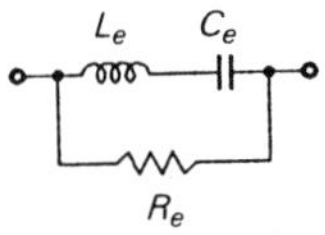

라.

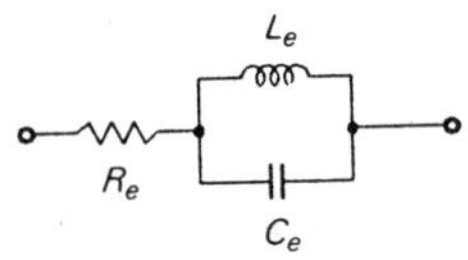

34. 500[kHz]의 고유주파수를 갖는 수직접지 안테나의 실효정전용량을 측정하였더니 0.02[μF]이었다 이 안테나의 실효 인덕턴스는?

가. 3[μH]　　나. 4[μH]

다. 5[μH]　　라. 6[μH]

해설 고유주파수에서 실효인덕턴스 L_e를 구한다.

$$f = \frac{1}{2\pi\sqrt{L_e C_e}}$$

$$L_e = \frac{1}{4\pi^2 f^2 C_e} = \frac{1}{4\pi^2 \times (500 \times 10^3)^2 \times 0.02 \times 10^{-6}} = 5\,[\mu\mathrm{H}]$$

35. 반파장 안테나의 방사임피던스는?

가. 73.13 + j 42.55[Ω]　　나. 73.13 + j 52.45[Ω]

다. 42.55 + j 73.13[Ω]　　라. 52.45 + j 73.13[Ω]

해답 31. 나 32. 라 33. 나 34. 다 35. 가

36. 안테나의 Q에 해당되는 것은? 단, R_e, L_e, C_e는 안테나의 실효정수이다.

가. $Q = \omega_o L_e C_e$　　나. $Q = \omega_o C_e / L_e$

다. $Q = R_e / \omega_o L_e$　　라. $Q = \frac{1}{R_e}\sqrt{\frac{L_e}{C_e}}$

해설 안테나의 Q

$$Q = \frac{\omega_o L_e}{R_e} = \frac{1}{\omega_o R_e C_e} = \frac{1}{R_e}\sqrt{\frac{L_e}{C_e}}$$

37. 안테나의 Q에 대한 설명으로 틀린 것은?

가. 안테나의 지름이 가는경우 Z_0가 크게되어 Q가 크게된다.

나. Q가 큰 안테나는 주파수 특성이 급진적이다.

다. 안테나의 표면적이 넓을수록 Z_0가 크게되어 Q가 크게 된다.

라. Q가 작은 안테나는 주파수에 따라 임피던스의 변화가 완만하고 광대역성을 지닌다.

해설 $\lambda/4$ 수직 접지 안테나의 $Z_0 = \sqrt{L/C} = \sqrt{L_e/C_e} \cdot (4/\pi)$이고 방사저항은 36.56 [Ω] 이므로

$$Q = \frac{1}{R_r}\sqrt{\frac{L_e}{C_e}} = \frac{\pi Z_0}{36.56 \times 4}$$

$$Z_0 = 138 \log_{10}\frac{2l}{d}$$

문제에서 안테나의 표면적이 넓어지면 Z_0가 적게되어 Q는 적게된다.

38. 접지 안테나에 있어서 손실의 대부분을 차지하는 것은?

가. 접지저항　　나. 도체저항

다. 유전체손　　라. 와전류손

해설 접지저항은 대지와 안테나의 접촉저항이다. 이 저항에 의한 손실전력이 큰 이유는 안테나의 높이 l이 $\lambda/4$보다 낮은 때는 급전점의 기저부가 전류의 최대로되어 영향이 크기 때문이다.

39. 접지 안테나의 손실저항이 아닌 것은?

가. 도체저항　　나. 유전체손

다. 접저저항　　라. 복사저항

40. 공중선의 효율 η을 계산하는 식은? (단, R_r : 복사저항, R_l : 손실저항)

가. $\eta = \frac{2}{1 + \frac{R_l}{R_r}}$　　나. $\eta = \frac{1}{1 + \frac{R_l}{R_r}}$

다. $\eta = \frac{R_l}{1 + R_r}$　　라. $\eta = \frac{R_r}{1 + R_r}$

해설 **공중선의 효율** : 안테나의 전저항을 방사저항으로 나눈 값이다.

$$\eta = \frac{P_r}{P_i} = \frac{I^2 R_r}{I^2(R_r + R_l)} = \frac{1}{1 + \frac{R_l}{R_r}}$$

해답 36. 라 37. 다 38. 가 39. 라 40. 나

41. 방사 저항이 30 [Ω], 손실 저항이 5 [Ω] 및 도체 저항이 5 [Ω] 인 안테나의 효율은 몇 [%] 인가?

가. 25 [%] 나. 50 [%]

다. 75 [%] 라. 80 [%]

해설 안테나의 효율 (η)

$$\eta = \frac{\text{방사저항}}{\text{전저항}} = \frac{\text{방사저항}}{\text{손실저항} + \text{방사저항}} = \frac{R_r}{R_l + R_r}$$

42. 방사저항이 100 [Ω] 이고 손실저항이 25 [Ω] 이라고 할 때 안테나의 복사효율이 몇 [%] 인가?

가. 90 [%] 나. 70 [%]

다. 60 [%] 라. 80 [%]

43. 접지 공중선의 방사효율을 높이기 위한 방법이 아닌 것은?

가. 접지 저항을 적게 한다.

나. 실효고를 증가 시킨다.

다. 사용 주파수에 공중선을 공진시킨다.

라. 방사저항을 적게한다.

해설 방사저항을 줄이면 η는 감소한다. 접지저항은 손실저항에 포함되므로 접지저항과 감소는 효율을 증대시킨다. 또 안테나의 효율은 $h_e \cdot I$ 즉 실효고×안테나 공급전류이므로 실효고를 높이면 안테나 능률이 향상된다.

44. 공중선 전류가 출력 1 [kW] 에 대해서 10 [A] 인 공중선이 있다. 출력이 4 [kW] 로 증대되면 공중선 전류는 얼마로 되는가?

가. 40 [A] 나. 20 [A]

다. 25 [A] 라. 10 [A]

해설 $P_r = I^2R$ 에서

$$R_r = \frac{P}{I^2} = \frac{1000}{(10)^2} = 10\,[\Omega]$$

$P_r = 4$ [kW] 이고 $R_r = 10$ [Ω] 일 때

전류 I는 $I = \sqrt{\frac{400}{100}} = 20$ [A]

45. 안테나의 복사저항의 설명으로서 옳은 것은?

가. 안테나의 복사전력을 그 전류로 나눈 값이다.

나. 안테나의 복사전력을 그 전류의 $\sqrt{2}$ 배로 나눈 값이다.

다. 안테나의 복사전력을 그 전류의 $\sqrt{3}$ 배로 나눈 값이다.

라. 안테나의 복사전력을 그 전류의 자승으로 나눈 값이다.

해설 안테나 전력을 P_r, 안테나 전류를 I_r, 방사전력율 R_r라 하면

$$R_r = \frac{P_r}{I^2}$$

해답 41. 다 42. 라 43. 라 44. 나 45. 라

46. 송신기 출력 P에 의하여 생기는 전계강도는 다음의 어느 것에 비례하는가?

가. P 나. $P^{1/2}$ 다. $P^{3/2}$ 라. P^2

해설 송신기의 출력 P와 전계강도 E, 그리고 안테나로 부터의 거리 d인 점에서의 전계강도

$$E = k\frac{\sqrt{P}}{d} \text{ 이므로}$$

$$E \propto \sqrt{P} = P^{1/2}$$

47. 반파장 Dipole 안테나의 길이를 감소해가면 입력 임피던스의 저항과 리액턴스(reactance)는 어떻게 변하는가?

가. 저항은 증가하고 리액턴스는 감소한다.

나. 저항과 리액턴스가 모두 증가한다.

다. 저항과 리액턴스가 모두 감소한다.

라. 저항은 감소하고 리액턴스가 증가한다.

48. 안테나에 연장 코일을 사용하는 목적은?

가. 조금 더 높은 주파수를 발사하기 위하여

나. 고유파장보다 긴 파장에 공진시키기 위하여

다. 지향특성을 높이기 위하여

라. 페이딩(fading) 현상을 방지하기 위하여

해설 **연장 선륜(loading coil)** : 기저부에 코일을 삽입하면 합성 임피던스 값이 커져서 보다 낮은 주파수에 공진을 시킬 수 있다. 즉 고유파장보다 긴 파장에 공진되므로 등가적으로는 안테나를 연장하는 효과가 있기 때문에 연장선륜이라고 한다.

49. 안테나에 연장 coil을 사용하는 목적은?

가. 조금 더 높은 주파수를 발사하기 위하여

나. 조금 더 낮은 주파수를 발사하기 위하여

다. 사용하는 주파수와는 관계없다.

라. 훼이딩(Fading) 현상을 방지하기 위하여

해설 사용 공중선의 고유 파장보다 긴 파장을 발사하고자 할 때 안테나에 직렬로 삽입하는 선륜(coil)을 연장 coil이라고 한다.

50. 안테나에 사용되는 장하 코일(loading coil)을 사용하는 목적은?

가. 안테나의 고유파장보다 짧은 파장의 전파에 공진시키기 위하여

나. 안테나의 고유파장보다 긴 파장의 전파에 공진시키기 위하여

다. 지향성을 높이기 위하여

라. 방사저항을 줄이기 위하여

해설 연장 coil은 안테나의 고유주파수보다 낮은 주파수(즉 파장이 긴)에 동조시키기 위해 안테나에 직렬로 삽입하는 Inductance를 장하 coil이라 한다.

$$f = \frac{1}{2\pi\sqrt{(L_e + L)\,C_e}} < f_0$$

해답 46. 나 47. 다 48. 나 49. 나 50. 나

51. 사용파장을 λ, 동조파장을 λ_0로 할 때 $\lambda > \lambda_0$조건 일 때 무엇을 삽입하여 안테나를 공진시키는가?

가. 연장 코일　　　　나. 단축 콘덴서
다. R, L, C　　　　라. 의사 안테나

해설 사용파장이 공진 파장보다 길다. 따라서 안테나가 짧다는 뜻이므로 연장 코일이 필요하다.

52. 실효정수 $L_e=50[\mu H]$, $C_e=500[pF]$, $R_e=10[\Omega]$인 접지공중선을 주파수 500 [kHz]용의 송신공중선으로 시공하고자 할 때 필요한 장하 coil의 인덕턴스는 얼마인가?

가. 15.3 [μH]　　　　나. 153 [μH]
다. 1.53 [μH]　　　　라. 15.3 [mH]

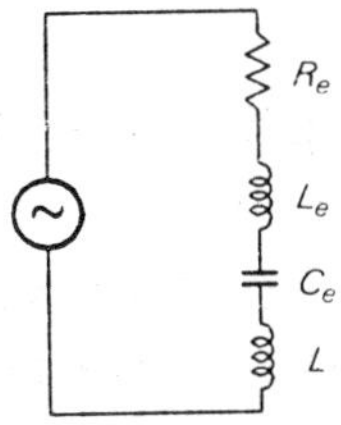

해설 장하 코일

$$f=\frac{1}{2\pi\sqrt{(L_e+L)C_e}}\ [\text{Hz}]$$

$$(2\pi f)^2=\frac{1}{(L_e+L)C_e}$$

$$L=\frac{1}{(2\pi f)^2C_e}-L_e=\frac{1}{(2\pi\times500\times10^3)^2\times500\times10^{-12}}-50\times10^{-6}\fallingdotseq153\ [\mu H]$$

53. 안테나의 고유주파수를 높게 하려면 다음 중 어느 방법을 사용하면 되는가?

가. 안테나와 직렬로 coil을 접속한다.
나. 안테나와 병렬로 coil을 접속한다.
다. 안테나와 직렬로 condenser를 접속한다.
라. 안테나와 병렬로 condenser를 접속한다.

해설 안테나의 고유주파수를 높게하려면 그 만큼 안테나의 길이는 짧아져야 하므로 실제 안테나의 길이를 줄이지 않고 안테나에 직렬로 단축 콘덴서를 삽입하면 된다.

$$f=\frac{1}{2\pi\sqrt{L_e\dfrac{C_e\cdot C}{C_e+C}}}>f_0$$

54. 실효 정전 용량 $C_e=0.02[\mu F]$, 실효 인덕턴스 $L_e=1[\mu H]$인 수직 접지 안테나를 2 [MHz]에 공진시키기 위한 단축 콘덴서의 값은?

가. 0.45 [μF]　　　　나. 0.045 [μF]
다. 0.09 [μF]　　　　라. 0.009 [μF]

해설 단축 콘덴서

$$f=\frac{1}{2\pi\sqrt{L_e\cdot\dfrac{C_e\cdot C_s}{C_e+C_s}}}$$

$$\frac{C_e\cdot C_s}{C_e+C_s}=\frac{1}{4\pi^2f^2L_e}=\frac{1}{4\pi^2\times(2\times10^6)^2\times1\times10^{-6}}=\frac{1}{16\pi^2\times10^6}$$

$$\therefore\ C_s=\frac{0.02\times10^{-6}}{2.2}=0.009\ [\mu F]$$

해답 51. 가　52. 나　53. 다　54. 라

55. 수직 접지 공중선의 길이가 $0 < l < \lambda/4$ 일 때 공중선의 상태는?

가. 용량성　　　　나. 저항성

다. 유도성　　　　라. 공진

해설 수직 접지 공중선의 공진 범위($\lambda/4$ 의 기수배)를 벗어날 때 회로는 유도, 용량의 증감에 따라 공진이 이루어진다.

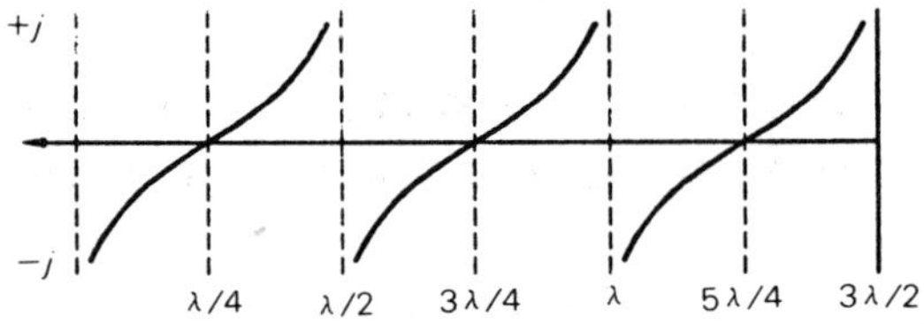

56. 수직접지 공중선의 길이 l 이 $\lambda/4 < l < \lambda/2$ 일 때 무엇을 사용하여 공중선을 공진시키는가?

가. 연장 코일(coil)

나. 단축 콘덴서(condenser)

다. 공중선은 분포정수회로 이므로 항시 공진되어 있다.

라. 저항과 코일을 직렬로 연결

해설 공중선의 길이가 $\lambda/4 < l < \lambda/2$ 인 경우 직렬공진 시키려면 임피던스가 유도성이므로 콘덴서를 공중선에 직렬로 삽입시킴으로서 길이를 $\lambda/4$ 로 단축시켜 공진시킬 수 있다.

57. 비접지 공중선의 길이가 $\lambda/2 < l < 3\lambda/4$ 인 경우 이 공중선을 공진 시키기 위해서는 무엇을 사용해야 하는가?

가. 연장 코일　　　　나. 단축 콘덴서

다. 실효 저항　　　　라. RLC 공진회로

해설 비접지 공중선의 경우 $l = \frac{\lambda}{2}, \lambda, \frac{3}{2}\lambda, \cdots\cdots$ 일 때 공진한다.

따라서 $\lambda/2 < l < 3\lambda/4$ 인 경우 임피던스가 유도성이므로 단축 콘덴서를 사용하여 $l = \lambda/2$ 로 되게 공진시킨다.

58. 반파장 안테나의 단축율은?

가. $\delta = \dfrac{42.55}{\pi Z_o} \times 100\,[\%]$　　　　나. $\delta = \dfrac{42.55}{Z_0} \times 100\,[\%]$

다. $\delta = \dfrac{73.13}{Z_0} \times 100\,[\%]$　　　　라. $\delta = \dfrac{73.13}{\pi Z_0} \times 100\,[\%]$

해설 반파장 안테나는 $\lambda/2$ 보다 약간 짧게하여 리액턴스 성분을 제거하고 입력저항이 순저항이 되도록한다. 이 양은 3～5[%] 정도이다.

$$\text{단축율 } \delta = \frac{X_r}{\pi Z_0} \times 100\,[\%]$$

반파장 안테나의 경우 $X_r = 42.55$ 이다.

해답 55. 가　56. 나　57. 나　58. 가

59. 전 길이가 l 인 수직접지 안테나의 실효고 h_e 는? 단, $l < \lambda/4$ 이고 기저부 전류를 I_o 라고 한다.

가. $h_e = \dfrac{1}{I_0}\int_0^l I_x dx$　　나. $h_e = I_0\int_0^l I_x dx$

다. $h_e = I_0\int_0^l I_x^2 dx$　　라. $h_e = \dfrac{1}{I_0}\int_0^l I_x^2 dx$

60. $\dfrac{\lambda}{4}$ 수직접지 안테나의 실효고는?

가. λ/π　　나. π/λ

다. $\lambda/2\pi$　　라. $2\pi/\lambda$

해설 $\lambda/4$ 수직접지 안테나의 실효고

$$h_e = \frac{1}{I_0}\int_0^{\lambda/4} I_x dx$$
$$= \frac{1}{I_0}\int_0^{\lambda/4} I_0 \cos\frac{2\pi}{\lambda}x\, dx = \frac{\lambda}{2\pi}\left[\sin\frac{2\pi}{\lambda}x\right]_0^{\lambda/4} = \frac{\lambda}{2\pi}$$

61. 반파장 다이폴 안테나의 실효장은? (단, λ는 파장)

가. $\lambda/2\pi$　　나. $2\pi/\lambda$

다. λ/π　　라. π/λ

해설 $\lambda/2$ 다이폴 안테나의 실효고

$$h_e = \frac{1}{I_0}\int_{-\lambda/4}^{\lambda/4} I_x dx$$
$$= \frac{1}{I_0}\int_{-\lambda/4}^{\lambda/4} I_0 \cos\frac{2\pi}{\lambda}x\, dx = 2\int_0^{\lambda/4}\cos\frac{2\pi}{\lambda}x\, dx$$
$$= \frac{\lambda}{\pi}\left[\sin\frac{2\pi}{\lambda}\right]_0^{\lambda/4} = \frac{\lambda}{\pi}$$

62. 주파수가 30 [MHz] 인 전파를 방사하는 $\dfrac{\lambda}{4}$ 수직접지 공중선이 있다. 이 공중선의 실효고는?

가. 0.02 [m]　　나. 1.6 [m]

다. 2 [m]　　라. 20 [m]

해설 $\dfrac{\lambda}{4}$ 수직접지 안테나의 실효고$(h_e) = \dfrac{\lambda}{2\pi}$

$$\lambda = \frac{c}{f} = \frac{3\times10^8}{30\times10^6} = 10\,[\text{m}] \quad \therefore\ h_e = \frac{10}{2\pi} \fallingdotseq 1.6\,[\text{m}]$$

63. 주파수 3 [MHz] 의 전파에 사용하는 반파장 다이폴 안테나의 실효고는?

가. 32 [m]　　나. 50 [m]

다. 80 [m]　　라. 150 [m]

해설 $\lambda = \dfrac{c}{f} = \dfrac{3\times10^8}{3\times10^6} = 100\,[\text{m}]$ 이므로 $h_e = \dfrac{\lambda}{\pi} = \dfrac{100}{\pi} \fallingdotseq 32\,[\text{m}]$

해답 *59.* 가 *60.* 다 *61.* 다 *62.* 나 *63.* 가

64. 반파장 다이폴 안테나의 정재파 전류가 그림과 같이 정현파 분포를 한다. 이때 최대값 전류를 $I_0(A)$ 라 하고 파장을 λ라 하면 이 안테나의 실효길이(h_e)는 얼마인가?

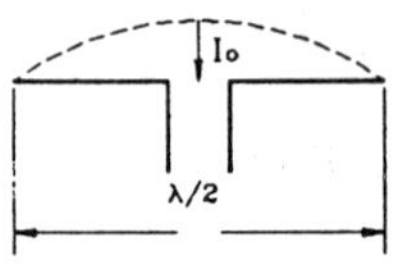

가. $\frac{\lambda}{4}$　　나. $\frac{2}{\pi}\lambda$

다. $\frac{3}{2}\lambda$　　라. $\frac{\lambda}{\pi}$

해설 반파장 다이폴 안테나의 실효길이는 $\frac{\lambda}{\pi}$가 된다.

65. 반파 다이폴 안테나의 파복 전류가 2 [A] 일 때, 최대방사방향으로 거리 2 [km] 지점에 생기는 자유공간 전계강도는?

가. 40 [mV/m]　　나. 50 [mV/m]

다. 60 [mV/m]　　라. 90 [mV/m]

해설 자유 공간 전계강도 E

$$E = \frac{60I_o}{d} = \frac{60\times 2}{2\times 10^3} = 60\times 10^{-3} = 60\ [\text{mV/m}]$$

66. 자유공간에 놓여진 수평 반파 다이폴 안테나의 중앙부의 전류가 5 [A] 인 때 안테나 도선과 30° 의 방향으로 30 [km] 떨어진 점의 전계강도는?

가. 2 [mV/m]　　나. 3 [mV/m]

다. 4 [mV/m]　　라. 5 [mV/m]

해설 반파 다이폴 안테나의 $h_e = \lambda/\pi$ 이다.

$$E = \frac{60\pi I_o h_e}{\lambda d}\sin\theta = \frac{60\pi I_o \lambda}{\lambda d \pi}\sin\theta = \frac{60 I_o}{d}\sin\theta\ [\text{V/m}]$$

$$\therefore\ E = \frac{60 I_o}{d}\sin\theta = \frac{60\times 5}{30\times 10^3}\times \sin 30° = \frac{1}{100}\times\frac{1}{2} = 5\ [\text{mV/m}]$$

67. 주파수 200 [MHz] 에 대한 반파장 다이폴 안테나에서 10 [kW] 의 전력을 복사할 경우 그 직각 방향 10 [km] 떨어진 지점에서의 전계의 세기는 얼마인가?

가. 7 [mV/m]　　나. 10 [mV/m]

다. 100 [mV/m]　　라. 70 [mV/m]

해설 반파장 다이폴 안테나의 전계강도 E 는

$$E = \frac{7\sqrt{P}}{d} \text{ 이다.}\qquad \therefore\ E = \frac{7\sqrt{10\times 10^3}}{10\times 10^3} \simeq 70\ [\text{mV/m}]$$

68. 그림과 같이 자유공간에 놓여진 수평반파 다이폴 안테나의 중앙부 전류가 2 [A] 인 때 도선과 직각 방향으로 10 [km] 떨어진 점 P 에서의 전계강도는?

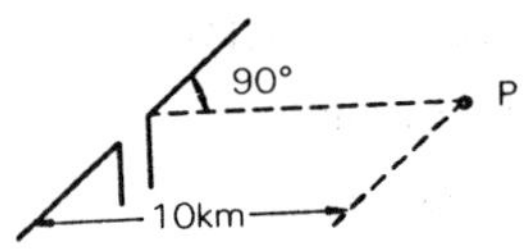

가. 8 [mV/m]　　나. 10 [mV/m]

다. 12 [mV/m]　　라. 14 [mV/m]

해답 64. 라　65. 다　66. 라　67. 라　68. 다

69. 자유공간에 있는 반파장 다이폴 안테나에서 최대 방사방향으로 10 [km] 지점에서 전계강도가 5 [mV/m] 일 때 안테나의 방사전력은 ?

가. 약 51 [W]　　나. 약 101 [W]

다. 약 151 [W]　　라. 약 201 [W]

해설 $E = \frac{7\sqrt{P}}{d}$ 에서 ∴ $P = \left(\frac{E \cdot d}{7}\right)^2 = \left(\frac{5 \times 10}{7}\right)^2 = 51$ [W]

70. 자유 공간에 놓인 반파장 다이폴 공중선의 중앙부 전류가 2 [A] 인 때에 이 공중선의 축과 직각방향으로 20 [km] 떨어진 지점에서의 전계강도는 얼마인가 ? (단, 공중선에서의 손실은 무시한다.)

가. 2 [mV/m]　　나. 27 [μV/m]

다. 6 [mV/m]　　라. 54 [μV/m]

해설 반파장 dipole Antenna 로 부터 d(m) 떨어진 점의 전계강도 E는

$$E = \frac{60\pi I_0 l}{\lambda d} \sin\theta$$

반파장 dipole 안테나의 실효고는 λ/π 이므로

$$E = \frac{60\pi \times I_0 \times \frac{\lambda}{\pi}}{\lambda d} \sin\theta = \frac{60 I_0}{d} \sin\theta$$

공중선의 축과 직각으로 이루므로 $\sin\theta = 1$ (∵ $\theta = 90°$ 이므로)

$$E = \frac{60 I_0}{d} = \frac{60 \times 2}{20 \times 10^3} = 6 \times 10^{-3} [\text{V/m}] = 6 [\text{mV/m}]$$

71. 어떤 장소의 전계강도가 10 [mV/m] 였다고 할 때 이것의 [dB] 값은 ? (단, 1 [μV/m] 를 0 [dB] 로 생각한다.)

가. 20 [dB]　　나. 60 [dB]

다. 80 [dB]　　라. 100 [dB]

해설 $20 \log_{10} \frac{10 \times 10^{-3}}{1 \times 10^{-6}} = 20 \log_{10} 10^4 = 80$ [dB]

72. 반파장 다이폴 공중선의 방사저항은 ?

가. 36.5 [Ω]　　나. 73.13 [Ω]

다. 293 [Ω]　　라. 300 [Ω]

해설 반파장 다이폴 공중선의 방사저항은 73.13 [Ω] 이고 $\frac{\lambda}{4}$ 수직접지 공중선의 방사저항은 36.56 [Ω] 이다.

73. 반파장 다이폴 안테나(dipole antenna)에서의 파동저항 값으로 맞는 것은 ?

가. $80\pi^2 (h_e/\lambda)^2$　　나. $160\pi^2 (h_e/\lambda)^2$

다. $320\pi^4 ((AN)^2/\lambda)$　　라. $138 \log (2l/d)$

해답 *69.* 가 *70.* 다 *71.* 다 *72.* 나 *73.* 가

해설 $R_r = \dfrac{P_r}{I^2} = 80\pi^2\left(\dfrac{l}{\lambda}\right)^2$ [Ω]

74. 높이 h 가 25 [m] 의 수직접지 공중선의 주파수 2 [MHz] 에 있어서의 실효고 h_e 는? 단, 최대진폭 I 의 전류로 여진했을 때 그림의 A 점에서 전류 $i_x = I\sin\dfrac{2\pi}{\lambda}x$ 이다.

가. 9.5 [m]　　나. 10.5 [m]
다. 12.8 [m]　　라. 13.8 [m]

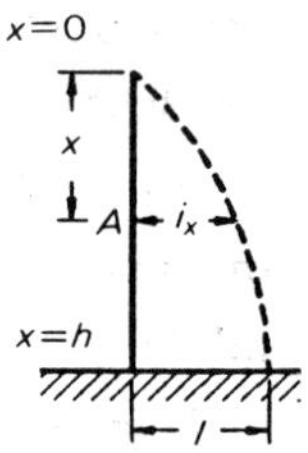

해설 수직접지 공중선의 실효고($l < \lambda/4$ 의 경우)

공중선의 실효고 h_e 는

$$h_e = \frac{1}{i_h}\int_0^h i_x \cdot dx \qquad ①$$

기부전류 i_h 는 주어진 식의 x 를 h 로 치환해서 얻는다.

$$i_h = I\sin\frac{2\pi}{\lambda}h \qquad ②$$

② 식을 ① 식에 대입하여 h_e 를 구한다.

$$h_e = \frac{1}{I\sin\left(\frac{2\pi}{\lambda}\right)h}\cdot\int_0^h \sin\frac{2\pi}{\lambda}x\cdot dx = \frac{1}{\sin\left(\frac{2\pi}{\lambda}\right)h}\cdot\frac{\lambda}{2\pi}\left[1-\cos\frac{2\pi}{\lambda}x\right]_0^h$$

$$= \frac{1}{\sin\left(\frac{2\pi}{\lambda}\right)h}\cdot\frac{\lambda}{2\pi}\left(1-\cos\frac{2\pi}{\lambda}h\right) = \frac{\lambda}{2\pi}\cdot\frac{1-\cos\frac{2\pi}{\lambda}h}{\sin\frac{2\pi}{\lambda}h}$$

이 식에서 $h = l = \lambda/4$ 이면 $h_e = \lambda/2\pi = \dfrac{2}{\pi}l$ 이다.

문제에서 제시한 값을 대입하면 ($\lambda = 3\times10^8/2\times10^6 = 150$ [m])

$$h_e = \frac{150}{2\pi}\frac{\left[1-\cos\left(\frac{2\pi}{150}\right)\cdot 25\right]}{\sin\left(\frac{2\pi}{150}\right)\cdot 25} = \frac{75}{\pi}\cdot\frac{(1-\cos 60°)}{\sin 60°}$$

$$= \frac{75}{\pi}\cdot\frac{2}{\sqrt{3}}\cdot\frac{1}{2} = \frac{25\sqrt{3}}{\pi} \fallingdotseq 13.8\ [\text{m}]$$

75. 높이가 15 [m] 인 수직접지 안테나의 실효고는? ($l = \lambda/4$ 이다)

가. 10 [m]　　나. 20 [m]
다. 30 [m]　　라. 40 [m]

해설 $\lambda/4$ 수직접지 안테나의 실효고

$$h_e = \frac{\lambda}{2\pi} = \frac{4l}{2\pi} = \frac{2}{\pi}l = \frac{30}{3.14} \fallingdotseq 10\ [\text{m}]$$

76. 공중선의 길이 $l \ll \lambda/4$ 인 단소(短小)접지 안테나의 실효고는?

가. $h_e = l$　　나. $h_e = l/\pi$
다. $h_e = l/2$　　라. $h_e = l/4$

해답 *74.* 라 *75.* 가 *76.* 다

해설 접지 안테나의 실효고

(1) $l < \lambda/4$ 인 수직접지 안테나의 실효고

$$h_e = \frac{\lambda}{2\pi} \cdot \frac{1-\cos\frac{2\pi}{\lambda}l}{\sin\frac{2\pi}{\lambda}l} = \frac{\lambda}{2\pi} \cdot \frac{(1-\cos\beta l)}{\sin\beta l}$$

(2) $l = \lambda/4$ 일 때 수직접지 안테나의 실효고

$$h_e = \frac{\lambda}{2\pi} = \frac{2}{\pi}l$$

(3) $l \ll \lambda/4$ 인 단소 접지 안테나의 실효고

$\frac{2\pi}{\lambda}l \ll \frac{\pi}{2}$ [rad] 이므로 $\sin\beta l \doteqdot \beta l$, $\cos\beta l \doteqdot 1 - \frac{(\beta l)^2}{2}$

$$1 - \cos\beta l = 2\sin^2\frac{\beta l}{2}$$

$$\therefore\ h_e = \frac{\lambda}{2\pi} \cdot \frac{1-\cos\beta l}{\sin\beta l} \doteqdot \frac{\lambda}{2\pi} \cdot \frac{\frac{1}{2}\left(\frac{2\pi}{\lambda}l\right)^2}{\frac{2\pi}{\lambda}l} = \frac{l}{2}$$

즉 파장에 비해 안테나 길이가 매우 짧은 접지 안테나의 실효높이는 그 길이의 1/2 이 된다.

(4) $l > \lambda/4$ 인 수직접지 안테나의 실효고

$$h_e = \frac{\lambda}{2\pi} \cdot \frac{(1-\cos\beta l)}{\sin\beta l}$$

77. $\lambda/4$ 수직접지 안테나로 부터 d [m] 떨어진 점의 전계강도 E [V/m] 는?

가. $E = \frac{4.5\sqrt{P}}{d}$ 나. $E = \frac{6.7\sqrt{P}}{d}$

다. $E = \frac{7\sqrt{P}}{d}$ 라. $E = \frac{9.8\sqrt{P}}{d}$

해설 안테나의 전계강도

(1) $\lambda/4$ 수직접지 안테나의 전계강도

$$E = \frac{120\pi I_0 h_e}{\lambda d}\,[\text{V/m}] = \frac{60\,I_0\,[\text{A}]}{d\,[\text{m}]}\,[\text{V/m}] = \frac{9.8\sqrt{P\,[\text{W}]}}{d\,[\text{m}]}\,[\text{V/m}]$$

$$= \frac{313\sqrt{P\,[\text{kW}]}}{d\,[\text{km}]}\,[\text{mV/m}]$$

(2) $\lambda/2$ 더블레트 안테나의 전계강도

$$E = \frac{60\pi I_0 h_e}{\lambda d}\,[\text{V/m}] = \frac{60\,I_0\,[\text{A}]}{d\,[\text{m}]}\,[\text{V/m}] = \frac{7\sqrt{P\,[\text{W}]}}{d\,[\text{m}]}\,[\text{V/m}]$$

$$= \frac{222\sqrt{P\,[\text{kW}]}}{d\,[\text{km}]}\,[\text{mV/m}]$$

해답 77. 라

78. 실효고가 20 [m] 인 수직접지 안테나의 전류가 5 [A] 일 때 30 [km] 지점에서 생기는 전계강도는 ? 단, 주파수는 1 [MHz] 로 한다.

가. 4.18 [mV/m]　　나. 5.25 [mV/m]
다. 6.28 [mV/m]　　라. 7.25 [mV/m]

해설 수직접지 안테나의 전계강도

파장 λ는 $\lambda = c/f = 3\times10^8 / 10^6 = 300$ [m] 이므로

$$E = \frac{120\pi I_0 h_e}{\lambda d} = \frac{120\pi\times5\times20}{300\times30\times10^3} \fallingdotseq 4.18\times10^{-3} = 4.18 \text{ [mV/m]}$$

79. λ/4 수직 접지 안테나에서 20 [kW] 의 전력을 방사하고 있을 때 15 [km] 의 지점에서 생기는 전계강도는 ? 단, 대지는 완전도체로 한다.

가. 0.09 [V/m]　　나. 0.18 [V/m]
다. 0.009 [V/m]　　라. 0.018 [V/m]

해설 $E = \frac{9.8\sqrt{P}}{d} = \frac{9.8\sqrt{20\times10^3}}{15\times10^3} \fallingdotseq 0.09$ [V/m]

80. λ/4 수직접지 안테나의 기저부 전류가 5 [A] 일 때 5 [km] 떨어진 지점에 생기는 전계강도는 ? 단, 대지는 완전도체이며 평면으로 한다.

가. 20 [mV/m]　　나. 30 [mV/m]
다. 40 [mV/m]　　라. 60 [mV/m]

해설 $E = \frac{60 I_0}{d} = \frac{60\times5}{5\times10^3} \fallingdotseq 60$ [mV/m]

81. 10 [mV/m] 의 전계강도를 dB 단위로 표시하면 ? 단, 기준으로서 1 [μV/m] 를 0 [dB] 로 한다.

가. 20 [dB]　　나. 40 [dB]
다. 80 [dB]　　라. 100 [dB]

해설 $\text{dB} = 20\log_{10}\frac{10\times10^{-3}}{10^{-6}} = 20\log_{10}10^4 = 80$

82. 주파수 3 [MHz] 의 전파를 방사하고 있는 λ/4 수직 접지공중선의 실효고와 이 공중선에서 30 [km] 떨어진 점의 전계강도를 구하면 ? (단, 공중선 전류를 5 [A], 대지는 완전도체 평면이라고 한다.)

가. 16 [m], 10 [mV/m]　　나. 16 [m], 20 [mV/m]
다. 20 [m], 30 [mV/m]　　라. 20 [m], 40 [mV/m]

해설 파장 $\lambda = 3\times10^8 / 3\times10^6 = 100$ [m] 이고 λ/4 수직접지 공중선의 실효고 $h_e = \lambda / 2\pi = 100/2\pi \approx 16$ [m] 이다.

$$\therefore\ E = \frac{60}{d} I_0 = \frac{60\times5}{30\times10^3} = 10 \text{ [mV/m]}$$

정답 *78.* 가 *79.* 가 *80.* 라 *81.* 다 *82.* 가

83. 어느 무선국에서 발사하고 있는 3 [MHz] 의 전파의 전계강도를 그 무선국에서 50 [km] 떨어진 점에서 측정하였더니 74 [dB] 이었다. 송신공중선의 접지점에서의 전류가 10 [A] 라고 하면 이 공중선의 실효고는? 단, $\log_{10} 2 = 0.3$ 이다.

가. 3.5 [m] 나. 4.5 [m]

다. 5.6 [m] 라. 6.6 [m]

해설 파장 $\lambda = 3\times10^8 / 3\times10^6 = 100$ [m] 이고 74 [dB] 의 전계강도를 [V/m] 로 환산하면 $20\log_{10} E = 74$ 이므로

$$\log_{10} E = 3.7 = 4 - 0.3 = \log_{10} 10^4 - \log_{10} 2 = \log_{10} 5{,}000$$

$$\therefore\ E = 5 \times 10^3 [\mu V/m] = 5\times10^{-3} [V/m]$$

접지 공중선의 방사전계강도는

$$E = 120\pi \frac{h_e I}{\lambda d} \text{ [V/m]}$$

$$5\times10^{-3} = 120\pi \times \frac{h_e \times 10}{100\times50\times10^3}$$

$$\therefore\ h_e \approx 6.6 \text{ [m]}$$

84. 주파수 400 [kHz] 의 전파를 방사하고 있는 λ/4 수직 접지공중선에서 600 [km] 떨어진 점의 전파의 전계강도를 60 [dB] 로 하려면 공중선 전류는 몇 [A] 로 하여야 하는가? 단, 대지는 완전도체 평면으로 하고 전계강도 1 [μV/m] 를 0 [dB] 이라고 한다.

가. 5 [A] 나. 10 [A]

다. 15 [A] 라. 20 [A]

해설 파장 $\lambda = 3 \times 10^8/400\times10^3 = 750$ [m] 이고 실효고 $h_e = \lambda/2\pi = 750/2\pi = 120$ [m] 이다.
전계강도 60 [dB] 을 μV/m 로 표시하면

$$20\log_{10} E = 60, \qquad \log_{10} E = 3$$

$$\log_{10} 10^3 = 3, \qquad \therefore\ E = 10^3 [\mu V/m]$$

λ/4 수직접지 공중선의 방사 전계강도 E [V/m] 는 $E = \dfrac{60 I_0}{d}$ 이므로

$$10^3 \times 10^{-6} = \frac{60 I_0}{600\times10^3} \qquad \therefore\ I_0 = 10 \text{ [A]}$$

85. λ/4 수직접지 안테나의 방사 전력 [W] 은?

가. $80\pi\left(\dfrac{h_e}{\lambda}\right) I_0^2$ [W] 나. $80\pi^2\left(\dfrac{h_e}{\lambda}\right)^2 I_0^2$ [W]

다. $160\pi\left(\dfrac{h_e}{\lambda}\right) I_0^2$ [W] 라. $160\pi^2\left(\dfrac{h_e}{\lambda}\right)^2 I_0^2$ [W]

해설 $h_e = \lambda / 2\pi$ 이므로

$$P_r = 160\pi^2\left(\frac{h_e}{\lambda}\right)^2 I_o^2 = 36.56\, I_o^2 \text{ [W]}$$

해답 *83.* 라 *84.* 나 *85.* 라

86. λ/4 수직접지안테나의 방사저항 [Ω] 은?

가. $80\pi\left(\frac{h_e}{\lambda}\right)$　　나. $80\pi^2\left(\frac{h_e}{\lambda}\right)^2$

다. $160\pi\left(\frac{h_e}{\lambda}\right)$　　라. $160\pi^2\left(\frac{h_e}{\lambda}\right)^2$

해설 (나)는 반파장 안테나의 방사저항이다.

87. λ/4 수직 접지 안테나의 방사전력은 반파장 안테나의 방사전력의 몇 배인가?

가. 1/2배　　나. 2배

다. $\sqrt{2}$배　　라. $1/\sqrt{2}$배

해설 λ/4 수직접지 안테나의 방사전력은 반파장 안테나 전력의 1/2이다.

$$P_r = \frac{1}{2}P_o = \frac{1}{2}(73.13\,I_0^2) = 36.56\,I_0^2\,[\text{W}]$$

$$R_r = \frac{P_r}{I_0^2} = 36.56\,[\Omega]$$

88. λ/4 수직접지 안테나의 방사저항은?

가. 36.56 [Ω]　　나. 73.13 [Ω]

다. 276 [Ω]　　라. 300 [Ω]

해설 반파장 공중선의 방사저항 73.13 [Ω] 의 1/2이다.

89. λ/4 수직접지 안테나의 전계강도는 동일전력의 반파장 안테나에 비해서 몇 배인가?

가. 2 배　　나. $\sqrt{2}$ 배

다. 1/2 배　　라. $1/\sqrt{2}$ 배

90. 동일 주파수를 사용하고 있는 $\frac{\lambda}{2}$ 다이폴 안테나와 $\frac{\lambda}{4}$ 수직접지 안테나의 방사전력이 동일할 때 실효고의 비 및 전계강도의 비는?

가. (2 : 1), (1 : $\sqrt{2}$)　　나. (2 : 1), ($\sqrt{2}$: 1)

다. (1 : 2), (1 : $\sqrt{2}$)　　라. (1 : 2), ($\sqrt{2}$: 1)

해설 $\left(\frac{\lambda}{2}\text{ 다이폴의 실효고}\right) : \left(\frac{\lambda}{4}\text{ 수직접지 실효고}\right) = \left(\frac{\lambda}{\pi}\right) : \left(\frac{\lambda}{2\pi}\right)$

$\left(\frac{\lambda}{2}\text{ 다이폴의 전계강도}\right) : \left(\frac{\lambda}{4}\text{ 수직접지의 전계강도}\right) = \left(\frac{7\sqrt{P_r}}{r}\right) : \left(\frac{9.9\sqrt{P_r}}{r}\right)$

91. $\frac{1}{4}$파장의 수직접지 공중선에서 20 [km] 떨어진 점의 전계강도가 10 [mV/m] 이었다. 방사전력은 약 얼마인가?

가. 410 [W]　　나. 800 [W]

다. 1120 [W]　　라. 1200 [W]

해답 86. 라 87. 가 88. 가 89. 나 90. 가 91. 가

해설 전계강도 $E = \frac{9.8\sqrt{P}}{d}$

$$\therefore\ P = \left(\frac{E \cdot d}{9.8}\right)^2 = \left(\frac{10\times10^{-3}\times20\times10^3}{9.8}\right)^2 \fallingdotseq 410\ [\text{W}]$$

92. 출력 100 [kW] 로써 방송되고 있는 라디오파가 안테나로부터 20 [km] 떨어진 장소에서의 전계강도는 얼마인가? (단, 1 [km] 떨어진 곳에서는 1.73 [V/m] 이다)

가. 0.086 [V/m]　　나. 1.73 [V/m]

다. 5.47 [V/m]　　라. 54.7 [V/m]

해설 $E = \frac{K\sqrt{P}}{d}$ 에서 K를 구하면 $1.73 = \frac{K\sqrt{100}}{1}$, $K = 0.173$

$$\therefore\ E = \frac{0.173\times\sqrt{100}}{20} = 0.086\ [\text{V/m}]$$

93. 안테나의 이득 중 「상대이득」이란?

가. 등방성 안테나를 기준으로 한 것

나. 반파장 안테나를 기준으로 한 것

다. $\lambda \ll \lambda/4$ 의 수직접지 안테나를 기준으로 한 것

라. $\lambda/4$ 수직접지 안테나를 기준으로 한 것

해설 안테나의 이득

(1) 의 미 : 주어진 안테나와 기준 안테나의 동일 방향, 동일거리에서의 전계강도를 같게 했을 때($E = E_0$) 각각의 안테나의 입력부에 공급되는 전력비로 표시된다.

$$\text{이득 } G = \left(\frac{P_0\,(\text{기준 안테나의 전력})}{P\,(\text{주어진 안테나의 입력 전력})}\right)_{E=E_0}$$

$$= \left(\frac{E}{E_0}\right)^2_{P=P_0} = \frac{E^2/P}{E_0^2/P_0}$$

(2) 종 류

종 류	기 준 안 테 나
절대이득(G_a)	가상적인 등방성(isotropic) 안테나
상대이득(G_h)	반파장 무손실 안테나
지상이득(G_v)	단소 수직 안테나($\lambda/4$) 보다 대단히 짧은 무손실 접지 안테나

94. 반파장 다이폴 안테나와 피측정 안테나에서 동일 방사전력으로 방사시킨 전파의 최대방사방향에서의 전계강도가 각각 100 [μV/m], 500 [μV/m] 이라면 피측정 안테나의 상대이득은 얼마인가?

가. 7 [dB]　　나. 10 [dB]

다. 14 [dB]　　라. 70 [dB]

해설 상대이득의 정의

$$G = \left(\frac{E}{E_0}\right)^2_{P=P_0} = \left(\frac{500}{100}\right)^2 = 25\ [\text{배}]$$

이를 dB 로 나타내면

$$G\,[\text{dB}] = 10\log_{10}25 = 20\log_{10}5 = 14\ [\text{dB}]$$

해답 92. 가　93. 나　94. 다

95. 절대이득의 기준 안테나는?

가. 등방성 안테나　　　　나. 반파장 안테나

다. 비임 안테나　　　　라. λ/4 수직접지 안테나

해설 등방성 안테나는 점파원에서 균일하게 구면상으로 반사하는 가상의 무지향성 안테나이다.

96. 등방성 공중선의 방사전력을 P_o 라고 한다면 공중선으로 부터 $r(m)$ 되는 점의 전계강도 E_o 는 얼마인가?

가. $E_o = \dfrac{\sqrt{30P_o}}{r}$ [V/m]　　　　나. $E_o = \dfrac{\sqrt{30P_o}}{r^2}$ [V/m]

다. $E_o = \dfrac{\sqrt{30}P_o}{r}$ [V/m]　　　　라. $E_o = \dfrac{\sqrt{30}P_o}{r^2}$ [V/m]

해설 몇가지 안테나의 전계강도

안테나 종류	최대방사방향의 전계강도 E	방사저항 R_r[Ω]
등방성 안테나	$\dfrac{\sqrt{30P_r}}{r}$ [V/m]	
반파장 안테나	$\dfrac{60\pi I_0 h_e}{\lambda r} = \dfrac{60I_0}{r} = \dfrac{7\sqrt{P_r}}{r}$ [V/m] $= \dfrac{222\sqrt{P_r[\text{kW}]}}{r[\text{km}]}$ [mV/m]	73.13 [Ω]
미소 다이폴 $l \ll \lambda/2$	$\dfrac{60\pi I_0 l}{\lambda r} = \dfrac{\sqrt{45P_r}}{r} = \dfrac{6.7\sqrt{P_r}}{r}$ [V/m]	$80\pi^2\left(\dfrac{l}{\lambda}\right)^2$
$\dfrac{\lambda}{4}$ 접지 안테나	$\dfrac{120\pi I_0 h_e}{\lambda r} = \dfrac{60I_0}{r} = \dfrac{9.9\sqrt{P_r}}{r}$ [V/m] $= \dfrac{313\sqrt{P_r[\text{kW}]}}{r[\text{km}]}$ [mV/m]	36.56 [Ω]

97. 방사전력 100 [W] 의 어떤 공중선의 최대방사방향으로 d [m] 인 지점의 전계강도가 1 [mV/m] 이다. 동일 송신점에 방사전력 50 [W] 의 반파장 공중선을 이용하여 최대방사방향의 동일지점에 0.5 [mV/m] 의 전계강도를 얻었다. 이 공중선의 상대이득은?

가. 0.25　　　나. 1　　　다. 2　　　라. 4

해설 (1) 절대이득에 의한 전계강도(등방성 ANT 기준)

$$E_0 = \frac{\sqrt{30P_0}}{r} \text{ [V/m]}$$

(2) 상대이득에 의한 전계강도(반파 다이폴 ANT 기준)

$$E_0 = \frac{7\sqrt{P_0}}{r} \text{ [V/m]}$$

문제에서 상대이득은

$$G_h = \frac{\text{피측정 안테나의 전력}}{\lambda/2 \text{ dipole 안테나 전력}} = \frac{\text{피측정 안테나의 전계강도}}{\lambda/2 \text{ dipole 안테나의 전계강도}}$$

$$G_h = \frac{100\text{ [W]}}{50\text{ [W]}} = \frac{1\times10^{-3}}{0.5\times10^{-3}} = 2$$

$$G_h\text{[dB]} = 10\log_{10}\frac{100}{50} = 10\log_{10}2 = 3\text{ [dB]}$$

해답 95. 가　96. 가　97. 다

98. A, B 두 공중선에 같은 전력을 공급하고, 최대방사 방향의 동일지점의 전계강도를 측정하니 각각 10 [mV/m] 및 5 [mV/m] 이었다. A 공중선의 상대이득은 얼마인가? (단, B 공중선은 반파장 다이폴 공중선이다.)

가. 0.5　　나. 2　　다. 4　　라. 0.45

해설 $G = \dfrac{\dfrac{E^2}{P}}{\dfrac{E_0^2}{P_0}} = \dfrac{P_0}{P} \times \left(\dfrac{E}{E_0}\right)^2 = 1 \times \left(\dfrac{10}{5}\right)^2 = 4$

99. 반파장 ($\lambda/2$) 다이폴 안테나의 절대이득은 얼마인가?

가. 1　　나. 1.64　　다. 1.83　　라. 2

해설 반파장 다이폴의 절대이득

(1) 등방성 ANT의 전계강도 : $E = \dfrac{\sqrt{30P_0}}{d}$ [V/m]

(2) 동일거리에서 주방사 방향에서의 반파장 다이폴의 전계강도 : $E' = \dfrac{\sqrt{49P}}{d}$ [V/m]

이득의 정의에 의해 $E = E'$ 이면 절대이득 G_a 는

$$\frac{\sqrt{30P_0}}{d} = \frac{\sqrt{49P}}{d}$$

$$G_a = \frac{P_0}{P} = \frac{49}{30} \fallingdotseq 1.64 \text{ [배]}$$

$$G_a\text{[dB]} = 10 \log 1.64 \fallingdotseq 2.15 \text{ [dB]}$$

이 절대이득은 초단파대 이상 특히 마이크로파대의 안테나 이득에 사용된다.

100. 절대이득 G_a 와 상대이득 G_h 의 관계는?

가. $G_a = 2G_h$　　나. $G_a = 1.64G_h$

다. $G_a = 3G_h$　　라. $G_a = 4G_h$

해설 G_a 와 G_h 의 관계

$$E = \frac{\sqrt{30\,G_aP}}{d} = \frac{\sqrt{49.2\,G_hP}}{d} \text{ [V/m]}$$

$$G_a = 1.64\,G_h$$

$$G_a\text{[dB]} = G_h\text{[dB]} + 2.15\text{ [dB]}$$

101. 절대이득 G_a 와 지상이득 G_v 와의 관계는?

가. $G_a = 2G_v$　　나. $G_a = 1.64G_v$

다. $G_a = 3G_v$　　라. $G_a = 4G_v$

해설 G_a 와 G_v 의 관계

$$E = \frac{\sqrt{30\,G_aP}}{d} = \frac{\sqrt{90\,G_vP}}{d} \text{ [V/m]}$$

단, P : 입력 전력 [W], d : 거리 [m]

$G_a = 1.64\,G_h = 3\,G_v$,　$G_a\text{[dB]} = G_v\text{[dB]} + 4.77\text{ [dB]}$

해답 98. 다 99. 나 100. 나 101. 다

102. 방사전력 2 [kW] 의 반파장 공중선에서 거리 1 [km] 인 점의 전계강도가 700 [mV/m] 가 되게 하려면 상대이득이 얼마인 공중선을 사용해야 하는가?

가. 2배　　나. 3배

다. 4배　　라. 5배

해설 안테나의 이득(상대이득) G [배] 이고 전력이 P, 거리 d [m] 떨어진 점에 λ/2 dipole ANT에 수신되는 전계강도 E 는

$$E = \frac{7\sqrt{G \cdot P}}{d}$$

$$\sqrt{GP} = \frac{d}{7}E$$

$$G = \frac{1}{P} \times \left(\frac{d}{7}E\right)^2 = \frac{1}{2\times 1000} \times \left(\frac{1000}{7} \times 700 \times 10^{-3}\right)^2 = 5\ [\text{배}]$$

103. 자유공간에서 공중선 입력전력 100 [W], 공중선 효율 90 [%], 상대이득 7 [dB] 의 송신 공중선에서 50 [km] 떨어진 지점에서의 전계강도는 대략 얼마인가?

가. 1.5 [mV/m]　　나. 3 [mV/m]

다. 4 [mV/m]　　라. 5 [mV/m]

해설 자유공간에서의 전계강도(P_i : 입력전력)

$$E = \frac{7\sqrt{\eta G P_i}}{d}\ [\text{V/m}]$$

상대이득 7 [dB] 은 거의 5 배가 되므로

$$E \fallingdotseq \frac{7\sqrt{0.9\times 5\times 100}}{50\times 10^3} = \frac{7\sqrt{450}}{5\times 10^4} \fallingdotseq 2.97\ [\text{mV/m}]$$

104. 자유공간에서 방사전력 1 [kW], 10 [km] 에 있어서의 전계강도를 80 [mV/m] 로 하려면 상대이득이 얼마인 송신 공중선을 사용하면 되는가?

가. 10　　나. 13

다. 15　　라. 17

해설 방사전력 P [kW], d [kW] 일 때

$$E = \frac{7\sqrt{GP\ [\text{W}]}}{d\ [\text{m}]}\ [\text{V/m}] = \frac{222\sqrt{GP\ [\text{kW}]}}{d\ [\text{km}]}\ [\text{mV/m}]$$

$$80 = \frac{222\sqrt{G\times 1}}{10} \qquad \therefore\ G = 13$$

105. 공중선 입력전력 50 [W], 공중선 효율 80 [%] 의 공중선에서 10 [km] 지점의 자유공간 전계강도가 80 [dB] 이었다. 이 공중선의 이득은?

가. 5 [dB]　　나. 7 [dB]

다. 9 [dB]　　라. 11 [dB]

해답 *102.* 라 *103.* 나 *104.* 나 *105.* 나

해설 80 [dB] 의 전계강도를 [V/m] 단위로 환산하면

$$20 \log_{10} E = 80$$

$$\therefore\ E = 10^{-2} [\text{V/m}]$$

공중선의 전계강도 $E = 7\sqrt{\eta GP/d}$ 의 식에서 G 는

$$G = \frac{E^2 d^2}{49\eta P} = \frac{(10^{-2})^2 \times (10 \times 10^3)^2}{49 \times 0.8 \times 50} \fallingdotseq 5$$

$$G[\text{dB}] = 10 \log_{10} 5 = 7 [\text{dB}]$$

106. 자유공간에서 공중선 효율 90 [%], 상대이득 10의 송신 공중선을 사용하여 20 [km] 떨어진 지점에서 전계강도 7.5 [mV/m] 를 얻기 위한 공중선 전력 [W] 은?

가. 25 [W]　　나. 32 [W]

다. 43 [W]　　라. 51 [W]

해설 전계강도 $E = \dfrac{7\sqrt{\eta GP}}{d}$ 의 식에서 P (입력전력)는

$$P = \left(\frac{Ed}{7}\right)^2 \times \frac{1}{\eta G} = \left(\frac{7.5 \times 10^{-3} \times 20 \times 10^3}{7}\right)^2 \cdot \frac{1}{0.9 \times 10}$$

$$= \left(\frac{150}{7}\right)^2 \times \frac{1}{9} \fallingdotseq 51 [\text{W}]$$

107. 방사전력 R, 상대이득 G 인 공중선의 실효고 h_e는? 단, 파장을 λ 라고 하고 이 공중선은 자유공간에 놓인 것이다.

가. $\dfrac{\lambda}{\pi}\sqrt{G}\sqrt{\dfrac{R}{73.13}}$ [m]　　나. $\dfrac{\lambda}{\pi}\sqrt{G}\sqrt{\dfrac{R}{36.56}}$ [m]

다. $\dfrac{\lambda}{2\pi}\sqrt{G}\sqrt{\dfrac{R}{73.13}}$ [m]　　라. $\dfrac{\lambda}{2\pi}\sqrt{G}\sqrt{\dfrac{R}{36.56}}$ [m]

해설 자유공간에서 d [m] 떨어진 점의 전계강도 E 는

$$E = \frac{60\pi I h_e}{\lambda d} = \frac{60\pi h_e}{\lambda d}\sqrt{\frac{P}{R}} [\text{V/m}]$$

반파 다이폴 안테나에서 전계강도 E_0 는

$$E_0 = \frac{60 I_0}{d} = \frac{60}{d}\sqrt{\frac{P_0}{73.13}} [\text{V/m}]$$

상대이득 G 는 $E = E_0$ 인 경우의 P_0/P 이므로

$$\frac{60\pi h_e}{\lambda d}\sqrt{\frac{P}{R}} = \frac{60}{d}\sqrt{\frac{P_0}{73.13}}$$

$$\therefore\ h_e = \frac{\lambda}{\pi}\sqrt{\frac{P_0}{P}}\sqrt{\frac{R}{73.13}} = \frac{\lambda}{\pi}\sqrt{G}\sqrt{\frac{R}{73.13}} [\text{m}]$$

해답 *106.* 라　*107.* 가

108. 방사저항이 300 [Ω] 이고 이득이 3 [dB] 인 안테나의 실효고는? 단, 파장 $\lambda = 10$ [m] 이다.

가. 5 [m]　　나. 7 [m]
다. 9 [m]　　라. 11 [m]

해설 방사저항, 이득, 실효고의 관계

$$h_e = \frac{\lambda}{\pi}\sqrt{G}\sqrt{\frac{R}{73.13}}$$

$$= \frac{10}{3.14}\sqrt{2}\sqrt{\frac{300}{73.13}} \doteqdot \frac{10\sqrt{2}\times 2}{3.14} \doteqdot 9\,[\text{m}]$$

109. 자유공간의 이득이 6 [dB] 인 공중선의 방사저항이 73.13 [Ω] 이라고 하면 실효길이는 얼마인가? 단, 방사전파의 주파수는 100 [MHz] 이고 $\log_{10}2 = 0.3$ 이다.

가. 0.95 [m]　　나. 1.9 [m]
다. 3 [m]　　라. 5 [m]

해설 파장 $\lambda = 3\times10^8 / 100\times10^6 = 3$ [m] 이다.

$$h_e = \frac{\lambda}{\pi}\sqrt{G}\sqrt{\frac{R}{73.13}} = \frac{3}{\pi}\sqrt{4}\sqrt{\frac{73.13}{73.13}} = \frac{6}{\pi} = 1.9\,[\text{m}]$$

여기서 이득 6 [dB] = $10\log_{10}x$ 의 식에서

$\log_{10}x = 0.6$

그런데 $\log_{10}2 = 0.3$ 이므로 $x = 4$ 가 된다.

110. 방사저항 R, 실효고 h_e 인 공중선의 절대이득을 구하면? 단, 반파 다이폴 안테나의 절대이득은 1.64 이며 이 공중선은 자유공간에 놓여진 것이라고 한다.

가. $G = \frac{60}{R}\left(\frac{\pi}{\lambda}h_e\right)^2$　　나. $G = \frac{60}{R}\left(\frac{2\pi}{\lambda}h_e\right)^2$

다. $G = \frac{120}{R}\left(\frac{\pi}{\lambda}h_e\right)^2$　　라. $G = \frac{120}{R}\left(\frac{2\pi}{\lambda}h_e\right)^2$

해설 문제의 공중선에서의 전류의 파복값을 I [A], 자유공간에서 d [m] 떨어진 점의 전계강도 E 는

$$E = \frac{60\pi I h_e}{\lambda d} = \frac{60\pi h_e}{\lambda d}\sqrt{\frac{P}{R}}\,[\text{V/m}]$$

반파 다이폴에서의 전계강도 E_0 는

$$E_0 = \frac{60 I_o}{d} = \frac{60}{d}\sqrt{\frac{P_0}{73.13}}\,[\text{V/m}]$$

따라서 상대이득 G_h 는 $E = E_0$ 인 경우의 P_0/P 이므로

$$G_h = \frac{P_o}{P} = \frac{73.13}{R}\left(\frac{\pi}{\lambda}h_e\right)^2$$

그러므로 문제의 공중선의 절대이득 $G_a = G_h\times1.64$ 이므로

$$G_a = \frac{73.13}{R}\left(\frac{\pi}{\lambda}h_e\right)^2\times1.64 \doteqdot \frac{120}{R}\left(\frac{\pi}{\lambda}h_e\right)^2$$

해답 *108.* 다 *109.* 나 *110.* 다

111. 공중선의 전계강도 E 를 구하는 공식은? (단, h_{eff} : 실효공중선의 높이, V_{max} : 최대 유기전압)

가. $E = \frac{V_{max}}{h_{eff}}$ 나. $E = h_{eff} \cdot V_{max}$

다. $E = \frac{h_{eff}}{V_{max}}$ 라. $E = h_{eff} + V_{max}$

112. 파장 λ 의 전계강도가 E (μV/m)의 지점에 $\lambda/2$ 다브렛트 안테나를 놓았을 때 이것에 유기되는 기전력은 얼마인가? (단, 안테나는 수직다브렛트 안테나이며 또 전파는 수평방향에서 오는 수직 편파이다.)

가. E [μV] 나. $\frac{\lambda}{\pi}E$ [μV]

다. $\frac{\lambda}{2}E$ [μV] 라. $\frac{2}{\pi}E$ [μV]

해설 안테나에 유기되는 기전력

(1) 유기 기전력 $V = E \cdot h_e$

(2) $\lambda/2$ 다브렛트 안테나의 실효고 : $h_e = \lambda/\pi$

$\therefore\ V = E \cdot h_e = \frac{\lambda}{\pi}E$ [μV]

113. 전계의 방향으로 주파수 100 [MHz] 용의 반파장 안테나에 수신되는 기전력은? (단, 전계의 세기는 100 [mV/m] 라 한다)

가. 1000 [mV] 나. 100 [mV]

다. 15 [mV] 라. 9.5 [mV]

114. 수평 반파장 다이폴의 도선과 30° 의 방향에서 전계강도 40 [μV/m] 로 5 [MHz] 의 수평 편파가 도래할 때 이 안테나에 유기되는 기전력은 몇 [V] 인가? 단, 실효 길이는 λ/π 로 한다.

가. 0.38 [mV/m] 나. 0.43 [mV/m]

다. 0.64 [mV/m] 라. 0.24 [mV/m]

해설 안테나의 전계분포 $E = E_0 \sin\theta$ 이므로 $E = E_0 \sin 30° = \frac{1}{2}E_0$

유기 기전력 $V = E \cdot h_e = \frac{E_0}{2} \cdot \frac{\lambda}{\pi}$ 로 되므로 $\lambda = \frac{3\times10^8}{5\times10^6} = 60$ [m]

$\therefore\ V = \frac{1}{2} \times 40 \times 10^{-6} \times \frac{60}{3.14} \fallingdotseq 0.38$ [mV]

115. 파장 5 [m], 전계강도 10 [mV/m] 의 전파를 반파장 dipole 안테나로서 수신했을 때의 최대 수신 단자 전압은 얼마정도 되는가?

가. 16 [mV] 나. 20 [mV] 다. 25 [mV] 라. 50 [mV]

해답 *111.* 가 *112.* 나 *113.* 나 *114.* 가 *115.* 가

116. 주파수 600 [kHz], 전계강도 8 [mV/m] 인 전파를 $\frac{\lambda}{4}$ 수직접지 공중선으로 수신했을때 공중선에 유기되는 전압은?

가. 535 [mV]　　나. 637 [mV]
다. 735 [mV]　　라. 796 [mV]

해설 $h_e = \frac{\lambda}{2\pi}$, $\lambda = \frac{c}{f} = \frac{3 \times 10^8}{600 \times 10^3} = 500\,[\text{m}]$, $h_e = \frac{\lambda}{2\pi} = \frac{500}{2\pi} = 79.6\,[\text{m}]$

$\therefore$ V(유기전압) $= E \cdot h_e = 8 \times 79.6 = 637\,[\text{mV}]$

117. 1/4 파장 수직접지 공중선으로 50 [MHz] 신호를 수신하였을 때 최대 유기 기전력이 95 [μV] 이었다. 이 지점의 전계 강도는 얼마인가?

가. 10 [μm]　　나. 100 [μV/m]
다. 31.6 [μV/m]　　라. 63.3 [μV/m]

해설 $V = E \cdot h_e$ 이고 $h_e = \frac{\lambda}{2\pi}$　$\lambda = \frac{c}{f} = \frac{3 \times 10^8}{50 \times 10^6} = 6\,[\text{m}]$　$\therefore\ h_e = \frac{6}{2\pi} \doteqdot 0.95\,[\text{m}]$

전계강도$(E) = \frac{95\,[\mu\text{V}]}{0.95\,[\text{m}]} = 100\,[\mu\text{V/m}]$

118. 반파장 다이폴 안테나를 사용하여 송신할 때 안테나 기저부 전류가 10 [A] 이었다. 거리 100 [km] 떨어진 지점에서 실효고 10 [m] 인 안테나로 수신했을 때 안테나에 유기되는 전압은 얼마인가?

가. 60 [mV]　　나. 3 [mV]
다. 0.6 [mV]　　라. 6 [mV]

해설 반파장 다이폴 안테나의 신효고 $h_e = \lambda / \pi$ 이다.

반파장 다이폴 안테나로 부터 d (m) 떨어진 점의 전계강도

$E = 60\,I / d = (60 \times 10)/100 \times 10^3 = 6\,[\text{mV/m}]$

안테나 유기전압 [V] = 실효고(h_e) × 전계강도(E) = 10 [m] × 6 [mV/m] = 60 [mV]

119. 해안국의 $\lambda/4$ 접지 공중선의 기저부 전류를 10 [A], 사용주파수를 2 [MHz] 라 하면 여기서 30 [km] 떨어진 해상의 선박이 실효고 8 [m] 의 공중선을 사용하여 수신할 때 수신입력 전압은? 단, 수신기 입력회로와 공중선과의 정합은 완전한 것으로 한다.

가. 20 [mV]　　나. 40 [mV]　　다. 80 [mV]　　라. 160 [mV]

해설 파장 $\lambda = c/f = 150\,[\text{m}]$ 이므로 $\lambda/4$ 수직접지 공중선의 실효고 h_e 는

$h_e = \lambda / 2\pi = 150 / 2\pi = 24\,[\text{m}]$

선박상의 수신전계강도는

$$E = \frac{120\pi h_e[\text{m}]\ I[\text{A}]}{\lambda[\text{m}]\ d[\text{m}]}\,[\text{V/m}] = \frac{377\, h_e[\text{m}]\ I[\text{A}]}{\lambda[\text{m}]\ d[\text{km}]}\,[\text{mV/m}]$$

$$= 377 \times \frac{240}{150 \times 30} \doteqdot 20.1\,[\text{mV/m}]$$

① **수신공중선의 유기전압** : $V_R = Eh_R = 20 \times 8 = 160\,[\text{mV}]$
② **수신기 입력전압** : $V_i = V_R / 2 = 160/2 = 80\,[\text{mV}]$

해답 *116.* 나　*117.* 나　*118.* 가　*119.* 다

120. 공중선 효율 80 [%], 공중선 입력전력 5 [kW], 이득 6 [dB] 인 수직접지공중선에서 주파수 1 [MHz] 의 전파를 방사할 때 최대방사방향 40 [km] 의 거리인 지점에 $\lambda/4$ 수직접지 공중선을 놓으면 몇 [V] 의 전압이 유기되는가? 단, 대지는 완전도체 평면이며 $\lambda/4$ 접지공중선의 이득을 0 [dB] 이라고 하고 $\log_{10}2 = 0.3$ 이라고 한다.

가. 0.5 [V]　　　　나. 1 [V]

다. 1.5 [V]　　　　라. 3 [V]

해설 이득 6 [dB] 은 $10\log_{10}x = 6$ 이므로 $G = x = 4$ [배] 이다.

$$E = \frac{9.8\sqrt{\eta GP\,[\mathrm{W}]}}{d\,[\mathrm{m}]}\,[\mathrm{V/m}] = \frac{313\sqrt{GP\,[\mathrm{kW}]}}{d\,[\mathrm{km}]}\,[\mathrm{mV/m}]$$

$$= \frac{313\sqrt{0.8 \times 4 \times 5}}{40} = 31.3\,[\mathrm{mV/m}]$$

① 주파수 1MHz의 파장 $\lambda = 300$ [m] 이므로 $\lambda/4$ 접지 공중선의 실효고 h_e

$h_e = \lambda/2\pi = 300/2\pi = 47.8$ [m]

② $\lambda/4$ 접지 공중선의 유기전압 $e = h_e \cdot E = 31.3 \times 47.8 = 1.5$ [V]

121. 전계강도가 10 [mV/m] 인 전파를 유효길이 1.5 [m] 인 안테나로 수신했다. 수신 안테나의 복사저항 및 수신기의 입력 임피던스가 각각 300 [Ω] 일 때 수신 전력은 얼마인가?

가. 0.19 [μW]　　　　나. 2.5 [μV]

다. 27 [μW]　　　　라. 360 [μW]

해설 $V_R = \dfrac{V_o}{2}$, $V_o = h_e \cdot E$　　$\therefore\ P_R = \dfrac{(V_R)^2}{R}$

122. 지향계수 $D(\theta)$ 는? 단, E 는 최대방사방향의 전계강도이고 E_θ 는 θ 방향의 전계강도이다.

가. $D(\theta) = \dfrac{E}{E_\theta}$　　　　나. $D(\theta) = \dfrac{E_\theta}{E}$

다. $D(\theta) = \left(\dfrac{E}{E_\theta}\right)^2$　　　　라. $D(\theta) = \left(\dfrac{E_\theta}{E}\right)^2$

123. 전계강도 10 [mV/m] 인 전파를 실효고 10 [m] 인 공중선으로 수신할 때 유효수신전력이 100 [μW] 이었다. 이 공중선의 방사저항은?

가. 50 [Ω]　　　　나. 100 [Ω]

다. 25 [Ω]　　　　라. 300 [Ω]

해설 유능 수신전력 $P_r = \dfrac{V^2}{4R_r}$ 의 식에서 $V = E \cdot h_e$ 이다.

$$V = E \cdot h_e = 10 \times 10 \times 10^{-3} = 10^{-1}$$

$$R_r = \frac{V^2}{4P_r} = \frac{(10^{-1})^2}{4 \times 100 \times 10^{-6}} = 25\,[\Omega]$$

해답 *120.* 다　*121.* 가　*122.* 나　*123.* 다

124. 그림과 같은 반파장 다이폴 안테나의 지향성을 나타내는 식은? (단, λ는 파장)

가. $\dfrac{\cos\left(\dfrac{\pi}{2}\cos\theta\right)}{\cos\theta}$　　나. $\dfrac{\sin\left(\dfrac{\pi}{2}\cos\theta\right)}{\sin\theta}$

다. $\dfrac{\cos\left(\dfrac{\pi}{2}\cos\theta\right)}{\sin\theta}$　　라. $\dfrac{\sin\left(\dfrac{\pi}{2}\cos\theta\right)}{\cos\theta}$

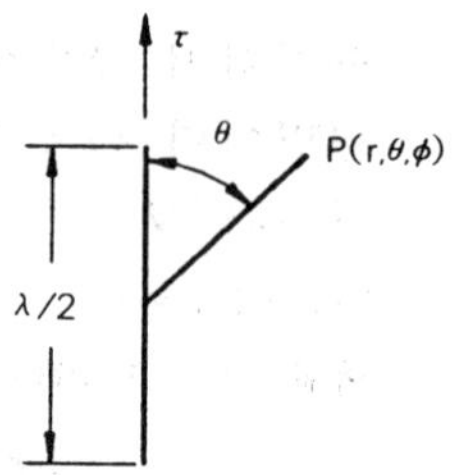

해설 각 안테나의 지향성

〈1〉 미소 다이폴의 지향성

① 수직면 지향성 : $D(\theta) = \sin\theta$

② 수평면 지향성 : $D(\phi) = 1$

〈2〉 λ/2 다이폴의 지향성

① 수직면 지향성 : $D(\theta) = \dfrac{\cos\left(\dfrac{\pi}{2}\cos\theta\right)}{\sin\theta}$

② 수평면 지향성 : $D(\phi) = 1$

125. 무지향성 안테나의 지향(Directivity)계수는?

가. 0　　나. 1　　다. 1.5　　라. 1.64

126. 방사 전력밀도가 최대 방사 방향의 1/2로 감소되는 값을 갖는 각도로 지향특성의 첨예도를 표시하는 것은?

가. 전후방비　　나. 주엽(main lobe)

다. 부엽(side lobe)　　라. 반치각

해설 반치각이란, power pattern에서는 복사 전력이 1/2, field pattern에서는 전계강도가 $1/\sqrt{2}$로 되는 두 방향사이의 각을 말한다. 이 점은 －3 [dB] 점으로써 어느 pattern에서 구하나 반치각은 같다.

127. 안테나의 비임(Beam) 폭이란?

가. 방사 전체 패턴(Pattern) 상에서 방사전계강도가 그 최대방사 전계의 1/2이 되는 두 방향 사이의 각

나. 방사전계 패턴상에서 방사전력 밀도가 그 최대 방사전력 밀도의 1/2이 되는 두 방향사이의 각

다. 방사전계가 0이 되는 두 방향 사이의 각

라. 최대 방사방향을 중심으로하여 총방사전력의 90 [%]를 포함하는 범위의 각

해설 반치각은 비임각 또는 비임폭이라고 한다.

※ 반치각의 의미

① 주엽(주 beam)의 최대방사방향보다 －3 [dB]로 되는 값을 갖는 각도이다.

② 최대 전력밀도의 1/2이 되는 두 방향 사이의 각도이다.

③ 최대 방사전계의 $1/\sqrt{2}$이 되는 두방향사이의 각도이다.

④ 지향특성의 첨예도를 나타낸다.

해답 124. 다 125. 나 126. 라 127. 나

128. 전후방비(FB비 : front to back ratio)란? 단, E_f는 전방의 전계강도 E_b는 후방의 전계강도이다.

가. FB비 $= 20\log_{10}\dfrac{E_f}{E_b}$　　나. FB비 $= 20\log_{10}\dfrac{E_b}{E_f}$

다. FB비 $= 10\log_{10}\sqrt{\dfrac{E_f}{E_b}}$　　라. FB비 $= 10\log_{10}\sqrt{\dfrac{E_b}{E_f}}$

129. 초단파 이상에 사용하는 공중선의 실효 개구면적은? (단, G : 공중선 이득, λ : 파장)

가. $G\dfrac{\lambda^2}{4\pi}$　　나. $G\dfrac{\lambda}{4\pi}$

다. $G\dfrac{\lambda^2}{2\pi}$　　라. $G\dfrac{\lambda}{2\pi}$

해설 절대이득 G_a인 공중선의 실효면적

〈1〉 이득과 실효길이, 방사저항과의 관계

(1) 상대이득 G_h인 경우(안테나 효율 $\eta = 1$)

$$h_e = \frac{\lambda}{\pi}\sqrt{G_h}\sqrt{\frac{R_r}{73.13}}\,[\mathrm{m}] \cdots\cdots ①$$

(2) 절대이득 G_a인 경우

$$h_e = \frac{\lambda}{\pi}\sqrt{G_a}\sqrt{\frac{R_r}{120}}\,[\mathrm{m}] \cdots\cdots ②$$

〈2〉 수신 최대 유효전력 (P_a)

$$P_a = \frac{V_o^2}{4R_r} = \frac{(Eh_e)^2}{4R_r} = \frac{E^2}{4R_r}h_e^2 \cdots\cdots ③$$

② 식을 ③ 식에 대입한다.

$$P_a = \frac{E^2}{4R_r}\cdot\left(\frac{\lambda}{\pi}\right)^2\frac{G_aR_r}{120} = \frac{\lambda^2}{4\pi}\,\frac{G_a}{120\pi}E^2[\mathrm{W}] \cdots\cdots ④$$

〈3〉 실효면적(A_e) : 수신유효면적

$$A_e \equiv \frac{P_a}{W}[\mathrm{m}^2] = \eta_a A \cdots\cdots ⑤$$

단, η_a : 개구효율(이득 계수)($=A_e/A$, 0.4~0.8)

A : 실제의 개구면적

〈4〉 A_e와 G_a의 관계

⑤ 식에서 포인팅 전력 $W = \dfrac{E^2}{120\pi}[\mathrm{W/m^2}]$이므로

④ 식과의 관계에서 다음 식을 얻는다.

$$A_e = \frac{P_a}{W} = \frac{\lambda^2}{4\pi}\cdot G_a$$

$$G_a = \frac{4\pi}{\lambda^2}A_e = \frac{4\pi}{\lambda^2}\eta_a A$$

해답 *128.* 가　*129.* 가

130. 반파장 안테나의 실효 면적은?

가. $0.11\lambda^2$　　나. $0.12\lambda^2$

다. $0.13\lambda^2$　　라. $0.14\lambda^2$

해설 **공중선의 실효면적(A_e)**

(1) **실효면적** : 공중선의 유능전력(수신최대 유효전력) P_a와 입사전력 밀도 $W = E^2/120\pi$로 나눈 것이다.

$$A_e = \frac{P_a}{W}\,[\mathrm{m}^2]$$

(2) h_e와 R_r에 의한 실효면적의 표시

$$A_e = \frac{P_a}{W} = \frac{\dfrac{V_o^2}{4R_r}}{W} = \frac{\dfrac{(Eh_e)^2}{4R_r}}{\dfrac{E^2}{120\pi}} = \frac{30\pi}{R_r}h_e^2$$

(3) 상대이득 G_h인 실효고 h_e에 의한 실효면적

$$h_e = \frac{\lambda}{\pi}\sqrt{G_h}\sqrt{\frac{R_r}{73.13}}$$

$$A_e = 0.13\,G_h \cdot \lambda^2\,[\mathrm{m}]$$

(4) 반파장 안테나의 실효면적 : $R_r = 73.13$, $h_e = \lambda/\pi$이므로

$$A_e = \frac{30\pi}{R_r}h_e^2 = \frac{30\pi}{73.13}\left(\frac{\lambda}{\pi}\right)^2 = \frac{30\lambda^2}{73.13\pi} \fallingdotseq 0.13\lambda^2\,[\mathrm{m}^2]$$

131. 개구면이 있는 안테나의 절대이득이 1이고 사용주파수가 10 [GHz]일 때 이 안테나의 실효면적은 얼마인가?

가. 0.716 [cm^2]　　나. 2.39 [cm^2]

다. 7.16 [cm^2]　　라. 22.5 [cm^2]

해설 $$\therefore A_e = \frac{G_a \cdot \lambda^2}{4\pi} = \frac{1 \times \left(\dfrac{3\times10^8}{10\times10^9}\right)^2}{4\pi} = 0.716\,[\mathrm{cm}^2]$$

132. 절대이득 G_a와 실효면적과의 관계는?

가. $G_a = \dfrac{4\pi}{\lambda^2}A_e$　　나. $G_a = \left(\dfrac{4\pi}{\lambda}\right)^2 A_e$

다. $G_a = \dfrac{\lambda^2}{4\pi}A_e$　　라. $G_a = \left(\dfrac{\lambda}{4\pi}\right)^2 A_e$

해설 $$G_a = \frac{4\pi}{\lambda^2}A_e = \frac{4\pi}{\lambda^2}\eta_a A$$

해답 *130.* 다　*131.* 가　*132.* 가

133. 회전 포물선 안테나의 절대이득 G_a는? 단, 개구직경 D[m], 파장 λ[m], 개구면 효율 η_a이다.

가. $G_a = \eta_a \dfrac{\pi D^2}{\lambda}$　　나. $G_a = \eta_a \left(\dfrac{\pi}{\lambda} \right)^2 \cdot D$

다. $G_a = \eta_a \left(\dfrac{\pi D}{\lambda} \right)^2$　　라. $G_a = \eta_a \left(\dfrac{\lambda}{\pi D} \right)^2$

해설 $A = \pi (D/2)^2$

134. 마이크로파 안테나의 개구효율은?

가. 0.1～0.3　　나. 0.4～0.8

다. 0.8～2　　라. 3～4

135. 미소 다이폴 안테나의 실효면적 A_e는?

가. $\dfrac{3}{\pi}\lambda^2$　　나. $\dfrac{3}{2\pi}\lambda^2$

다. $\dfrac{3}{2\pi}\lambda^2$　　라. $\dfrac{3}{8\pi}\lambda^2$

해설 미소다이폴 : 파장에 비해 길이가 충분히 짧고 전류분포가 균일한 안테나

$$R_r = 80\pi^2 \left(\frac{l}{\lambda} \right)^2, \qquad h_e = l$$

$$A_e = \frac{30\pi}{R_r} h_e^2 = \frac{3}{8\pi}\lambda^2 = 0.119\lambda^2 [\mathrm{m}^2]$$

136. 송신 안테나의 이득을 G_T, 수신 안테나의 이득을 G_R, 송신 전력을 W_T[W]라 하면 수신 안테나에서 취할 수 있는 최대 전력 W_R[W]는 얼마인가?(단, λ[m]는 사용파장, d[m]는 송신 안테나의 수신 안테나 사이의 거리이다.)

가. $\left(\dfrac{\lambda}{4\pi d} \right)^2 G_T G_R W_T$　　나. $\left(\dfrac{\lambda}{8\pi d} \right)^2 G_T G_R W_T$

다. $\left(\dfrac{\lambda}{3\pi d} \right)^2 G_T G_R W_T$　　라. $\left(\dfrac{\lambda}{2\pi d} \right)^2 G_T G_R W_T$

해설 송신전력 W_T, 송신기에서 d만큼 떨어진 점의 전력 밀도는 $P = W_T/4\pi d^2$이다. 송신기의 이득이 G_T이고, 송신기와 수신기사이에 손실이 없다면 실효면적 A_e인 수신안테나의 총 수신전력 W_R는

실효면적 $A_e = \dfrac{\lambda^2 G_R}{4\pi}$이므로

$$W_R = \frac{W_T}{4\pi d^2} \cdot G_T \cdot A_e = \left(\frac{\lambda}{4\pi d} \right)^2 \cdot G_T \cdot G_R \cdot W_T$$

해답 *133.* 다　*134.* 나　*135.* 라　*136.* 가

137. 주파수 100 [MHz], 전계강도 40 [dB] (1 [μV/m] = 0 [dB])의 전계중에 상대이득 6 [dB]의 야기 공중선을 놓았을 때 이 공중선에서 꺼낼 수 있는 최대전력은 ?

가. 100 [μW] 나. 125 [μW]

다. 100 [pW] 라. 125 [pW]

해설 야기 공중선의 수신전력

$$P_r = A_e \cdot \frac{E_o^2}{120\pi} \qquad A_e = 0.13\lambda^2 G_h = \frac{\lambda^2}{4\pi} G_a$$

문제에서 상대이득은 6 [dB] 이므로 $G_h = 4$ (또는 $G_a = 4 \times 1.64 = 6.65$) 이고 $\lambda = 3 \times 10^8 / 100 \times 10^6 = 3$ [m] 이다. 40 [dB] 은 100 [μV/m] 이므로

$$\therefore \; P_r = 0.13\lambda^2 G_h \frac{E_o^2}{120\pi} = 0.13 \times 3^2 \times 4 \frac{(100 \times 10^{-6})^2}{120\pi} \fallingdotseq 125 \times 10^{-12} [\text{W}] = 125 [\text{pW}]$$

해답 *137.* 라

제 3 장

안테나의 종류 및 특성

3·1 장파 및 중파 안테나

3·1·1 장중파 안테나의 접지

(1) **심굴 접지** : 동판 또는 동관을 지하에 매설하는 방식으로 간단한 안테나 또는 대지의 도전율이 매우 좋은 경우에 쓰이며 접지저항은 약 10 [Ω] 정도이다. 기기 접지용, 소전력국 용이다.

(2) **방사상 접지(라디얼 어스)방식** : 안테나의 기저부를 중심으로 방사모양으로 지하 50~100 [cm] 정도의 깊이로 묻는 방식이다. 이 방식은 약간 규모가 큰 공중선에 사용되며 접지저항은 약 5 [Ω] 정도이다. 중파방송용 공중선에서는 보통 이 방식이 사용된다.

(3) **카운터 포이즈(counter poise) 방식** : 대지의 도전율이 나쁜곳(건조지, 암산, 건물의 옥상 등)에 적용되는 용량 접지 방식이다. 중전력용으로 사용된다.

(4) **다중 접지 방식** : 대규모의 송신국에 사용되는 방식으로 공중선 전류를 지선망의 각 부분에 똑같게 흘려서 공중선 전류가 기저부 근처에 밀집하는 것을 피하고 접지저항의 감소를 도모하는 것이다. 이 방식의 접지저항은 약 1~2 [Ω] 정도이다.

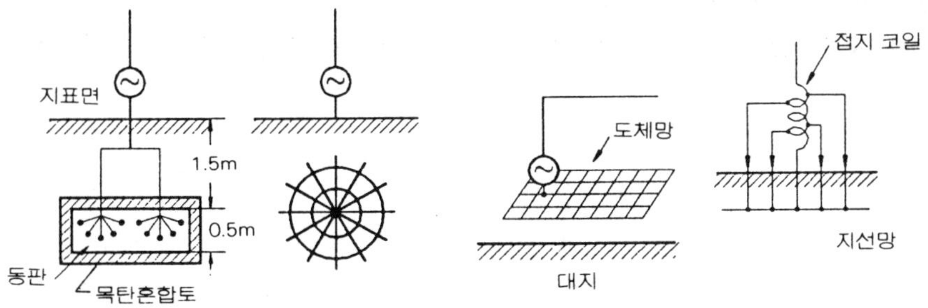

(a) 심굴접지 (b) 래디얼 어스 (c) 카운터 포이즈 (d) 다중 접지

〈그림 3－1〉 각종 접지 방식

3·1·2 접지 안테나의 형식과 정부 부하

(1) 공중선의 형식 : λ/4 접지 공중선이 일반적으로 사용되나 목적이나 경제성에 따라서 여러가지 높이의 것이 있다.

① T형 안테나

② V형 안테나

③ 역 L형 안테나

④ 정관형 지선식 안테나

이 중에서 수평부가 긴 역 L형 공중선은 약간 지향성을 가지나, 그 밖의 안테나는 모두 무지향성이다.

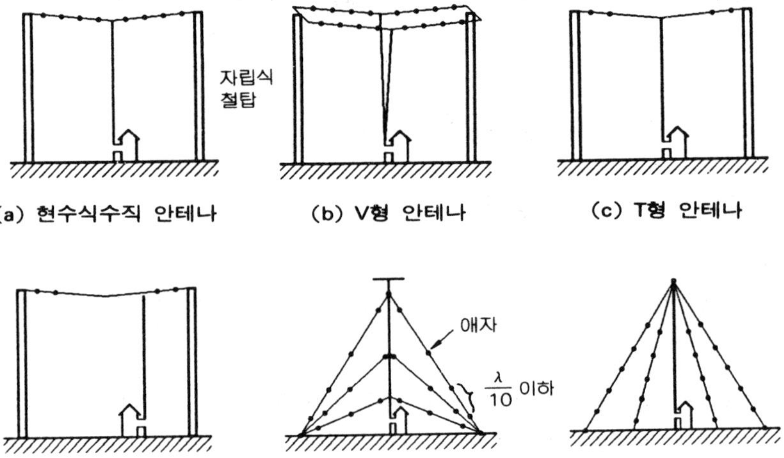

(a) 현수식수직 안테나 (b) V형 안테나 (c) T형 안테나

(d) 역 L형 안테나 (e) 정관붙은 지선식 안테나 (f) 우산형 안테나

〈그림 3-2〉 각종 송신 안테나

(2) 정부 부하의 효과

① 고유 주파수의 저하(고유파장의 증대)

② 실효 길이의 증가(정부의 전류 증가로 인해)

③ 방사 저항의 증가(방사 효율의 증가)

④ 비교적 낮은 안테나로 고각도 방사가 적고 수평이득이 큰 것이 얻어진다.

3·1·3 수직 접지 공중선

(1) **λ/4 수직 접지 공중선의 구조** : 전류 분포는 선단에서 전류는 0이고, 접지 점에서는 최대이다.

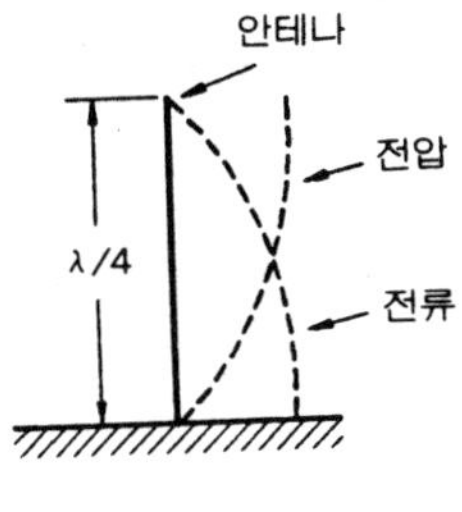

〈그림 3－3〉

(2) **실효고** : $h_e = \lambda / 2\pi$ [m]

(3) **지향 특성**

① 수평면내 지향성 : 무지향성

② 수직면내 지향성 : 쌍반원형

(4) **특　　성**

① 주로 수직편파이다.

② 장중파용 송신 안테나이다.

③ 급전점 : 접지점에서 급전한다.

④ 입력임피던스는 36.56 [Ω] 이다.

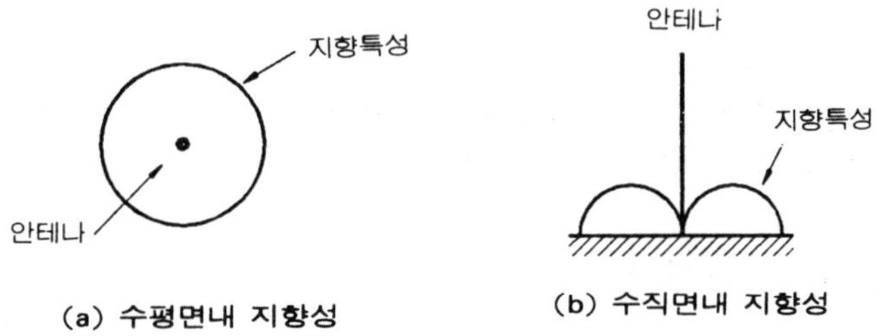

〈그림 3－4〉 수직 안테나의 지향성

3·1·4 역 L형 안테나

(1) **역 L형 안테나의 구조** : 1개 혹은 여러개의 도선을 수평으로 치고 그 일단에서 수직부를 내려서 접지한 공중선이다.

(2) **실효고** : $h_e = \dfrac{h(h+2l)}{2(h+l)}$ (단, l : 수평부 길이)

(3) **지향 특성**

① **수평면내 지향성** : 정부가 비교적 짧으면 무지향성이다. 정부가 비교적 긴 경우에는 그 선단과 반대방향으로 지향성을 갖는다.

② **수직면내 지향성** : 쌍반원형

(4) **특　　성**

① **수평부의 역할** : 실효 높이가 증대한다.

② 수평부분에 의한 복사전계는 수신전압을 유기하지 않는다.

③ 장파, 중파 안테나로 쓰인다.

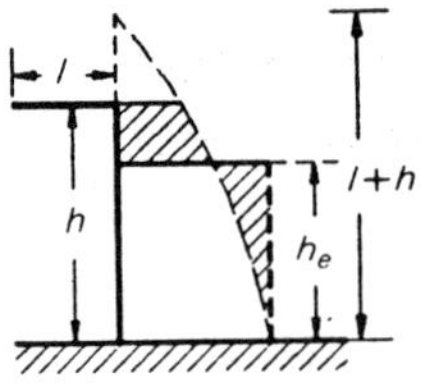

〈그림 3-5〉 역 L형 안테나

3·1·5 Fading 방지 공중선

(1) **톱 로딩 공중선의 구조** : 삼각 철탑의 정부에 방사상의 도선을 환상으로 설치(용량환)한 수직접지 공중선이다.

(2) **톱 로딩(top loading)의 역할** : 중파 방송에서 고각도의 방사를 억제하여 근거리 페이딩을 방지한다.

(3) **페이딩 공중선의 높이** : 등가적으로 0.53λ 길이의 수직접지 공중선은 페이딩 방지작용을 한다.

〈그림 3-6〉

3·1·6 루프(Loop) 안테나

(1) **루프 안테나의 구조** : 도선을 원형 또는 직사각형, 정사각형 등으로 1회 또는 수회 감은 폐로 안테나이다.

(2) **실효고** : $h_e = \dfrac{2\pi NA}{\lambda}$

(단, N : 권수, A : 루프의 면적, λ : 파장)

(3) **지향 특성** : 8자형 지향성(수평면내 지향성)

(4) **용　　도** : 방향탐지, 무선표시 또는 측정용에 이용

(5) **특　　성**

① 실효고가 낮다.

② 야간 오차가 생긴다.

③ 소형으로 이동이 쉽다.

(a) 구　조　　(b) 수평면내 지향성　　(c) 수직면내 지향성

〈그림 3-7〉 루프(loop) 안테나의 구조와 지향 특성

3·1·7 Heart형 지향성 공중선

(1) **Heart형 공중선의 구조** : 루프 공중선과 수직접지 안테나의 조합이다.

(2) **지향 특성** : 8자형의 지향성 공중선인 루프 공중선과 무지향성의 수직 공중선을 조합하면 카아디오이드(cardiod)형 또는 Heart형의 단일 지향특성을 얻는다.

(3) **용　도** : 방향 탐지용

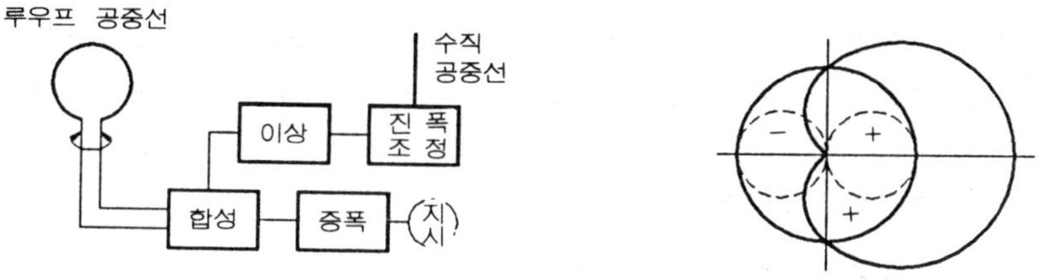

(a) 구　조　　(b) cardiod형 지향특성

〈그림 3－8〉 Heart형 지향성 공중선

3·1·8 Bellini-Tosi 안테나

(1) **벨리니토시 안테나의 구조** : 루프 공중선 2개를 서로 직각으로 교차시켜 고정시키고 출력에 고니오미터(goniometer)를 부착한 것으로 직교 루프안테나라고도 한다.

(2) **방향 탐지기능** : 루프 안테나를 회전시키지 않고 단지 고니오미터의 서치코일만을 회전시켜 도래전파의 방향을 알 수 있다.

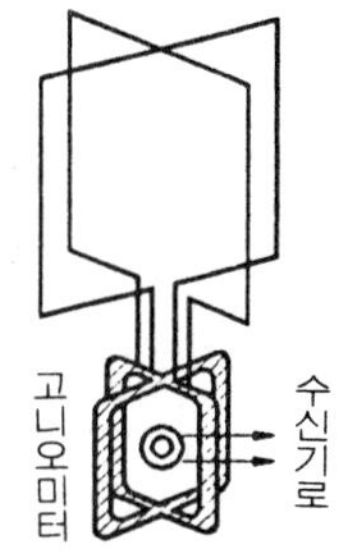

〈그림 3－9〉

3·1·9 애드콕(Adcock) 안테나

(1) **애드콕 안테나의 구조** : 2조의 길이가 같은 수직 접지안테나(중파용) 또는 수직 더블레트 안테나(단파용)를 거리 d 만큼 간격을 두고 배치한 것이다.

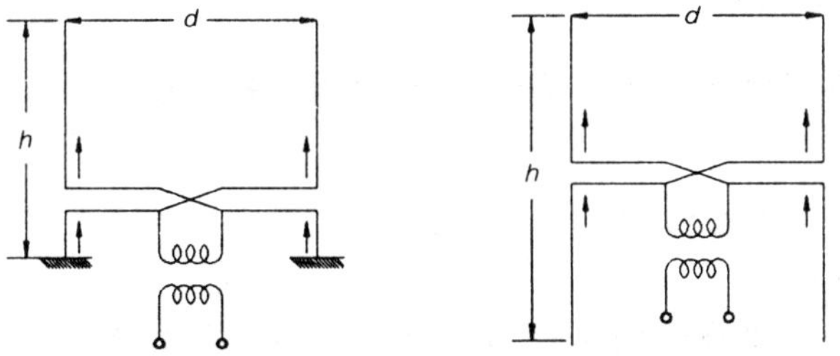

(a) 중파용　　(b) 단파용

〈그림 3－10〉 애드콕 안테나

(2) 애드콕 안테나의 원리：2조의 수직공중선의 유기전압을 평행된 수평도체로 중앙에 도출하여 양 기전력의 차를 뽑아내는 방식이다.

(3) 안테나계의 실효길이：$h_a = \dfrac{2\pi d h_e}{l}$

(4) 수평면내 지향특성：8자형

(5) 용　도：방향탐지의 야간오차를 경감

(6) 루프 안테나와의 차이점：수직면 지향성으로서 애드콕 안테나는 위쪽으로부터 경사지게 들어오는 전파를 거의 수신하지 않으므로 야간효과를 제거할 수가 있다.

3·1·10 웨이브(Wave) 안테나

웨이브 안테나는 장중파용 진행파 공중선이다.

(1) 웨이브 안테나의 구조：지상 2~7m 정도의 높이에 1~2 파장 길이의 도선을 전파가 들어오는 방향에 맞추어서 수평으로 친 공중선이다. 이를 Beverage 안테나라고도 한다.

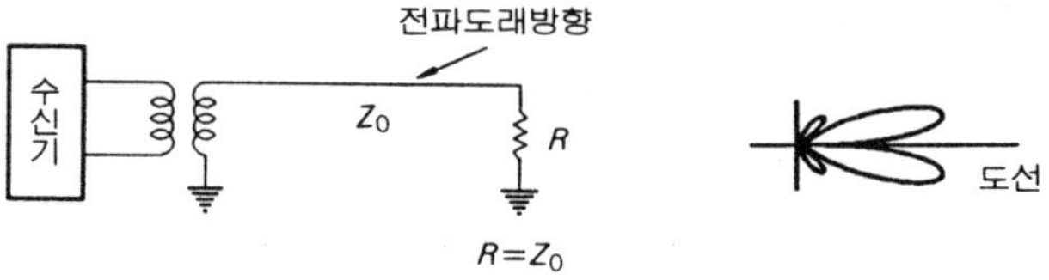

(a) 구　　조　　　(b) 지향성

〈그림 3-11〉 웨이브 안테나

(2) 웨이브 안테나의 원리：전파가 불완전 도체인 대지상을 전파할 때 전파의 수직 벡터가 전파의 전파 방향으로 숙여진다. 이 때문에 생기는 전파의 수평분력에 의해서 공중선에 전압이 유기하여 수신기에 가해지나 여기서 반사된 파는 Z_0에 흡수되므로 진행파만이 순차로 가해져서 일단으로 모이고 최대 전류를 수신기에 주어 반대방향에서 전파는 저항 R에 흡수되어서 수신기로 입력은 들어가지 않는다.

(3) 지향 특성：단향성(수평면내 지향성)

(4) 용　도：주로 수 100[kHz] 이하의 수신용 공중선으로 사용

(5) 특　징

① 웨이브 안테나는 광대역 지향성 수신 안테나이다.
② 진행파 안테나의 일종이다.
③ 동일 방향에서 도래하는 몇개의 전파를 동시에 수신할 수 있다.(다중 수신 가능)

3·2 단파 안테나

3·2·1 반파장 다이폴 안테나

(1) 반파 다이폴 안테나의 구조 : 수평 다이폴과 수직 다이폴로 구분된다.

① **수평 다이폴 안테나** : 수평편파가 복사되고 수평면내 지향성은 8자형이다.

② **수직 다이폴 안테나** : 수직편파가 복사되고 수평면내 지향성이 무지향성이다.

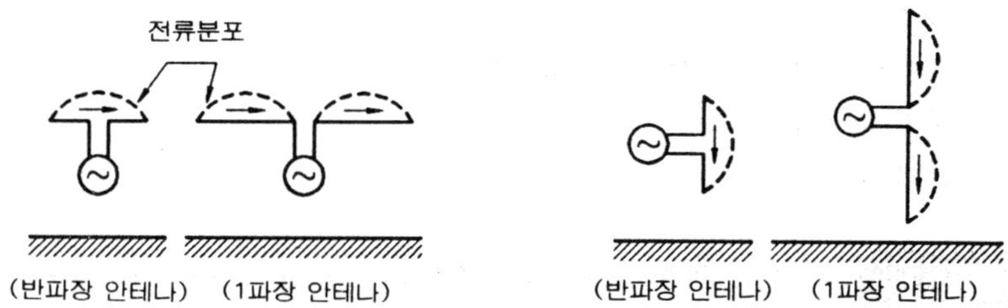

〈그림 3－12〉 다이폴 안테나의 구조

(2) 반파장 다이폴 안테나의 일반

① **실효길이** : $h_e = \lambda / \pi$ [m]

② **방사 전계 강도** : $E = \dfrac{60\pi I_0 h_e}{\lambda d} = \dfrac{60 I_0}{d} = \dfrac{7\sqrt{P_r}}{d}$ [V/m]

③ **반치각** : 약 78°

④ **방사저항과 방사리액턴스** : 방사저항은 약 73 [Ω], 방사리액턴스는 약 43 [Ω] 이다.

⑤ **상대이득** : 1 [dB]

⑥ **용　　도** : 단파대 이상의 송신 안테나로 사용

(3) 수평 반파 다이폴의 특징

① **안테나의 높이** : 비교적 낮게 설치할 수 있다.

② **급전선의 영향** : 급전선은 안테나의 도선과 직각이므로 방사에 방해가 되지 않는다.

③ **수평면내 지향특성** : 8자형

④ **수직면내 지향특성** : 지상에서의 높이에 따라 지향성이 크게 변한다.

⑤ **편파면** : 수평 편파

⑥ **혼신방해** : 혼신파가 들어오는 방향이 8자형의 0감도의 방향이면 방해가 경감된다.

⑦ **잡음방해** : 도시잡음의 방해가 적다.

⑧ **정합방법** : 정합회로를 안테나의 입력단에 붙이는데 편리하다.

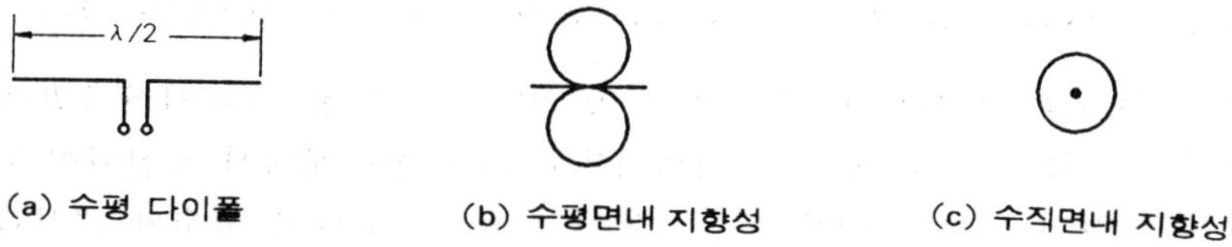

〈그림 3－13〉 수평 반파 다이폴 안테나

(4) 수직 반파 다이폴의 특징

① **안테나의 높이** : 높게 치지 않으면 도선의 하단이 지상에 접촉하여 방사가 방해된다.

② **급전선의 영향** : 급전선이 공중선과 평행하므로 방사의 방해가 되며 지향성을 흐트린다.

③ **수평면내 지향특성** : 무지향성

④ **수직면내 지향특성** : 지상 높이에 의해 지향성은 거의 변하지 않는다. 대지의 도전율의 영향을 받는다.

④ **편파면** : 수직편파

⑤ **혼신방해** : 무지향성이므로 경감되지 않는다.

⑥ **잡음방해** : 방해가 크다.

⑦ **정합방법** : 불편하다.

예제 3-1 수평 다이폴과 수직 다이폴의 비교

수평 반파다이폴 안테나와 수직 반파다이폴 안테나에 대하여 안테나의 높이, 급전선의 영향, 수평면 지향성, 편파면, 혼신방해, 잡음방해, 정합방법 등을 비교하여 설명하시오.

풀이 수평 반파 다이폴과 수직 반파 다이폴의 비교

비 교	수평 반파 다이폴	수직 반파 다이폴
안테나의 높이	낮게 쳐진다	높게 친다.
급전선의 영향	급전선은 공중선의 도선과 직각이므로 방사의 방해가 되지 않는다.	급전선이 공중선과 평행하므로 방사의 방해가 되며 지향성을 교란시킨다.
수평면 지향성	8자형	무지향성
편 파 면	수평 편파	수직 편파
혼 신 방 해	방해가 적다	방해를 받는다.
잡 음 방 해	적다	크다
정 합 방 법	편리하다.	불편하다

(5) 1파장 안테나 : 단파에서는 반파장 보다는 1파장 안테나를 많이 사용한다.

① 반파장 안테나의 반치각을 78°, 이득이 0 [dB] 이나, 1파장 안테나를 반치각이 48°, 이득이 1.7dB 이다.

② 1파장 안테나는 피더의 수가 적어도 되고, 급전점 임피던스가 크다.

(6) 고조파 다이폴 안테나 : 반파 다이폴 안테나의 길이를 증가시켜가면(또는 같은 안테나에 공급하는 주파수를 증가시켜가면) $\lambda/2$의 정수배에서 공진되어 이웃의 반파장 부분의 위상이 서로 반대로 되는 안테나이다. 고조파의 차수와 로브(lobe)의 수는 같다.

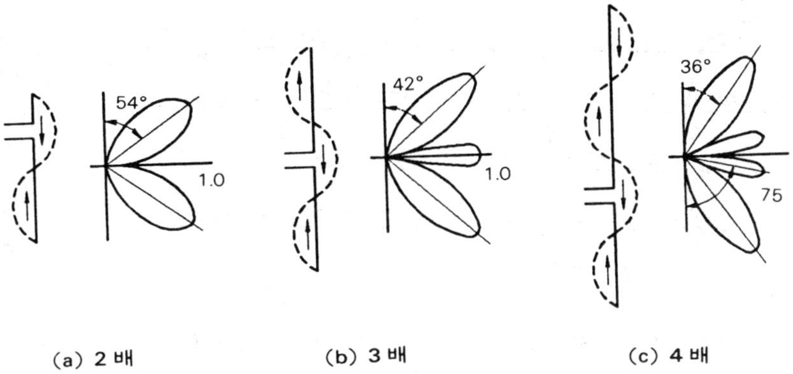

〈그림 3-14〉 고조파 안테나

예제 3-2 반파 다이폴 안테나에 관한 문제

다음은 수직 반파 다이폴 안테나와 수평반파 다이폴 안테나에 관한 문제이다. 각 물음에 답하라.

(1) 100 [MHz] 용 반파장 다이폴 안테의 실효고를 구하라.

(2) 100 [MHz] 용 수직 반파 다이폴 안테나의 길이 (l)를 구하고 수평면내 지향 특성을 설명하라.

(3) 수평반파 다이폴 안테나의 수평면내 지향특성을 설명하라.

풀이 (1) 반파장 다이폴 안테나의 실효고 $h_e = \lambda / \pi$ 이다.

$\lambda = c / f = 3 \times 10^8 / 100 \times 10^6 = 3$ [m]

$h_e = \lambda / \pi = 3/3.14 \fallingdotseq 0.95$ [m]

(2) ① 안테나 길이 : $l = \lambda / 2$ 이므로 1.5 [m] 가 된다.

② 수평면내 지향특성 : 무지향성

(3) 8자형

3·2·2 비임(Beam) 안테나

(1) **비임 안테나의 구조** : 다수의 반파장 안테나를 동일 평면내에 종횡으로 규칙적으로 배열한 것으로 각 소자의 방사를 한 방향으로 집중시킨 것으로 급전방법 등에 의해서 많은 종류의 비임 안테나가 고안되었다. 소자의 배열 간격은 급전의 편이상 보통 가로 세로 모두 $\lambda / 2$ 이다.

① 텔레펀겐(telefunken)형 비임 안테나 : 가로형 비임 안테나

② SFR형 비임 안테나

③ 스텔바형 비임 안테나

④ 말코니(marconi)형 비임 안테나

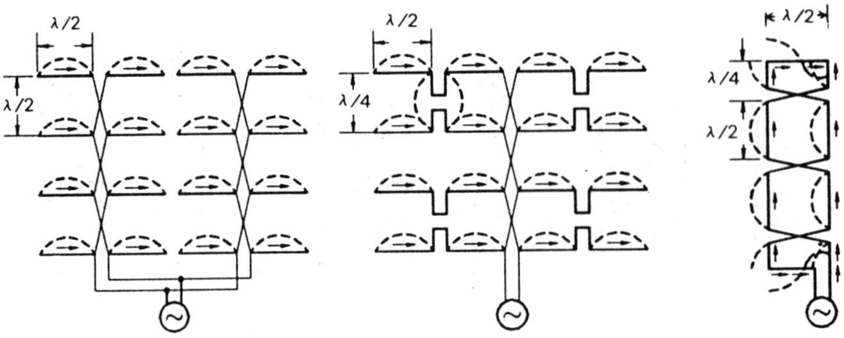

(a) 텔레푼켄형(분기급전)　(b) 일체신성형(분기직렬급전)　(c) 스텔바형

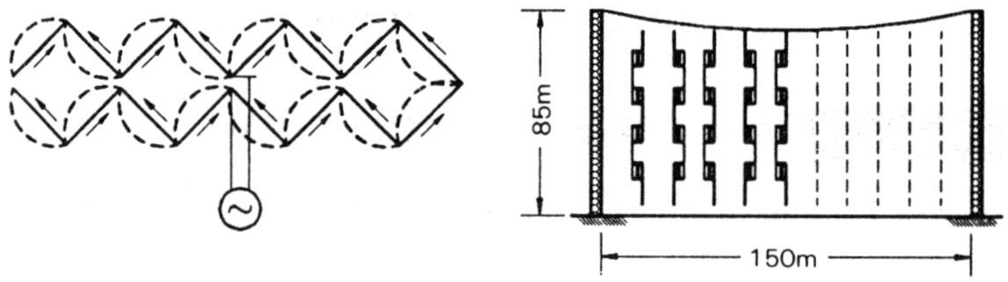

(d) SFR형(직렬급전)　(e) 말코니형

〈그림 3－15〉 비임 안테나의 종류

(2) 지향성(pattern)적의 원리 : 지향성 안테나 배열의 패턴은(소자 1개의 지향성)×(배열에 의한 지향성)으로 된다.

① 미소 다이폴 안테나를 동일축상에 λ/2 간격으로 배열했을 때의 지향성

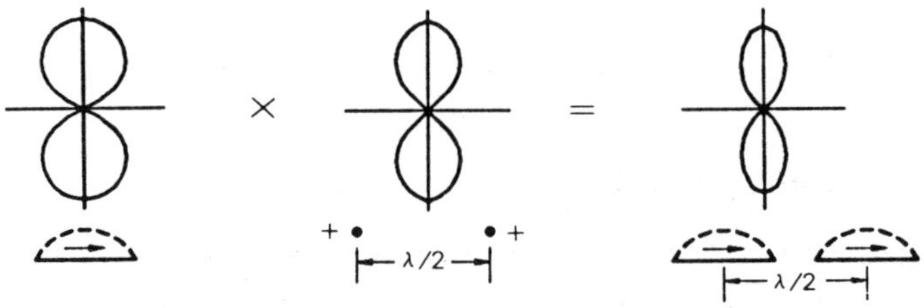

〈그림 3－16〉 지향성 적의 원리

② 2차 고조파 안테나의 지향성

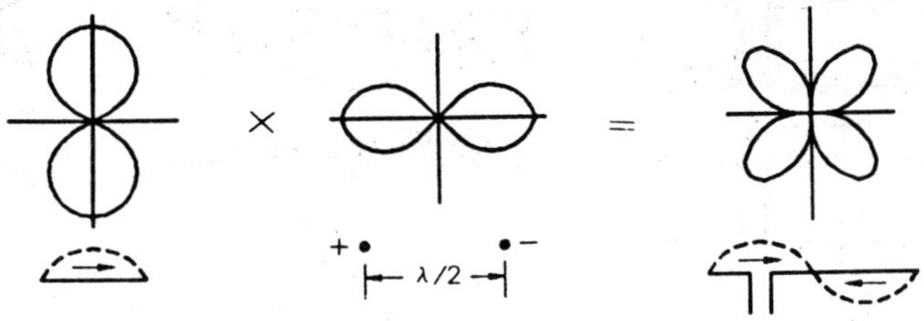

(a) 다이폴의 지향성 (b) 2개의 역위상 등방성 안테나에 의한 지향성 (c) 2차 고조파 안테나의 지향성

〈그림 3－17〉 고조파 안테나의 지향성

(3) 비임 안테나의 지향성 : 안테나의 소자수(엘레멘트수)가 많을수록 지향성은 예민하게 된다.

① 수직방향으로 배열하는 단수를 많게하면 수직면내의 지향특성이 예민해진다.

② 수평방향으로 배열하는 열수를 많게하면 수평면내의 지향특성이 예민해진다.

(4) 비임 안테나의 이득 : 엘레멘트 수 n 을 증가시키면 이득은 높아진다.

$$G = n^2 \frac{R_0}{R} = n^2 \frac{73.13}{R}$$

단, R : 비임 안테나의 방사저항

R_0 : 반파장 안테나의 방사저항

이를 dB 로 표시하면

$$G\,[\text{dB}] = 20\log_{10} n + 10\log_{10} R_0 - 10\log_{10} R$$
$$= 20\log_{10} n - 10\log_{10} R + 18.68$$

즉, 비임 안테나 이득은 소자의 수와 복사저항 R 에 따라 달라진다.

(5) 비임 안테나의 단향성 : 비임 안테나의 후방 $\lambda/4$ 의 곳에 각각 반사기를 달아서 90° 앞선 전류로 여진하면 단향성 공중선이 된다.

(6) 광대역 정재파 비임안테나 : H 형, W 형, X 형 등으로 광대역화 한다.

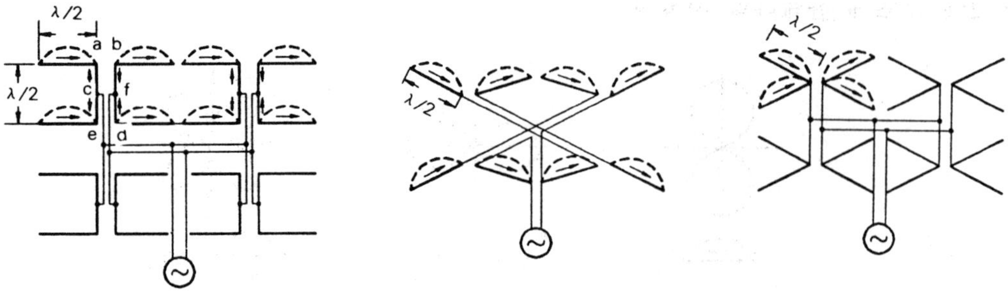

(a) H형　　(b) W형　　(c) X형

〈그림 3－18〉 광대역 정재파 비임 안테나

예제 3－3　각 안테나의 지향성 및 편파 상태 구별(Ⅰ)

다음 각 공중선의 명칭(1), 지향성(2), 수직 편파와 수평 편파의 구별(3)을 써라.

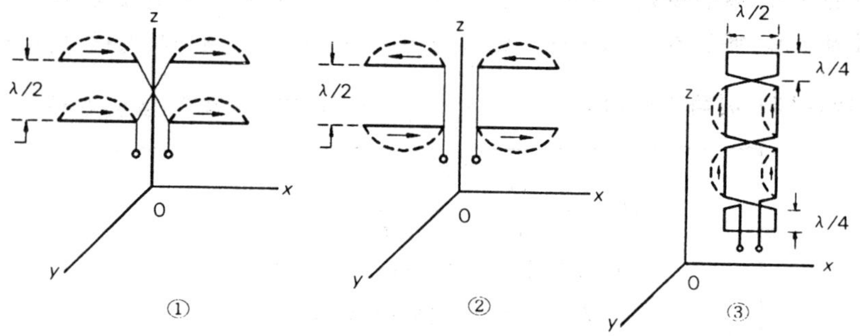

풀이 (1) 명　칭：① 가로형 비임(텔레푼겐형) 안테나

② 세로형 비임 안테나

③ 가로형 비임(스텔바 형) 안테나

(2) 지향성

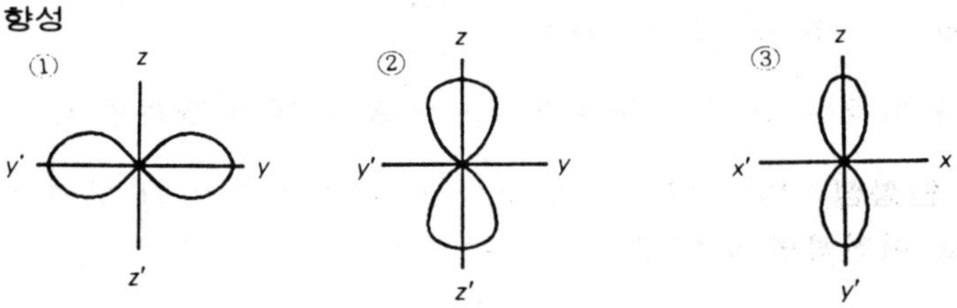

(3) 편파의 구별

① 수평 편파

② 수평 편파

③ 수직 편파

3·2·3 롬빅(Rhombic) 안테나

(1) 롬빅 안테나의 구조 : 지상 약 20～30 [m] 의 수평면 내에 마름모꼴로 도선을 치고 긴 대각선의 한 쪽에서 급전하고 다른 단이 도선의 임피던스와 같은 저항으로 종단되어 있다.

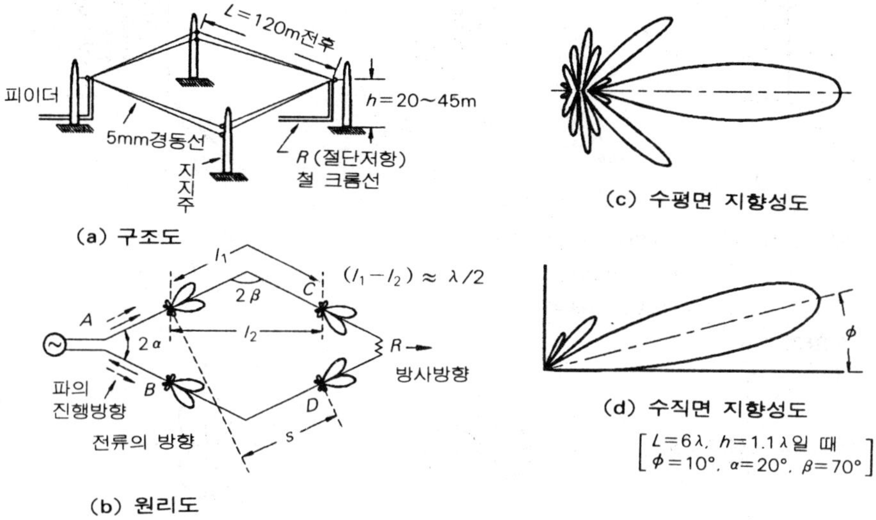

〈그림 3－19〉 롬빅 안테나

(2) 동작 원리 : 종단에 파동저항 R_0가 있어 급전선에서 급전할 때 도선의 종단에서는 반파가 없고 진행파만이 생긴다.

(3) 지향 특성 : 단일 지향성

(4) 용　도 : 단파 고정 통신용의 광대역 공중선이다.

(5) 롬빅 안테나의 특징

① 주로 단파대 송, 수신용 안테나이다.
② 진행파형으로 광대역이다.
③ 단향성으로 칫수가 커 고정회선용으로 적합하다.
④ 상대이득이 10～13 [dB] 정도이다.
⑤ 수평편파성분이 주가된다.
⑥ 구조는 비임 안테나보다 간단하다.
⑦ 결　점 : 효율이 나쁘다. 매우 넓은 장소가 필요하다. 사이드로브가 비교적 크다.

예제 3－4 각 안테나의 지향성 및 편파 상태 구별(II)

다음 각 공중선의 명칭(1), 지향성(2), 편파상태의 구별(3)을 써라.

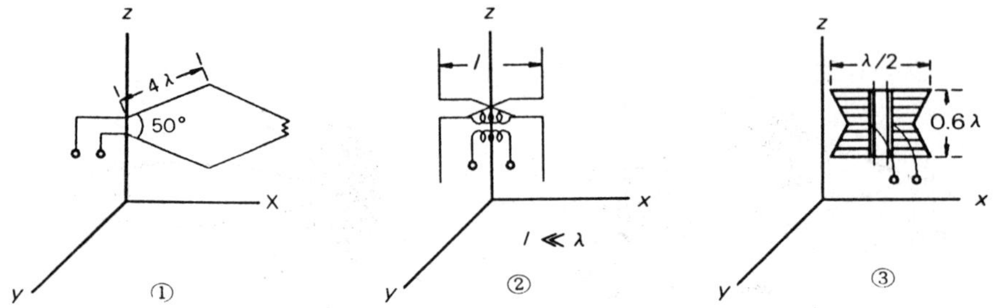

풀이 (1) 명　　칭 : ① 롬빅(마름모꼴) 안테나
② 애드콕 안테나
③ 수퍼 턴 스타일 안테나

(2) 지향성

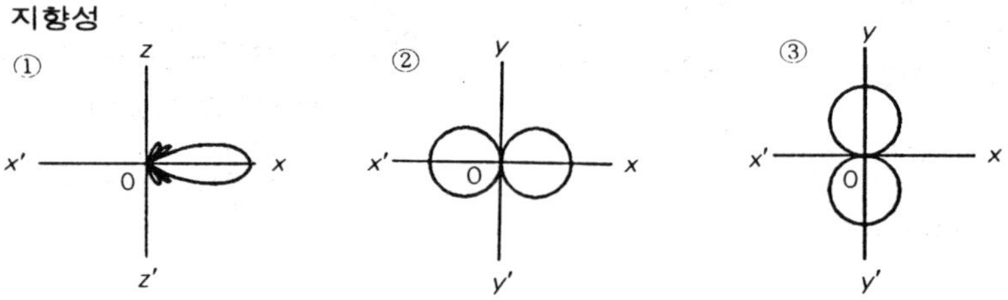

(3) 편파의 구별
① 수직 편파
② 수직 편파
③ 수평 편파

3·2·4 V형 안테나

(1) V형 안테나의 구조 : 2개의 도선을 V 형으로 결합시킨 것이다.

① 진행파 V형 안테나 : 종단에 각 도선의 파동저항과 같은 저항으로 접지한 안테나

② 정재파 V형 안테나(또는 V형 복합 고조파 안테나) : 고조파 다이폴을 V형으로 배열한 안테나. 종단이 개방되어 있다.

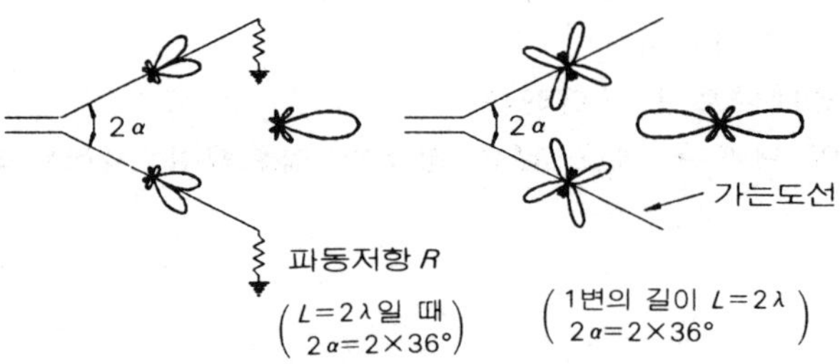

〈그림 3－20〉 V형 안테나

(2) **진행파 V형 안테나** : 각 도선의 길이, 지상고에 의해 수평, 수직 지향성이 다르다.

① **지향성** : 단향성이나 롬빅 안테나보다 지향성이 예민하지 못하다.

② **정재파 V형 안테나와의 비교** : 광대역이고 반사기가 없어도 일방성의 비임을 얻을 수 있다.

③ **구 조** : 구조가 간단하고 비용이 싸다.

(3) **정재파 V형 안테나** : 도선상에 정재파가 실리면 도선과 비스듬한 방향으로 예민한 지향성을 갖기 때문에 이것이 V자형으로 조합되어 있으므로 그 방사특성은 8자형이 예민하게 되며 단향성이 아니다.

① **지향성** : 단향성으로 하기 위해 반사기가 필요하다.

② 사용파장이 바뀌어도 송수신의 효율은 그다지 변하지 않는다.

예제 3-5 정재파와 진행파 안테나의 비교

정재파 안테나와 진행파 안테나에 대하여 ① 여진 방법, ② 지향성, ③ 대역폭, ④ 이득, ⑤ 실 예등을 비교 설명하라.

풀이 정재파와 진행파 안테나의 비교

	정 재 파 공 중 선	진 행 파 공 중 선
여진방법	선단을 개방하고 정재파에 의해서 여진한다.	선단에 파동저항을 접속하고 진행파에 의해서 여진한다.
지 향 성	반사기를 쓰지 않을 경우는 쌍방향 특성이 된다.	단방향 특성이다.
대 역 폭	일반적으로 협대역이다.	광대역이다.
이 득	구조에 비해서 일반적으로 작다.	광대역 구조가 간단한데 비하여 크다
실 예	각종 비임 안테나	마름모꼴(롬빅), 진행파 V형 피쉬본형

3·3 초단파 안테나

3·3·1 폴디드 다이폴(Folded dipole) 안테나

(1) **폴디드 다이폴 안테나의 구조** : 길이 약 $\lambda/2$ 파장의 도체를 반파 다이폴에 아주 접근해서 배치하고 각각의 양단을 접속한 것이다.

(a) $n = 2$　　(b) $n = 3$

〈그림 3－21〉 폴디드 반파 다이폴 안테나

(2) **지향 특성** : 반파 다이폴 안테나와 지향성이 같다. 수평면 지향성을 8자형, 수직면 지향성은 원이다.

(3) **급전점 임피던스** : 반파 다이폴 안테나의 방사저항을 R [Ω] 이고 소자수가 n 인 경우 급전점 임피던스 R_f는

> $R_f = n^2 R$ [Ω]
>
> 〈그림 3－21〉에서
>
> (a)의 경우($n = 2$) : $R_f = 2^2 \times 73.13 \approx 292$ [Ω]
>
> (b)의 경우($n = 3$) : $R_f = 3^2 \times 73.13 \approx 658$ [Ω]

(4) **실효 길이** : 〈그림 3－21〉 (a)의 경우 반파 다이폴 안테나의 약 2배이다.

(5) **전력 이득** : 반파 다이폴 안테나와 거의 같다. 상대이득은 0 [dB] 이다.

(6) **용　도** : 단파대에서도 쓰이지만 주로 TV 또는 초단파용 안테나이다.

(7) **폴디드 안테나의 일반적인 특징**

① 반파장 안테나에 비해서 도체의 유효 단면적이 크다.

② **광대역성** : 동일한 굵기의 도체를 쓴 반파 다이폴 안테나에 비해 광대역성은 약간 우수하다.

③ TV의 2선식 피더($Z_0 = 300$ [Ω])와 정합이 직결된다.

④ 동축케이블에 직결해도(정합도 없이) 방사특성이 나쁘지 않다.

⑤ 전계강도, 이득, 지향성은 반파장 안테나와 동일하다.

⑥ 방사전력은 2^2배가 된다. $P = (2I)^2 R = 4I^2 R$

⑦ 평행도선의 선 갯수, 굵기의 비를 변화시키므로서 임피던스 변성비를 자유로히 변화시킬 수 있다.

⑧ 기계적으로 구조가 견고하다.

예제 3-6 폴디드 안테나에 관한 문제

다음은 반파 폴디드 다이폴 안테나에 대한 문제이다. 각 물음에 답하라.
(1) 주로 어느 주파수대에서 사용되는가?
(2) 길이가 반파장인 2선식 폴디드 안테나의 급전점 임피던스는 얼마인가? 단, 도선의 굵기는 같다.

풀이 폴디드 안테나는 다이폴 안테나보다 급전점 임피던스가 4배로 증대된다. 이는 단파대에도 사용되나 주로 TV 또는 초단파용 안테나로 쓰인다.
(1) 초단파대(VHF 대)
(2) 약 300 [Ω]

3·3·2 휩(Whip) 안테나

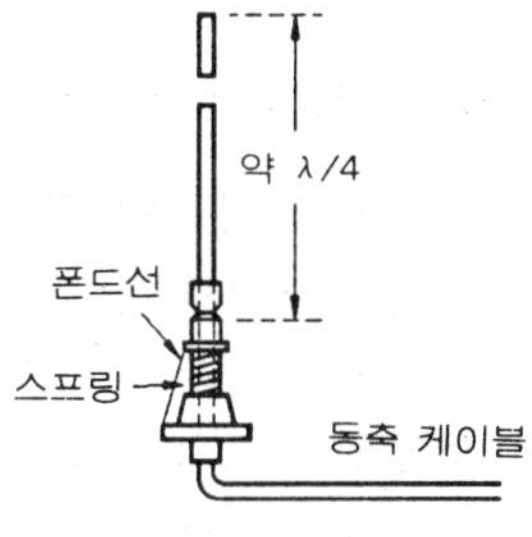

〈그림 3-22〉

(1) **휩 안테나의 구조** : 길이 λ/4인 안테나 도체를 자동차 또는 항공기의 기체에 설치한다. 이때 수직 도선은 50 [Ω]의 동축케이블의 심선에 접속된다.

(2) **지향 특성** : 수직편파이며 수평면내 지향성은 무지향성이다.

3·3·3 슬리브(Sleeve) 안테나

(1) **슬리브 안테나의 구조** : 동축 급전선의 내부도체를 λ/4의 도체와 접속하고 외부도체는 길이 λ/4의 원통관을 외측에서 씌워서 급전단에서 원통관과 접속하고 다른 단을 개방되어 있다.

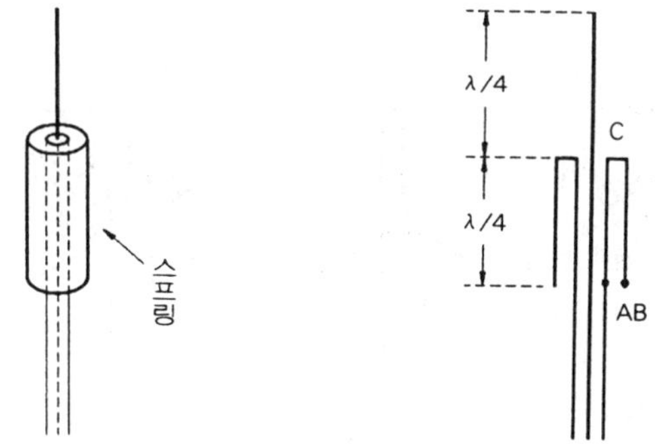

(a) 실체도 (b) 단면도

〈그림 3-23〉 슬리브 안테나의 구조

(2) **동작 원리** : 수직도체와 슬리브의 외측으로 λ/2의 수직 다이폴 안테나로서 동작한다.

(3) **슬리브의 역할**

① 슬리브는 동축케이블의 외부도체의 전류가 외부로 흘러나오는 것을 방지하며 λ/2 안테나의 하반부의 작용을 한다.

② 슬리브의 작용으로 불필요한 방사를 억제한다.

(4) **지향 특성** : λ/2 수직 다이폴 안테나와 같다.

① **수평면내 지향성** : 무지향성

② **수직면내 지향성** : 8자형

(5) **급전점 임피던스** : 급전점 임피던스는 보통 65～70 [Ω] 정도로 동축케이블과 정합이 취해진다.

(6) **용 도** : 초단파용 안테나이다.

(7) **슬리브 안테나의 특징**

① **편파면과 지향성** : 수직편파이며 수평면내 무지향성이다.

② **이 득** : λ/2 다이폴과 같다.

③ **정합장치 유무** : 불평형형의 안테나, 동축급전선과 정합장치를 사용하지 않고 기기에 접속할 수 있다.

3·3·4 브라운(Braun) 안테나

(1) **브라운 안테나의 구조** : 동축케이블의 내부도체를 λ/4 만큼 수직으로 연장하고 외부도체의 끝에 방사상으로 λ/4 의 지선이라고 부르는 도선을 보통 4개 대칭으로 배치한다.

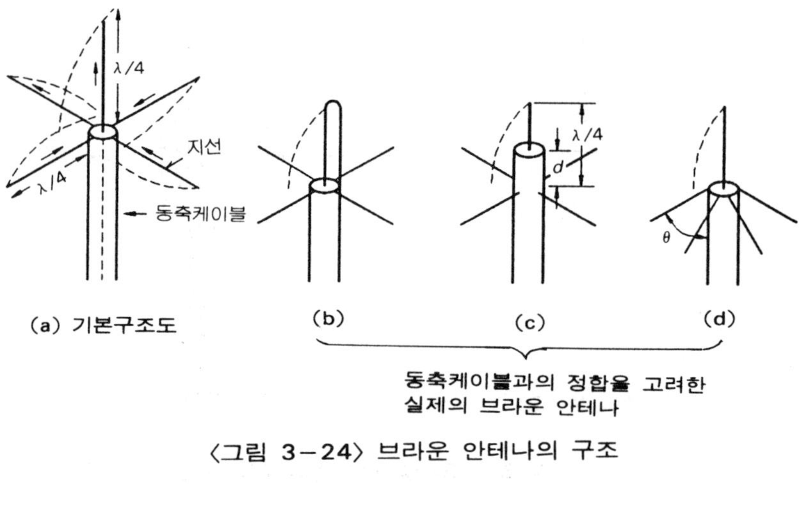

〈그림 3－24〉 브라운 안테나의 구조

(2) 동작 원리 : 직교한 4개의 $\lambda/4$ 도선은 접지작용(일종의 카운터 포이즈)을 하고 그 위에 $\lambda/4$ 접지 공중선을 놓은 것과 같다. 지선에는 $I/4$ 의 전류가 흐르고 안테나에는 I 의 전류가 흘러서 평형이 잡혀 동축 케이블 외피에의 누설이 없어진다.

(3) 지선의 역할 : 지선은 공중선 전류가 급전선의 외부도체 표면으로 누설하는 것을 방지하며 불필요한 방사를 제한하는 역할을 한다.

(4) 지향 특성 : 지향성은 $\lambda/4$ 수직접지 안테나와 거의 같다.

① **수평면내 지향성** : 무지향성

② **수직면내 지향성** : 반월형

(5) 급전점 임피던스 : 급전점 임피던스가 낮다.

① **지선이 4개인 경우** : 21.2 [Ω]

② **지선이 2개인 경우** : 22.3 [Ω]

(6) 용　　도 : VHF 기지국용

(7) 브라운 안테나의 문제점과 대책 : 실용상 급전점 임피던스가 낮아 동축 케이블과 정합이 되지 않으므로 다음과 같은 대책을 강구하여야 한다.

① 플디드 브라운 안테나로 한다. : 입력저항은 4배인 80 [Ω] 정도로 된다. 〈그림 3－24〉의 (b) 참조

② 급전점의 위치를 높인다. : 〈그림 3－24〉의 (c) 참조

$$d = \frac{\lambda}{2\pi} \cos^{-1} \sqrt{\frac{\text{브라운 안테나의 급전점 저항 } (R_f)}{\text{동축 케이블의 특성 임피던스 } (Z_0)}}$$

③ 지선의 경사각 θ를 변화시킨다 : 〈그림 3－24〉의 (d) 참조

$\theta = 90°$　　　$R_f \fallingdotseq 21$ [Ω]

$\theta = 30 \sim 38°$　　　$R_f = 50$ [Ω]

$\theta = 0°$　　　$R_f \fallingdotseq 65 \sim 70$ [Ω]

3·3·5 야기(Yagi) 안테나

(1) 야기 안테나의 구조 : 반사기(R), 투사기(P), 도파기(D)로 구성되어 있다.

① **투사기** : 급전을 받아서 여진되는 반파 다이폴 또는 폴디드 다이폴이다.

② **도파기** : 도파기는 투사기보다 약 0.2 λ 떨어져서 평행으로 놓여지고 투사기의 길이보다 약 5[%] 짧다.

③ **반사기** : 투사기보다 약 $\lambda/4$ 사이를 두고 평행으로, 투사기의 반대쪽에 놓여진다. 투사기보다 약 5[%] 길게 하고 있다.

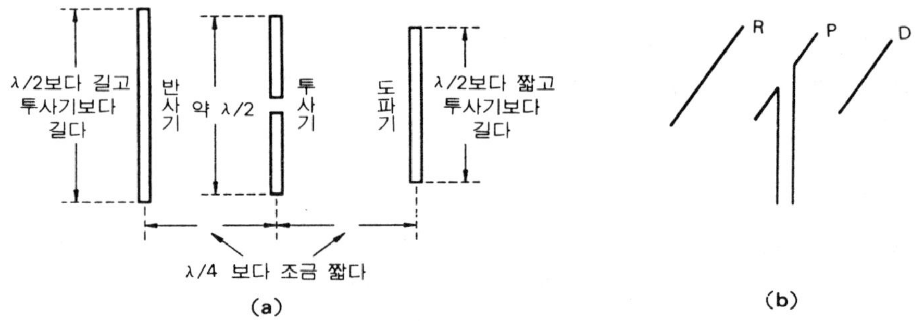

〈그림 3－25〉 야기 공중선

(2) 동작 원리

① 도파기는 $\lambda/2$ 보다 짧게되어 있어 용량성분을 가진다.

② 반사기는 도파기와 반대로 $\lambda/2$ 보다 길게 되어 있어 유도성분을 가진다.

③ 투사기에서 발사된 전파는 투사기와 반사기의 간격을 d 라고 하면 이 간격 d 에 상당하는 위상의 늦음 $2\pi d/\lambda$ 로서 반사기에 달한다.

(3) 지향 특성

① **수평면내 지향성** : 단일 지향성(투사기→도파기)

② **반치폭** : 약 60°정도

(4) 용　도

① TV 수신용 안테나

② 고정 통신용

(4) 야기 안테나의 특징

① **도선의 길이** : 도파기, 투사기 및 반사기의 순서로 길다.

② **지향성** : 예민한 단향성을 가지고 있다.

③ **이　득** : 이득이 높다. 반사기의 수를 증가시키면 이득이 높아지고 급전점 임피던스가 높다.

예제 3－7 각 안테나의 지향 특성

다음 각 안테나에 대한 수평면내 지향특성을 그리시오.
(1) 수직접지 안테나
(2) 루프 안테나(루프면이 대지에 수직인 경우)
(3) 수평 다이폴 안테나
(4) 수평 야기 안테나

풀이 각 안테나의 수평면내 지향특성

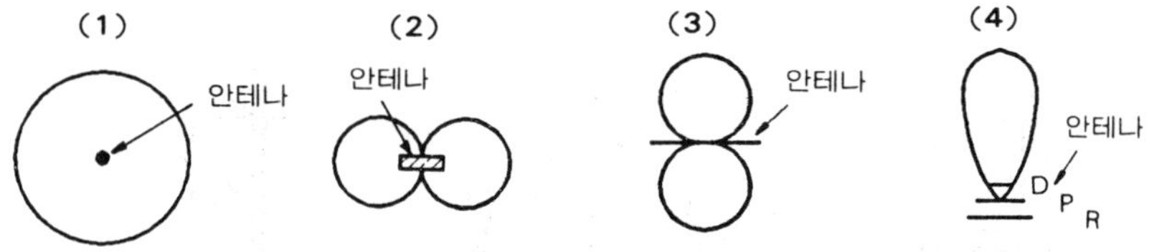

3·3·6 코너 리플렉터(Coner reflector) 안테나

(1) 코너 리플렉터 안테나의 구조 : 다이폴 안테나에 동판 또는 동망 으로된 평면 반사판을 놓은 것이다.

① **반사판의 정각**(α) : $\alpha = 90°$ 또는 $60°$ 를 이용
② 다이폴과 반사판 교차선까지의 거리(S) : $S = \lambda/4 \sim (3\lambda)/4$ 이다.

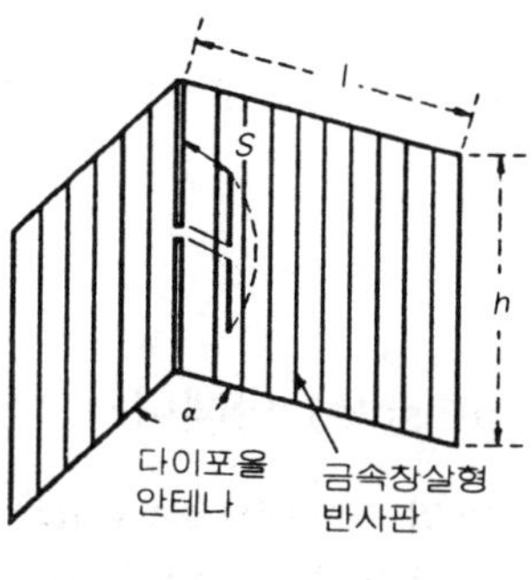

〈그림 3－26〉 코너 리플렉터 안테나의 구조

(2) 동작 원리 : 정각 α 와 거리 S 를 적당한 값으로 하면 반사판에서 P 로 향하는 전계 강도가 증대한다.

(3) 지향 특성
① **지향성** : $\alpha/2$ 의 방향으로 단향성
② **반치폭** : 약 $30°$

(4) 코너 리플렉터 안테나의 특징

① 구조가 간단하고 고이득이다.

② 수평, 수직 편파용으로 쉽게 설치할 수 있다.

③ FB비가 극히 우수하다. 후방에 전파가 거의 없다.

3·3·7 턴 스타일(Turn stile) 안테나

(1) 턴 스타일 안테나의 구조 : 반파장 안테나 두개를 대지에 수평으로 직교시켜 90° 의 위상차를 갖는 진폭이 같은 전류로 여진하는 안테나이다.

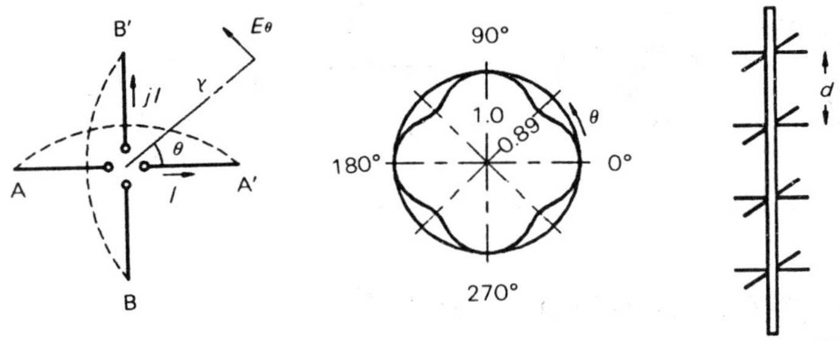

(a) 원리도 (b) 수평면 지향성 (c) 수우퍼 턴스타일 안테나

〈그림 3－27〉 턴 스타일 안테나

(2) 지향성 : 수평면 지향성은 무지향성 이다.(두개의 반파장 안테나의 8자형 특성이 합성되어 원이 된다.)

(3) 이득의 개선 : 이득을 높이려면 수직으로 λ/2 간격으로 턴 스타일 안테나를 몇단 적립하면 된다.

(4) 용 도 : VHF대의 기지국용 등

3·3·8 수퍼 턴 스타일(Super-turnstile) 안테나

(1) 수퍼 턴 스타일 안테나의 구조 : 박쥐 날개형(bat-wing) 안테나를 2장 직각으로 교차시킨 것으로 이득을 증대시키기 위하여 6～12단 정도 겹쳐서 사용한다.

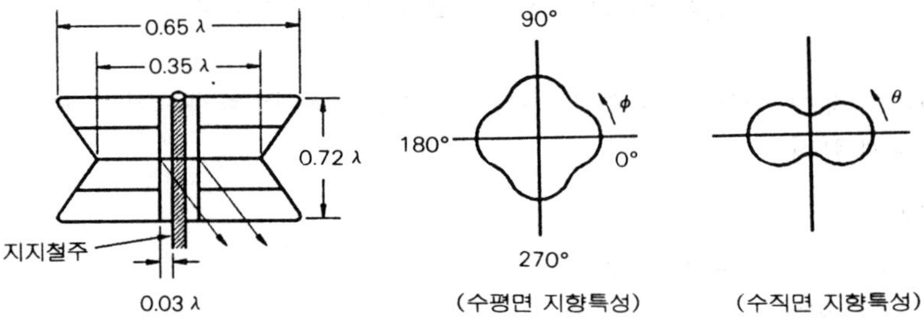

(a) 구 조 (b) 지향특성

〈그림 3－28〉 수퍼 턴 스타일 안테나

(2) 지향 특성

① **수평면내 지향특성** : 거의 무지향성(거의 원에 가깝다. 그 전계편차는 ±1[dB] 정도이다.)

② **수직면내 지향특성** : 누에고치 형으로 수평방향에 최대 지향성을 보인다.

(3) **전력 이득** : 수퍼 턴 스타일 안테나의 일단의 전력이득은 반파다이폴 안테나의 약 1.2배이나 이 공중선을 몇 단 겹쳐 쌓았을 때의 전력이득은 다음과 같다..

$G = 1.2\,NS$

단, N : 단수, S : 겹쳐 쌓은 간격

(4) **용　도** : 주로 TV방송국용(송신용) 안테나로 쓰인다.

3·3·9 수퍼 게인(Super-gain) 안테나

(1) **수퍼 게인 안테나의 구조** : 반파 다이폴 안테나와 반사판의 조합으로 되어 있으며 일반적으로 3각 또는 4각의 철탑 측면에 장치된다.

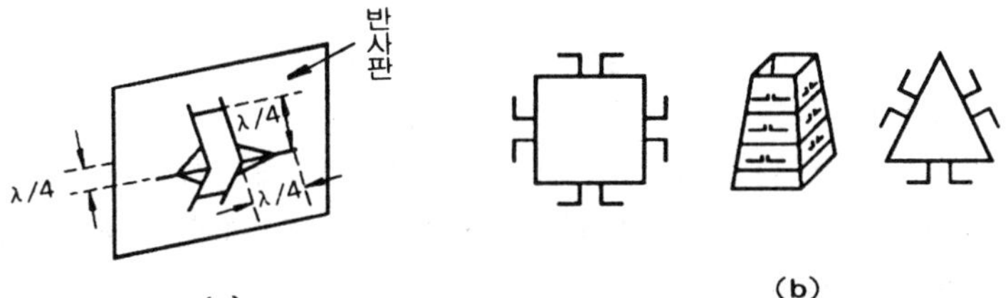

〈그림 3-29〉 수퍼 게인 안테나

(2) **지향 특성** : 수평면내 지향 특성은 거의 무지향성이다.

(3) **전력 이득** : 수퍼 턴스타일 안테나와 같다. 이득을 증대시키기 위해서는 단수를 8~16단 정도 수직으로 겹친다.

(4) **용　도** : 주로 텔레비젼 송신용으로 사용.

3·4 극초단파 안테나

3·4·1 파라보라(Parabola) 안테나

(1) **파라보라 안테나의 구조** : 회전 포물면 반사기를 사용하는 경우 촛점 F에 1차 방사기로서 반파 다이폴 안테나 또는 전자나팔을 놓고 여진한다.

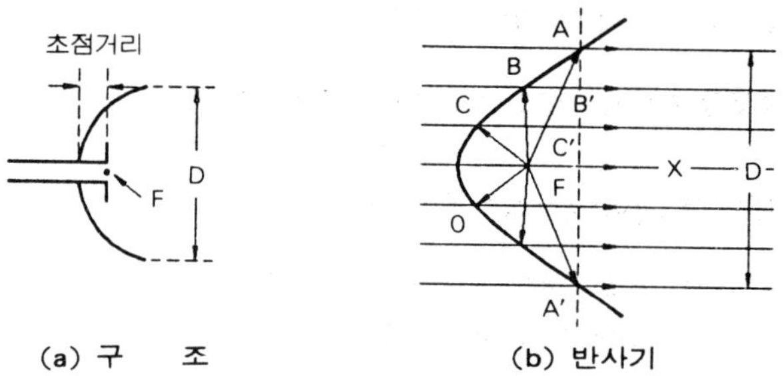

〈그림 3－30〉 파라보라 안테나

(2) **지향 특성** : 파라보라의 개구면이 클 수록 지향성은 예민하고 이득은 커진다.

개구면의 직경을 D, 이 D가 방사전파의 파장 λ에 비해 충분히 크다면 반치각 θ는 다음식으로 표시된다.

$$\theta, \fallingdotseq 70\frac{\lambda}{D}$$

(3) **이 득** : 이득 G는 파장의 제곱에 반비례하고, 개구면적 $A\,[\mathrm{m}^2]$ 또는 개구면의 직경 $D\,[\mathrm{m}]$에 비례한다.

$$G = K\frac{4\pi A}{\lambda^2} = K\left(\frac{\pi D}{\lambda}\right)^2$$

단, K는 이득계수로 실효 개구면적과의 비이다. 개구효율이라고 한다.

(4) **특 징**

① 구조가 간단하고 비교적 소형이다.

② 광대역의 임피던스 정합이 어렵다.(대역폭이 비교적 좁다.)

③ 지향성이 예민하며 이득이 크다.

(5) **용 도** : 초단파 고정통신, 레이다 등에 사용

예제 3-8 **파라보라 안테나의 지향특성을 첨예하게 하는 방법**

회전 파라보라 반사기부 안테나에 대해서 다음 물음에 답하다.
(1) 지향특성을 첨예하게 하려면 어떻게 하면 되는가?
(2) 부방사(side lobes)를 적게 하려면 어떻게 하면 되는가?

풀이 **(1) 지향 특성을 첨예하게 하는 방법**

① 반사기의 전력이득을 높힌다.: 반사기의 개구경 또는 개구면적을 크게하면 이득은 커진다.
② 지향성의 반치각을 작게 하도록 반사기의 개구경을 정한다.: $\theta° = 70\lambda/D$ 이므로 개구경이 클 수록 사용파장이 작을 수록 지향성은 첨예하다.
③ 직접 방사파와 반사파의 위상을 동위상이 되도록 한다.: 반사기의 가장자리에서의 1차 방사전계가 중심전계의 -9[dB] ~ -10[dB]의 범위에 들어가도록 1차 방사기의 지향성을 고려해서 촛점거리를 정한다.
④ 부 방사를 적게한다.

(2) 부방사(side lobes)를 적게 하는 방법

① 반사기의 개구경을 크게 한다.
② 방사막대를 설정한다.: 회전포물경의 깊이를 촛점거리 f의 3배로 잡고 주 공중선의 전방 $\lambda/4$의 위치에 길이가 $\lambda/2$의 방사막대를 설정하면 부방사를 현저히 경감시킬 수 있다.

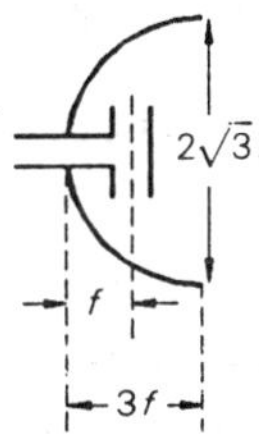

〈그림 3-31〉

예제 3-9 **파라보라 안테나의 반치각**

파라보라 안테나에서 주파수 3[GHz]이고, 안테나의 직경이 50[cm]일 때 반치각은?

풀이 파장 $\lambda = c/f = 3 \times 10^8 / 3 \times 10^9 = 10$[cm]

반치각 $\theta \fallingdotseq 70\left(\dfrac{\lambda}{D}\right) = 70\left(\dfrac{10}{50}\right) = 14°$

3·4·2 전자나팔(Electromagnetic Horn) 안테나

(1) 전자나팔 안테나의 구조: 한쪽이 넓게 되어 있는 일종의 도파관으로서 마이크로파의 기본 안테나이다.

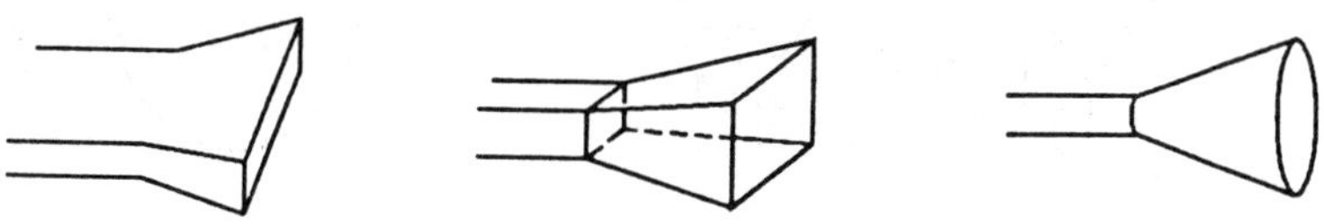

(a) 선형 나팔　(b) 각추형 나팔　(c) 원추형 나팔

〈그림 3-32〉 전자 나팔

(2) 동작 원리 : 도파관의 단면을 서서히 넓힘으로써, 도파관의 특성 임피던스를 자유공간의 임피던스에 접근시켜 도파관의 개방단에서의 임피던스의 불연속을 완화하여 도파관과 공간 임피던스 정합기의 구실을 한다. 따라서 도파관 만의 경우보다 방사효율과 지향성이 좋아진다.

(3) 특　　징

① 지향성이 예민하다.

② 개구면적을 일정하게 해서 멀어지는 각을 작게하면 지향성과 이득이 커진다.

③ 3,000 [MHz] 이상에서는 비교적 소형으로 중 정도의 지향성이 얻어진다.

(4) 용　　도 : 포물면 반사기나 전파렌즈와 조합시켜 여진용으로 사용.

3·4·3 카세그레인(Cassegrain) 안테나

(1) 카세그레인 안테나의 구조 : 1차 복사기, 부반사기, 주반사기로 구성된 것으로서

① 1차 복사기는 주반사기 쪽에 설치한다.

② 부반사기는 초점보다 조금 앞쪽에 볼록 쌍곡면을 설치한 것이다.

③ 주반사기는 파라볼라이다.

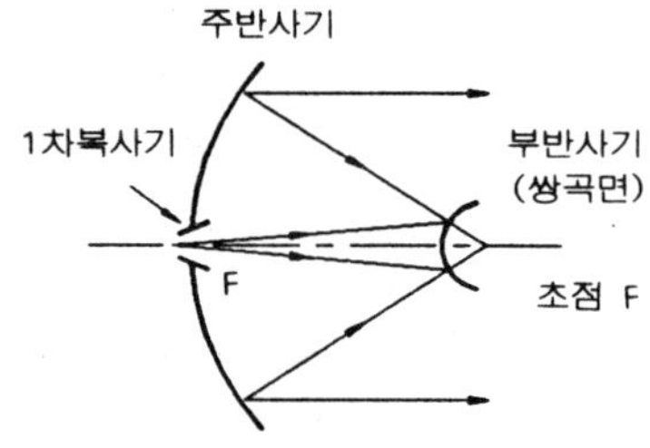

〈그림 3－33〉

(2) 특　　징

① 1차 복사기와 송신기가 직결되므로 급전계 전송 손실이 적다.

② 사이드 로브가 지극히 작고 수신안테나로 했을 때는 잡음전파가 적다.

(3) 용　도 : 위성통신 지구국용의 고이득, 저잡음 안테나로서 사용.

3·4·4 혼 리플렉터(Horn-reflector) 안테나

(1) 혼 리플렉터 안테나의 구조 : 전자 혼(나팔)과 파라보라 방사기의 일부를 조합시킨 것이다. 구면파를 파라보라 반사기의 일부를 써서 평면파로 변환하여 발사한다.

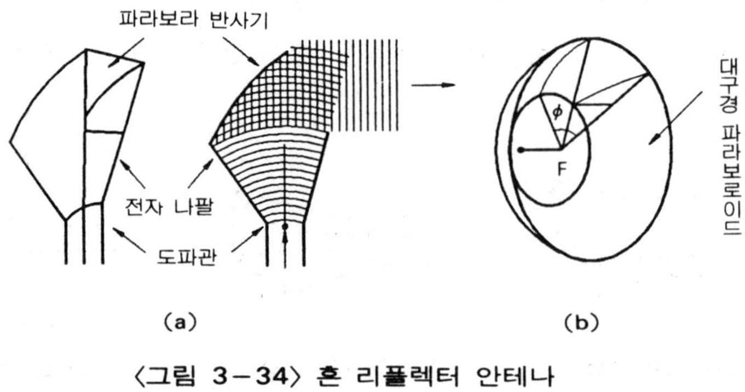

〈그림 3－34〉 혼 리플렉터 안테나

(2) 특 징

① 구조상 이 안테나는 매우 넓은 주파수 대역(3.5 [GHz] ~ 11.5 [GHz])에 걸쳐서 이득, 전후비(front to back ratio) 따위의 특성이 양호하다.

② 지향성이 매우 예리하다.

③ 개구면에서의 전파의 산란이 적으며 1차 방사기에서의 직접파의 영향도 적으므로 측면, 배면에의 누설 전파가 적다.

④ 이 안테나의 개구면은 부채형이기 때문에 좌우의 단에서는 편파면이 다소 기울어지므로 개구면 효율이 나빠진다.

⑤ 혼 리플렉터는 파라보라보다 고가이나 전파렌즈보다는 저렴하여 다주파 공용이 가능하므로 다주파대의 동일방향 병렬회선용으로 가장 경제적이다.

(3) 용 도 : ATT나 NTT에서는 공중회선 중계용으로 가장 많이 실용하고 있다.

3·4·5 슬롯(Slot) 안테나

(1) 슬롯 안테나의 구조 : 도체 평면판에 약 λ/2 길이의 슬롯(홈구멍)을 만들고 그 중앙부에서 급전하는 공중선이다.

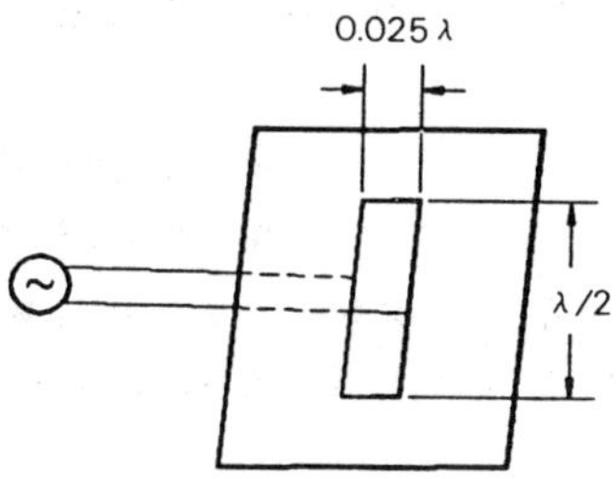

〈그림 3－35〉 슬롯 안테나

(2) 특 징

① UHF 대에서의 공중선 소자로 사용된다.

② 슬롯(세극)은 그 자체가 반사기로 동작한다.

③ 슬롯부를 수평반파 다이폴 안테나로 치환한 경우와 대체로 같은 지향성을 갖는다.

④ 슬롯의 후방에 차폐용 공동을 설정하면 단일 방향의 지향성을 가진다.

(3) 용 도 : 파라보라 안테나의 1차 복사기로도 사용. 진행파용 슬롯 안테나는 UHF TV 방송용으로 사용하고 슬롯열(array) 안테나는 선박용 레이다용으로 사용되고 있다.

출 제 예 상 문 제

1. 대지의 도전율이 나쁜 경우(건조지, 암산, 건물의 옥상)에 적용되는 접지 방식은?

가. 지선망 방식　　나. 카운터 포이즈 방식

다. 다중 접지 방식　　라. 동판을 지하에 매설하는 방식

해설 Counter Poise는 대지의 도전율이 나쁜(암산, 건물의 옥상, 이동체)곳에 유효하게 접지할 수 있는 방법이다.

2. 대규모의 송신국에서 사용하는 접지방식으로 공중선 전류를 지선망의 각 분구에 똑같게 흘려서 공중선전류가 기저부 근처에 밀집하는 것은 피하고 접지저항의 감소를 도모한 것은?

가. 심굴 접지　　나. 지선망 방식

다. 카운터 포이즈 방식　　라. 다중 접지 방식

해설 이 방식의 접지저항은 1～2[Ω]이다.

3. 약간 규모가 큰 공중선에 사용하는 방식으로 2.9[mm]정도의 경동선으로 공중선의 위치를 중심으로 하여 방사상으로 지하 50～100[cm] 정도로 수 10조 매설하는 접지방식은?

가. 심굴 접지　　나. 지선망 방식

다. 다중 접지 방식　　라. 카운터 포이즈 방식

해설 지선망 방식(라이얼 어스)은 보통 중파 방송용 공중선에 사용된다. 이 방식에서 동선을 매설하는 원의 반지름은 최소한 공중선의 높이와 같게한다. 접지저항은 약 5[Ω] 정도이다.

4. 지하수가 나올 정도의 깊이에 동판을 매설하여 그 주위에 수분을 잘 흡수하는 목판을 넣어서 접촉저항을 보다 적게하는 접지방식은?

가. 심굴 접지　　나. 카운터 포이즈

다. 방사상 접지　　라. 다중 접지

해설 심굴 접지는 동판 또는 동관을 지하에 매설하는 방식으로 접지저항은 10[Ω] 전후이며, 소전력의 송신 공중선에 사용한다.

5. 정부 부하(top loading)의 효과가 아닌 것은?

가. 고유 주파수의 저하　　나. 실효길이의 증가

다. 방사저항의 감소　　라. 고각도 방사의 감소

해설 비교적 낮은 안테나로 고각도 방사가 적고 수평이득이 큰 것이 얻어진다. 또한 방사 효율이 증가(방사저항의 증가)하는 효과가 있다.

해답 1. 나　2. 라　3. 나　4. 가　5. 다

6. 수직안테나의 설명으로서 옳지 않은 것은?

가. 방사전파가 수직편파이다.

나. 도선의 길이가 $\frac{1}{4}\lambda$일 때에는 전압 급전으로 하는것이 방사능률이 좋다.

다. 수평면 내에서는 무지향성이다.

라. 도선의 길이가 $\frac{1}{4}\lambda$보다 긴 경우에는 직렬로 Condenser를 삽입해서 공진시킨다.

해설 **$\lambda/4$ 수직안테나의 전류분포** : 선단이 영(0)이고 기저부가 최대이다. 기저부에 급전하는 전류급전방식이 많이 사용된다.

① **실 효 고** : $h_e = \lambda/2\pi$[m]

② **지향특성** : 수평면내 지향성은 무지향성이고 수직면내 지향성은 쌍반원형이다.

③ **급 전 점** : 접지점에서 급전하는 전류급전방식

④ **방사전파** : 수직 편파

⑤ **용 도** : 장중파용 송신안테나

7. 수직접지 안테나에 대한 설명 중 틀린 것은?

가. 안테나의 길이는 $\lambda/4$이다.

나. 방사저항은 거의 36[Ω]이다.

다. 전류분포는 선단에서 최소이고 접지점에서는 최대이다.

라. 선박통신용으로 많이 쓴다.

해설 수직접지 안테나는 방송업무용으로 많이 이용되며 역 L형 ANT가 선박통신용으로 이용된다.

8. 수직접지 안테나의 실효고 설명 중 잘못된 것은?

가. 대지에 수직으로 세운 접지 안테나로서 기저부의 전류는 최대이다.

나. 전류는 선단이 0인 여현적 분포 상태를 나타낸다.

다. $\frac{\lambda}{4}$ 접지 안테나의 실효고는 $\frac{\lambda}{2\pi}$ 이다.

라. 실제의 안테나 높이를 h라 할 때 실효고는 $\frac{h}{\pi}$가 된다.

9. 수직접지 안테나의 높이가 $\lambda/4$보다 낮을 경우 안테나의 방사저항은 대략 어떻게 되는가?

가. $\frac{\lambda}{4}$인 경우보다 커진다.

나. $\frac{\lambda}{4}$인 경우보다 작아진다.

다. $\frac{\lambda}{4}$인 경우와 마찬가지다.

라. 허수분만 존재한다.

해설 방사저항 $R_r = 160\pi^2\left(\frac{h_e}{\lambda}\right)^2$

(방사저항은 실효고의 자승에 비례한다.)

해답 6. 나 7. 라 8. 라 9. 나

10. 수직 접지 안테나의 수직면내의 지향특성은?

가.  나.  다. 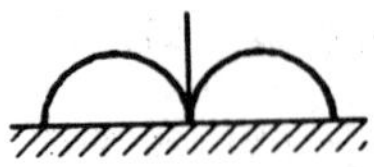 라. 

해설 (가)는 수직접지 안테나의 수평면내의 지향특성이다.
(나)는 루프안테나의 수직면내의 지향특성이다.
(라)는 루프안테나의 수평면내의 지향특성이다.

11. 수직접지 안테나에 정관 부하(top loading)를 설치할 경우 맞게 설명된 효과는?

가. 고유 주파수 증대　　나. 실효고의 감소
다. 방사저항의 감소　　라. 고각도 방사의 감소

해설 **(1) 정관 부하(톱 로딩) 안테나의 특성**

① 중파방송에서 고각도의 방사를 억제하고 지표파 성분을 증대하기 위한 공중선이다.
② 공중선의 높이를 약 0.63λ로 하면 수평 지향성이 예민하게 되고 고각도의 방사도 적어진다.

(2) 정관 부하의 효과

① 고유 주파수의 저하(고유 파장의 증대)
② 실효 길이의 증가
③ 방사 저항의 증가
④ 고각도 방사가 적도 수평이득이 크게 얻어진다.

12. 정관형(top loading) 공중선은 다음 중 어느 페이딩을 감소시킬 수 있는가?

가. 근거리 페이딩　　나. 도약성 페이딩
다. 원거리 페이딩　　라. 덕트형 페이딩

해설 이 안테나는 **페이딩 방지 공중선**(Anti-fading antenna) 이라고도 하며 top loading 안테나의 일종이다. 중파방송에서 야간에 지표파와 전리층 반사파와 간섭에 의하여 일어나는 근거리 fading이 발생을 감소시킬 수 있다.

13. 중파방송의 양청구역을 제한하는 페이딩(fading)은?

가. 근거리 페이딩　　나. 원거리 페이딩
다. 신틸레이션(Scintillation)페이딩　　라. 스킵(Skip) 페이딩

14. 역 L형 공중선의 수평부의 역할 중 틀린 것은?

가. 수직부의 전류분포를 크게한다.　　나. 실효고를 높인다.
다. 실효 인덕턴스를 증가시킨다.　　라. 지향성을 주기 위한 것이다.

해설 **역 L형 공중선**

① 수평부분에 의한 복사전계는 수신전압을 유기하지 않는다.
② 수평부는 공중선에 분포되는 전류분포를 변화시켜 실효높이가 증대한다.
③ 수평부는 안테나상의 전류분포를 크게 한다. 따라서 흡수되는 전력도 크게된다.

해답 10. 다　11. 라　12. 가　13. 가　14. 라

15. 지상 높이가 같은 역 L 형 안테나와 수직 안테나를 비교하면 역 L 형 안테나 쪽이 실효고가 높은데 그 이유는 무엇인가?

가. 상부 정전용량이 크기 때문이다. 나. 접지저항이 작기 때문이다.
다. 공진이 날카롭기 때문이다. 라. 도체저항이 작기 때문이다.

해설 역 L 형 안테나의 상부(용량) 부하를 붙인 정관 안테나와 같이 안테나의 선단의 전류 분포를 증가시키고 있다. 이 상부에 의해 방사저항, 실효 높이가 크게 된다.

16. 역 L 형 안테나의 수평부의 길이를 l[m], 높이를 h[m]라고 할 때 다음 중 잘못된 것은 어느 것인가?(단, h_e는 실효고이다.)

가. h_e는 h와 같고 수평지향성이 l의 방향에 따라 달라진다.
나. h_e는 h보다 l에 따라 약간 달리지며 수평지향성에는 무관하다.
다. 안테나의 높이를 파장에 비해 1/4 정도로 높이할 수 없을 때 쓰인다.
라. $h, l \ll \lambda$일 때 $h+l$이 수직 안테나와 같은 고유 파장을 갖는다.

해설 실효고 $h_e = \dfrac{h(h+2l)}{2(h+l)}$

17. 역 L 형 안테나의 실효고는? 단, 수직부의 길이를 l_1, 수평부의 길이를 l_2로 하고 $l_1 + l_2 = \lambda/4$라고 한다.

가. $\dfrac{\lambda}{2\pi}\cos\dfrac{2\pi}{\lambda}l_1$ 나. $\dfrac{\lambda}{2\pi}\cos\dfrac{2\pi}{\lambda}l_2$

다. $\dfrac{\lambda}{\pi}\cos\dfrac{2\pi}{\lambda}l_1$ 라. $\dfrac{\lambda}{\pi}\cos\dfrac{2\pi}{\lambda}l_2$

해설 역 L 형 안테나의 실효고 : 역 L 형 안테나의 수평부에서 전파의 방사는 영상안테나의 수평부와 방사의 위상이 반대로 지워지게 되어 무효 방사부분이 되며 수직부분만이 유효방사부분이 된다.($l_1 + l_2 \leqq \lambda/4$)

(1) 급전점에서 x 점의 전류

$$I_x = \frac{I_0}{\sin\beta(l_1+l_2)}\sin\beta(l_1+l_2-x)$$

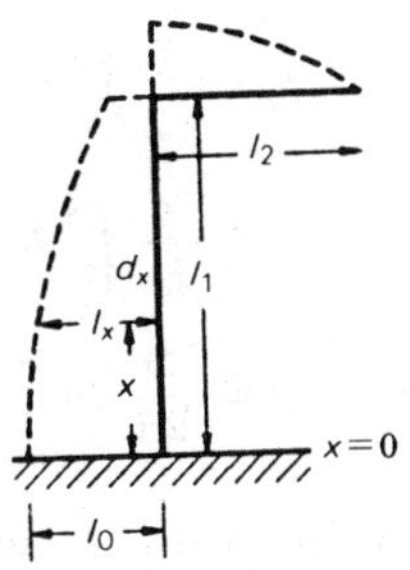

(2) 실효 길이 : 수직부분만을 적분한다.

$$h_e = \frac{1}{I_0}\int_0^{l_1} I_x dx = \frac{1}{\beta}\frac{\left[\cos\beta(l_1+l_2-x)\right]_0^{l_1}}{\sin\beta(l_1+l_2)}$$

$$= \frac{\lambda}{2\pi}\frac{\cos\dfrac{2\pi}{\lambda}l_2 - \cos\dfrac{2\pi}{\lambda}(l_1+l_2)}{\sin\dfrac{2\pi}{\lambda}(l_1+l_2)}$$

(3) $l = l_1 + l_2 = \lambda/4$일 때의 실효길이

$$h_e = \frac{\lambda}{2\pi}\cos\frac{2\pi}{\lambda}l_2$$

해답 15. 가 16. 가 17. 나

18. 다음 그림의 역 L 형 안테나의 실효고는?

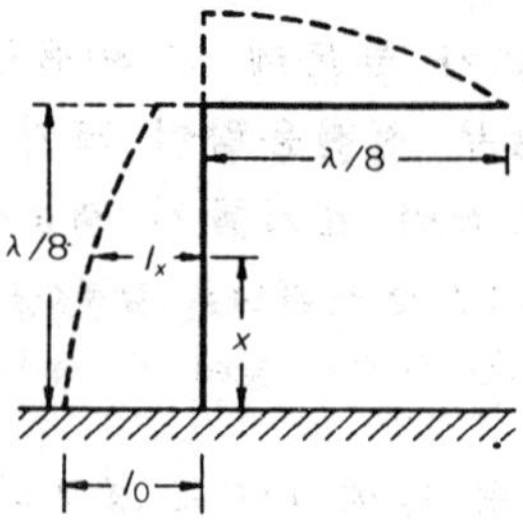

가. $\dfrac{\lambda}{\sqrt{2}\pi}$　　나. $\dfrac{\lambda}{2\sqrt{2}\pi}$

다. $\dfrac{\lambda}{\sqrt{3}\pi}$　　라. $\dfrac{\lambda}{3\sqrt{2}\pi}$

해설 $\lambda/4$ 의 역 L 형 안테나의 x 인 점의 전류 I_x는

$$I_x = I_0 \cos \frac{2\pi}{\lambda} x$$

역 L 형 안테나의 수평부는 전파를 방사하지 않으므로 실효 높이는 수직부에 관해서만 계산한다.

$$h_e = \frac{1}{I_0} \int_0^{\lambda/8} I_0 \cos \frac{2\pi}{\lambda} x \cdot dx$$

$$= \left[\frac{\sin \frac{2\pi}{\lambda} x}{2\pi/\lambda} \right]_0^{\lambda/8} = \frac{\lambda}{2\pi} \sin \frac{\pi}{4} = \frac{\lambda}{2\sqrt{2}\pi}$$

19. 수평부의 길이 $\lambda/12$, 수직부의 길이 $\lambda/6$ 의 역 L 형 공중선의 실효높이는?

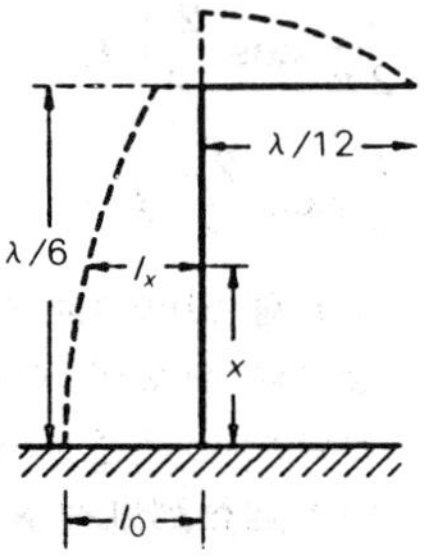

가. $\lambda/4\pi$

나. $\lambda/\sqrt{2}\pi$

다. $\sqrt{3}\lambda/4\pi$

라. $\sqrt{3}\lambda/2\pi$

해설 역 L 형 안테나의 길이 $l = \lambda/12 + \lambda/6 = \lambda/4$ 이므로 안테나의 전류는 기부에서 cos 파 모양으로 분포된다.

$$i_x = I_0 \cos \frac{2\pi}{\lambda} x$$

실효고는 수직부에 대해서만 계산되므로

$$h_e = \frac{1}{I_0} \int_0^{\lambda/6} i_x \cdot dx$$

$$= \frac{1}{I_0} \int_0^{\lambda/6} I_o \cos \frac{2\pi}{\lambda} x \cdot dx = \frac{\lambda}{2\pi} \left[\sin \frac{2\pi}{\lambda} x \right]_0^{\lambda/6}$$

$$= \frac{\lambda}{2\pi} \sin \frac{\pi}{3} = \frac{\sqrt{3}}{4\pi} \lambda$$

20. 수직부의 길이 $l_1 = 20$ [m] 이고, 수평부의 길이 $l_2 = 10$ [m] 인 역 L 형 접지 공중선의 실효고는? 단, 사용주파수를 2.5 [MHz] 이고 대지는 완전도체평면이라고 한다.

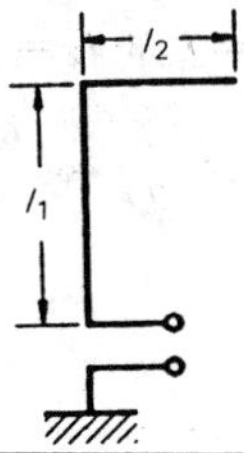

가. $10\sqrt{3}/\pi$ [m]

나. $20\sqrt{3}/\pi$ [m]

다. $30\sqrt{3}/\pi$ [m]

라. $40\sqrt{3}/\pi$ [m]

해답 18. 나　19. 다　20. 다

해설 정부에 수평부를 장치한 경우 실효 높이는

$$h_e = \int_{l_2}^{l_2+l_1} \sin\frac{2\pi}{\lambda}x \cdot dx$$

$$= \frac{\lambda}{2\pi}\left[-\cos\frac{2\pi}{\lambda}x\right]_{l_2}^{l_2+l_1} = \frac{\lambda}{2\pi}\left\{\cos\frac{2\pi}{\lambda}l_2 - \cos\frac{2\pi}{\lambda}(l_2+l_1)\right\}$$

문제의 주어진 값을 대입하면 ($\lambda = 3\times10^8 / 2.5\times10^6 = 120$ [m])

$$h_e = \frac{120}{\pi}\left(\cos\frac{2\pi}{120}\times10 - \cos\frac{2\pi}{120}\times30\right) = \frac{60}{\pi}\left(\cos\frac{\pi}{6} - \cos\frac{\pi}{2}\right) = \frac{30\sqrt{3}}{\pi}\ [\text{m}]$$

21. 역 L 형 공중선의 수직부길이를 h, 수평부 길이를 l 이라고 할 때 수직 공중선과 동등한 고유파장을 갖기위한 조건은?

가. $\lambda/4 = h + l$　　나. $\lambda/4 = h - l$

다. $\lambda/4 = h = l$　　나. $\lambda/4 = (h + l)/2$

해설 급전점(기저부)에서 전류가 최대(직렬공진)로 되는 조건은

$\lambda/4 = h + l$

이다.

22. 높이 25 [m], 수평부의 길이 5 [m] 인 역 L 형 공중선의 고유파장은? 단, 단축률은 무시한다.

가. 50 [m]　　나. 70 [m]　　다. 90 [m]　　라. 120 [m]

해설 $\lambda/4 = h + l$ 이므로

$\lambda/4 = 25 + 5 = 30$　　$\therefore\ \lambda = 4 \times 30 = 120$ [m]

23. 높이 10 [m], 수평부의 길이 10 [m] 인 역 L 형 공중선의 고유파장은? 단, 단축률은 무시한다.

가. 20 [m]　　나. 40 [m]　　다. 80 [m]　　라. 120 [m]

24. 수직부의 길이가 h, 수평부의 길이가 l 인 역 L 형 안테나의 실효높이는 대략 얼마인가?

가. $\dfrac{h(h+2l)}{2(h+l)}$　　나. $\dfrac{h+2l}{2(h+l)}$

다. $\dfrac{l(h+2l)}{2(h+l)}$　　라. $\dfrac{2(h+2l)}{h+l}$

해설 무효복사부를 갖는 공중선이 $h + l = \lambda/4$ 일 때 전류분포 i 는 근사적으로

$$i = I_0\left(1 - \frac{x}{h+l}\right)$$

이므로 실효 높이 h_e 는

$$h_e = \int_0^h\left(1 - \frac{x}{h+l}\right)dx = h - \frac{1}{2}\left|\frac{x^2}{h+l}\right|_0^h = \frac{h(h+2l)}{2(h+l)}$$

이때 수평부분이 없는 수직공중선의 실효높이는 공중선의 실제높이의 약 1/2 이 된다.($l = 0$)

$$h_e = \frac{1}{2}h$$

해답 21. 가　22. 라　23. 다　24. 가

25. 역 L 형 안테나의 수평부의 길이 l 이 8 [m], 수직부의 길이 h 가 12 [m] 일 때의 실효 높이는?

가. 5.4 [m]　　　나. 6.4 [m]

다. 7.4 [m]　　　라. 8.4 [m]

해설 역 L 형의 실효 높이 h_e 는 대략

$$h_e = \frac{h(h+2l)}{2(h+l)} = \frac{12(12+2\times8)}{2(12+8)} = 8.4\,[\text{m}]$$

26. 길이 $l_1 = 10$ [m] 인 수직접지 안테나의 정부(頂部)에 길이 $l_2 = 5$ [m] 의 수평부를 장치하여 역 L 형 안테나로 했을 때 이 안테나의 실효고는 수평부가 없을 때의 몇 배가 되는가? 단, 사용주파수는 5 [MHz] 이고 안테나상의 파장 단축율은 무시한다.

가. 2 배　　　나. $\sqrt{2}$ 배

다. 3 배　　　라. $\sqrt{3}$ 배

해설 (1) 수평부를 장치한 경우 실효고(h_{e2})

$$h_{e2} = \int_{l_2}^{l_2+l_1} \sin\frac{2\pi}{\lambda}x \cdot dx$$

$$= \frac{\lambda}{2\pi}\left[-\cos\frac{2\pi}{\lambda}\cdot x\right]_{l_2}^{l_2+l_1} = \frac{\lambda}{2\pi}\left[\cos\frac{2\pi}{\lambda}l_2 - \cos\frac{2\pi}{\lambda}(l_2+l_1)\right]$$

문제에서 주어진 값을 대입하면 ($\lambda = 3\times10^8/5\times10^6 = 60$ [m])

$$h_{e2} = \frac{60}{2\pi}\left(\cos\frac{2\pi}{60}\times5 - \cos\frac{2\pi}{60}\times15\right) = \frac{30}{\pi}\left(\cos\frac{\pi}{6} - \cos\frac{\pi}{2}\right) = \frac{30\sqrt{3}}{2\pi}$$

(2) 수평부가 없는 경우의 실효고(h_{e1})

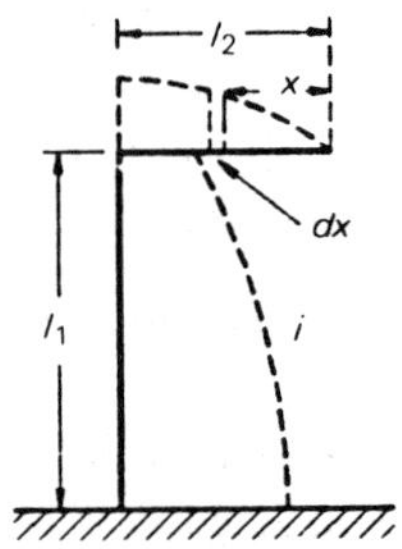

$$h_{e1} = \int_0^{l_1} \sin\frac{2\pi}{\lambda}x\cdot dx = \frac{\lambda}{2\pi}\left[-\cos\frac{2\pi}{\lambda}x\right]_0^{l_1}$$

$$= \frac{\lambda}{2\pi}\left(\cos 0 - \cos\frac{2\pi}{\lambda}l_1\right) = \frac{60}{2\pi}\left(1 - \cos\frac{\pi}{3}\right) = \frac{30}{2\pi}$$

(3) h_{e1} 과 h_{e2} 의 비

$$\frac{h_{e2}}{h_{e1}} = \frac{(30/2\pi)\sqrt{3}}{30/2\pi} = \sqrt{3} \fallingdotseq 1.73\,[\text{배}]$$

27. 루프 안테나(Loop Antenna)의 특성에 속하지 않는 것은?

가. 전계의 수직성분에 대해서 감도를 크게 한다.

나. 지향성 특성이 「8」자형이다.

다. 자계파의 수신이 잘된다.

라. 주간오차가 크다.

해설 루우프(loop) 안테나의 특징

① **크　기** : 소형으로 이동이 용이하다.

② **지향성** : 8자형 지향 특성을 갖는다.

③ **실효고** : 낮다.

④ **용　도** : 전계강도 측정이나 방향 탐지 업무에 많이 이용된다.

⑤ **영　향** : 야간오차가 크다.

해답 25. 라　26. 라　27. 라

28. 루우프(loop)의 면적 A [m²], 권선수 N인 루우프 안테나의 실효 길이는 몇 [m]인가? (단, 파장은 [m]이다)

가. $\frac{AN}{\lambda}$　　나. $\frac{2\pi AN}{\lambda}$　　다. $\frac{AN^2}{\lambda}$　　라. $\frac{2\pi AN^2}{\lambda}$

29. 루우프 안테나의 권수가 50회이고 단면적이 6.2 [m²]인 경우 2 [MHz] 수신용으로 사용하면 실효고는?

가. 4.2 [m]　　나. 2.1 [m]　　다. 0.42 [m]　　라. 0.21 [m]

해설 $h_e = \frac{2\pi AN}{\lambda}$, $\lambda = \frac{c}{f} = \frac{3\times10^8}{2\times10^6} = 150$ [m]　　$\therefore\ h_e = \frac{2\times3.14\times0.2\times50}{150} \approx 0.42$ [m]

30. 직경 0.6 [m]의 원형 루우프 안테나에서 그 권수가 20회라 할 때 주파수 5 [MHz]에 대한 실효장은 얼마인가?

가. 0.06 [m]　　나. 0.2 [m]　　다. 0.6 [m]　　라. 1.2 [m]

해설 $A = \pi r^2 = 3.14\times0.3^2 = 0.283$ [m²], $\lambda = \frac{c}{f} = \frac{3\times10^8}{5\times10^6} = 60$ [m]이므로 실효고 he

$$\therefore\ h_e = \frac{2\pi AN}{\lambda} = \frac{2\pi\times\pi r^2\times N}{\lambda} = \frac{2\pi\times0.283\times20}{60} \approx 0.6\ [\mathrm{m}]$$

31. 루우프 안테나는 어떤 지향성을 갖는가?

가. 단일지향성　　나. 8자 지향성

다. 전방향성　　라. 무지향성

해설 loop 안테나는 정재파 안테나로서 양방향성을 갖는다.

32. 주파수 500 [kHz], 전계강도 500 [μV/m]인 전자파를 직경 1 [m], 권수 2회인 루프 안테나로 수신했을 때 안테나에 유기되는 전압은 얼마인가? (단, 안테나 출력단자에 부하는 접속되지 않는다)

가. 6.1 [μV]　　나. 8.1 [μV]

다. 9.1 [μV]　　라. 11.1 [μV]

해설 루우프 안테나의 실효고 h_e는 $h_e = \frac{2\pi AN}{\lambda}$ [m]이므로 안테나에 유기되는 전압 V는
$V = h_e \cdot E$ [V]

33. 루프(loop) 안테나에 관한 설명으로 옳지 못한 것은?

가. 실효 길이는 감이 수에 비례하고 파장에 반비례한다.

나. 루프 안테나의 출력전압과 수직 안테나의 출력전압은 90° 위상차가 있다.

다. 전파 도래 방향과 루프면이 일치할 때 최대 감도이다.

라. 루프의 지름과 파장사이의 관계에 따라 지향특성이 변화한다.

해설 loop 안테나는 주파수에 무관하게 8자형 지향특성을 갖기 때문에 방향탐지기에 사용된다.

loop 안테나의 실효고 $h_e = \frac{2\pi AN}{\lambda}$　　A : 면적, N : 감이수

해답 28. 나　29. 다　30. 다　31. 나　32. 나　33. 라

34. 루프 안테나의 수직면내의 지향특성은?

가. 
나. 
다. 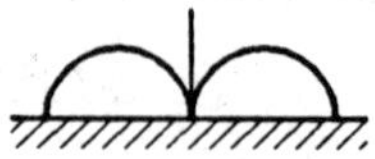
라. 

해설 각 안테나의 지향 특성

	수평면 지향특성	수직면 지향특성
수직접지 안테나 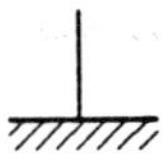		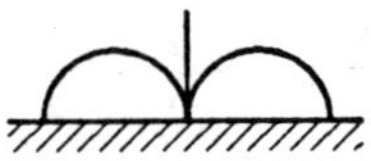
루프 안테나 	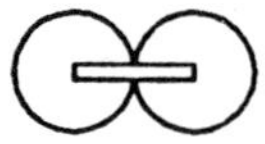	

35. 다음 그림은 애드콕크(*Adcock*) 안테나이다. 실효고를 나타내는 식은?

가. $\frac{4\pi l}{\lambda}h$　　나. $\frac{\pi l}{2\lambda}h$

다. $\frac{2\pi l}{\lambda}h$　　라. $\frac{2\pi l}{3\lambda}h$

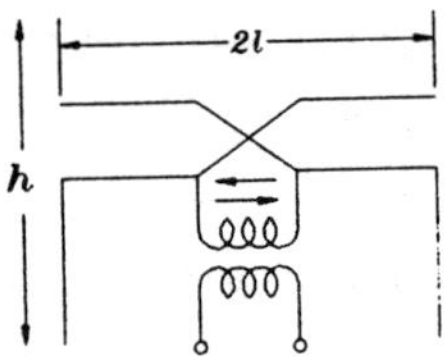

해설 애드콕크(Adcock) 안테나

① 애드콕크 안테나의 실효고(h_a) :
h_e는 수직 도체의 실효고이다.

$$h_a = \frac{4\pi l}{\lambda}\cdot h_e$$

② 루프 안테나와 다른점 : 수직면 지향성으로 애드콕크 안테나는 위쪽으로부터 경사지게 들어오는 전파를 거의 수신하지 않으므로 야간 효과를 제거할 수 있다.

36. 루우프 안테나로 방향탐지를 할 경우 야간오차가 발생하므로 이 오차를 감소시키기 위해 쓰이는 안테나는?

가. 수직 안테나　　나. 역 *L* 형 안테나
다. *T* 형 안테나　　라. 애드콕 안테나

해설 Adcock ANT 특징 : ① 야간 오차 방지 ② 수직 편파 ③ 방향 탐지용 ④ Loop ANT와 같이 안테나면과 동일 방향으로 전파 도래시 최대 수신전압

37. 수평편파 성분의 전파를 수신하지 못하는 안테나는?

가. 웨이브 안테나(wave antenna)　　나. 루우프 안테나(loop antenna)
다. 애드콕 안테나(adcock antenna)　　라. 슬리브 안테나(sleeve antenna)

해설 애드콕 안테나 : 두 쌍의 길이가 같은 수직접지 안테나 또는 수직 doublet 안테나를 거리 $2l$ 만큼 간격을 두고 배치한 것이다.

해답 34. 나　35. 가　36. 라　37. 다

38. Adcock 안테나의 특징은?

가. 야간오차를 없앤다.

나. 지향성은 0 지향성이다.

다. 방위측정이나 무선표지에 쓰이지 않는다.

라. 수평전계의 영향을 받는다.

39. 방향탐지용 공중선으로서 야간오차를 경감하는데 사용되는 공중선은?

가. 애드콕크 공중선　　나. 비버리지 공중선

다. 루우프 공중선　　라. 다소자 야기 공중선

해설 전파가 전리층에서 반사될 때 지구자계의 영향으로 편파면이 회전하므로서 타원편파가 된다. 즉 수직편파로 발사하여도 수신측에서는 수평편파 성분이 생기게 된다. 이 수평편파는 Loop 안테나의 수평부분에 전압을 유기시키므로서 방향탐지의 오차를 일으킨다. 중파대 이하의 전파는 주간에는 D층의 소멸로 인하여 E층 반사파가 수신되어 방향탐지의 오차를 일으키므로 이것을 야간오차라고 한다.

애드콕크(adcock) 안테나는 이를 방지하기 위해 고안된 것이다.

40. 애드콕 안테나의 수평면 내의 지향특성은? 단,「점」은 안테나이다.

가. 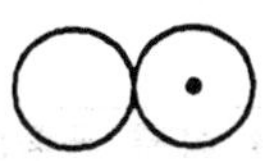

나. 

다. 

라. 

해설 애드콕 안테나의 수평면내 지향특성을 8자형이다.

41. 롬빅(rhombic) 안테나의 특징으로서 맞지 않는 것은?

가. 광대역성을 갖는다.

나. 수직편파 성분이 주로된다.

다. 단 방향성으로 상대이득은 10～13 [dB] 정도이다.

라. 효율이 나쁘다

해설 수평편파 성분이 주로된다.

42. 롬빅 안테나의 이득은 얼마 정도인가?

가. 25～30 [dB]　　나. 20～25 [dB]

다. 15～20 [dB]　　라. 8～13 [dB]

해설 롬빅 안테나의 특징

① 진행파형이므로 광대역성이다.(1 : 2.5정도의 주파수 범위로 사용 가능)
② 단향성의 예리한 빔을 가지며 이득은 8～13 [dB] 정도이다.
③ 수평편파이다.
④ 구조가 간단하나 넓은 부지가 필요하다.
⑤ 효율이 나쁘다.
⑥ side lobe가 많다.
⑦ 주로 단파 고정국 송수신용으로 사용된다.(VHF－TV 중계용 수신 안테나로 사용되기도 한다)

해답 38. 가　39. 가　40. 가　41. 나　42. 라

43. 롬빅 안테나에 대한 설명으로서 맞는 것은?
가. 구조는 Beam 안테나보다 간단하고 수직편파 성분이 주가된다.
나. 각변의 main-lobe가 안테나계의 축방향을 향하지 않도록 한다.
다. Side-lobe가 비교적 크고 매우 넓은 장소가 필요하고 효율은 좋지 않다.
라. 단위변에 대한 임피던스는 자승에 반비례한다.

44. 롬빅(Rhombic) 안테나에서 도선 양측의 방사위상은?
가. 위상과 관계없다.
나. 역상이다.
다. 동상이다.
라. 동상, 역상 주기적으로 변화된다.

45. 다음은 대지에 대하여 수직으로 설치된 반파장 다이폴 공중선에 관한 것이다. 틀린 사항은 어느 것인가? (단, λ는 파장이다)
가. 수평면내에서의 지향성은 8자형이다.
나. 방사 임피던스는 $73.13+j42.55$ [Ω] 이다.
다. 실효 길이는 $\frac{\lambda}{\pi}$ 이다.
라. 중앙 급전점에서 전류급전으로 한다.

해설 수직반파 다이폴 안테나와 접지 안테나의 비교

	λ/2 수직 다이폴	λ/4 접지 공중선
실효길이	λ/π	$\lambda/2\pi$
수평면내 지향성	무지향성	무지향성
방사 임피던스	$73.13+j42.55$ [Ω]	36.56 [Ω]
단 축 률	5~10 [%] 정도 필요	필요 없다.
편 파 면	수직편파	수직편파
전 류 분 포	양단 전류0, 중앙에서 최대	선단에서0, 접지점에서 최대
급 전 방 식	전류 급전	전류 급전

46. 다음은 반파장 다이폴 안테나에 관한 설명이다. 잘못된 것은?
가. 반송 주파수의 λ/2 길이를 갖는 공진 ANT.이다.
나. 진행파형 ANT. 이다.
다. 전류는 양쪽 끝에서 0이 된다.
라. 전압은 양쪽 끝에서 최대가 된다.

해설 수직 다이폴에서는 수직편파가 복사되며 수평면내 지향성이 무지향성이고 수평 다이폴에서는 수평편파가 복사되고 수평면내 지향성은 8자형이다.
중앙에서 급전하므로 전류급전이고 1파장 다이폴인 경우는 전압급전이다.
① 실효길이 : λ/π
② 전계강도 : $E=\frac{60\pi I h_e}{\lambda d}=\frac{60I}{d}=\frac{7\sqrt{P}}{d}$ [V/m]
③ 반치각 : 약 78°
④ 상대이득 : 1 (0 dB)
⑤ 실효면적 : $0.131\lambda^2$
⑥ 정재파형 ANT.

해답 43. 다 44. 나 45. 가 46. 나

47. 롬빅(Rhombic) 안테나의 수평면내의 지향 특성은?

가. 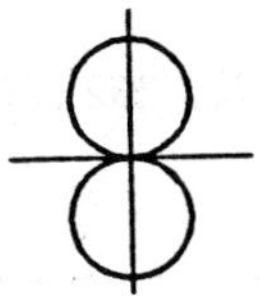
나. 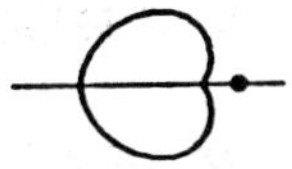
다. 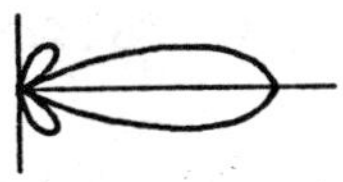
라. 

해설 (라)는 수직면내의 지향성이다.

48. 다음은 단파대 안테나에 관한 설명이다. 잘못된 것은 어느 것인가?

가. 접지 안테나를 기본으로 한 안테나가 많이 사용된다.
나. 고이득 안테나 설계가 가능하다.
다. 국제 통신용으로 저각도 방사의 안테나가 사용된다.
라. 페이딩 방지 대책으로서 고이득 안테나를 조합한 합성 수신용 안테나가 사용된다.

해설 단파 안테나는 반파장 다이폴을 기본으로 한다.

49. 안테나의 소자들은 여러개 써서 Array로 할 때 어떤 목적으로 쓰는가?

가. 임피이던스 정합이 잘 된다.　　나. 지향성을 지울 수 있다.
다. 안테나의 전력손실이 줄어든다.　　라. 불필요한 잡음을 제거한다.

50. 수평 반파 다이폴 안테나의 수평면내 지향 특성은?

가. 
나. 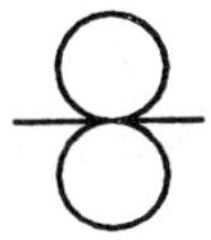
다. 
라. 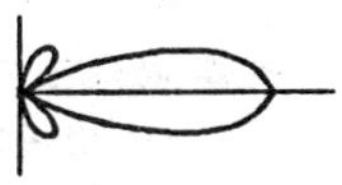

해설 수평 다이폴의 수평면내 지향 특성은 안테나에 직각 방향으로 방사형인 8자형이 된다.

51. Wave 안테나의 특징이 아닌 것은?

가. 광대역성이다.　　나. 지향성은 단향성이다.
다. 주로 수신용에 이용된다.　　라. 진행파형 공중선이 아니다.

해설 Wave 안테나의 특징

① 지향성은 단향성이지만 주방사와 도선과의 같은 도선의 길이와 파장에 따라 다르다.
② 주로 수 100 [kHz] 이하의 수신용 공중선으로서 쓰인다
③ 광대역성이다.(진행파형 공중선)　　④ 다중수신이 가능하다.
⑤ 효율이 낮다.　　⑥ 구조가 간단하다.

52. 그림과 같은 폴디드 다이폴(folded dipole) 안테나의 방사저항은 몇 [Ω] 인가?

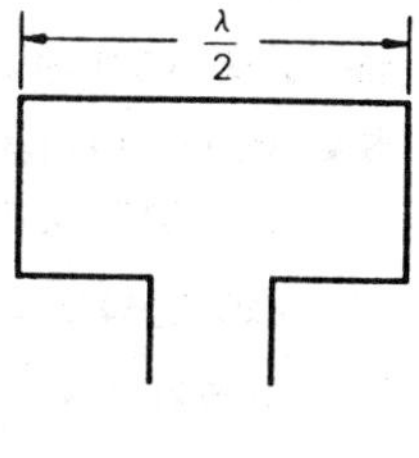

가. 36.6　　나. 73.3
다. 146.3　　라. 292

해설 2선 folded dipole의 임피이던스는 도선의 굵기가 같을 때는

$Z_0 = n^2 Z_r$

n : 도선의 수　　Z_r : 반파장 dipole의 방사저항(73.13 [Ω])

$Z_0 = 2^2 \times 73.13 = 4 \times 73.13 = 292.52$ [Ω]

해답 47. 다　48. 가　49. 나　50. 나　51. 라　52. 라

53. 길이가 반파장인 2선식 폴디드(folded) 안테나(도선의 굵기는 같고 두 도선은 충분히 접근해 있는 것으로 한다)의 급전점 임피던스를 계산하면?

가. 36.56 [Ω]　　나. 73 [Ω]　　다. 192 [Ω]　　라. 292 [Ω]

54. 그림과 같은 반파장 폴디드(folded) 다이폴 공중선이 있다. A, B점에 접속할 급전선의 특성 임피이던스는 다음의 어느 것이 가장 적합한가?

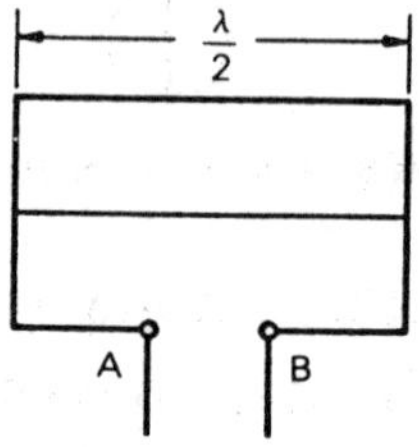

가. 75 [Ω]　　나. 150 [Ω]

다. 300 [Ω]　　라. 600 [Ω]

해설 도선의 굵기가 같을 때 즉 $\frac{\rho_2}{\rho_1} = 1$일 때의 AB 점의 임피이던스 $Z_f = n^2 Z_r$이다.

$Z_f = 3^2 \times 73 \fallingdotseq 660$ [Ω]

55. 폴디드(folded) 안테나의 특징이 아닌 것은?

가. 전계강도, 이득, 지향성은 반파장 안테나와 동일하다.

나. 실효길이는 반파장 안테나의 2배이고, 수신안테나로서 사용할 때 개방전압은 2배로 된다.

다. TV의 75 [Ω] 동축 케이블과 정합이 직결된다.

라. 반파장 안테나에 비해서 도체의 유효단면적이 크고, 방사저항이 크며 Q가 낮게 되어 약간 광대역성을 갖는다.

해설 폴디드 안테나의 특징

① 반파장 안테나에 비해서 도체의 유효단면적이 크고, 방사저항이 크며(약 300 [Ω]), Q가 낮게 되어 약간 광대역성을 갖는다.

② TV의 2선식 피이더($Z_0 = 300$ [Ω])와 정합이 직결된다. 또, 동축 케이블에 직결해도(정합회로를 사용하지 않아도) 불평형 전류가 적어 방사특성이 나빠지지 않는다.

③ 전계강도, 이득, 지향성은 반파장 안테나와 동일하다.

④ 평행도선의 선 갯수, 굵기의 비를 변화시키면 임피던스 변성비를 변화시킬 수 있다.

⑤ 실효 길이는 반파장 안테나의 2배(임피던스 변환비가 4일 때)이고, 수신 안테나로서 사용할 때, 개방전압은 2배로 된다.

⑥ 기계적으로 구조가 견고하다.

56. 그림과 같은 폴디드 다이폴 안테나(folded dipole Antenna)에서 $\rho_2 / \rho_1 \geq 1$일 때에 그 입력 임피이던스를 선형 반파장 다이폴 안테나의 임피이던스와 비교할 때 맞는 것은?

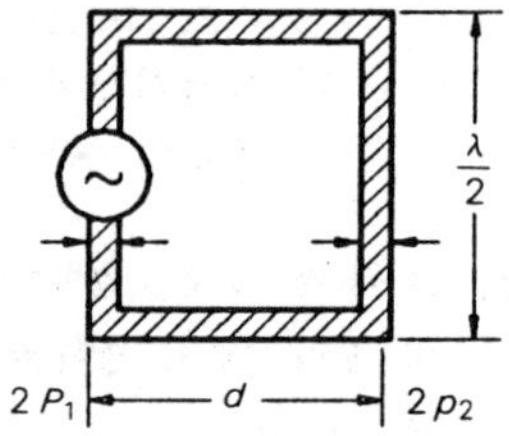

가. 적다　　나. 같다

다. 4 배 미만이다　　라. 4 배 이상이다

해설 폴디드 다이폴 안테나의 입력임피던스

(1) 입력 임피던스 : $Z_{in} = (1+a)^2 Z_r = \left(1 + \frac{\rho_2}{\rho_1}\right)^2 \times 73$ [Ω]

(2) 만약 $a = \rho_2 / \rho_1 = 1$ 이면 : 입력 임피던스는 반파장 다이폴 안테나의 4배이다.

문제에서 $a = \rho_2 / \rho_1 \geq 1$ 이므로 반파장 다이폴의 4배이상이다.

해답 53. 라　54. 라　55. 다　56. 라

57. 야기(Yagi) 안테나의 설명으로서 틀린 것은?

가. 단일 지향성이다.

나. 반사기의 길이는 반파장 이상이다.

다. 도파기의 길이는 반파장 보다 짧다.

라. 각소자의 간격은 $\frac{1}{4}$ 파장보다 크다.

해설 Yagi 안테나의 특징

① 단일 지향성이다.

② 반사기의 길이는 $\lambda/2$보다 약간 크다.(유도성)

③ 도파기는 $\lambda/2$보다 약간 짧다.(용량성)

④ 각 소자 중 반사기는 투사기의 후방 $\lambda/4$ 이상인 곳 도파기는 투사기의 전방 $\lambda/4$ 이하이다.

58. 야기(Yagi) 안테나의 도파기는? (단, λ는 파장)

가. $\frac{\lambda}{2}$ 보다 짧게 하여 용량성분으로 한다.

나. $\frac{\lambda}{2}$ 보다 짧게 하여 유도성분으로 한다.

다. $\frac{\lambda}{4}$ 보다 짧게 하여 용량성분으로 한다.

라. $\frac{\lambda}{4}$ 보다 짧게 하여 유도성분으로 한다.

해설 Yagi Uda 안테나의 방사기(투사기)는 $\lambda/2$ dipole 또는 $\lambda/2$ folded dipole 등으로 하며 도파기는 $\lambda/2$ 보다 약간 짧게하여 용량성분으로 하고 반사기는 $\lambda/2$ 보다 약간 길게하여 유도성분으로 한다.

59. 야기(Yagi) 안테나의 반사기 설명으로서 옳은 것은? (단, λ는 파장)

가. $\frac{\lambda}{2}$ 보다 길게 하여 용량성분을 갖게한다.

나. $\frac{\lambda}{2}$ 보다 길게 하여 유도성분을 갖게한다.

다. λ보다 길게하여 유도성분을 갖게한다.

라. λ보다 길게하여 용량성분을 갖게한다.

60. 야기 공중선(Yagi Antenna)의 소자 중 유도성 리액턴스를 나타내는 것은 어느 것인가?

가. 투사기　　나. 반사기

다. 도파기　　라. 없다.

해답 57. 라　58. 가　59. 나　60. 나

61. 야기 안테나의 소자 중 가장 긴 소자의 역할과 리액턴스 성분은 무엇인가?

가. 도피기, 용량성　　나. 반사기, 유도성

다. 지향기, 유도성　　라. 복사기, 용량성

해설 반사기 : $\frac{\lambda}{2}$ 보다 길고 투사기 보다 길다.(유도성)

투사기 : 약 $\frac{\lambda}{2}$

도파기 : $\frac{\lambda}{2}$보다 짧고 투사기보다 짧다(용량성)

62. 더블렛 안테나의 도파기는 투사기 보다 얼마정도 짧게 하는가?

가. 3 [%]　　나. 5 [%]

다. 10 [%]　　라. 15 [V]

해설 접지 공중선을 단파나 초단파에 사용하는 경우 파장이 짧아져서 높이가 낮아지므로 고정국에 사용하는 경우 주위에 파묻히는 결과가 되어 좋지 못하다. 따라서 3 [MHz] ~ 2,500 [MHz] 대에서는 반파장 dipole이 많이 사용된다. 이는 급전점 임피이던스가 $73.13 + j\,42.55$ [Ω] 이므로 $+j\,42.55$ [Ω] 의 유도성 리액턴스 성분을 제거하기 위하여 $\frac{\lambda}{2}$ 보다 3~5 [%] 짧게 해주어야 한다. 즉 유도성분을 없애기 위하여 짧게 해주는 길이의 자유공간에서의 반파장에 대한 비율을 **단축율**이라고 한다.

63. A, B 두개의 반파장 더블렛 안테나에서 B를 반사기로 사용하고자 한다. 이에 대한 설명으로 옳은 것은?

가. A의 후방 $\lambda/2$의 위치에 B를 두고 90° 늦은 전류를 공급한다.

나. A의 전방 $\lambda/2$의 위치에 B를 두고 90° 늦은 전류를 공급한다.

다. A의 후방 $\lambda/4$의 위치에 B를 두고 90° 앞선 전류를 공급한다.

가. A의 전방 $\lambda/4$의 위치에 B를 두고 90° 앞선 전류를 공급한다.

해설 반사기를 붙일 때에는 안테나의 동일구조의 안테나를 안테나의 뒷쪽 $\lambda/4$의 위치에 놓고 위상이 90° 앞선 전류를 급전한다.

64. 안테나에 반사기를 붙이면 어느 효과가 있는가?

가. 급전선과 정합이 잘 된다.

나. 광대역이 된다.

다. 어떤 방향으로 전파를 몰아서 발사시킬 수 있다.

라. 접지저항이 적어진다.

해설 안테나에 반사기를 붙이면 전파를 어느 방향으로 몰아 보낼 수 있으며 또 안테나의 이득을 높이고, 지향성도 날카로와진다. 반사기로는 다음과 같은 것이 있다.

① 안테나와 동일 구조인 것을 안테나 후방 $\lambda/4$의 곳에 놓고 위상이 90° 앞선 전류를 급전한다.

② 안테나와 동일 구조인 것을 안테나의 후방에 놓고 급전하지 않고 반사기의 트랩을 조정

③ 눈이 작은 금속망을 안테나 후방 적당한 곳에 배치한다.

해답 61. 나　62. 나　63. 다　64. 다

65. 다음은 각 안테나의 수평면내 지향특성이다. 이 중 연결이 잘못된 것은?

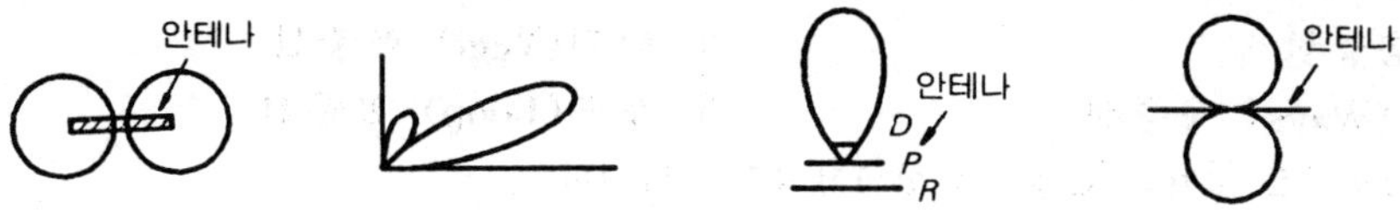

(a) (b) (c) (d)

가. (a) 루프형 안테나　　나. (b) 롬빅 안테나
다. (c) 수평야기 안테나　　라. (d) 수평 다이폴 안테나

해설 (b)는 롬빅안테나의 수직면내 지향특성이다.

66. 다음 안테나 중에서 수평면에 대한 지향성이 없는 것은?

가. 수직 안테나　　나. 롬빅 안테나
다. 야기 안테나　　라. 파라볼라 안테나

67. 다음중 단향성 안테나에 속하지 않는 것은?

가. Horn reflector 안테나　　나. Yagi 안테나
다. Adcock 안테나　　라. Rhombic 안테나

해설 Adcock 안테나는 수평면내 지향성이 8자 특성을 갖는다.

68. 장중파대에서 공진을 막고 S/N 비를 좋게 하기 위한 수신용 안테나에 해당되지 않는 것은?

가. 역 L 형 안테나　　나. 루우프(Loop) 안테나
다. Beverage 안테나　　라. Bellini-Tosi 안테나

69. 2개의 반파장 다이폴 안테나를 그림과 같이 x 축 방향에 나란히 하여 거리 $d = \lambda/2$ 만큼 떨어져 있고 위상각 $\delta = 0$ 인 경우 안테나의 합성 지향성은?

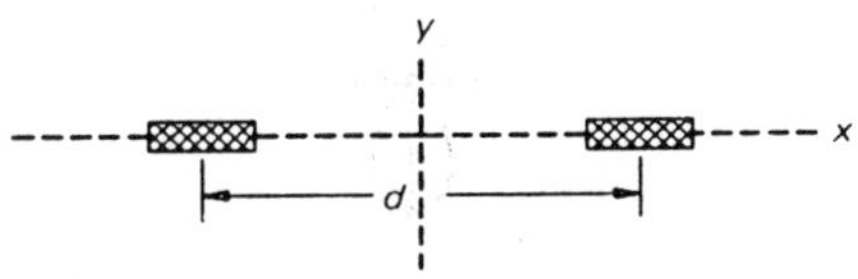

가. 　　나. 　　다. 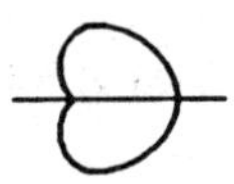　　라. 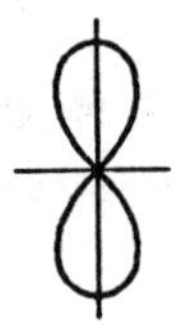

해설 지향성 합성의 원리에 의해 구한다.

(1) 반파장 다이폴의 지향성 : $D_o(\phi) = \dfrac{\cos\left(\dfrac{\pi}{2}\cos\phi\right)}{\sin\phi}$

(2) 배열의 지향성 : $D_s(\phi) = 2 \cdot \cos\left(\dfrac{\pi}{2}\cos\phi\right)$

(3) 합성 지향성 : $D(\phi) = D_o(\phi)\,D_s(\phi) = 2\dfrac{\cos^2\left(\dfrac{\pi}{2}\cos\phi\right)}{\sin\phi} = \dfrac{\cos(\pi\cos\phi) + 1}{\sin\phi}$

해답 65. 나　66. 가　67. 다　68. 가　69. 라

70. 단방향성이 아닌 것은?

가. 롬빅 공중선　　나. 야기(Yagi) 공중선

다. 웨이브(Wave) 공중선　　라. 루프(Loop) 공중선

해설 루프 공중선을 정재파 안테나로 양방향성을 나타낸다.

71. 2개의 반파장 다이폴 안테나를 그림과 같이 y축에 나란히 하여 $d = \lambda/2$, 위상차 $\delta = 0$으로 했을 때 안테나의 합성 지향성은?

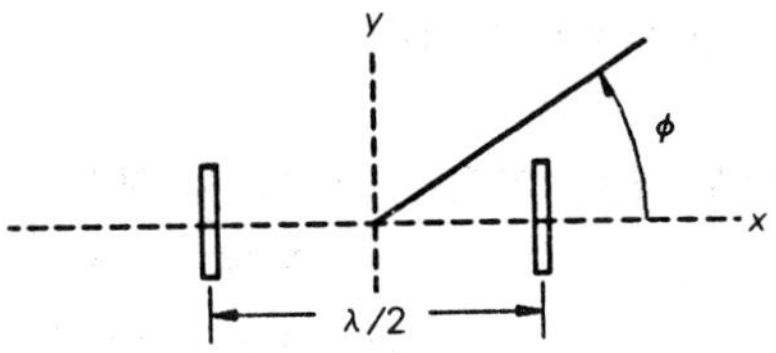

가. 

나. 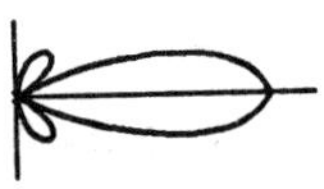

다. 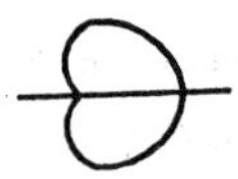

라. 

해설 반파장 다이폴 소자의 지향성 $D_o(\phi)$와 배열 지향성 $D_s(\phi)$의 곱으로 합성 지향성을 얻는다.

(합성 지향성) = (안테나 소자의 지향성) × (배열의 지향성)

(1) 다이폴 소자의 지향성 : $D_o(\phi) = \dfrac{\cos\left(\dfrac{\pi}{2}\sin\phi\right)}{\cos\phi} \fallingdotseq \cos\phi$

(2) 배열의 지향성 : $D_s(\phi) = 2 \cdot \cos\left(\dfrac{\pi}{2}\cos\phi\right)$

(3) 합성지향성 : $D(\phi) = D_o(\phi) \cdot D_s(\phi) = 2\cos\phi\cos\left(\dfrac{\pi}{2}\cos\phi\right)$

(a) 다이폴소자의 지향성

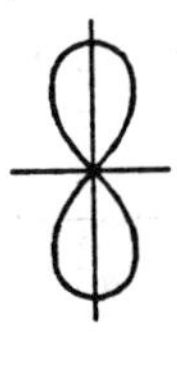

(b) 배열의 지향성

(c) 합성 지향성

72. 그림과 같은 등방성 공중선의 배열에 알맞는 지향 특성은? 단, $d = \lambda/4$이고 위상각 $\delta = \pi/2$이다.

가. 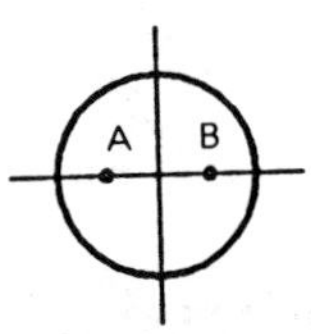

나. 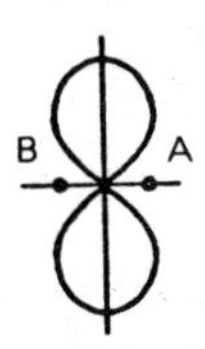

다. 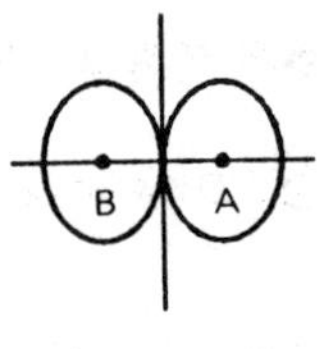

라. 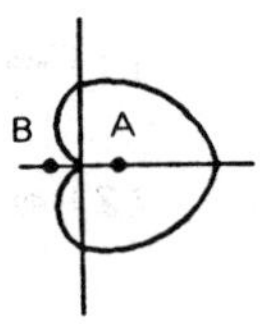

해설 (나)는 $d = \lambda/2$, $\delta = 0$일 때의 지향 특성이고
(다)는 $d = \lambda/2$, $\delta = \pi$일 때의 지향 특성이다.

해답 70. 라 71. 라 72. 라

73. 그림과 같이 두 안테나의 거리를 $\lambda/4$ 띄워 설치하고 안테나 A가 반사기로 동작할 수 있게 하려한다. 안테나 A에 대하여 안테나 B의 급전전류의 위상을 어떻게 해야 하는가?

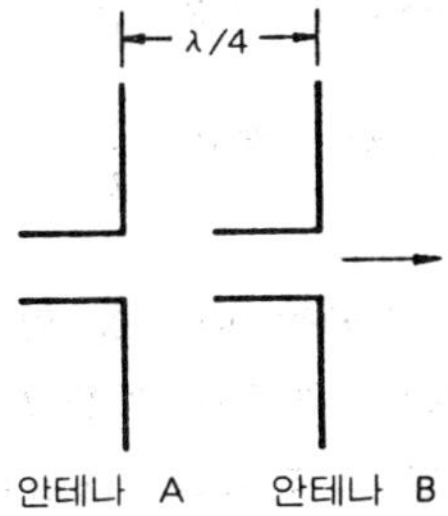

가. 180° 앞서게　　　나. 180° 늦게

다. 90° 앞서게　　　라. 90° 늦게

해설 A, B 공중선의 위상차 β는

$$\beta = \pi\left\{(2n+1) - \frac{2d}{\lambda}\right\} \text{ (단, } n \text{은 정수)}$$

여기서 $n = 0$ 이면

$$\beta = \pi\left(1 - \frac{2d}{\lambda}\right)$$

이 식에서 $d = \lambda/4$ 이면 위상차 $\beta = \pi/2$ 이다.

※ d/λ에 따른 위상차 β

d/λ	1/8	1/4	3/4	5/4
β	$\frac{3}{4}\pi$	$\frac{\pi}{2}$	$-\frac{\pi}{2}$	$-\frac{3}{2}\pi$

보통 d/λ는 공중선 A를 무급전으로 해서 반사기로만 동작시키려면 $0.25\lambda(=\lambda/4)$를 취한다. 반사기의 급전전류는 투사기보다 90° 진상전류로 하거나 투사기의 급전전류를 반사기보다 90° 지상 전류(늦은 전류)로 한다.

74. 다수의 반파장 안테나를 동일 평면상에 종횡으로 규칙적으로 배열하고 각 소자에 동일 진폭, 동일 위상의 전류를 급전하면 배열면과 직각 방향으로 예민한 지향성을 갖는 안테나는?

가. 루프 안테나　　　나. 비임 안테나

다. 롬빅 안테나　　　라. 제펠린 안테나

해설 비임(Beam) 안테나

(1) 구　성 : 반파장 다이폴 안테나를 종횡으로 $\lambda/2$ 간격으로 여러개 배열한 것으로 각 엘레멘트를 동위상으로 여진한다.

(2) 지향성 : 엘레멘트 수 n를 크게 할 수록 지향성은 예민해진다. 그러나 n이 크면 부엽(side lobe)이 생긴다.

(3) 이　득 : 엘레멘트 수가 증가하면 커진다.

$$G = n^2 \frac{R_o}{R}$$

단, R : 비임안테나의 방사저항,

R_o : 반파장 안테나의 방사저항

(4) 단일 지향성으로 하기 위해 : 비임안테나의 후방 $\lambda/4$의 곳에 각각 반사기를 달아서 90° 앞선 전류로 여진하면 단향성 공중선이 된다. 또는 비임 안테나 후방에 금속망이나 반사판을 사용한다.

해답 73. 라　74. 나

75. 수직접지 공중선이 2개 있다. 이 중 1개를 무급전으로 하여 반사기로 사용하려면 반사기의 위치는?

가. 투사기 전방 $\frac{\lambda}{4}$　　　　나. 투사기 전방 $\frac{\lambda}{2}$

다. 투사기 후방 $\frac{\lambda}{4}$　　　　라. 투사기 후방 $\frac{\lambda}{2}$

76. 수직 반파장 다이폴 안테나 A, B를 $\lambda/4$의 간격으로 평행으로 상대시켜 놓았을 때 수평면내 지향특성은? 단, A, B 안테나의 전류진폭은 서로 같고 B는 A보다 위상이 90° 앞선 전류로 여진되는 것이라고 한다.

가.
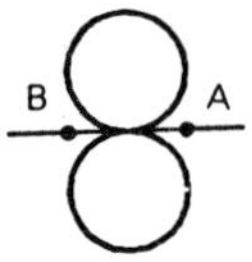

나.
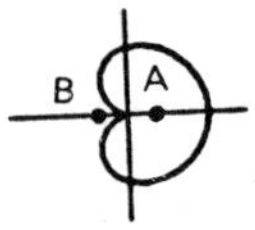

다.

라.
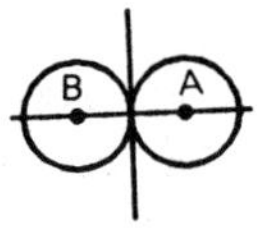

해설 안테나 A 및 B에 의해서 점 P에 생기는 전계강도의 위상차는

$$\frac{\pi}{2} - \frac{2\pi}{\lambda} l \cos\phi$$

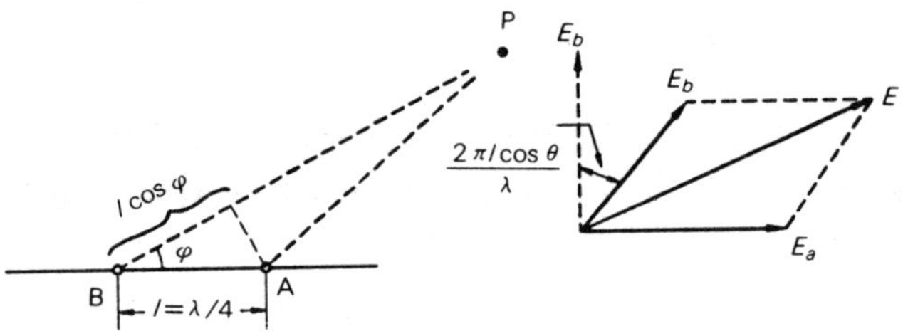

A, B에 의한 전계의 벡터 합성은

$$E = \sqrt{E_a^2 + E_b^2 + 2E_aE_b \cos\left(\frac{\pi}{2} - \frac{2\pi}{\lambda} l \cos\phi\right)}$$

이식에서 P점에서 $E_a = E_b$이고 $1 + \cos\alpha = 2\cos^2\frac{\alpha}{2}$의 공식에 의해

$$E = 2E_a \cos\left(\frac{\pi}{4} - \frac{\pi}{\lambda} l \cos\phi\right)$$

$l = \lambda/4$를 대입하면

$$E = 2E_a \cos\left(\frac{\pi}{4} - \frac{\pi}{\lambda} \cdot \frac{\lambda}{4} \cos\phi\right) = 2E_a \cos\left\{\frac{\pi}{4}(1 - \cos\phi)\right\}$$

가 되므로 지향계수 D는 다음과 같다.

$$D = \cos\left\{\frac{\pi}{4}(1 - \cos\phi)\right\}$$

해답 75. 다　76. 나

77. 그림과 같이 3개의 수직 반파 다이폴 안테나를 일직선상에 같은 간격으로 배치하고, 각 안테나에는 각각 동일 주파수로서 진폭이 같은 정현파 전류로 여진시킨다.

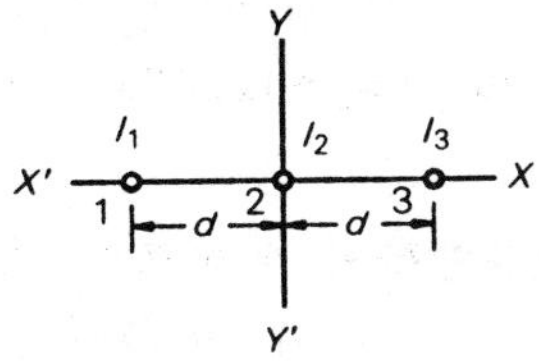

안테나의 간격 $d = \lambda/4$ 이고, 안테나 전류 I_1 은 0°, I_2 는 －90°, I_3 는 －180° 의 위상차로 변화시켰을 때의 수평면 합성지향 특성은?

가. 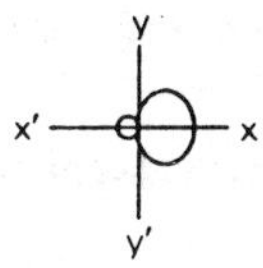

나. 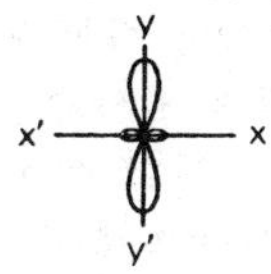

다. 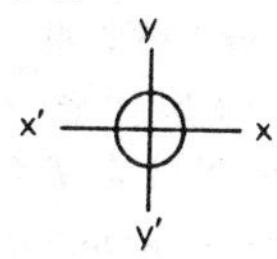

라. 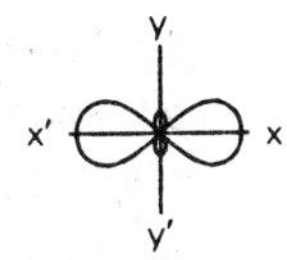

해설 X 방향과 X' 방향은 위상적으로 대칭이 아니므로 각각 거리와 안테나의 위상을 생각하면 안테나의 위치에서는 전계가 동상으로 가해지므로 X 방향의 합성치는 $3E$ 이며, 안테나 1의 위치에서는 I_1, I_2에 의한 전계가 역상이므로 X' 방향의 합성치는 E 이다. YY' 방향은 I_1, I_3에 의한 전계가 역상으로 가해지므로 E 로 된다.

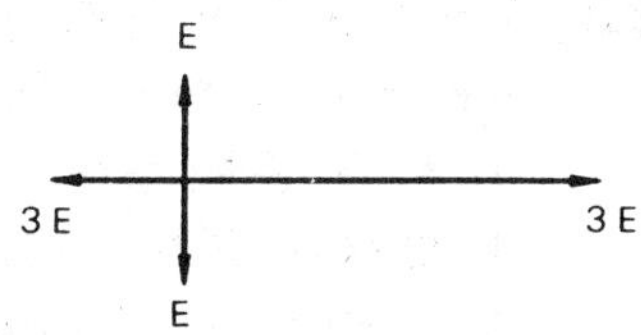

문제에서

(나) : $d = \lambda/2$ 이고 I_1, I_2, I_3 가 동상으로 여진된 경우이다.

(다) : $d = \lambda/8$ 이고 I_1, I_2, I_3 가 동상으로 여진된 경우이다.

(라) : $d = \lambda/2$ 이고 $I_1 = 0°$, $I_2 = -180°$, $I_3 = -360°$ 로 여진된 경우이다.

78. Beam Antenna 는 수개의 반파장 안테나를 동일 평면내에 규칙적으로 배치하는데 일반적인 배열 간격은?

가. λ　　나. $\frac{\lambda}{2}$

다. $\frac{3}{4}\lambda$　　라. $\frac{1}{4}\lambda$

해설 beam 안테나의 소자배열간격은 급전의 편의상 보통 가로, 세로 모두 $\frac{\lambda}{2}$ 로 한다.

79. 소자수가 4 인 지향성 안테나의 방사저항이 R 이고 반파다이폴의 방사저항은 R_0 라 하면 이득은?

가. $G = \frac{4R}{R_0}$　　나. $G = \frac{16R_0}{R}$

다. $G = \frac{R_0}{16R}$　　라. $G = \frac{R}{16R_0}$

해설 $G = N^2 \frac{R_0}{R}$ (단, N : 소자수, R_0 : 반파다이폴 방사저항 73.13 [Ω])

해답 77. 가　78. 나　79. 나

80. Beam Antenna로서 소자수를 4배하면 이득의 증가는 보통 몇 [dB]이 되는가?

가. 12 [dB] 나. 8 [dB] 다. 6 [dB] 라. 3 [dB]

해설 $G = \frac{N^2 R_0}{R}$ 이므로 16배 증가한다. $10 \log 16 = 12$ [dB]

81. 소자의 배열면의 방향에 최대 방사방향이 오도록한 비임 안테나는?

가. 엔드파이어 어레이형 나. 롱파이어 어레이형

다. 사이드 파이어 어레이형 라. 브로드사이드 어레이형

해설 Broad side array와 Endfire array

(1) Broad side array : 배열과 직각($\theta = 90°$)의 방향에 최대 방사가 있는 배열

(2) Endfire array : 배열 방향($\theta = 0°$)에 최대 방사가 있는 배열

각 θ를 $0° \sim 180°$ 의 범위로 변화시킬 수 있는 복합 가변 지향성 수신안테나의 방식을 MUSA (multiple unit steerable antenna) 수신방식이라고 한다.

82. 그림과 같은 다이폴 안테나에서 $\lambda/4$ Balun을 사용하는 이유는 다음 어느 것인가?

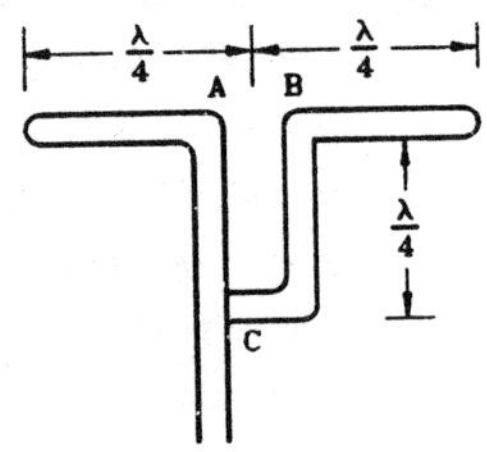

가. A, B 양쪽 전류를 똑같게 하기 위하여

나. 안테나 임피던스를 정합 시키기 위하여

다. 안테나 손실을 줄이기 위하여

라. 안테나 대역폭을 키우기 위하여

83. 그림과 같은 등간격의 점 방사원 배열이 Endifire Array가 되는 조건은? 단, $I_1 = I_2 = \cdots\cdots = I_n$ 이라 한다.

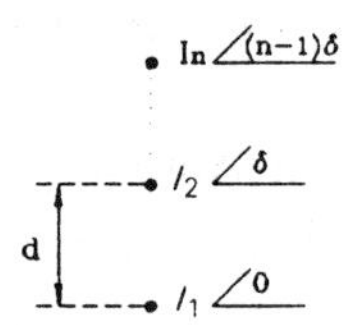

가. $d = \frac{\lambda}{4}$, $\delta = 0$ 나. $d = \frac{\lambda}{2}$, $\delta = \frac{\pi}{2}$

다. $d = \frac{\lambda}{4}$, $\delta = -\frac{\pi}{2}$ 라. $d = \frac{\lambda}{2}$, $\delta = 0$

해설 소자의 배열축 방향으로 beam이 형성되는 것은 endfire array라고 하고 직각 방향으로 형성되는 것을 broadside array 라고 한다.

End-fire Array 가 되는 것은 $\delta = -kd$ 라고 하면, $\theta = 0$ 에 각점으로부터 방사가 일치하고 그 방향의 방사가 최대가 된다.

$$\delta = -kd = -\frac{2\pi}{\lambda} \times \frac{\lambda}{4} = -\frac{\pi}{2}$$

84. 그림과 같은 반파장 다이폴 안테나의 배열이 브로오드 사이드 선열(Broad side Array)이 되는 조건은? 단, λ : 파장, I : 전류, δ : I의 위상각

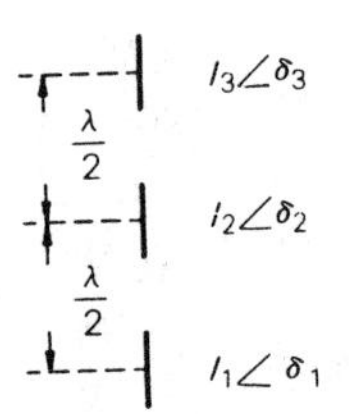

가. I_1, I_2, I_3이 같아야 한다.

나. δ_1, δ_2, δ_3이 같으면 된다.

다. $\delta_3 - \delta_2 = \delta_2 - \delta_1$이면 된다.

라. $I_3 - I_2 = I_2 - I_1$이면 된다.

해답 80. 가 81. 가 82. 나 83. 다 84. 가

해설 $D(\theta)$ 의 식에서 $\theta = 90°$ 에서 각 점으로 부터의 방사의 위상이 일치되어서 최대치를 얻는다. 이와같이 배열과 직각의 방향에 최대방사가 있는 그러한 배열을 보로오드 사이드 배열이라고 한다. 그러므로 I_1, I_2, I_3는 같고 $\delta_1 = \delta_2 = \delta_3 = 0$ 이어야 한다.

85. 그림과 같이 Z 축상에 반파장 간격으로 놓인 브로오드 사이드 선열(Broad Side Array) 안테나의 배열계수는?

가. $\dfrac{\sin\left(\dfrac{3\pi}{2}\sin\theta\right)}{3\sin\left(\dfrac{\pi}{2}\sin\theta\right)}$ 나. $\dfrac{3\sin\left(\dfrac{3\pi}{2}\cos\theta\right)}{\sin\left(\dfrac{\pi}{2}\sin\theta\right)}$

다. $\dfrac{\sin\left(\dfrac{\pi}{2}\cos\theta\right)}{3\sin\left(\dfrac{3\pi}{2}\cos\theta\right)}$ 라. $\dfrac{\sin\left(\dfrac{3\pi}{2}\cos\theta\right)}{3\sin\left(\dfrac{\pi}{2}\cos\theta\right)}$

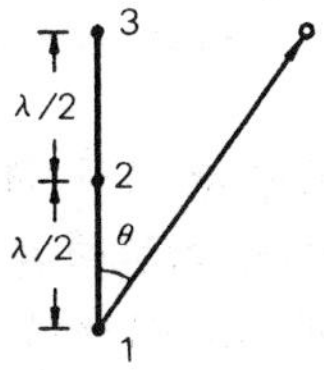

해설 그림과 같이 방사체가 직선적으로 배치된 것을 linear array 라고 한다. n 개의 무지향성 점방사원이 일직선상에 각각 d 간격으로 배열되고 각 방사원의 세기가 같고 위상이 δ[rad] 씩 순차적으로 앞서는 경우 지향성 계수 $D(\theta)$는 다음식으로 구해진다.

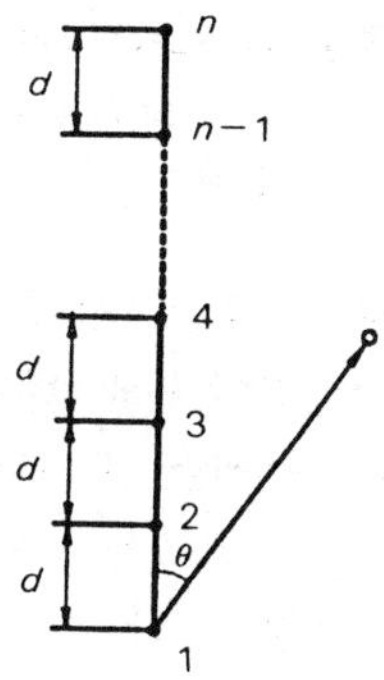

$$D(\theta) = 1 + e^{j\delta}e^{jkd\cos\theta} + \cdots\cdots + e^{j(n-1)\delta}e^{j(n-1)d\cos\theta}$$

여기서 $\phi = kd\cos\theta + \delta = \dfrac{2\pi}{\lambda}d\cos\theta + \delta$

$$D(\theta) = \frac{\sin(n\phi/2)}{\sin(\phi/2)}e^{j(n-1)\phi/2}$$

여기서 지향성의 기준점을 $(n-1)d/2$ 만큼 옮기고 위상의 기준을 $(n-1)\delta/2$ 만큼 빠르게 하면 윗 식의 계수는 없어진다. 또 이 $D(\theta)$ 의 최대치는 n 이므로 최대치를 1 로하기 위하여 n 으로 나눈 것을 $D(\theta)$로 놓으면

$$D(\theta) = \frac{\sin(n\phi/2)}{n\sin(\theta/2)}$$

특별한 경우로서 $\delta = 0$ 이면 배열계수 $D(\theta)$ 는

$$D(\theta) = \frac{\sin\left(\dfrac{n\pi d}{\lambda}\cos\theta\right)}{n\sin\left(\dfrac{\pi d}{\lambda}\cos\theta\right)}$$

이 식에 문제에 주어진 $d = \lambda/2$, $n = 3$을 대입한다.

$$D(\theta) = \frac{\sin\left(\dfrac{3\pi}{\lambda}\times\dfrac{\lambda}{2}\cos\theta\right)}{3\sin\left(\dfrac{\pi}{\lambda}\times\dfrac{\lambda}{2}\cos\theta\right)} = \frac{\sin\left(\dfrac{3}{2}\pi\cos\theta\right)}{3\sin\left(\dfrac{\pi}{2}\cos\theta\right)}$$

해답 85. 라

86. Phased Array 안테나에서 안테나 각소자에 공급하는 전류의 위상을 조정하여 어떤 특성을 얻는가?

가. 급전선의 VSWR 을 낮춘다.

나. 복사 패턴의 방향을 바꿀 수 있다.

다. 복사 전력이 증가한다.

라. 위상을 바꾸지 않을때보다 임피던스 정합이 잘된다.

해설 Phased Array 안테나를 회전시키지 않고 고정 상태에서 회전상태와 똑같은 복사패턴의 방향을 바꿀 수 있다.

87. 지구 표면에 평행하도록 공간에 놓인 2개의 반파장 다이폴 안테나가 각각 그 중심에서 서로 직교하고 있을 때 전방향성 방사를 얻으려면?

가. 두 전류의 크기와 위상이 같아야 한다.

나. 두 전류의 크기와 같고 위상이 반대이어야 한다.

다. 두 전류의 크기가 같고 위상차가 90° 이어야 한다.

라. 전류의 크기가 달라야 한다.

해설 턴 스타일 안테나는 반파장 안테나를 서로 +자형으로 배치하여 같은 진폭으로 90° 위상이 다른 전류로 여진하는 공중선이다. 수평면내의 지향성은 원보다 약간 찌그러진 형(무지향성)이 된다.

88. 다음 중 수퍼턴 스타일 공중선의 특성을 나타내는 것은?

가. 반사기를 많이 사용하고 있으므로 지향성이 예민하다.

나. 주파수 특성을 광대역으로 하고자 박쥐날개 모양(Bat Wing)으로 만든다.

다. 방송국으로부터의 양청거리(양청구역)를 넓히고자 정관부 용량환(Top loading)을 쓴다.

라. 이 공중선을 구성하는 각 소자에는 동상의 전류로 하기 때문에 공중선 이득이 매우 크다.

해설 수퍼 턴 스타일(Super Turn Style) 안테나

① 박쥐날개형 안테나를 두장 직각으로 교차시킨 안테나

② 안테나 자신의 표면적을 넓게하고 실효적으로 Q 를 낮게하여 광대역화하고 있다.

③ 박쥐날개 한장이 수평선 지향성은 0.7λ 의 다이폴을 안테나의 지향성과 거의 같게 8자형으로 된다.

89. 송신안테나가 수퍼턴 스타일(superturn style) 안테나인 경우에 수신안테나로서 수평다이폴 안테나를 사용하여야 하는 이유는? (즉, 수직 dipole은 안되는 이유)

가. 전파의 직진성 때문에　　나. 전파의 회절현상 때문에

다. 전파는 횡파이기 때문에　　라. 전파의 편파성 때문에

해설 수퍼턴 스타일 안테나는 수평편파가 발사되므로 수평 diopole 안테나가 필요하다.

해답 86. 나 87. 다 88. 다 89. 라

90. 슈퍼턴 스타일 안테나에서 적립단수가 4단이고, 간격 3 [m], 주파수 100 [MHz] 일 때 이득은?

가. 3　　　나. 4
다. 5　　　라. 6

해설 $\lambda = c/f = 3 \times 10^8 / 10^8 = 3$ [m]

$$G_h = \frac{1.22\,Nd}{\lambda} = \frac{1.22 \times 4 \times 3}{3} = 4.88 \simeq 5$$

91. 대수주기(對數周期)형 안테나에 대한 기술로서 옳지 않은 것은?

가. 안테나의 크기와 모양이 비례적으로 커지는 여러개의 소자 안테나로 되어 있다.
나. 주파수의 대수값이 일정한 값 만큼씩 달라지는 주파수 때마다 동일한 복사특성을 나타낸다.
다. 각 부분의 치수가 대수비례로 작아진다.
라. 매우 넓은 주파수 대역을 갖는다.

해설 각 부분의 치수를 2배해도 다시 본래의 형과 동일하게 되므로 대수주기적 구조라 한다.

92. 대수 주기(log periodic) 안테나의 특성과 관계없는 것은?

가. 초단파대역에서 사용할 수 있다.
나. 자기상사의 원리를 이용한 것이다.
다. 광대역 특성을 갖는다.
라. 입력임피던스는 인가되는 신호의 주파수에 따라 많이 변한다.

93. 다음 안테나 가운데서 가장 광대역 특성을 갖는 것은?

가. 야기 안테나　　　나. 대수 주기 안테나
다. 나선 안테나　　　라. 턴 스타일 안테나

해설 안테나에 광대역성을 갖게하는 방법

① 안테나의 Q를 낮추는 방법 : 짧은 원통형 안테나, 팬 안테나, 디스콘 안테나
② 자기 상사형으로 하는 방법 : 대수 주기 안테나, 바이 코니컬 안테나
③ 진행파 여진형의 소자를 이용하는 방법 : 헬리컬 안테나, 롬빅 안테나, 지그재그 안테나
④ 보상 회로를 사용하는 방법 : 수퍼 게인 안테나, U라인 안테나

94. 진행파형 안테나가 갖는 일반적인 성질이 아닌것은?

가. 광대역이다.　　　나. 단향성이다.
다. 효율이 좋다.　　　라. 부엽(Side lobe)이 많다.

해설 진행파형 ANT의 특징

① 광대역성이다.
② 단향성이다.
③ Side lobe가 많다.
④ 효율이 낮다.
⑤ 구조가 간단한것에 비하여 이득이 크다.

해답 90. 다 91. 다 92. 라 93. 나 94. 다

95. 다음 중 진행파를 이용하지 않는 안테나는 어느 것인가?

가. 웨이브 안테나(Wave Antenna) 나. 롬빅 안테나(Rhombic Antenna)
다. 어골형 안테나(Fish Bone Antenna) 라. 스리브 안테나(Sleeve Antenna)

해설 진행파 안테나 : 반사파가 없이 진행파만이 안테나에 타고 광대역 안테나로서 사용된다.(wave antenna, rhombic antenna, helical)의 각종 안테나 및 유전체 로우드 안테나 등이 있다.

96. 다음 중 진행파 공중선은?

가. 헤리칼(Helical) 안테나 나. 대수 주기 안테나
다. 쌍 Loop 안테나 라. 디스콘(Discone) 안테나

97. 앤드 파이어 헬리컬 안테나의 특성이 아닌 것은?

가. 광대역, 고이득 진행파 안테나이다
나. 전력 이득은 11～15[dB] 정도이다.
다. 방사 저항은 100～200[Ω] 정도이다.
라. 반치각은 $\theta=\dfrac{50°C}{\sqrt{\dfrac{np}{\lambda}}}$ 이다.

해설 반치각 θ는

$$\theta=\frac{52}{c/\lambda\sqrt{np/\lambda}}$$

이 안테나의 특징을 요약하면 다음과 같다.
① 광대역성이다.
② 진행파형이다.
③ 고이득이다.(11～16[dB])
④ 원편파 안테나이다.
⑤ 단향성으로서 예민한 지향성을 갖는다.
⑥ 100～1,000[MHz] 대의 고이득 송수신용으로 일부 통신위성에도 사용된다.

98. 초단파(micro wave) 통신에 사용되는 안테나가 아닌것은?

가. 카세그레인(Cassegrain) 안테나 나. 호온 리플렉터 안테나
다. 파라보라(Parabola) 안테나 라. 롬빅(rhombic) 안테나

해설 롬빅 안테나는 단파통신에 사용된다.

99. VHF대 수평면내 무지향성 안테나를 방송용으로 사용하는 경우 이득을 증가시키기 위하여 가장 적합한 것은?

가. 수직으로 적립하여 사용한다. 나. 수평으로 적립하여 사용한다.
다. 반사기를 사용한다. 라. 트랩(trap)회로를 설치한다.

100. 아래 안테나 중에서 직선편파, 원형편파 및 타원편파가 모두 가능한 것은?

가. 야기(Yagi) 안테나 나. 나선(Helical) 안테나
다. 루－프(loop) 안테나 라. 폴디드 다이폴(Folded dipole) 안테나

해답 95. 라 96. 가 97. 라 98. 라 99. 가 100. 나

해설 Helical ANT 특징

① 광대역 ② 진행파형
③ 고이득(11～16 [dB]) ④ 원편파ANT
⑤ 100～1,000 [MHz] 대의 고이득 송수신용

101. 쇠그물에 의한 전파의 차폐 효과에 대한 설명으로 틀린 것은?

가. 사용 주파수와 관계가 된다.
나. 그물 눈금이 미세할 수록 좋다.
다. 금속 재료의 도전율과 관계가 없다.
라. 도선이 굵을 수록 효과가 증대된다.

102. 광대역 안테나가 아닌 것은?

가. 블레이드(blade) 안테나 나. 디스콘(discone) 안테나
다. 쌍원추형 안테나 라. 원통 slot 안테나

해설 광대역 안테나의 종류

〈1〉 TV 수신용 안테나
① 복합형 안테나 ② U 라인 안테나
③ 인라인 안테나 ④ 대수 주기 안테나

〈2〉 TV 송신용 안테나
① 수퍼턴 스타일 안테나 ② 수퍼 게인 안테나
③ 헬리컬 안테나 ④ 쌍 루프 안테나

이외에 부채꼴 안테나, 원통형 안테나, 쌍원추형 안테나, 디스콘 안테나, 블레이드 안테나등이 있다.

103. 방송 송신용 안테나가 아닌 것은?

가. super-turn-stile 안테나 나. Yagi 안테나
다. Helical 안테나 라. super gain 안테나

해설 Yagi 안테나는 TV 수신용이다.

104. 다음에서 방송 송신용으로 부적합한 Ant는?

가. 톱 로오딩(top loading) 수직 접지 안테나
나. 야기(Yagi) 안테나
다. 수퍼 턴 스타일(super turn style) 안테나
라. 수퍼 게인(super gain) 안테나

해설

방송 업무용	LF, MF HF VHF	탑형(top loading) 안테나 수직, 수평 다이폴, 동조, 광대역 형 super turnstile, super gain, helical, loop
방송 수신용	LF, MF HF VHF	단조 loop 단조 다이폴 Yagi, folded, corner reflector

해답 101. 다 102. 라 103. 나 104. 나

105. 다음 중에서 안테나 특성을 광대역으로 하기 위한 방법으로 적합하지 않은 것을 고르시오.

가. 안테나의 Q를 적게한다.

나. 진행파 공중선으로 한다.

다. 파라보라 안테나처럼 개구면적을 크게한다.

라. 수퍼게인 안테나처럼 보상회로를 사용한다.

해설 안테나가 광대역성을 갖도록 하는 일반적 특징

① 안테나의 Q를 낮추는 방법
② 진행파 여진형의 소자를 이용하는 방법
③ 보상회로를 사용하는 방법
④ 자기 상사형으로 하는 방법
⑤ 상호 임피던스의 특성을 이용하는 방법

106. 광대역 텔레비젼 수신용 안테나는?

가. 인 라인(Inline) 안테나
나. 롬빅(Rhombic) 안테나
다. 파라볼라(Parabola) 안테나
라. 카세그레인(Cassegrain) 안테나

해설 TV 수신용으로는 inline 안테나, conical 안테나가 많이 사용된다.
(나)항 : VHF TV 중계용으로 사용한다.
(다)항 : 레이더 또는 송신소간 사용한다.
(라)항 : 위성통신업무용으로 지구국등에 사용된다.

107. 수직편파용 전방향성 안테나가 아닌 것은?

가. sleeve 안테나
나. whip 안테나
다. braun 안테나
라. turn stile 안테나

해설 턴 스타일 안테나는 수평편파용 전방향성 안테나이다.
※ 수직 편파용 전방향성 안테나
① 브라운 안테나
② 슬리브(sleeve) 안테나
③ 휩(whip) 안테나
④ J형 안테나
⑤ 콜리니어 어레이(collinear-array) 안테나
⑥ 원환 슬롯트 안테나

108. 가장 광대역인 공중선은?

가. Discone Ant.
나. Logarithmically periodic Ant.
다. Horn reflector Ant.
라. Dipole Ant.

해설 공중선의 광대역 크기는 나 > 다 > 가 > 라의 순서이다. 대수 주기 안테나는 단파대에서 극초단파까지 사용한다.

109. 수평 편파용 전방향성 안테나가 아닌 것은?

가. 코너 리플렉터 안테나
나. 수평 루프 안테나
다. 수퍼 턴 스타일 안테나
라. 쌍 루프 안테나

해답 105. 다 106. 가 107. 라 108. 나 109. 가

해설 코너 리플렉터 안테나는 지향성 안테나이다.

※ 수평 편파용 전방향성 안테나

① 턴 스타일(turn stile) 안테나
② 수평 루프 안테나
③ 수퍼 턴 스타일(super-turnstile) 안테나
④ 쌍 루프 안테나
⑤ 사이드 파이어 헬리컬(side fire helical)안테나
⑥ 원통 슬로트 안테나

110. 지향성 안테나가 아닌 것은?

가. 야기(Yagi) 안테나
나. 1파장 loop array
나. 엔드 파이어 헬리컬 안테나
라. 사이드 파이어 헬리컬 안테나

해설 지향성 안테나의 종류

① 야기 안테나
② 1파장 루프 어레이
③ 엔드파이어 헬리컬 안테나
④ 코너 리플렉터 안테나

111. 다음은 여러 종류의 공중선을 급전점의 임피던스가 낮은 것부터 순서로 배열한 것이다. 옳은 것은 어느것인가?

단, a : 동축형 Sleeve 공중선　b : 동축형 Braun 공중선
c : 반파장 folded 공중선(한번 접힌)　d : Rhombic 공중선

가. a－b－c－d
나. b－a－c－d
다. c－a－b－d
라. c－b－a－d

해설 각 공중선의 급전점 임피던스

① 동축형 Sleeve 안테나의 복사저항 : 65～70 [Ω]
② 동축형 Braun 안테나의 복사저항 : 20～23 [Ω]
③ 반파장 folded 공중선의 임피던스 : 73×4 = 292 [Ω]
④ 롬빅(Rhombic) 공중선의 복사저항 : 200～900 [Ω]

112. 급전점의 임피던스가 높은 순서대로 배열되어 있는 것은?

단, a : 동축형 슬리브 안테나(Sleeve Antenna)
b : 동축형 브라운 안테나(Braun Antenna)
c : 롬빅 안테나(Rhombic Antenna)

가. a－b－c
나. c－a－b
다. b－a－c
라. c－b－a

113. 마이크로파 안테나가 아닌 것은?

가. 전자 혼 안테나
나. 전파 렌즈 안테나
다. 파라보라 안테나
라. 웨이브 안테나

해답 110. 라　111. 나　112. 다　113. 라

해설 마이크로파 안테나의 종류

① 전자 혼(전자 나팔)
② 전파 렌즈 : 유전체렌즈, 패스랭스(path-length)렌즈, 도파관형 메탈렌즈
③ 파라보라 안테나
④ 카세그레인 안테나
⑤ 혼 리플렉터(horn reflector) 안테나
⑥ 슬로트(slot) 안테나
⑦ 폴리로드(polyrod) 안테나

114. 마이크로 웨이브(Micro Wave) 통신에 사용되는 안테나가 아닌 것은?

가. 패스 랭스(Path-Length) 안테나
나. 파라볼라(Parabola) 안테나
다. 혼 반사기부(horn Reflector) 안테나
라. 롬빅(Rhombic) 안테나

해설 MICRO파는 그 파장이 수 cm 정도이므로 대부분 전자 나팔을 사용하거나 입체 안테나가 주로 사용된다. Rhombic 안테나는 단파에서 초단파까지 사용할 수 있는 광대역 안테나이며, 주로 해안국 또는 단파방송국에 사용한다.

115. 포물선형 안테나(parabola antenna)의 이득은?

가. 같은 주파수에서는 개구면에 관계가 없다.
나. 포물면경의 개구면에 반비례한다.
다. 파장이 짧아 질수록 이득이 매우 커진다.
라. 개구면의 면적과 이득과는 전연 관계가 없다.

해설 포물선형(파라보라) 안테나

(1) 구　　조 : 회전 포물면 반사기를 쓰는 경우 촛점에 1차 방사기로서 반파 다이폴 안테나를 놓고 여진한다.

(2) 지향 특성의 반치각 : $\theta \doteqdot 70 \dfrac{\lambda}{D}$ [도]

(3) 이　　득 : 이득 G는 파장의 제곱에 반비례하고 개구면적 A (m^2) 또는 개구면의 직경 D [m]에 비례한다.

$$G = \eta_a \frac{4\pi A}{\lambda^2} = \eta_a \left(\frac{\pi D}{\lambda} \right)^2$$

단, η_a는 개구 효율(0.45～0.65정도) 이다.

116. 파라보라안테나의 유효 개구면적 A_{eff}와 G_a와의 관계식은?

가. $A_{eff} = \dfrac{\pi}{4\lambda^2} G_a$
나. $G_a = \dfrac{\pi}{4\lambda^2} A_{eff}$
다. $A_{eff} = \dfrac{\lambda^2}{4\pi} G_a$
라. $G_a = \dfrac{\pi}{4\lambda^2} A_{eff}$

해설 안테나의 개구 효율(η_a) = 실효 개구 면적(A_{eff}) / 기하학적 개구면적(A)

$$A_{eff} = G_a \cdot \frac{\lambda^2}{4\pi}$$

117. 파라보라 안테나의 이득은? (단, A는 개구면적, η는 개구능율, λ는 파장이다.)

가. $2\pi A / A$
나. $4\pi A / \lambda^2$
다. $4\eta\pi A / \lambda^2$
라. $2\eta\pi A / \lambda^2$

해답 113. 라　114. 라　115. 다　116. 다　117. 다

118. 파라보라 안테나의 개구면적 A는?(단, D : 안테나의 직경)

가. $A = \pi D^2 / 2$ 나. $A = \pi D^2 / 4$

다. $A = \pi D / 2$ 라. $A = \pi D / 4$

해설 개구면적이란 안테나의 벌어진 면적 즉, 기하학적인 면적을 말한다.

$$A = \pi r^2 = \pi\left(\frac{D}{2}\right)^2 = \pi D^2 / 4$$

119. Parabolic Ant의 직경이 커지면 어떤 변화가 일어나는가?

가. 이득은 작아지고 효율은 커진다.

나. 이득은 커지고 효율은 변화가 없다.

다. 이득은 커지고 효율도 커진다.

라. 이득은 변화하지 않고 효율은 작아진다.

해설 $G = \frac{4\pi A}{\lambda^2} \cdot \eta = \left(\frac{\pi D}{\lambda}\right)^2 \cdot \eta$

120. 파라보라 안테나의 반치폭 각 θ는?(단, k : 상수 λ : 파장 D : 직경)

가. $\theta = \frac{k\lambda}{D}$ (rad) 나. $\theta = \frac{k\lambda}{D^2}$ (rad)

다. $\theta = \frac{k\lambda^2}{D}$ (rad) 라. $\theta = \frac{k\lambda^2}{D^2}$ (rad)

121. 포물선형 안테나(Parabolic Antenna)의 이득은?

가. 포물면경의 개구면에 반비례 한다.

나. 개구면의 면적과 이득과는 전연관계가 없다.

다. 같은 주파수에서는 개구면에 관계없다.

라. 파장이 짧아질 수록 이득이 매우 커진다.

해설 포물선형 안테나의 이득

$$G_o = \frac{4\pi}{\lambda^2} A_e = 4\frac{\eta\pi}{\lambda^2} A$$

이득은 ① 개구면에 비례한다.

② 파장이 짧을 수록 이득은 커진다.

③ 개구효율이 클 수록 이득도 커진다.

122. 6 [GHz] 파라보라 안테나의 절대이득을 40 [dB] 로 하려면 파라보라의 개구면을 얼마로 하면 되는가?(단, 안테나의 개구면 효율은 65 [%] 이다.)

가. 3.06 [m^2] 나. 554 [m^2]

다. 686 [m^2] 라. 776 [m^2]

해설 $G_a = \frac{4\pi}{\lambda^2}\eta A$ 에서 $\lambda = 5$ [cm], $G_a = 10^4$, $\eta = 0.65$ 이므로 개구면적 A_e는

$\therefore A_e = 3.06$ [m^2]

해답 118. 나 119. 다 120. 가 121. 라 122. 가

123. 개구면적 3 [m²], 개구효율 60 [%], 사용주파수가 3 [GHz] 인 파라볼라 안테나의 이득은 ?

가. 약 2260　　나. 약 1280

다. 약 3890　　라. 약 7950

124. 선박용 레이다 송신기에 가장 많이 사용되는 안테나는 ?

가. 루우프(Loop) 안테나　　나. 애드콕(Adcock) 안테나

다. 헤리컬(Helical) 안테나　　라. 파라보라(parabola) 안테나

125. 파라보라 안테나(parabola antenna)용 1차 복사기로서 적합하지 않은 것은 ?

가. 반사기가 붙은 다이폴 안테나

나. 도파관에 종단되는 전자혼 안테나

다. 단순한 다이폴 안테나

라. 동축선으로 종단되는 동축롯트폰 안테나

해설 1차 복사기로는 반사기가 붙은 다이폴 안테나, 도파관에 종단되는 전자혼 안테나, 동축선으로 종단되는 동축롯트폰 안테나 외에 slot ANT가 있다.

126. 파라보라 안테나의 특징이 아닌 것은 ?

가. 비교적 소형이고 구조가 간단하다.

나. 지향성이 예리하고 이득이 높다.

다. 사이드 로브(side lobe)가 비교적 적다.

라. 광대역 임피던스 정합이 어렵다.

해설 파라보라(Parabola) 안테나의 특징

① 비교적 소형이고 구조가 간단하다.
② 지향성이 예민하고 이득이 높다.
③ 사이드 로오브(side lobe)가 비교적 많다.
④ 광대역 임피던스 정합이 어렵다.
⑤ 대역폭이 비교적 좁다.

127. 공중선이득 37 [dB] 이며 사용주파수 7425 [MHz] 인 파라보릭형 마이크로파 안테나가 있다. 이 파라보릭 반사경의 실효 개구 면적은 ?

가. 1.85 [m²]　　나. 0.65 [m²]

다. 0.75 [m²]　　라. 1.08 [m²]

해설 파라보라 반사경의 실효 개구면적 A_e는

$$A_e = G\left(\frac{\lambda^2}{4\pi}\right)$$ 여기서, G는 안테나의 이득이고 λ는 파장이다.

128. 안테나의 최대유효 개구면적(max effective aperture) A_{em}과 최대산란 개구면적(max scattering aperture) A_{sm}간의 관계에서 다음 중 옳은 것은 어느 것인가 ?

가. $A_{sm} = A_{em}$　　나. $A_{sm} = 2A_{em}$

다. $A_{sm} = 3A_{em}$　　라. $A_{sm} = 4A_{em}$

해답 123. 나　124. 라　125. 다　126. 다　127. 나　128. 라

129. Parabola antenna에서 비나 눈에 대한 처치 방법은?

가. 업 세트 피이드형을 사용한다.

나. 타원 편파용 피이드 혼을 사용한다.

다. 레이도옴(radom)으로 안테나를 씌운다.

라. 오프 세트 피이드 혼을 사용한다.

해설 파라보라 안테나의 특성 개선

〈1〉 정재파비(VSWR)를 좋게하는 방법

① 직선 편파용인 경우는 반사경의 중앙부에 아펙스판이라고 하는 정점 정합판을 붙인다.

② 업 세트 피이드 형으로 한다.

〈2〉 비나 눈에 대한 처치

① 레이돔(radom)으로 안테나를 씌운다.

② 원 편파용 피이드 혼을 사용한다.

〈3〉 측면 및 후방으로의 방사를 적게하고, 수신용에서 혼신을 적게하여 저잡음 안테나로 하는 방법

① 1차 방사기와 그 지지물에 전파 흡수체를 발라서 사용한다.

② 스커어트라는 차폐판을 설치한다.

③ 카세그레인 또는 혼 리플렉터형 안테나로 한다.

130. 파라보라 안테나(Parabolic antenna)에서 파라보라의 개구직경이 클 수록 어떻게 되는가?

가. 지향성이 커지고 이득이 적어진다. 나. 지향성이 변함없으나 이득은 커진다.

다. 지향성이 커지고 이득도 커진다. 라. 지향성이 커지나 이득은 변함없다.

해설 이득 $G = \dfrac{4\pi\eta A}{\lambda^2} = \eta\left(\dfrac{\pi D}{\lambda}\right)^2$, 반치각 $\theta \doteqdot 70\left(\dfrac{\lambda}{D}\right)$

단, η : 개구효율, D : 직경, A : 기하학적 개구면적

131. 마이크로파에 사용하는 안테나의 이득에 상관없는 요소는?

가. 구경(aperture) 나. 주파수

다. 송신기 출력 라. 반사면의 고르기

해설 마이크로파 안테나에서 파라보라나 혼 안테나의 이득은

$$G_a = \frac{4\pi}{\lambda^2}A_e = \frac{4\pi}{\lambda^2}A\,\eta_a$$

이므로 이득의 관계요소로는 구경(D)은 안테나의 면적(A)과 관계가 있고 주파수 f는 파장과 반사면의 고르기는 안테나의 효율과 관계가 있다.

132. 위성통신 지구국용의 고이득 저잡음 안테나로서 회전 쌍곡선 곡면을 부반사경으로 사용한 안테나는?

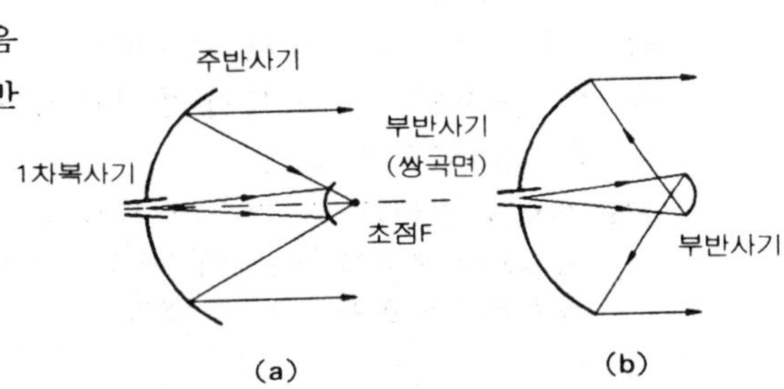

가. Horn replector 안테나

나. Corner reflector 안테나

다. Parabolic 안테나

라. Cassegrain 안테나

해답 129. 다 130. 다 131. 다 132. 라

133. 위성 통신에 사용되는 안테나는?

가. 대수 주기(Log periodic) 안테나 나. O/H(over horizontal) 안테나
다. 카세그레인(Cassegrain) 안테나 라. 패스렝스(path-length) 안테나

해설 Cassegrain 특징

① 1차 복사기와 송수신기가 직결되기 때문에 급전계 전송 손실이 작다.
② 촛점거리가 짧고 반사기에서 높은 이득이 얻어진다.
③ Side lobe가 지극히 적다.
④ 대지에서 잡음을 적게 받기 때문에 저잡음 안테나이다.
⑤ 위성 통신용 안테나로서 많이 사용된다.

134. Cassegrain 안테나를 사용하여 4～6[GHz]대의 우주통신을 하고 있는 지구국 안테나의 성능지수를 결정하는 요인 중 가장 지배적인 요소는?

가. 안테나의 크기 나. 안테나의 잡음 온도
다. 저잡음 수신기의 잡음온도 라. 사용 주파수

해설 위성통신용 안테나의 성능을 표시하는 것으로 G/T(성능지수 : figure of merit)가 있다. 여기서 G 이득이고 T는 잡음온도로서 1[°K]를 0[dB]로 한다. G/T가 클 수록, 즉 G가 크고 T가 작을 수록 좋은 안테나라고 할 수 있으며 단위는 [dB/°K]가 사용된다.

135. 위성 지구국 카세그레인 안테나에서 실효복사전력(e.i.r.p)에 대한 설명이 옳게 표현된 것은?

가. 안테나 송신이득 [dB]에 송신 종단 증폭기 출력 [dBw]를 더한 값이다.
나. 안테나 송신이득 [dB]에 종단 증폭기 출력 [dBw]를 더한 후 휘더(급전선) 감쇄[dB]를 뺀 값이다.
다. 통신위성의 e.i.r.p는 지구구의 것보다 적지 않아야 한다.
라. 지구국 안테나 운용 앙각에 따라 e.i.r.p는 변동될 수 없다.

해설 위성 지구국 수신전력 $P_r = \dfrac{P_T G_T A_r \eta}{4\pi d^2}$에서 $P_T G_T$를 e.i.r.p라 한다.

136. 전자 혼(전자 나팔)의 설명 중 잘못된 것은?

가. 혼의 길이를 일정하게 하고 개구각(또는 개구면적)을 증가시켜가면 어떤 각도에서 이득이 최대로 된다.
나. 개구면이 일정할 때 혼의 길이를 길게 할 수록 지향성은 예리하게 되고 이득은 크게 된다.
다. 각추 혼이 가장 널리 사용된다.
라. 혼 안테나는 고 이득의 안테나로 적당 하므로 전자렌즈 parabola반사경과 조합시킬 필요가 없다.

해설 전자 혼 안테나는 한쪽이 넓게 되어 있는 일종의 도파관으로 마이크로파의 기본 안테나이다. 용도로서, 혼 안테나는 고이득의 안테나로서는 부적당하므로 전파 렌즈나 파라보라 반사경과 조합해서 사용되는 경우가 많다.

해답 133. 다 134. 나 135. 나 136. 라

137. 전자 혼(電磁 horn) 공중선의 특징이 아닌 것은?

가. 구조가 비교적 간단하고 광대역성이다.

나. 이득은 20~30 [dB] 이다.

다. 이득은 사용파장에 반비례한다.

라. 혼의 길이를 길게하면 지향성이 증대된다.

해설 전자 혼 공중선의 특징

(1) 절대이득 : $G_a = \dfrac{4\pi ab}{\lambda^2}\eta_a$ 단, η_a : 개구효율

① 개구효율 η_a 의 이론적 최대치는 $8/\pi^2$(약 80 [%])이나 실제로는 50~60 [%] 정도이다.

② 이득은 20~30 [dB] 정도이다.

(2) 구조가 간단하다.

(3) 광대역성이 있다.

(4) 사이드 로브(side lobe)가 적다.

(5) 이득의 표준 안테나로서 사용할 수 있다.

(6) 혼 길이가 길 수록 지향성은 예리하게 되고 이득은 크게 된다.

138. 한변이 8파장이고 다른변이 5파장인 장방형 개구면을 갖는 최적 전자 혼 안테나의 최대 전력이득을 구하시오.(단, $\log_{10}2 = 0.301$, $\log_{10}3 = 0.477$)

가. 23 [dB]	나. 24 [dB]
다. 26 [dB]	라. 29 [dB]

해설 $G_a = \dfrac{4\pi ab\,\eta_a}{\lambda^2}$ 이론적 최대효율은 80 [%] 이므로

$$G_a = \frac{4\pi\times 8\lambda\times 5\lambda\times 0.8}{\lambda^2} = \frac{4\pi\times 40\lambda^2\times 0.8}{\lambda^2} = 401.92$$

∴ 최대전력이득$(G_p) = 10\log 401.92 \fallingdotseq 26$ [dB]

139. 다음 안테나 중 도파관으로 부터 가장 여기(excitation)가 잘되는 안테나는?

가. 쌍원추 안테나(biconical antenna)	나. 혼 안테나(horn antenna)
다. 헤리칼 안테나(helical antenna)	라. 디스콘 안테나(discone antenna)

140. 그림과 같은 각뿔 혼(Horn) 안테나에서 주파수 일정하다면 옳은 것은?

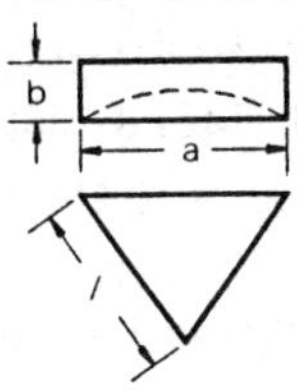

가. a 가 일정할 때 l 이 작을 수록 이득이 커진다.

나. l 이 일정하고 a 가 클 수록 이득이 커진다.

다. l 이 크고 a 가 작을 수록 이득이 커진다.

라. l 이 일정할 때 어떤 a 에서 이득이 최대가 된다.

141. 전자 혼의 정점과 parabola 반사경의 촛점 F를 일치시킨 구조로된 안테나는?

가. cassegrain 안테나	나. polyrod 안테나
다. slot 안테나	라. horn reflector 안테나

해설 전자 혼과 parabola 반사경의 일부를 조합한 안테나로 광대역, 고효율, 고이득이다.

해답 137. 다 138. 다 139. 나 140. 라 141. 라

142. 다음 마이크로파 안테나 중에서 가장 대역폭이 넓은 것은?

가. Path-length 안테나　　나. Parabola 안테나

다. Horn-reflector 안테나　　라. Cassegrain 안테나

해설 혼 리플렉터 안테나는 지극히 광대역이며 고효율(개구효율 $\eta_a = 60 \sim 80$ [%]), 고이득($G_a \simeq$ 45 [dB])이고 사이드로브가 적다.

143. 혼 리플렉터 안테나의 특징이 아닌 것은?

가. 광대역성이다.

나. 사이드 로브(side lobe)가 많다.

다. 수직, 수평, 원편파의 어느 쪽에도 사용할 수 있다.

라. 고효율, 고이득이다.

해설 Horn-reflector 안테나의 특징

① M/W ANT중 가장 광대역이다.
② 저잡음 특성이 있다.
③ 개구효율이 높고, 이득도 높다.
④ 전후방비, 전측방비가 좋다.
⑤ 수직, 수평, 원편파의 어느 쪽으로도 사용할 수 있다.

144. 판상 안테나가 아닌 것은?

가. 박쥐 날개형 안테나　　나. 슬롯 안테나

다. 코너 리플렉터 안테나　　라. 혼 리플렉터 안테나

해설 판상 안테나는 도체판으로 구성된 안테나로 주로 UHF 대에 사용된다.

판상 안테나
- 판상 도선형(박쥐날개형 안테나)
- 내 장 형(slot antenna)
- 반 사 형(corner reflector antenna)
- horn antenna

혼 리플렉터 안테나는 입체형 개구면 안테나로 M/W 대에서 사용된다.

145. 초기 마이크로파 통신에서 사용되었으며 개구효율이 55 [%] 정도로 가장 높고 등가굴절율 $n > 1$ 로 하여 매질 속의 전파속도는 공기중보다 늦게되는 것을 이용한 안테나는?

가. Dielectric Lens　　나. Path-Length

다. Metal plate lens　　라. 도파관형 Metal lens

해설 초기에는 마이크로파 통신에 사용되었으나 지금은 거의 쓰이지 않는다.

146. E 면 금속판 렌즈 라고도 하면 전계와 평행인 금속 평면판 사이를 전파하는 전파의 위상속도는 자유공간의 속도(광속)보다 빠르게 된다는 원리를 이용한 것은?

가. 유전체 렌즈　　나. 패스렝스 렌즈

다. 포물면 렌즈　　라. 도파관형 메탈 렌즈

해설 도파관형 메탈 렌즈는 $\lambda = 2a$ 보다 긴 파장의 전파는 통과하지 않는다.

해답 142. 다　143. 나　144. 라　145. 가　146. 라

147. 도파관 메탈렌즈(metal lens)에서 굴절율을 0.8 로 하기위한 메탈판 간격은 몇 [cm] 인가? (단, 주파수는 10,000 [MHz] 로 한다)

가. 2.5 나. 3.5 다. 4.5 라. 5.5

해설 **등가 굴절율 n 구하기**

$$n = \sqrt{1 - \left(\frac{\lambda}{2a}\right)^2}, \quad \left(\frac{\lambda}{2a}\right)^2 = 1 - n^2, \quad \frac{\lambda}{2a} = \sqrt{1 - n^2}$$

$$\lambda = \frac{c}{f} = \frac{3 \times 10^8}{10 \times 10^9} = 0.03\,[\text{m}] \qquad \therefore\ a = \frac{\lambda}{2\sqrt{1-n^2}} = \frac{0.03\ \text{m}}{2\sqrt{1-0.8^2}} = 2.5\,[\text{cm}]$$

148. 슬로트(slot) 안테나는 어느 주파수대에서 사용되는가?

가. VLF 나. HF 다. VHF 라. UHF

해설 slot 안테나는 helical 안테나와 같이 수평편파이고, 수평면내 무지향성이므로 UHF 방송용, 항만 무선기지용으로 사용된다.

149. Slot 안테나의 설명 중 틀린 것은?

가. 주로 VHF 이상에서 사용된다.

나. 차폐용 공동을 설치하면 무지향성이다.

다. 자기 다이폴이다.

라. 지향성 특성은 반파장 다이폴과 비슷하다.

해설 slot 안테나는 도체 평면판에 약 $\lambda/2$ 길이의 홈 구멍(slot)을 만들고 그 중앙부에서 급전하는 공중선이다.

① **지향성** : 슬로트를 수평반파다이폴로 치환한 경우와 대체로 지향성을 갖다.

② **사용 주파수대** : UHF대에서 주로 사용한다.

③ **슬로트의 후방에 차폐용 공동을 설치하면** : 단일 방향의 지향성을 가지게 된다.

150. Slot Antenna에 관해서 틀린 것은?

가. 길이가 $\lambda/4$ 에 가깝게 되면 지향특성은 $\lambda/2$ 다이폴과 비슷하다.

나. VHF 대 이상에서만 사용한다.

다. Slot가 수평·수직이냐에 따라 편파특성이 달라진다.

라. 도체 평면판에 $\lambda/2$ 간격을 만들고 그 중앙부에서 급전한다.

해설 넓은 도체판에 가늘고 긴 공극(細隙) 즉 구멍을 뚫고 그 분에서 전파가 방사되도록 한 안테나를 slot 또는 slit 안테나라고 한다.

특히 길이가 $\lambda/2$ 에 가깝게 되면 반파장 dipole과 동일하게 효율이 좋고 강한 전파가 복사된다. 반파장 dipole과 다른점은 전계방향이 축과 직각인 방향이다. 즉 자기 dipole이며 수평 slot에서는 수직편파가, 수직 slot에서는 수평편파가 방사된다.

151. 다음 중 원통 slot 안테나의 특징과 관계가 먼 것은?

가. 원통직경이 $\lambda/8$ 이하이면 수평편파가 무지향성이다.

나. 협대역이다.

다. 구조가 간단하고 공기저항이 적다.

라. 단파용에 이용된다.

해설 원통 slot 안테나는 도체 평면판에 약 $\lambda/2$ 길이의 홈구멍(slot)을 만들고 그 중앙부에서 급전하는 안테나이다. 구조상 파장이 짧은 UHF대에서 많이 사용된다.

해답 147. 가 148. 라 149. 나 150. 가 151. 라

MEMO

제 4 장 급전선 이론

4·1 급전선의 기본 개요

4·1·1 급전선의 의미와 필요 조건

(1) 급전선(feeder)이란 : 송신기에서 송신안테나까지 또는 수신안테나에서 수신기까지 접속된 고주파 전송선로를 말한다.

(2) 급전선의 필요조건

① 전송 효율이 좋을 것
② 급전선의 파동 임피던스가 적당할 것
③ 송신용일 때는 절연내력이 클 것
④ 유도 방해를 주거나, 받지 않을 것
⑤ 가격이 싸고 취급이 쉬울 것

4·1·2 급전선의 종류

(1) 급전선의 구조상 분류

① 단선식 급전선
② 평행 2선식 급전선
③ 평행 4선식 급전선
④ 평행 3선식 급전선
⑤ 동축 케이블(coaxial cable)식 급전선
⑥ 차폐(시일드) 평행 2선식 급전선
⑦ 도파관(wave guide)

(2) 급전선의 동작상 분류

① 동조 급전선

② 비동조 급전선

동조 급전선의 경우는 급전 방식에 따라 전압급전과 전류급전 방식으로 나눌 수 있다.

4·2 급전 방식

4·2·1 동조 급전선과 비동조 급전선

(1) **동조 급전선** : 급전선의 길이를 사용파장에 대해서 일정한 관계를 갖게 하고 공중선과 급전선을 포함해서 동조시키도록 한 것으로 급전선상에 정재파가 존재한다.

〈동조 급전선의 특징〉

① 급전선상에 정재파를 실어서 급전한다.

② 정합장치가 필요없다.

③ 송신기와 안테나와의 거리가 가까울 경우에 사용한다.

④ 비동조 급전에 비해 전송효율은 나쁘다.

⑤ 평형형 급전선만 사용할 수 있다.

평행선 급전선의 경우 급전선상의 정재파의 위상이 역위상이되어 전류의 크기가 같으므로 상쇄되어 급전선에서의 전파의 방사는 없다.

(2) **비동조 급전선** : 급전선의 길이가 사용파장에 대하여 특별한 관계가 없으며, 급전선상에 진행파만 있고 정재파는 생기지 않도록 한 것이다.

〈비동조 급전선의 특징〉

① 급전선상에 진행파를 실어서 급전한다.

② 정합장치가 필요하다.

③ 송신기와 안테나와의 거리가 멀 때에 사용한다.

④ 동조 급전선보다 전송효율이 좋다.

⑤ 평형형, 불평형형 모두 사용할 수 있다.

4·2·2 전압 급전과 전류 급전 방식

(1) 전압 급전과 전류 급전 방식의 의미

① **전압 급전 방식** : 공중선 전압의 파복점에 급전하는 방식이다.

② **전류 급전 방식** : 급전점이 전류 정재파의 파복이 되는 것이 전류 급전 방식이다.

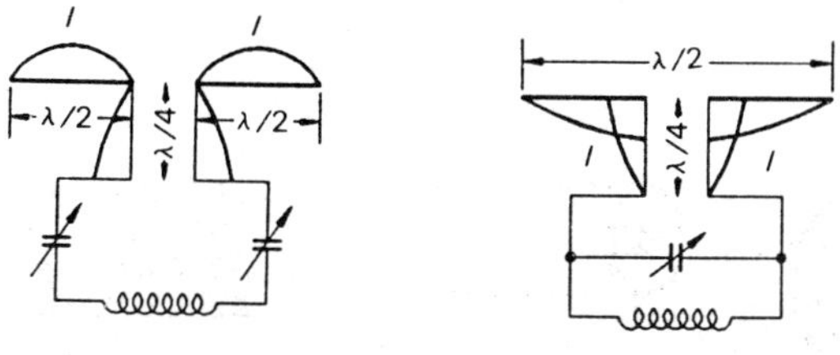

(a) 전압 급전　　　(b) 전류 급전

〈그림 4-1〉 전압 급전과 전류 급전

(2) 전압 급전 공중선 : 공중선과 급전선과의 접속점이 공중선 전압의 파복이 되는 경우이다. 급전점은 전류 정재파의 **절점**이다.

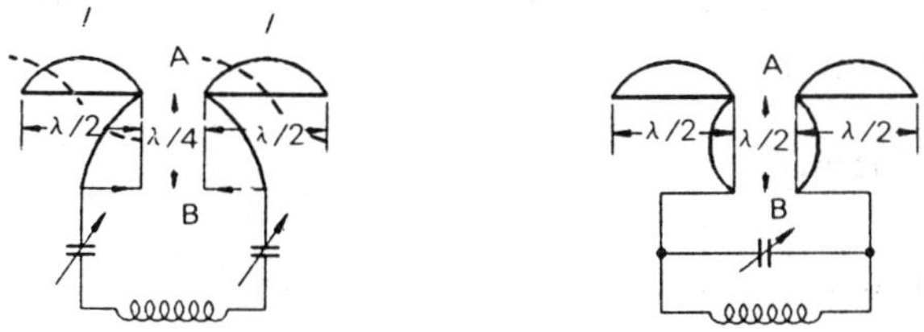

(a) λ/4 의 기수배　　　(b) λ/4 의 우수배

〈그림 4-2〉 전압 급전 공중선

급전선의 결합점이 전류 파복일 때는 직렬 공진이고, 전압 파복이 될 때는 병렬공진 회로가 된다.

(3) 전류 급전 공중선 : 공중선과 급전선과의 접속점이 공중선 전류의 파복이 되는 경우이다. 급전점은 전압 정재파의 **절점**이다.

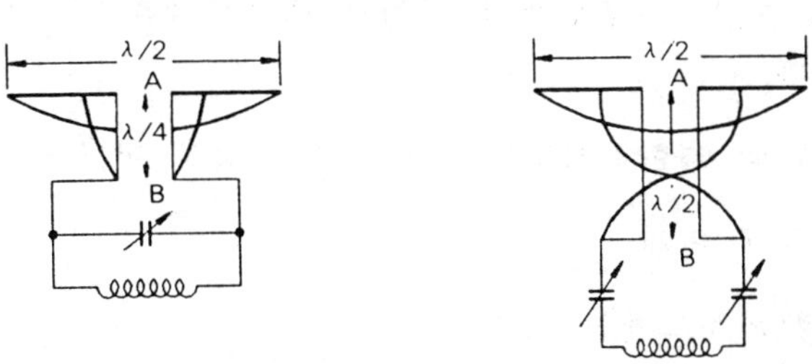

(a) λ/4 의 기수배　　　(b) λ/4 의 우수배

〈그림 4-3〉 전류 급전 공중선

4·3 각 급전선의 특성

4·3·1 동축 케이블(coaxial cable) 급전선

(1) **동축케이블의 구조** : 비동조 급전선의 한 종류이다. 외부도체를 접지하고 내부 양도체에 왕복 전류가 흘러서 급전한다.

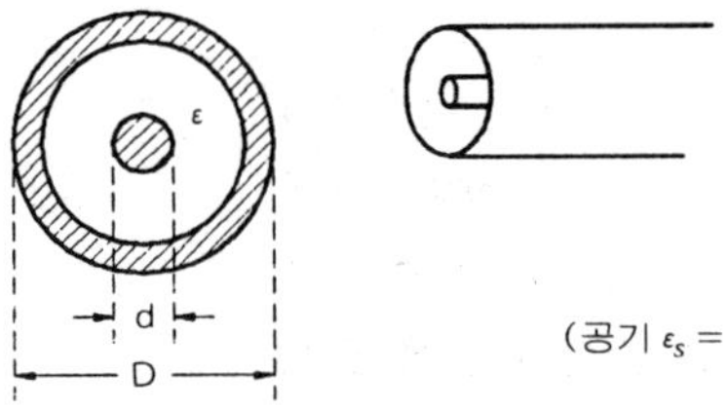

D : 외부도체의 내경 [cm]
d : 내부도체의 직경 [cm]
ε : 내외도체간에 존재하는 절연체의 유전율

(공기 $\varepsilon_s=1$, 폴리에틸렌 $\varepsilon_s=2.3$)

〈그림 4－4〉 동축케이블의 구조

내부도체의 외경 $d=2a$, 외부도체의 내경 $D=2b$ 일 때 단위길이에 대한 자기 인덕턴스 L 및 정전용량 C는,

$$L=\frac{\mu_0}{2\pi}\log_e\frac{b}{a}\ [\mathrm{H/m}]$$

$$C=\frac{2\pi\varepsilon_0\varepsilon_s}{\log_e\dfrac{b}{a}}\ [\mathrm{F/m}]$$

(2) **특성 임피던스** : $\varepsilon_s=1$ 일 때 $Z_0=75\,[\Omega]$ 이고, $\varepsilon_s=2.3$ 인 때는 $Z_0=50\,[\Omega]$ 이 된다.

$$Z_0=\sqrt{\frac{L}{C}}=\frac{138}{\sqrt{\varepsilon_s}}\log_{10}\frac{D}{d}\ [\Omega]$$

반파 다이폴 안테나의 방사저항은 $73\,[\Omega]$ 이므로 이 케이블과의 정합이 쉽다.

(3) **손실이 최소로되는 조건** : 외부도체의 내경과 내부도체의 외경의 비(D/d)가 3.6인 때 감쇠가 가장 작다.

(4) **방사손실과 외부전파의 영향** : 외부도체가 차폐 역할을 하므로 거의 없다.

(5) **감쇠정수(α)** : $\sqrt{f}/D$ 에 비례

(6) **평형상태** : 불평형형(외부도체는 접지)

(7) **전송 전력** : 소전력에서도 내부도체의 열손실이 크고 방열이 나쁘다.

(8) 사용 주파수 : 주로 중파대～단파대에서 사용

(9) 용　도 : 고정국의 수신용 급전선

4·3·2 평행 2선식(parallel wire) 급전선

(1) 평행2선식의 구조 : 도선을 2조 평행으로 가설해서 사용하는 것으로 건설비가 적고 고장수리가 쉬우나 조정이 좀 어렵다. 주로 송신용으로 많이 사용되고 있다.

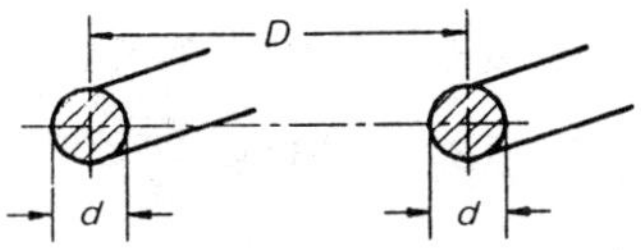

〈그림 4−5〉 평행 2선식 급전선

두선의 단위길이에 대한 자기인덕턴스 L 및 정전용량 C는 $d \ll D$로 하면,

$$L = \frac{\mu_0}{\pi} \log_e \frac{2D}{d} \text{ [H/m]}$$

$$C = \frac{\pi \varepsilon_0 \varepsilon_s}{\log_e \frac{2D}{d}} \text{ [F/m]}$$

(2) 특성 임피던스 : TV 수신용에서는 200～300 [Ω], 단파대에서는 600 [Ω]이 되도록 도선의 직경과 간격을 정한다.

$$Z_0 = \sqrt{\frac{L}{C}} = 120 \log_e \frac{2D}{d} = 276 \log_{10} \frac{2D}{d} \text{ [}\Omega\text{]}$$

동축급전선에 비해 특성임피던스는 높다.

(3) 방사손실과 외부전파의 영향

① 방사손실 : $P_r = \frac{160P}{Z_0}\left(\frac{\pi D}{\lambda}\right)^2$, 단, P : 입력전력

② 외부전파의 영향 : 크다

(4) 감쇠정수(α) : $\sqrt{f}/dZ_0$에 비례

(5) 평형상태 : 평형형

(6) 전송 전력 : 대전력에서도 방열이 좋다.

(7) 사용 주파수 : 주로 단파대 이하에서 사용

(8) 용　도 : 주로 송신용 급전선으로 사용

■ 각 급전선의 특성 임피던스

명 칭	단 면 도	특성 임피던스[Ω]
단선식 급전선	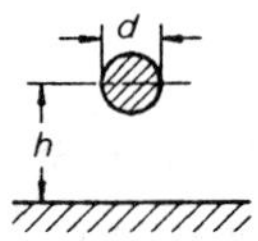	$Z_0 = 138 \log \frac{4h}{d}$
2선식 급전선	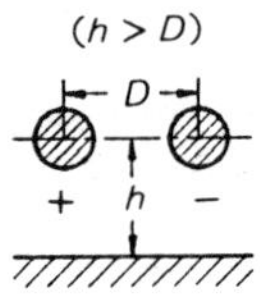	평형급전선(비접지) $Z_0 = 276 \log \frac{2D}{d}$
3선식 급전선	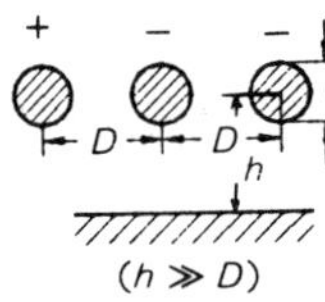	$Z_0 = 69 \log \frac{4D^2}{d^3}$
4선식 급전선	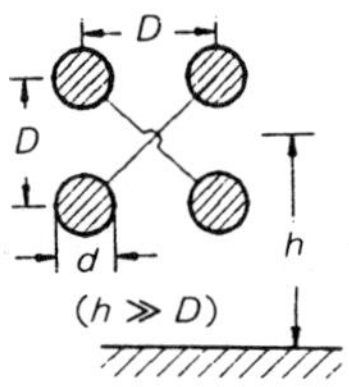	$Z_0 = 138 \log \frac{\sqrt{2}D}{d}$
동축식 급전선	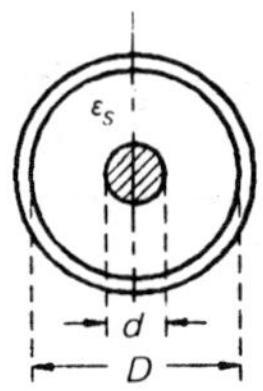	$Z_0 = \frac{138}{\sqrt{\varepsilon_s}} \log \frac{D}{d}$
차폐 2선식 급전선	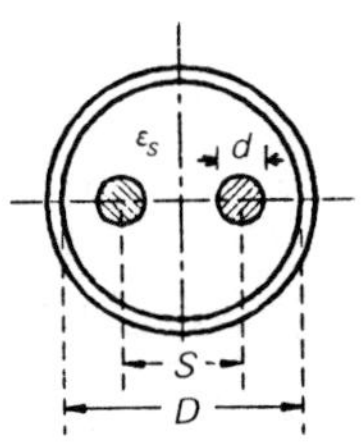	$Z_0 = \frac{276}{\sqrt{\varepsilon_s}} \log \left[\frac{2S}{d} \frac{1 - \left(\frac{S}{D}\right)^2}{1 + \left(\frac{S}{D}\right)^2} \right]$

4·4 임피던스 정합(matching)

4·4·1 정합의 필요성

(1) **정합회로를 사용하는 이유** : 급전선에서 부하로 최대 전송 효율을 얻기 위해서는 급전선의 특성 임피던스와 부하 임피던스가 정합되어 있어야 한다. 정합이 안된 경우에는 반사에 의해 급전선상에 정재파가 실려 전력 손실이 커진다.

(2) **부정합시의 문제점**

① **공중선에 공급되는 전력이 감소한다** : 정합시에는 부하에 최대 전력이 공급된다.

② **급전선의 손실이 증가한다** : 급전선상에 정재파 발생하므로

③ **급전선의 절연이 파괴된다** : 전압파의 파복 부근이 고전압이 되므로

④ **급전선에서 방사가 있다.**

⑤ **송신기의 동작이 불안정 해진다** : 송신기의 출력 회로의 조정이 곤란하게 된다.

(3) **정합 조건** : 어떤 전원으로 부터 부하에 최대 전력을 전송하기 위해서는 부하 임피던스 ($Z_L = R_L + jX_L$)와 전원의 내부 임피던스($Z_S = R_S + jX_S$)가 정합되어야 한다.

$$R_L = R_S$$
$$X_S = -X_L$$

즉 Z_S와 Z_L은 공액 복소수 관계에 있어야 한다.

4·4·2 집중정수에 의한 정합

(1) 평행 2선식의 경우

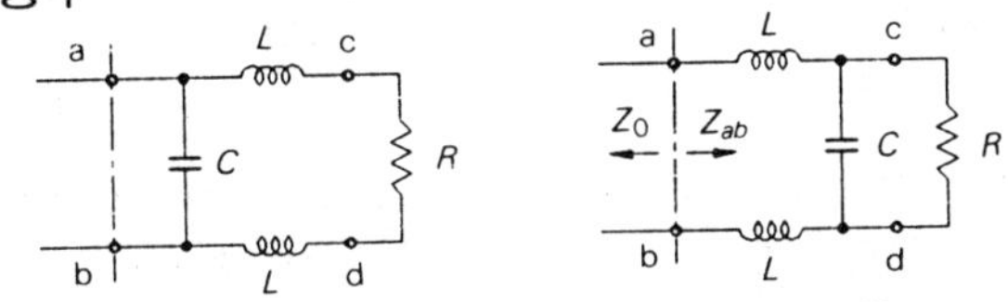

(a) $Z_0 > R$　　(b) $Z_0 < R$

〈그림 4－6〉 평행 2선식 정합 회로

① $Z_0 > R$ 인 경우 : 〈그림 4－6〉의 (a)

정합조건을 만족하는 L과 C의 값

$$L = \frac{1}{\omega}\sqrt{R(Z_0 - R)}$$

$$C = \frac{1}{\omega Z_0}\sqrt{\frac{Z_0 - R}{R}}$$

② $Z_0 < R$ 인 경우 : 〈그림 4－6〉 의 (b)

$$L = \frac{1}{\omega}\sqrt{Z_0(R - Z_0)}$$

$$C = \frac{1}{\omega R}\sqrt{\frac{R - Z_0}{Z_0}}$$

예제 4−1 평행 2선식의 경우 정합조건

그림과 같은 평행2선식의 경우 정합회로에서 ($Z_0 > R$) 사용주파수가 5[MHz]일 때 L과 C의 값을 구하라.

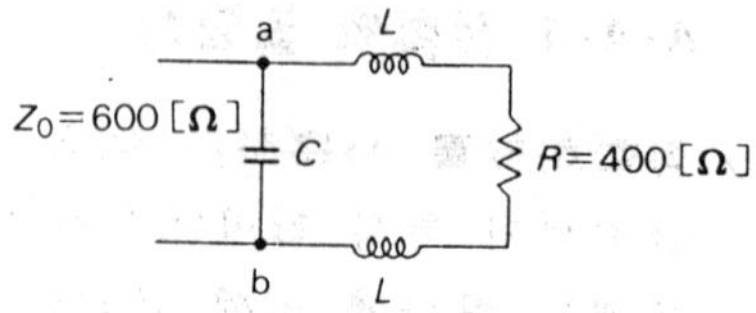

〈그림 4−7〉

풀이 a, b 에서의 정합조건식은

$$Z_0 = \frac{1}{\frac{1}{R + 2j\omega L} + j\omega C}$$

$$R + 2j\omega L = (Z_0 - 2\omega^2 LCZ_0) + j\omega CZ_0R$$

윗식이 성립하기 위해서는

$$R = Z_0 - 2\omega^2 LCZ_0$$
$$2L = CRZ_0$$

이므로, 이 식들로 부터 L과 C를 구한다.

$$L = \frac{1}{2\omega}\sqrt{R(Z_0 - R)} = \frac{1}{2 \times 6.28 \times 5 \times 10^6}\sqrt{400(600 - 400)} = 4.5\,[\mu\text{H}]$$

$$C = \frac{1}{\omega Z_0}\sqrt{\frac{Z_0 - R}{R}} = \frac{1}{2 \times 3.14 \times 5 \times 10^6 \times 600}\sqrt{\frac{600 - 400}{400}} = 37.5\,[\text{pF}]$$

(2) 동축 급전선인 경우

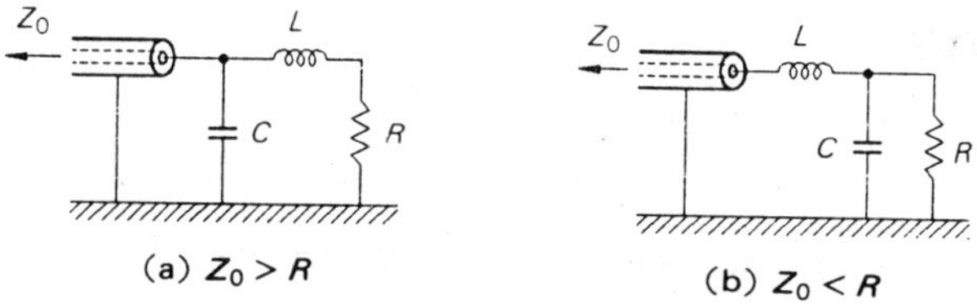

〈그림 4−8〉 동축 급전선 정합회로

① $Z_0 > R$ 인 경우 : 〈그림 4−8〉의 (a)
정합조건을 만족하는 L과 C의 값

$$L = \frac{1}{2\omega}\sqrt{R(Z_0 - R)}$$

$$C = \frac{1}{\omega Z_0}\sqrt{\frac{Z_0 - R}{R}}$$

② $Z_0 < R$ 인 경우 : 〈그림 4−8〉의 (b)

$$L = \frac{1}{2\omega}\sqrt{Z_0(R - Z_0)}$$

$$C = \frac{1}{\omega R}\sqrt{\frac{R - Z_0}{Z_0}}$$

예제 4−2 동축급전선의 경우 정합조건

특성임피던스 75 [Ω] 의 동축식 급전선의 1/4파장의 접지공중선을 정합시키는 LC 회로를 설계하라. 단, 주파수는 10 [MHz] 이다.

풀이 1/4 파장 접지 공중선의 입력 임피던스는 36.6 [Ω] 이다. 따라서 $Z_0 > R$ 이 되어 그림과 같은 회로가 된다.

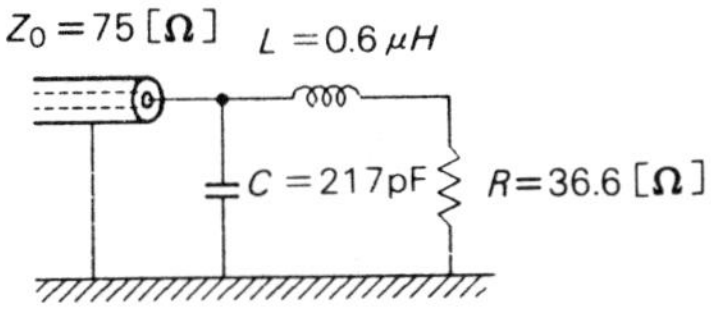

〈그림 4−9〉

그러므로

$$C = \frac{1}{\omega Z_0}\sqrt{\frac{Z_0 - R}{R}} = \frac{1}{6.28 \times 7.5 \times 10^8}\sqrt{\frac{75 - 36.6}{36.6}}$$

$$= \frac{1}{4.72 \times 10^9}\sqrt{\frac{38.4}{36.6}} \fallingdotseq 2.17 \times 10^{-10}[\mathrm{F}] = 217\,[\mathrm{pF}]$$

$$L = \frac{1}{\omega}\sqrt{R\,(Z_0 - R)} = \frac{1}{6.28 \times 10^7}\sqrt{36.6\,(75 - 36.6)}$$

$$= \frac{1}{6.28 \times 10^7}\sqrt{36.6 \times 38.4} = 6 \times 10^{-7}[\mathrm{H}] = 0.6\,[\mu\mathrm{H}]$$

4·4·3 분포정수회로에 의한 정합

(1) Stub에 의한 정합 : 평행 2선식 급전선과 순저항 부하 R 의 정합회로에서 단락 스터브(stub)의 위치 및 길이 l_1, l_2를 구한다. $Z_0 > R$ 이다.

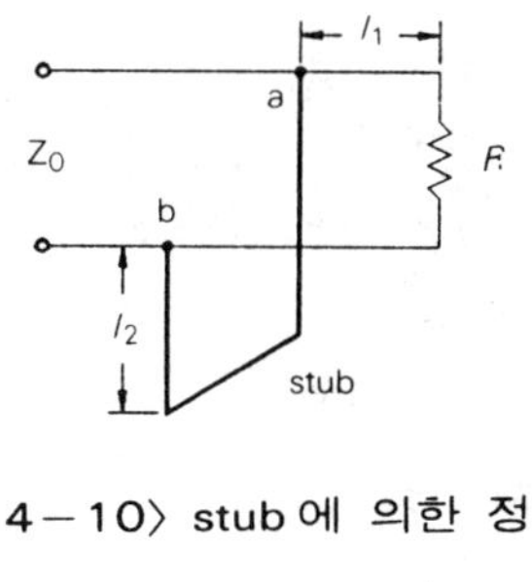

〈그림 4−10〉 stub 에 의한 정합회로

$$l_1 = \frac{\lambda}{2\pi}\tan^{-1}\sqrt{\frac{R}{Z_0}}$$

$$l_2 = \frac{\lambda}{2\pi}\left(\pi - \tan^{-1}\frac{\sqrt{RZ_0}}{Z_0 - R}\right)$$

(2) Q 변성기에 의한 정합

① **Q 변성기를 회로에 접속한 경우** : 적당한 특성 임피던스 Z_0'를 갖는 $\lambda/4$ 길이의 급전선(Q 변성기 또는 $\lambda/4$ 정합기)을 회로에 접속하여 정합시킨다. Q 변성기와 R을 포함한 회로의 임피던스가 급전선의 특성 임피던스와 같아야 정합이 이루어진다.

정합조건

$$Z_0' = \sqrt{RZ_0}$$

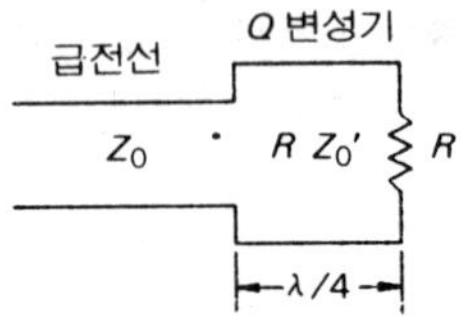

〈그림 4－11〉

② 급전선과 급전선을 정합시키는 방법

정합조건

$$Z_0' = \sqrt{Z_0 \cdot \frac{Z_0^2}{R}} = Z_0\sqrt{\frac{Z_0}{R}}$$

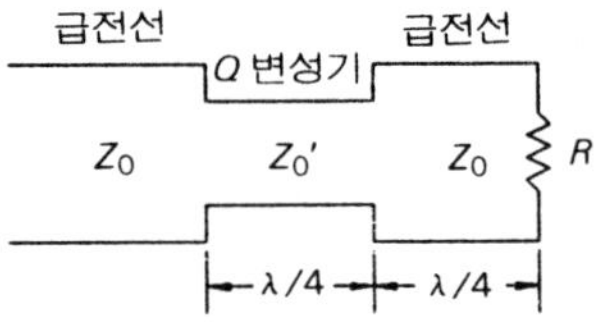

〈그림 4－12〉

③ 부하임피던스 R와 특성임피던스 Z_0의 차가 큰 경우 : 특성 임피던스가 순차적으로 다른 Z_0', Z_0''의 급전선을 연속 연결하여 정합을 취한다.

정합조건

$$\frac{Z_0'}{Z_0''} = \sqrt{\frac{Z_0}{R}}$$

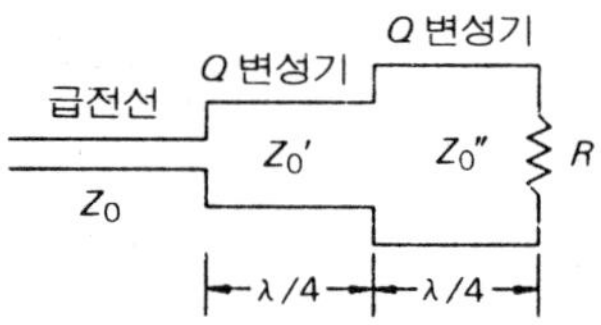

〈그림 4－13〉

4·4·4 기타의 정합법

(1) Y－정합(delta matching)

(2) T형 정합

(3) 테이퍼 선로(tapered line)

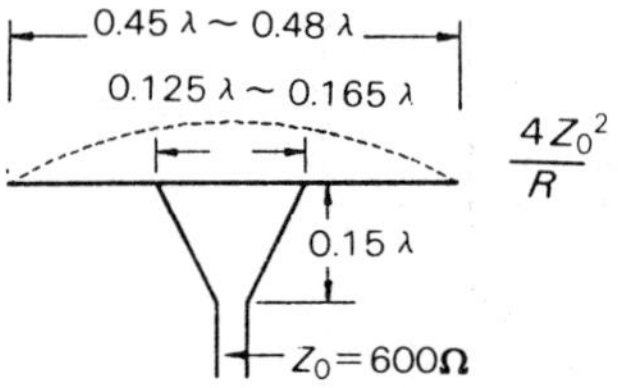

(a) Y형 정합

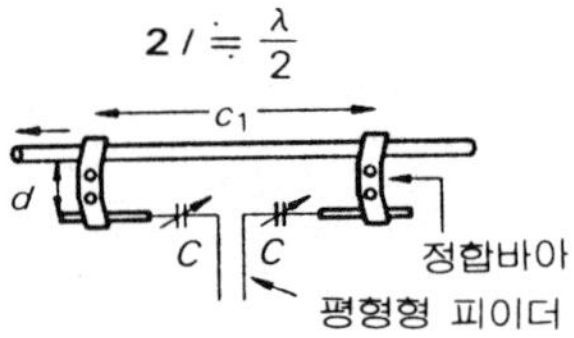

(b) T형 정합

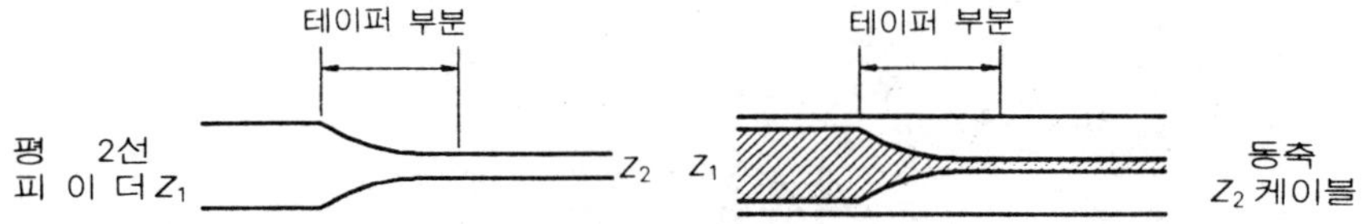

(c) 테이퍼 선로

〈그림 4－14〉

4·4·5 평형, 불평형 변환회로(Balun)

(1) 집중 정수회로를 이용한 Balun : L 과 C 에 의한 Balun회로

① 전자 결합형 Balun

② 위상 변환형 Balun

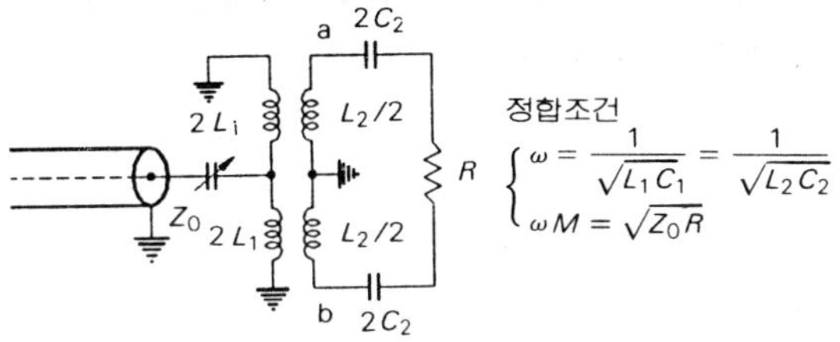

(a)

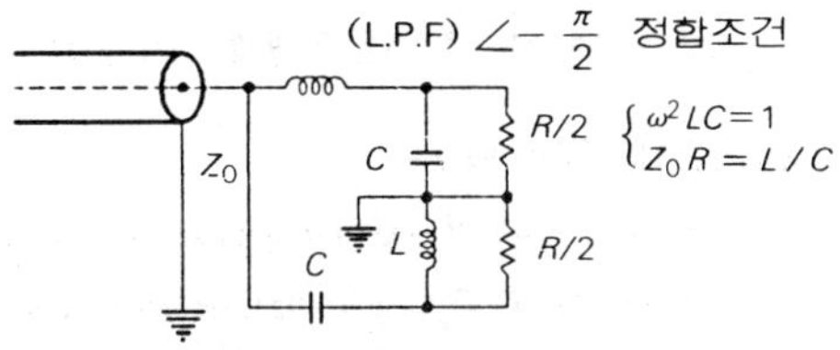

(a) ±90°이상회로에 의한 정합

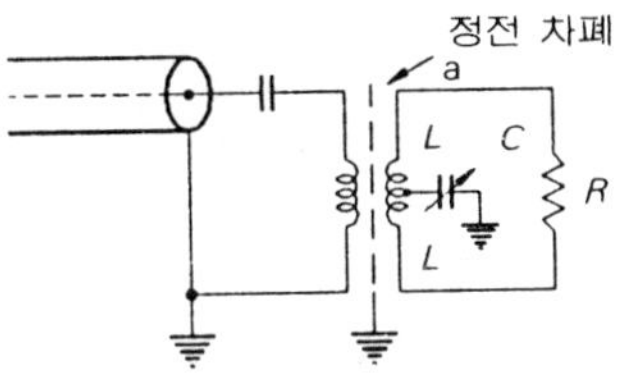

(b) 정전 차폐에 의한 불평형분의 제법
〈전자결합형 balun〉

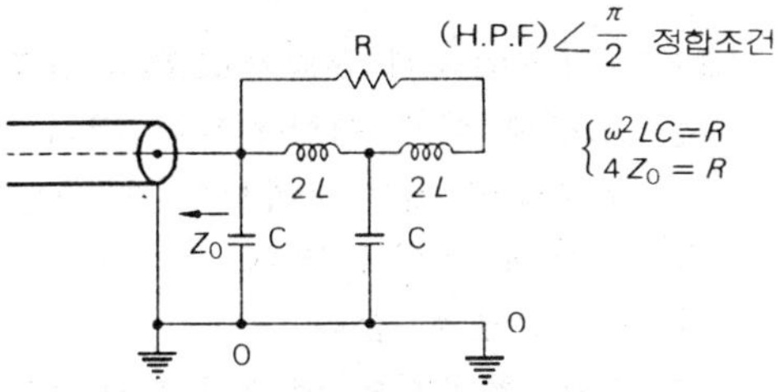

(b) 180°이상회로에 의한 정합
〈위상변환형 balun〉

〈그림 4−14〉

(2) 분포정수회로를 이용한 Balun

① 스페르토프(sperrtopf) : 저지투관

② 분기 도체(평형 부하)

③ 반파장 우회선로(u형 Balun)

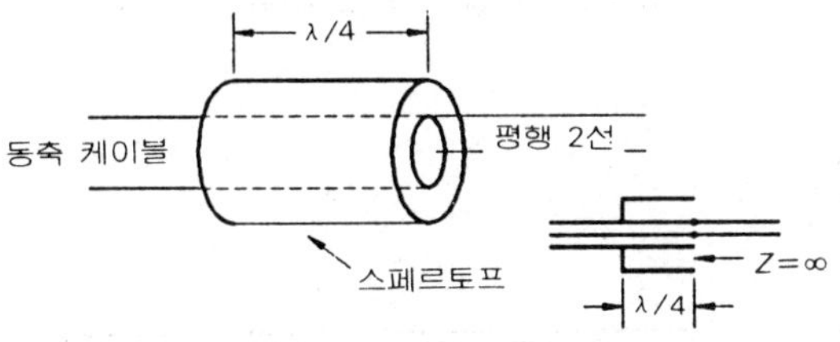

(a) 스페르토프

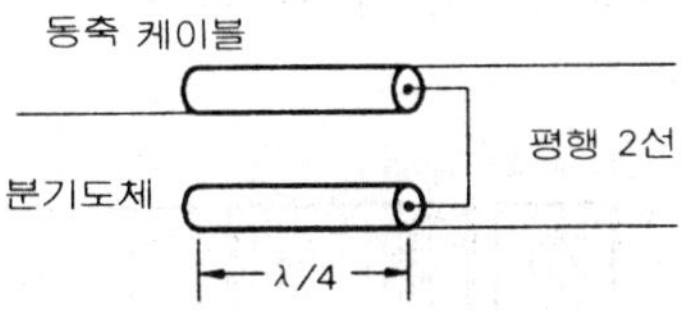

(b) 평형부하

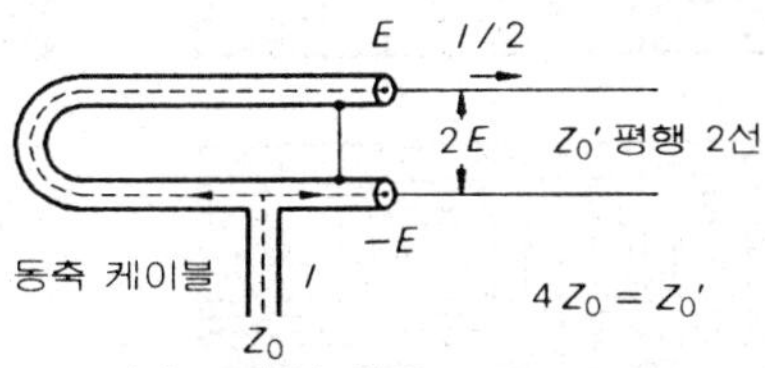

(c) U자형 회로

〈그림 4−15〉 분포정수 회로를 이용한 Balun

4·5 도파관(Wave guide)

4·5·1 도파관의 종류와 특징

(1) 도파관 : UHF 이상에서는 평행 2선식이나 동축케이블은 부적당하다. 그대신 속이 빈 금속관 즉 도파관을 이용하여 전자파를 전송한다.

(2) 도파관의 종류
① 구형 도파관(rectangular wave guide)
② 원형 도파관(cylindrical wave guide)
③ 타원형 도파관(elliptical wave guide)

(3) 마이크로파의 전송선로로서 도파관이 우수한 이유
① 도체에 의한 저항손실이 적다.
② 전파중의 전파에너지의 손실이 적다.
③ 유전체 손실이 적다.
④ 방사손실이 없다.
⑤ 외부 전자계와 완전히 격리시킬 수 있다.
⑥ 취급할 수 있는 전력이 크다.

4·5·2 도파관내의 전계와 자계의 분포

(1) 모드(mode) : 도파관내에 나타나는 전자계의 분포
① TE파(또는 H파) : 전파의 진행방향에 자계성분만이 있고 전계성분은 없는 모드
② TM파(또는 E파) : 전파의 진행방향에 전계 성분만이 있는 모드

(2) TE_{mn}파와 TM_{mn}파 : 첨자 m, n은 모드의 차수이고 긴변 a (x축) 방향의 전계 또는 자계가 변화하는 반사이클의 수 즉 정재파의 수를 m, 단면 b(y축) 방향의 것을 n으로 표시한다.

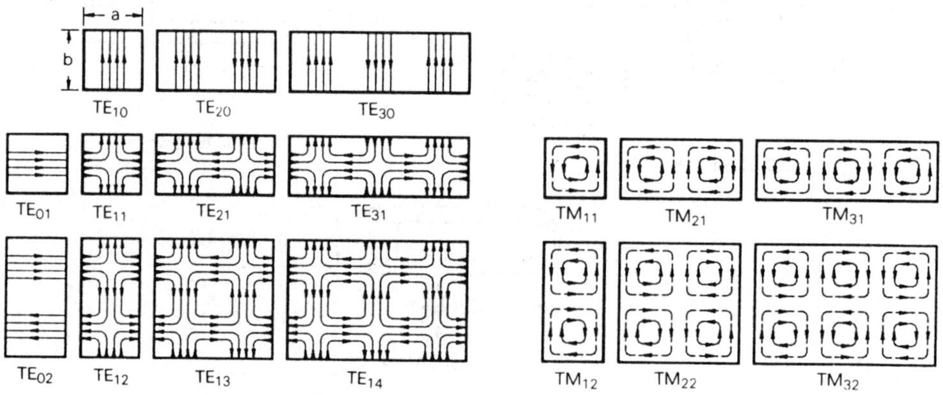

(a) TE파의 모드 (b) TM파의 모드

〈그림 4−16〉 구형 도파관의 모드

4·5·3 구형 도파관

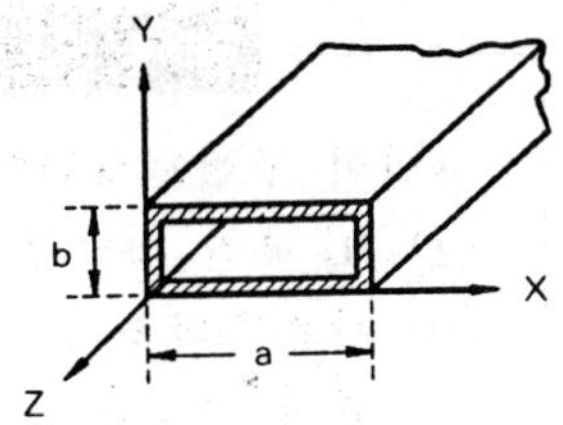

〈그림 4－17〉

(1) 도파관의 차단파장(λ_c) : TE_{mn}파 및 TM_{mn}파에 대한 차단파장 λ_c

$$\lambda_c = \frac{2\sqrt{\varepsilon_s \mu_s}}{\sqrt{\left(\frac{m}{a}\right)^2 + \left(\frac{n}{b}\right)^2}}$$

일반적으로 진공 또는 공기중에서 $\sqrt{\varepsilon_s \mu_s} = 1$ 이므로,

$$\lambda_c = \frac{2}{\sqrt{\left(\frac{m}{a}\right)^2 + \left(\frac{n}{b}\right)^2}} = \frac{1}{\sqrt{\left(\frac{m}{2a}\right)^2 + \left(\frac{n}{2b}\right)^2}}$$

(2) TE_{10}파(또는 H_{10}파)의 차단주파수 : $m=1$, $n=0$ 이므로 $\lambda_c = 2a$ 이다. a를 [cm]로 표시하면,

$$f_c = \frac{3 \times 10^{10}}{2a} [\text{Hz}]$$

(3) 관내파장(λ_g) : 관축 방향의 이론상 파장

$$\lambda_g = \frac{\lambda}{\sqrt{1 - \left(\frac{\lambda}{2a}\right)^2}}$$

(4) 위상속도와 군속도

① 위상속도(v_p) : 임의의 매질내에 있어서 동일 위상으로 되는 거리(λ_g)와 동일위상이 반복되는 시간(주기)과의 비

$$v_P = \frac{c}{\sqrt{1 - \left(\frac{\lambda}{2a}\right)^2}} [\text{m/sec}]$$

② 군속도(v_G) : 전파의 세력이 파군의 전송속도로서 에너지의 전파속도이다.

$$v_G = c\sqrt{1 - \left(\frac{\lambda}{2a}\right)^2} [\text{m/sec}]$$

즉, $v_P \cdot v_G = c^2$ 이다.

(5) 도파관의 여진

① 정전적 결합에 의한 여진

② 전자적 〃

③ 작은 루프안테나에 의한 결합

예제 4－3 **구형도파관의 차단주파수**

그림의 구형도파관에 대해서 다음 물음에 답하라.

(1) H_{01}파의 차단주파수를 구하라.

(2) 사용주파수가 10 [GHz] 일 때 관내 파장을 구하라.

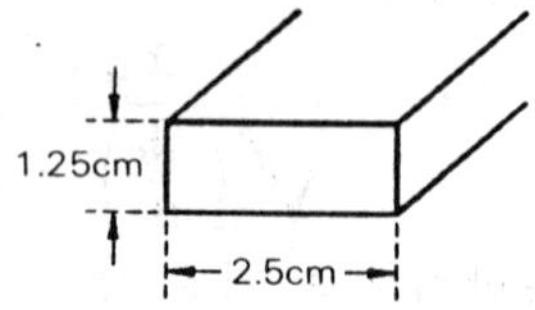

〈그림 4－18〉

풀이 (1) 차단 주파수

차단파장 λ_c는 그림에서

$$\lambda_c = 2a = 2 \times 2.5 = 5\,[\text{cm}]$$

$$f_c = \frac{c}{\lambda_c} = \frac{3 \times 10^8}{5 \times 10^{-2}} = 6\,[\text{GHz}]$$

(2) 관내 파장(λ_g)

10 [GHz]의 파장 $\lambda = \dfrac{3 \times 10^8}{10 \times 10^9} = 3\,[\text{cm}]$이므로

$$\lambda_g = \frac{\lambda}{\sqrt{1 - \left(\frac{\lambda}{2a}\right)^2}} = \frac{3}{\sqrt{1 - \left(\frac{3}{5}\right)^2}} = 3.75\,[\text{cm}]$$

4·5·4 공동 공진기(Cavity resonator)

(1) 방형(직6면체) 공동공진기 : 일반적으로 방형 공동공진기의 TE_{mnp}파 및 TM_{mnp}파에 대한 공진파장 λ_0는 다음과 같다. p는 Z축의 파수이다.

$$\lambda_0 = \frac{2}{\sqrt{\left(\frac{m}{a}\right)^2 + \left(\frac{n}{b}\right)^2 + \left(\frac{p}{l}\right)^2}}$$

(2) 공동 공진기의 Q

$$Q \propto \frac{\text{공진기의 체적(축적되는 에너지에 비례)}}{\text{공진기의 표면적(도체벽에 의한 오옴 손실에 비례)}}$$

4·5·5 도파관의 임피던스 정합

(1) **λ/4 파장 변성기에 의한 정합** : 전파정수가 서로 다르고 특성 임피던스가 Z_1, Z_2인 도파관을 접속하는 경우 급전선의 경우와 동일하게 길이 $\lambda_g/4$, 특성임피던스 $Z_3=\sqrt{Z_1Z_2}$인 도파관을 양 도파관 사이에 접속하여 정합을 취한다.

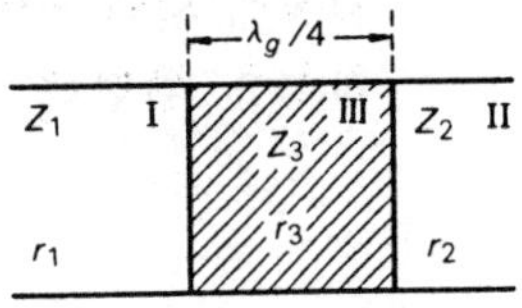

〈그림 4－19〉

(2) **stub에 의한 정합** : 선로와 병렬로 스터브를 접속하여 부하에서의 거리와 스터브의 길이를 조정하여 정합을 취한다.

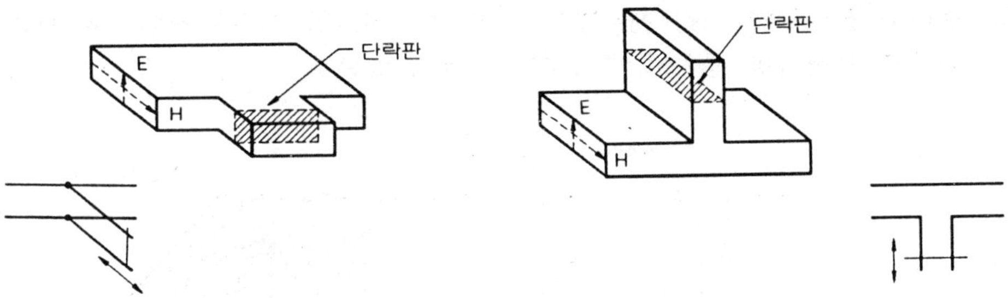

〈그림 4－20〉 stub에 의한 정합

(3) **창에 의한 정합** : 도파관내에 관축과 직각인 평면내에 구멍이 뚫린 얇은 도체판을 삽입해서 도파관과 부하의 정합을 잡을 수가 있다. 이 도체판을 창이라고 한다.

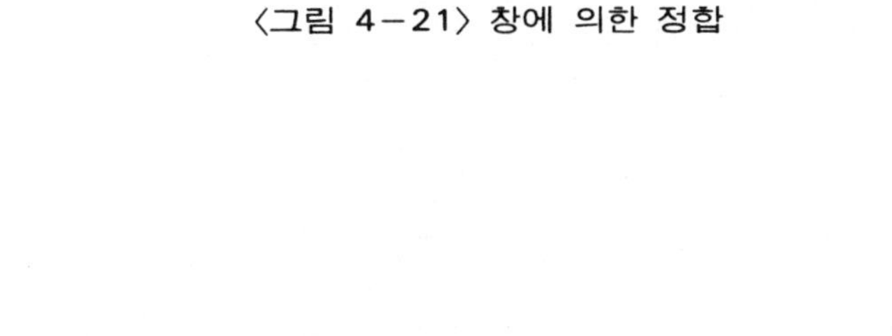

〈그림 4－21〉 창에 의한 정합

(4) **포스트(post)에 의한 정합** : 도체봉이나 나사를 도파관에 삽입하면 전계분포가 흩어지게 된다. 이때 반사파가 있을 경우 이 도체봉에 의한 전자계로서 상쇄되도록 하여 정합을 취한다.

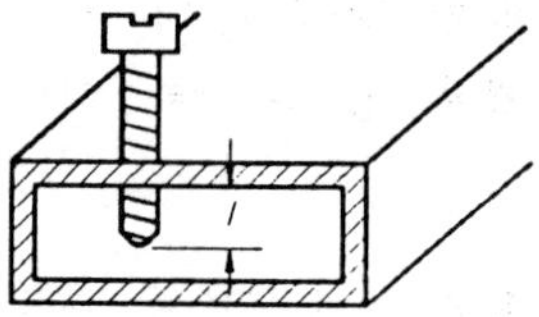

〈그림 4-22〉 포스트에 의한 정합

(5) **무반사 종단회로(저항 접속법)** : 분포 정수회로를 특성임피던스와 같은 부하로 종단하면 진행파만 생기고 반사파는 생기지 않는다.

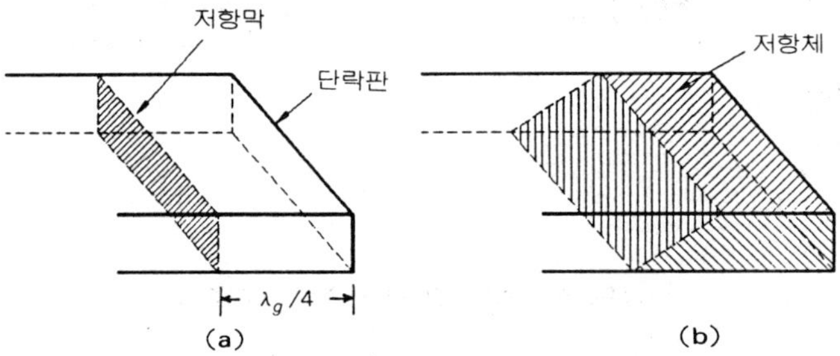

〈그림 4-23〉 무반사 종단회로

출 제 예 상 문 제

1. 급전선의 필요 조건으로 잘못된 것은?

가. 전송 효율이 좋을 것

나. 송신용 일 때는 절연내력이 클 것

다. 유도 방해를 주거나 받지 않을 것

라. 급전선의 파동임피던스가 클 것

해설 급전선의 필요 조건

① 전송효율이 좋을 것.(선로의 저항 손실 및 방사손실이 되도록 적어야 한다.)

② 급전선의 파동 임피이던스가 적당할 것
(왜냐하면 선로의 파동 임피이던스의 값이 안테나 임피이던스와 그곳의 출력(송신기기) 또는 입력(수신기) 임피이던스의 값에 가까울 수록 좋기 때문이다.)

③ 송신용일 때는 절연 내력이 클 것.

④ 유도 방해를 주거나 받지 않을 것

⑤ 가격이 싸고 취급이 용이할 것

2. 다음 중 비동조 급전선의 설명으로 틀린 것은?

가. 급전선의 길이에는 사용파장과 무관하다.

나. 급전선상에 정재파가 없고 진행파만 존재한다.

다. 정합장치가 필요하다.

라. 전송효율이 동조 급전선보다 나쁘다.

해설 비동조 급전선의 특징

① 외부방해가 없다.

② 정합장치가 필요하다.

③ 장거리 전송에도 손실이 적고 전송효율이 높다.

④ 급전선상에 진행파만 존재한다.

3. 다음 중 비동조 급전선의 설명 중 잘못된 것은?

가. 장거리 전송에서 효율이 높다.

나. 피이더의 길이는 임의로 할 수 있다.

다. 정합장치가 필요치 않다.

라. 피이더에는 정재파가 편승하지 않는다.

해설 비동조 급전선의 특징

① 장거리 전송에도 손실이 적고 전송효율이 높다.

② 동축선로인 경우 외부방해가 없다.

③ 파장과 선로의 길이와는 관계가 없다.

④ 정합장치가 필요하다.

⑤ 평형형, 불평형형 모두 사용할 수 있다.

해답 1. 라 2. 라 3. 다

4. 다음 중 비동조 급전선의 설명으로 맞지 않는 것은?

가. 임피던스 정합 회로를 사용한다.

나. 급전선 상에는 진행파를 실어서 전송한다.

다. 전송 효율이 동조 급전선보다 나쁘다.

라. 동축 케이블은 비동조 급전선으로 사용한다.

5. 비동조 급전선의 급전점에 정합회로를 설정하는 이유는?

가. 급전선의 파동 임피던스를 감소시키기 위하여

나. 급전선의 파동 임피던스를 일정하게 하기 위하여

다. 급전선에 정재파를 실리지 않게하기 위하여

라. 안테나의 고유파장을 조절하기 위하여

6. 동조 급전선의 설명 중 틀린 것은?

가. 급전선상에 정재파가 존재한다.

나. 급전선의 길이가 길 때 사용한다.

다. 임피이던스의 정합장치가 불필요하다.

라. 전송효율이 비동조 급전선보다 낮다.

해설 **동조 급전선** : 급전선의 길이를 사용파장에 대해 일정한 관계를 갖게하여 동조시킨 것으로 급전선상에 정재파가 존재한다.

① 급전구간이 짧은 경우의 급전선으로 사용된다.
② 정합장치를 필요로 하지 않는다.
③ 전송효율이 나쁘다.
④ 급전선상에 정재파가 생긴다.

7. 동조 급전선의 설명 중 틀린 것은?

가. 급전선상에 정재파가 존재한다.

나. 급전선의 길이가 짧을 때 사용한다.

다. 임피던스 정합장치가 필요하다.

라. 전송 효율이 비동조 급전선보다 낮다.

해설 **동조 급전선의 특징**

① 급전선 상에 정재파 존재
② 정합장치가 불필요
③ 급전선 상에서 손실이 크다.
④ 급전선 길이와 파장을 일정한 관계로 맞춰 줘야 한다.
⑤ 외부 방해가 많고 위험하다.

8. 그림과 같이 7.5 [MHz] 의 반파장 공중선의 끝에서 전압 급전을 하고자 한다. 급전선 l 의 최소 길이는?

가. 10 [m]

나. 20 [m]

다. 30 [m]

라. 40 [m]

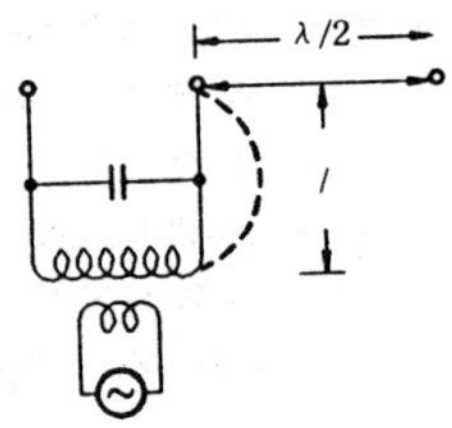

해답 4. 다 5. 다 6. 나 7. 다 8. 나

해설 그림과 같은 반파장 안테나에 전압 급전을 하려면 안테나의 전압 분포가 최대인 점에 급전하여야 한다.

$$\lambda = \frac{3\times10^8}{7.5\times10^6} = 40\,[\text{m}]$$

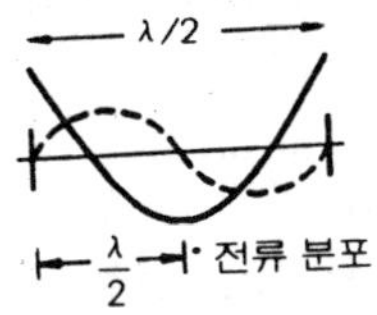

급전선상에 전압이 최대가 되도록 하려면 l 의 길이가 $\lambda/2$가 되어야 한다.

$$\therefore\ l = \frac{\lambda}{2} = \frac{40}{2} = 20\,[\text{m}]$$

9. 공중선과 송신기와의 거리가 멀리 떨어져 있을 때 사용하는 급전선과 거리가 먼 것은?

가. 평행 2선식　　나. 동심 원관식
다. 동축 케이블식　　라. 동조형 급전선식

10. 다음 그림과 같은 반파장 안테나에 급전선의 최소길이 l 은 얼마인가?
(단, 파장은 60 [m] 이고 동조 급전방식이다.)

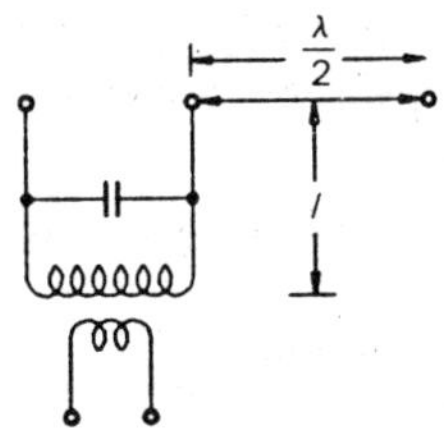

가. 40 [m]　　나. 30 [m]
다. 20 [m]　　라. 10 [m]

11. 그림과 같은 반파장 안테나에서 급전선의 최소길이 l 은 얼마인가? (단, 파장은 10 [m] 이고 동조 급전방식이다.)

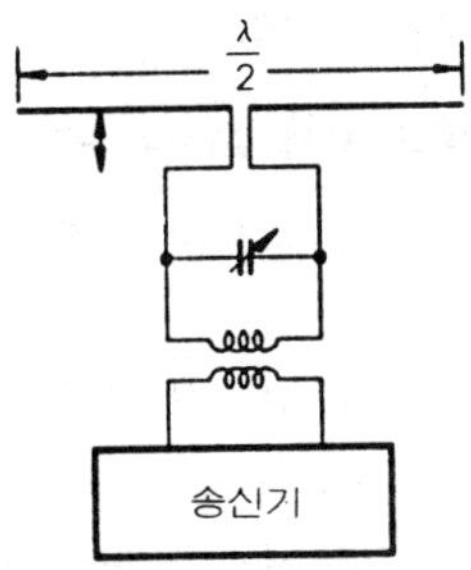

가. 2.5 [m]　　나. 5 [m]
다. 7.5 [m]　　라. 10 [m]

해설 $l = \frac{\lambda}{4} = \frac{10}{4} = 2.5\,[\text{m}]$

12. 그림과 같이 선로의 측정 임피이던스 $Z_0 = 300\,[\Omega]$ 의 급전선에 부하 $Z_r = 100\,[\Omega]$를 연결하였을 때 반사 계수는?

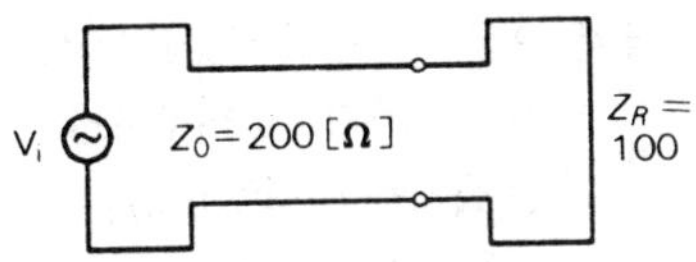

가. 0.5　　나. 2/3　　다. 3/4

해설 반사계수 $m = \sqrt{\frac{P_r}{P_f}} = \frac{V_r}{V_f} = \left|\frac{Z_0 - Z_r}{Z_0 + Z_r}\right|$ 에서

$$\therefore\ m = \frac{300-100}{300+100} = \frac{200}{400} = 0.5$$

13. 출력 500 [W] 의 무선 송신기를 파동 임피이던스 73 [Ω] 의 동축 급전선에 접속했을 때 이 급전선에 가해지는 실효치는 대체로 다음 어느 것이냐?

가. 200 [V]　　나. 360 [V]
다. 190 [V]　　라. 100 [V]

해답 9. 라　10. 나　11. 가　12. 가　13. 다

해설 $P = I^2 Z_0$ 이므로 $I = \sqrt{\dfrac{P}{Z_o}} = \sqrt{\dfrac{500}{73}}$ [A]

급전선에 가해지는 전압은

$$V = I \times Z_0 = \sqrt{\frac{500}{73}} \times 73 = \sqrt{73 \times 500} \fallingdotseq 191\,[\mathrm{V}]$$

14. 송신기의 결합 회로와 급전선과의 접속점이 전류 파복이 될 때에는 결합 회로를 어떻게 해야되나?

가. 직렬 공진

나. 병렬 공진

다. 직병렬 공진

라. 단 급전

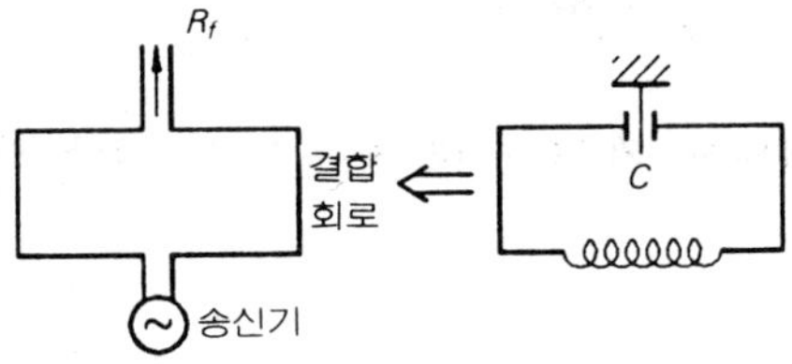

해설 문제의 그림과 같이 R_f의 작은 전류 급전에서는 직렬공진 결합회로를 사용하여 콘덴서 C의 조정에 의해서 어느 정도의 정합을 조정할 수 있다.

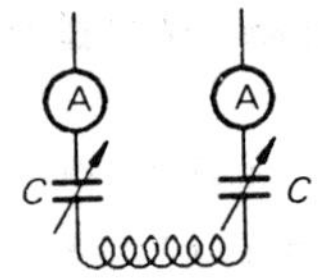

15. 평행 2선식 급전선의 특성 임피이던스는? (단, D : 선간거리, d : 선의 직경)

가. $138 \log_{10} \dfrac{2D}{d}$　　나. $190 \log_{10} \dfrac{2D}{d}$

다. $150 \log_{10} \dfrac{2D}{d}$　　라. $276 \log_{10} \dfrac{2D}{d}$

해설 평행 2선식 급전선의 특성 임피던스

① 선로의 단위 길이당 인덕턴스 : $L = \dfrac{\mu}{\pi} \log_e \dfrac{2D}{d}$ [H/m]

② 선로의 단위 길이당 캐패시턴스 : $C = \dfrac{\pi \varepsilon_0 \varepsilon_s}{\log_e \dfrac{2D}{d}} \times$ [F/m]

③ 선로의 특성 임피던스 : $Z_0 = \sqrt{L/C}$

16. 평행 2선식 급전선 중에서 가장 특성 임피이던스가 큰 것은?

가. {선의 지름 1.2 [mm], 선의 간격 40 [cm]}　　나. {선의 지름 2.4 [mm], 선의 간격 40 [cm]}

다. {선의 지름 3.0 [mm], 선의 간격 30 [cm]}　　라. {선의 지름 1.2 [mm], 선의 간격 30 [cm]}

해설 평행 2선식 급전선의 특성 임피이던스는

$$Z_0 = 276 \log_{10} \frac{2D}{d}$$

이므로 특성 임피이던스를 크게 하려면

$\dfrac{2D}{d}$ 의 값이 커야 한다.

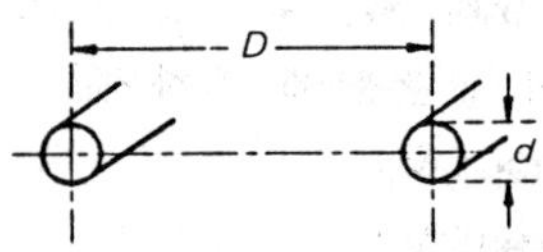

해답 14. 가　15. 라　16. 가

17. 2선식 전송 선로의 특성 임피이던스는 무엇에 의하여 정해지는가?

가. 선간 거리와 선의 굵기　　나. 선로의 종단 부하

다. 선간 거리　　라. 선의 굵기

해설 2선식 급전선의 특성 임피이던스는 Z_0 는

$$\therefore\ Z_0 = 276 \log_{10} \frac{2D}{d}$$

18. 지름 3 [mm], 선 간격 30 [cm]의 평행 2선식 급전선의 특성 임피던스는?

가. 약 300 [Ω]　　나. 420 [Ω]

다. 590 [Ω]　　라. 637 [Ω]

해설 $Z_0 = 277 \log_{10} \frac{2D}{d} = 277 \log_{10} 200 = 637$ [Ω]

19. 아래 그림과 같은 무한히 긴 평행 2선에서 $\rho_1 = \rho_2 = \rho$ 라 할때 이 급전선의 특성 임피던스 식은?

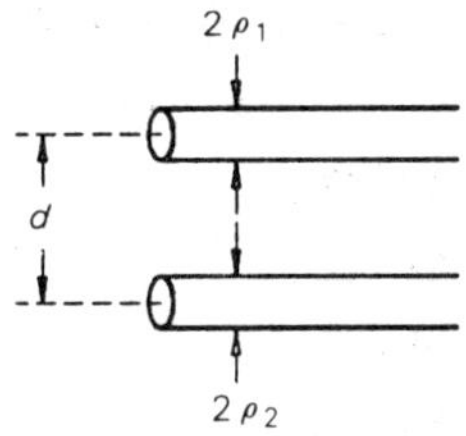

가. $276 \log_{10} \frac{d}{2\rho}$　　나. $138 \log_{10} \frac{2d}{\rho}$

다. $138 \log_{10} \frac{2\rho}{d}$　　라. $276 \log_{10} \frac{d}{\rho}$

해설

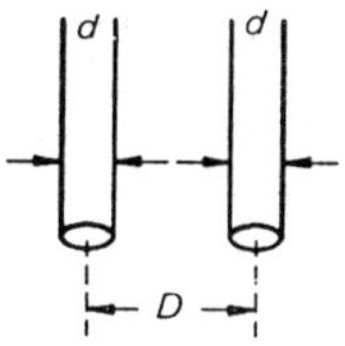

$$Z_0 = 276 \log_{10} \frac{D}{d} \rightarrow 276 \log \frac{2D}{2\rho}$$

20. 동축 Cable의 특성 임피던스는? (단, D : 외부도체의 직경, d : 내부도체의 직경)

가. $Z_0 = \frac{138}{\sqrt{\varepsilon_s}} \log_{10} \frac{D}{d}$ [Ω]　　나. $Z_0 = \frac{238}{\sqrt{\varepsilon_s}} \log_{10} \frac{D}{d}$ [Ω]

다. $Z_0 = \frac{276}{\sqrt{\varepsilon_s}} \log_{10} \frac{D}{d}$ [Ω]　　라. $Z_0 = \frac{376}{\sqrt{\varepsilon_s}} \log_{10} \frac{D}{d}$ [Ω]

해설 평행 2선식의 특성 임피던스는 $Z_0 = 277 \log_{10} \frac{2D}{d}$

21. 동축 급전선에 비유전율 2.3인 폴리에치렌을 절연물로 사용할 때 파동 임피이던스는 얼마인가?

가. 50 [Ω]　　나. 75 [Ω]

다. 300 [Ω]　　라. 600 [Ω]

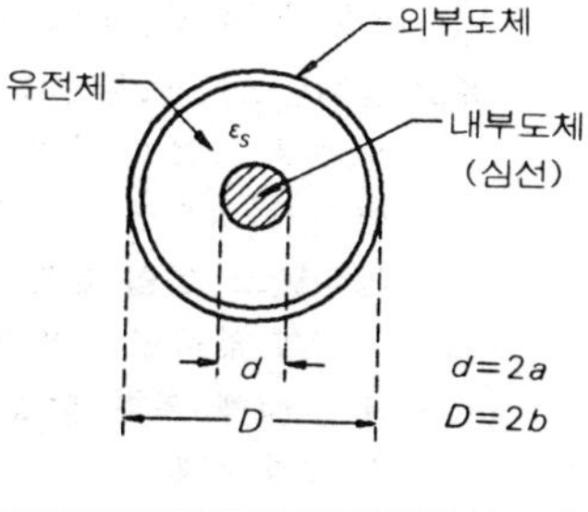

해설 동축케이블의 특성 임피던스는

$$Z_0 = \frac{138}{\sqrt{\varepsilon_s}} \log_{10} \frac{D}{d}\ [\Omega]$$

① 절연물의 비유전율이 공기일 때($\varepsilon_s = 1$) : $Z_0 = 75$ [Ω]

② 폴리에치렌 일 때($\varepsilon_s = 2.3$) : $Z_0 = 50$ [Ω]

해답 17. 가　18. 라　19. 라　20. 가　21. 가

22. 동축 급전선에 특성 임피이던스의 식에서 선로의 감쇠가 가장 적을 외부도체의 내경과 내부 도체의 내경과의 비는?

가. 1　　나. 2　　다. 2.5　　라. 3.6

23. 동축케이블(coaaxial cable)의 특성임피던스는?

가. 외부도체 지름 D가 클 수록 내부도체 지름 d가 적을 수록 커진다.
나. D가 적을 수록 d가 클 수록 커진다.
다. D가 클 수록 크고 d와는 관계없다.
라. D는 관계없고 d가 클 수록 커진다.

해설 $Z_0 = \dfrac{138}{\sqrt{\varepsilon_s}} \log_{10} \dfrac{D}{d}\,[\Omega]$

∴ 외부 도체지름 D가 클 수록, 내부 도체지름 d가 적을 수록 Z_0는 커진다.

24. 다음 그림과 같은 동축케이블의 임피던스는 얼마인가? (단, $D = 10$ [mm], $d = 2$ [mm], $\varepsilon = 4$ 이다.)

가. 38 [Ω]
나. 48 [Ω]
다. 58 [Ω]
라. 68 [Ω]

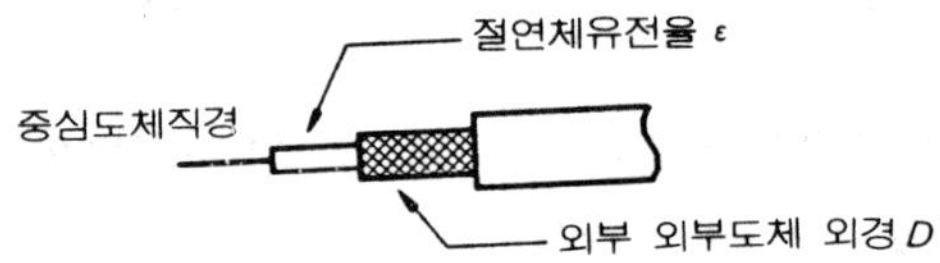

해설 $Z_0 = \dfrac{138}{\sqrt{\varepsilon_s}} \log \dfrac{D}{d} = 69 \log_{10} 5 = 48\,[\Omega]$

25. 급전선과 안테나 간에 정합하는 이유 중 틀린 것은?

가. 정재파비를 크게 한다.　　나. 부정합 손실을 적게 한다.
다. 급전선의 손실증가를 막는다.　　라. 최대 전력을 전송한다.

해설 **정합이 필요한 이유 :** 비동조 급전선에서 최대 전송 효율을 얻기 위해서 급전선상에 정재파가 발생되지 않도록 한다.

① **정합 방법 :** 급전점에서 본 임피던스와 급전선의 파동 임피던스를 같게 한다.
② **부정합일 때의 현상 :** 반사에 의한 급전선에 정재파가 발생되어 전력의 손실이 커진다.

26. 안테나 임피던스 정합방법에 사용되지 않는 것은?

가. $\dfrac{\lambda}{4}$ 임피던스 변환기　　나. 스터브 튜너(stub tuner)
다. 디플렉서(diplexer)　　라. 테이퍼 선로(Tapered line)

해설 **임피던스 정합을 하는 이유 :** 비동조 급전선을 사용하는 경우 급전선상에 진행파만 존재 하여야 하는데 그러기 위해서는 종단에서 임피던스 매칭이 이루어져야 한다. 임피던스 정합이 이루어지지 않으면 급전선상에 정재파가 발생하기 때문이다.

임피던스 정합 방법

① λ/4 임피던스 변환기　② tube에 의한 정합　③ 도파관창에 의한 정합
④ post에 의한 방법　⑤ Taper　⑥ Isolator
⑦ Y형 정합

해답 22. 라　23. 가　24. 나　25. 가　26. 다

27. 다음 중 공중선 트랩(Trap)이 잘 사용되는 급전선은?

가. 동축 케이블　　　　　나. 평행 2선식

다. 동심 원통관식　　　　라. 평행 4선식

해설 선로상의 고주파 성분을 제거하기 위하여 트랩이 사용되며 주로 평행 2선식에서 많이 쓰여진다.

28. 그림과 같이 도선의 길이가 $\frac{\lambda}{4}$인 선만을 단락할 경우 ab점에서 본 임피던스는? (단, λ는 전류의 파장임)

가. 0　　　　나. 유도성

다. 용량성　　라. ∞

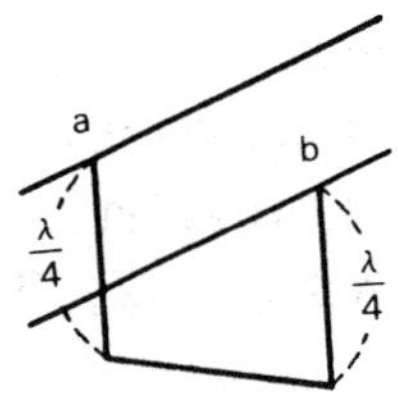

해설 도선의 길이가 $\frac{\lambda}{4}$인 선만을 단락시키면 임피던스는 ∞가 되며

도선의 길이가 $\frac{\lambda}{2}$인 선만을 단락시키면 임피던스는 0이 된다.

29. A점에서 f(파장 λ) 및 $2f$를 동시에 공급하면 B쪽에는 어떤 주파수의 파가 나타나는가?

가. 아무것도 나타나지 않는다.　　나. $2f$

다. f와 $2f$　　　　　　　　　라. f

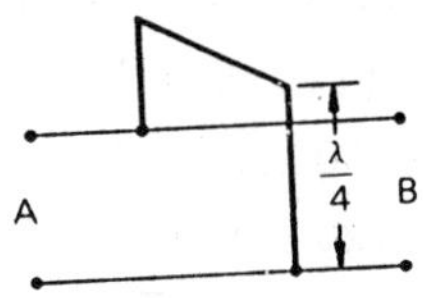

해설 선로상에 $\frac{\lambda}{4}$ 길이의 단락 스터브(stub)가 놓여 있는데 주파수 f의 파는 A측에서 본 임피던스가

$Z_R = 0$인 경우에 해당되므로

$Z_{in} = jZ_0 \tan \beta l = jZ_0 \tan \frac{2\pi}{\lambda} \cdot \frac{\lambda}{4} = \infty$로 되어 B측에 나타날 수 있으나 $2f$의 파는 파장이 더 짧아지므로

$Z_{in} = jZ_0 \tan \beta l = jZ_0 \tan \frac{}{\lambda} \cdot \frac{\lambda}{2} = 0$로 되어 B측에 나타날 수 없다. p1,vp-0.2/2π

30. 600[Ω] 및 150[Ω]의 선로를 1/4파장 길이의 선로인 임피이던스 변성기로 정합시키고자 한다. 삽입해야 할 선로의 임피이던스는 얼마로 해야 하나?

가. 600[Ω]　　나. 300[Ω]　　다. 150[Ω]　　라. 75[Ω]

해설 λ/4 변환기에 의한 정합

(1) $\frac{\lambda}{4}$ 변환기 : 저항 부하값이 정합조건을 만족시키지 못할 때에는 정합시킬 수 있는 특성 임피이던스를 갖는 λ/4 선로를 통하여 접속하면 된다. 이러한 목적으로 사용된 선로를 λ/4 변환기라고 한다.

(2) 소모 변환 임피던스

$$Z_0 = \sqrt{(\text{부하저항}) \times (\text{요구되는 종전단 저항})} = \sqrt{R_R R_S}$$
$$= \sqrt{600 \times 150} = 300\,[\Omega]$$

31. 그림은 λ/4 결합기를 나타낸 것이다. 알맞은 것은?

가. $Z_{03} = \sqrt{Z_{02} \cdot Z_{01}}$　　나. $Z_{02} = \sqrt{Z_{01} \cdot Z_{03}}$

다. $Z_{01} = \sqrt{Z_{02} \cdot Z_{03}}$　　라. $Z_{01} = \sqrt{Z_{01} \cdot Z_{03}}$

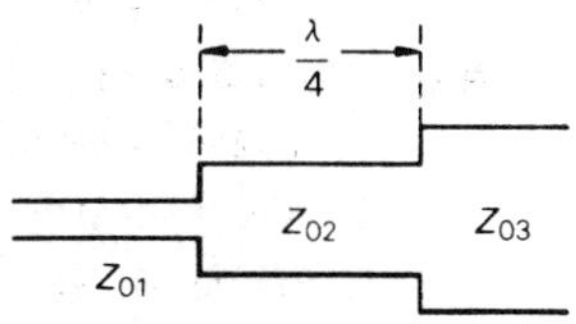

해답 27. 나　28. 라　29. 라　30. 나　31. 나

해설 $\frac{\lambda}{4}$ 변환기에 삽입하여야 할 임피던스 Z는

$$Z_{02} = \sqrt{Z_{01} \cdot Z_{03}}$$

여기서, Z_{01}은 선로의 특성 임피던스이고 Z_{03}는 부하임피던스이다.

32. 그림과 같은 1/4파장 선로 변성기가 있다. Z_{01}의 특성 임피던스는 75 [Ω]이고 Z_{02}의 특성 임피던스는 50 [Ω]이라 할 때 Z_0의 임피던스는 얼마로 하여야 하는가?

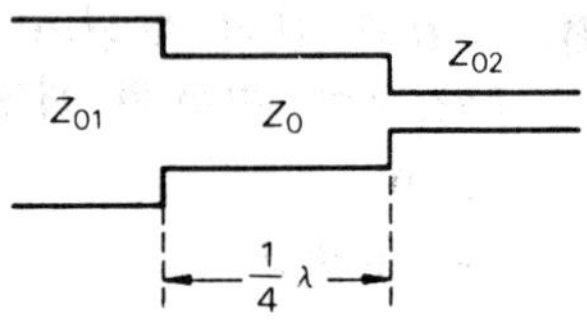

가. 45.47 [Ω]　　나. 52.01 [Ω]
다. 61.23 [Ω]　　라. 75.74 [Ω]

해설 $Z = \sqrt{Z_{01} \cdot Z_{02}} = \sqrt{(75)\ (50)} = 61.23$ [Ω]

33. 선로의 특성 임피던스가 800 [Ω]인 고주파 전송선로와 임피던스 50 [Ω]인 안테나 사이에 λ/4 변성기를 삽입하여 정합이 되었다. 이때 λ/4 변성기이 특성 임피던스는 몇 [Ω]인가?

가. 50 [Ω]　　나. 100 [Ω]
다. 200 [Ω]　　라. 800 [Ω]

해설 $Z = \sqrt{Z_1 Z_2} = \sqrt{800 \times 50} = \sqrt{40000} = 200$

34. 안테나의 급전점 임피던스가 75 [Ω]인 반파장 안테나와 특성임피던스가 600 [Ω]인 선로를 λ/4 임피던스 변환기로서 정합시키고자 할 때 특성임피던스는?

가. 110 [Ω]　　나. 210 [Ω]
다. 310 [Ω]　　라. 410 [Ω]

해설 특성 임피던스(Z) $= \sqrt{Z_1 \cdot Z_2} = \sqrt{75 \times 600} = \sqrt{45000} \fallingdotseq 210$ [Ω]

35. 다음 중 평형형, 동조 급전선을 사용하는 안테나는?

가. 롬빅 안테나　　나. 빔 안테나
다. 제펠린 안테나　　라. 웨이브 안테나

해설 제펠린 안테나는 전압급전으로 평형형, 동조급전선을 사용한다.

36. 극 초단파(마이크로파)의 전송선로로서 도파관을 사용하는 이유는?

가. 유전체 손실이 적다.
나. 관내파장이 짧기 때문에 안전한 전송이 가능하다.
다. 관벽에는 전류가 흐르지 않으므로 관벽의 저항이 커도 손실과는 관계없다.
라. 부하와의 정합상태가 불량하여도 정재파가 발생하지 않는다.

해설 마이크로파 전송선로로서 도파관이 우수한 이유

① 도체에 의한 저항손실이 적다.　　② 전파중의 전파에너지 손실이 적다.
③ 유전체 손실이 적다.　　④ 방사손실이 없다.
⑤ 취급할 수 있는 전력이 크다.　　⑥ 외부전자계와 완전히 격리할 수 있다.

해답 32. 다　33. 다　34. 나　35. 다　36. 가

37. 그림과 같은 정합회로에서 정합시의 C의 값은 얼마인가? 단, 주파수는 5 [MHz] 이다.

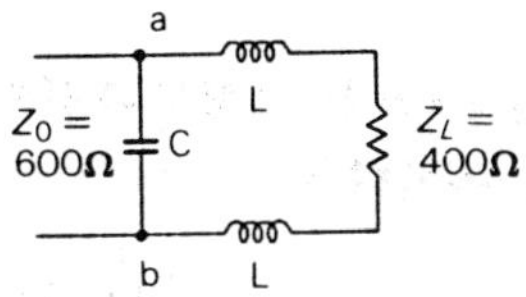

가. 748 [pF]　　나. 375 [pF]

다. 74.3 [pF]　　라. 37.5 [pF]

해설 ab의 정합 조건은 $Z_0 = R_0$, $Z_L = R$이라 할 때 $R_0 = \dfrac{1}{\dfrac{1}{R+2j\omega L} + j\omega C}$

$R + 2j\omega L = (R_0 - 2\omega^2 LCR_0) + j\omega CR_0R$

윗식이 성립하기 위한 조건은

$R = R_0 - 2\omega^2 LCR_0 \qquad 2L = CRR_0$

여기서 L과 C의 값을 구한다.

$$\therefore\ L = \frac{1}{2\omega}\sqrt{R(R_0 - R)} = \frac{1}{2\times 6.28\times 5\times 10^6}\sqrt{400(600-400)} = 4.5\,[\mu\text{H}]$$

$$\therefore\ C = \frac{1}{\omega R_0}\sqrt{\frac{R_0 - R}{R}} = \frac{1}{2\times 3.14\times 5\times 10^6\times 600}\sqrt{\frac{600-400}{400}} = 37.5\,[\text{pF}]$$

38. 도파관은 다음 중 어떤 성질을 가진 여파기(filter)로 생각할 수 있는가?

가. 저역 여파기(Low pass Filter)

나. 고역 여파기(High pass Filter)

다. 대역 여파기(Band pass Filter)

라. 대역 소거 여파기(Band Elimination Filter)

해설 도파관 단면의 칫수로 결정되는 차단 주파수가 있어 그 이하의 주파수 성분은 전송되지 않으므로 고역 filter로서의 역할을 한다.

39. 다음은 도파관의 전기적 특성을 설명한 것이다. 틀린 것은?

가. 관내의 장애물이 전계에 영향을 미칠 때는 C성분으로 작용한다.

나. 관내를 전파하는 전자파의 파장은 자유공간에서의 파장보다 항상 길다.

다. 자계(H)에 평행으로 위치한 저항판은 감쇄기로서 동작한다.

라. 특성 임피던스는 관내의 전계강도 대(對) 자계강도의 비이다.

40. 가로 10 [cm] 세로 5 [cm]의 구형도파관을 TE_{10} 모드에 사용할 때 차단주파수는 얼마인가?

가. 100 [MHz]　　나. 1000 [MHz]

다. 1500 [MHz]　　라. 3000 [MHz]

해설 TE_{mn} 모드 구형도파관에서의 차단파장(λ_c)

$$\lambda_r = \frac{2}{\sqrt{\left(\frac{m}{a}\right)^2 + \left(\frac{n}{b}\right)^2}}$$

TE_{10} 모드에서 $m=1$, $n=0$ 이므로 차단파장 $\lambda_C = 2a = 20$ [cm]이다. 차단 주파수 f_c는

$$f_c = \frac{c}{\lambda_c} = \frac{c}{2a} = \frac{3\times 10^8}{20\times 10^{-2}} = 1500\,[\text{MHz}]$$

해답 37. 라　38. 나　39. 다　40. 다

41. 단면이 a×b 인 구형도파관이 있다. 주 모우드(dominant mode)에 대한 차단 파장은? (단, a>b이다.)

가. $\frac{ab}{2}$　　나. 2ab　　다. 2a　　라. 4a

해설 $\lambda_c = 2a$

42. 그림과 같은 도파관의 H_{10} 모드의 차단파장 λ_c와 위상속도 v_p는?

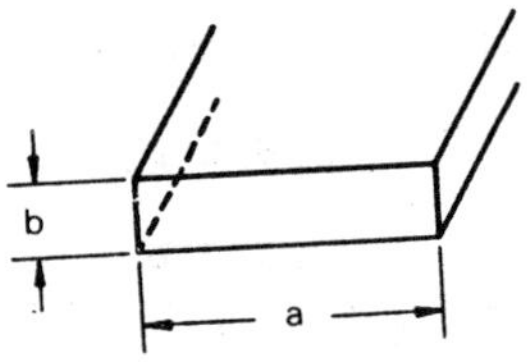

가. $\lambda_c = 2a,\ v_p = \dfrac{c}{\sqrt{1-\left(\dfrac{\lambda}{\lambda_c}\right)^2}}$

나. $\lambda_c = 2a,\ v_p = \dfrac{c}{\sqrt{1-\left(\dfrac{\lambda}{a}\right)^2}}$

다. $\lambda_c = a,\ v_p = \dfrac{c}{\sqrt{1+\left(\dfrac{\lambda}{a}\right)^2}}$

라. $\lambda_c = 2b,\ v_p = \dfrac{c}{\sqrt{1-\left(\dfrac{\lambda_c}{\lambda}\right)^2}}$

해설 H_{mn} 모드 (TE_{mn})의 차단파장과 위상속도

(1) 차단 파장 : $\lambda_c = \dfrac{2}{\sqrt{\left(\dfrac{m}{a}\right)^2+\left(\dfrac{n}{b}\right)^2}}$

이 식에서 H_{10} 모드는 $m=1,\ n=0$ 이므로 $\lambda_c = 2a$ 이다.

(2) 관내 파장 : $\lambda_g = \dfrac{\lambda}{\sqrt{1-\left(\dfrac{\lambda}{2a}\right)^2}}$

(3) 위상 속도 : $v_p = \dfrac{c}{\sqrt{1-\left(\dfrac{\lambda}{2a}\right)^2}} = \dfrac{c}{\sqrt{1-\left(\dfrac{\lambda}{\lambda_c}\right)^2}}$ [m/sec]

43. 구형 도파관의 장변과 단변의 길이가 그림과 같을 때 기본 모우드의 차단 주파수는 얼마인가? (단, a=6 [cm], b=3 [cm])

가. 2.5 [GHz]　　나. 20 [GHz]
다. 50 [GHz]　　라. 250 [GHz]

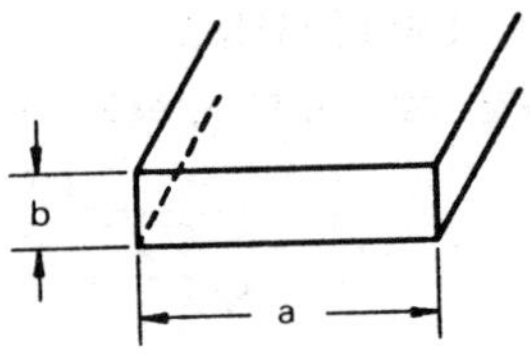

해설 구형도파관의 차단 파장 λ_c는

$\therefore\ \lambda_c = 2a = 2\times6\,[\text{cm}] = 12\,[\text{cm}]$

따라서 차단 주파수 f_c는

$$f_c = \frac{c}{\lambda_c} = \frac{3\times10^8}{12\times10^{-2}} = 2.5\,[\text{GHz}]$$

해답 41. 다　42. 가　43. 가

44. 그림에 표시된 구형 도파관에 TE_{10} 파가 진행할 때 차단 주파수는?

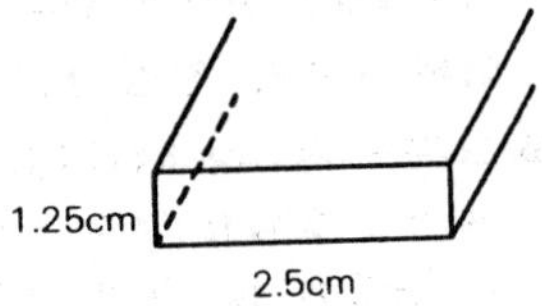

가. 24000 [MHz]　　나. 12000 [MHz]

다. 9600 [MHz]　　라. 6000 [MHz]

해설 $\lambda_c = 2 \times a$ [cm] 이므로

$$\text{차단주파수}(f_c) = \frac{3\times10^{10}}{2a} = \frac{3\times10^{10}}{5} = 6000\,[\text{MHz}]$$

45. 차단파장 λ_c가 10 [cm]인 구형도파관에 5000 [MHz]의 전파를 전송할 때 관내파장 λ_g는?

가. 10.0 [cm]　　나. 7.5 [cm]

다. 6.0 [cm]　　라. 5.0 [cm]

해설 구형도파관에서 관내파장 λ_g

$$\lambda_g = \frac{\lambda}{\sqrt{1-\left(\frac{\lambda}{\lambda_c}\right)^2}} = \frac{6}{\sqrt{1-\left(\frac{6}{10}\right)^2}} = \frac{60}{8} \fallingdotseq 7.5\,[\text{cm}]$$

46. 구형도파관의 모양이 그림과 같을 때 관내 파장은 어느 것인가? 단, 7.5 [GHz]의 전파를 전송시키는 경우로서 TE_{10} 모드에 대해서 계산하라.

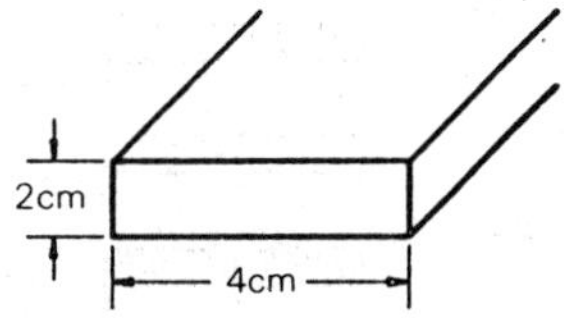

가. 약 3.5 [cm]　　나. 약 3.6 [cm]

다. 약 4.6 [cm]　　라. 약 5.4 [cm]

해설 구형도파관의 차단주파수와 관내파장

(1) 차단 주파수 : 차단파장 $\lambda_c = 2a = 8$ [cm] 이므로

$$f_c = \frac{c}{\lambda_c} = \frac{3\times10^8}{0.08} = 3750\,[\text{MHz}]$$

(2) 관내 파장 : 사용 주파수 7.5 [GHz]의 파장 λ는

$$\lambda = \frac{3\times10^8}{7.5\times10^9} = 4\times10^{-2} = 4\,[\text{cm}]$$

$$\therefore\ \lambda_g = \frac{4}{\sqrt{1-\left(\frac{4}{8}\right)^2}} = \frac{4}{\sqrt{1-\frac{1}{4}}} = \frac{4}{\frac{\sqrt{3}}{2}} = \frac{8}{\sqrt{3}} \fallingdotseq 4.6\,[\text{cm}]$$

47. 원형 도파관(circular wave guide)에서 가장 차단 파장이 긴 모드(mode)는?

가. H_{01}　　나. E_{11}　　다. E_{01}　　라. H_{11}

해설 원형 도파관의 차단파장은

$\lambda_c = \dfrac{2\pi r}{K}$ 이다. 여기서 r은 반경, K는 *mode*의 차수로서 결정되는 상수이다.

mode	K	차단파장	mode	K	차단파장
$TE_{11}(H_{11})$	1.84	3.41 r	$TE_{01}(H_{01})$	3.83	1.64 r
$TM_{11}(E_{11})$	3.83	1.64 r	$TM_{01}(E_{01})$	2.40	2.61 r

해답 44. 라　45. 나　46. 다　47. 라

48. 도파관 창(Window)이란 ?

가. 도파관의 임피이던스를 변환한다.
나. 도파관에 빗물이 새지 않도록 한다.
다. 도파관내의 진행파를 방해한다.
라. 도파관내의 반사파를 감쇠한다.

해설 **도파관 창(window)** : H_{10} 파 도파관내에서 관축에 직각으로 도체판 따위의 장해물을 간극을 떼어서 삽입한 것을 도파관 창이라 한다.

① **유도성 창** : 창이 전계에 평행으로 설정된 것.

② **용량성 창** : 창이 자계에 평행으로 설정된 것.

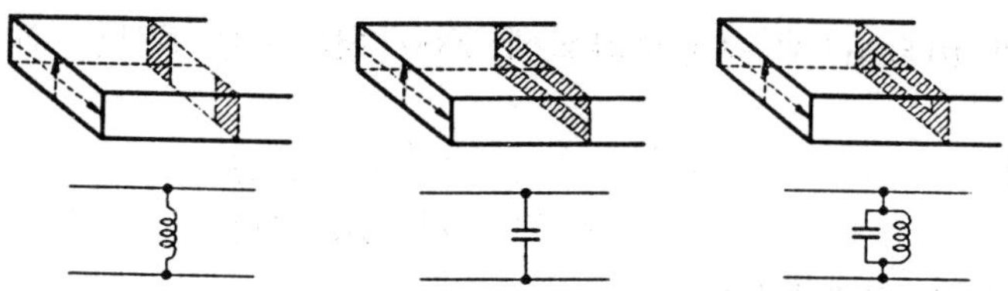

(a) 유도성 창 (b) 용량성 창 (c) *LC* 병렬공진회로

49. 다음은 도파관 창을 이용한 리액턴스 소자에 대한 회로와 그 등가회로이다. 맞게 나타낸 것은?

가.

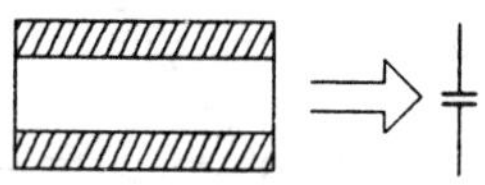

나.

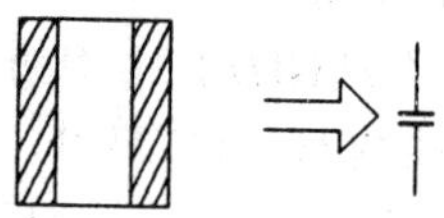

다.

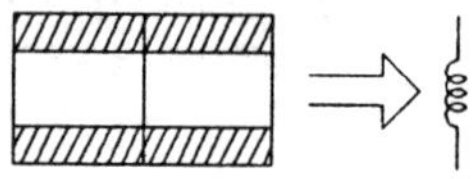

라.

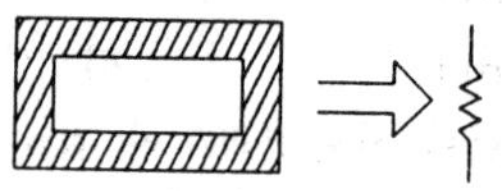

50. 다음 도파관의 정합 방법중 비가역성 회로를 사용하여 정합시키는 방법은 ?

가. 도파관의 창
나. 테이퍼 변성기
다. 아이솔레이터
라. 무반사 종단기

해설 아이솔레이터(Isolator)

입사파는 감쇄없이 진행하나 반사파는 큰 감쇄를 받아 전력흡수되는 비가역회로이다.

정답 48. 가 49. 가 50. 다

제 5 장

전파의 전파이론(I)

5·1 전파 전파의 개요

5·1·1 전파 양식(propagation mode)

(1) 지상파(ground wave)

① 직접파(direct wave) : 송신점에서 수신점에 직접 닿는 전파

② 대지 반사파(ground reflected wave) : 대지에 반사되어서 수신 안테나에 도달하는 전파

③ 지표파(surface wave) : 대지의 표면에 따라서 전파하는 전파

④ 회절파(diffracted wave) : 직접파와 지면반사파를 시계파(또는 공간파)라고도 한다.

(2) 대류권파(tropospheric wave) : 대류권(지상 약 12 [km] 이하 대기의 대류현상이 있는 영역)을 전해 퍼지는 전파

① 대류권 굴절파 ┐
② 대류권 반사파 ┘ ─라디오닥트 이상전파

③ 대류권 산란파 ─ 시계외 통신 산악회절

(3) 전리층파(ionospheric wave) : 전리층(지상 100～400 [km] 사이의 전리된 기체의 층)에서 반사 또는 산란된 전파

① 전리층 반사파 : F층, E층, D층, E_S층 반사파

② 전리층 산란파

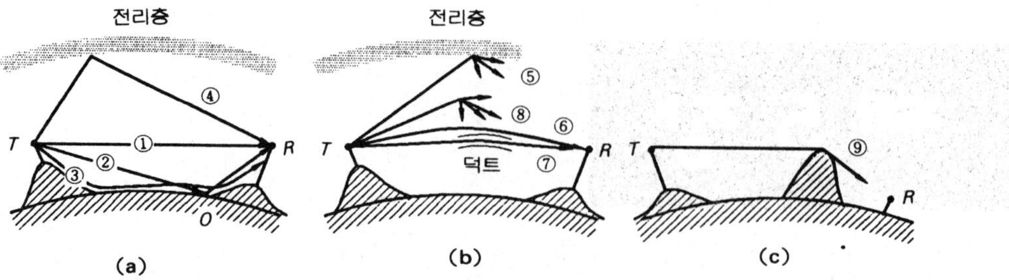

① 직접파　② 대지반사파　③ 지표파
④ 전리층 반사파　⑤ 전리층 산란파　⑥ 대류권 굴절파
⑦ 대류권 반사파　⑧ 대류권 산란파　⑨ 회절파

〈그림 5-1〉 전파 양식

5·1·2 주파수대에 따른 주요 전파양식

(1) 장파, 중파대 : 지표파 E_s

(2) 단파대 : 전리층파 E_i

(3) 초단파대 : 직접파 E_o와 반사파 E_r

(4) 마이크로파대 : 직접파 E_o

■ 주파수대에 따른 주요 전파양식

주 파 수 대	주파수대의 약칭		파 장	관 용 어	주요전파양식	
					근거리	원 거 리
30kHz 이하	VLF	BAND 4	10km 이상	장파	지 표 파	전리층파
30kHz~300kHz	LF	BAND 5	10km~1km	←100kHz	지 표 파	전리층파
300kHz~3000kHz	MF	BAND 6	1000m~100m	중파 ↙1.5MHz	지 표 파	전리층파
3MHz~30MHz	HF	BAND 7	100m~10m	(중단파) 단파 ↖6MHz	전리층파	전리층파
30MHz~300MHz	VHF	BAND 8	10m~1m		지 상 파	대류권산란파 전리층산란파
300MHz~3000MHz	UHF	BAND 9	100cm~10cm	초단파	지 상 파 직 접 파	대류권산란파
3GHz~30GHz	SHF	BAND 10	10cm~1cm	←1000MHz	직 접 파	대류권산란파
30GHz~300GHz	EHF	BAND 11	10mm~1mm	마이크로파 (밀리파)	직 접 파	
300GHz~3000GHz		BAND 12	1mm이하			

5·2 지상파 전파

5·2·1 지상파의 전파 양식

(1) **가시거리내의 근거리에서의 전파양식** : 직접파, 대지 반사파, 지표파의 전파로 구성된다.

(2) **가시거리외의 원거리에서의 전파양식** : 지구표면에 따르는 회절파가 중요성분이다.

5·2·2 지상파의 주파수 특성

(1) **장파대(30～300 [kHz])에서의 지상파**

① 장파의 지상파를 이용하면 수직편파의 대지에 의한 손실이 적다.

② 지표면의 만곡에도 불구하고 수 100 [km] 까지 전파될 수 있다.

(2) **중파대(300 [KHz] ～ 3000 [kHz]) 에서의 지상파**

① 육지에서는 약 100 [km] 이내의 중거리 통신에 이용한다.

② 해상에서는 전파손실이 적어 1600 [km] (약 1,000mile) 정도의 원거리 통신이 가능하다.

(3) **단파대(3 [MHz] ～ 30 [MHz])에서의 지상파**

① 감쇠량이 장, 중파대에 비해 크므로 원거리 통신에는 부적당하다.

② 단파대에서의 주 전파는 전리층 반사파이다.

(4) **초단파대(30 [MHz] 이상)**

① 가시거리내의 통신에 국한한다.

② 초단파대에서는 직접파가 주성분이다.

③ **초단파대에서 통신가능거리의 확대** : 송신 출력을 증가시키고 공중선의 높이를 높여준다.

■ **주파수와 거리에 따른 전파경로**

전파거리 / 주파수구분	100 [km] 이내			100～800 [km]		800～4,000 [km]		4,000 [km] 이상	
	지표파	직접파	대지 반사파	주	야	주	야	주	야
장 파	○			○	○	○	○	○	○
중 파	○				○				
중 단 파	○			○	○		○		
단 파						○	○	○	○
초 단 파		○	○						
극초단파		○							

5·2·3 지표파

(1) 지표파의 주요 주파수대 : 장 · 중파대에서는 지표파가 주요 전파이다.

(2) 대지가 완전도체로 가정한 경우의 지표파의 전계강도 : 수직 접지 공중선에 의한 경우로서 원거리에서 이 식은 적용되지 않는다.

$$E = 120\pi \frac{h_e I}{\lambda d} \sin\theta = 2E_0 \sin\theta$$

단, $E_0 = 60\pi \frac{h_e I}{\lambda d}$ 는 자유 공간 전계강도

θ : 동경과 안테나 축 사이의 각

(3) 대지를 불완전 도체로 본 경우의 전계강도 : 대지는 완전도체가 아니므로 대지의 유전율과 도전율의 영향을 받아 감쇠한다.

① **Sommerfield의 식** : 도전율 변화에 따른 지표파의 감쇠율을 수치거리의 개념을 이용하여 구한 근사적 실험식이다. 최대 전계방향 $\sin\theta = 1$ 에서 E는,

$$E = 120\pi \frac{h_e I}{\lambda d} \cdot f(\rho) \approx 377 \frac{h_e I}{\lambda d} \cdot f(\rho)$$

단, $f(\rho) \equiv \dfrac{2 + 0.3\rho}{2 + \rho + 0.6\rho^2}$: 수치거리

$$\rho \approx 5.236 \times \frac{d}{\sigma\lambda^2} \times 10^5$$

σ : 도전율 [℧/m], λ : 파장 [km]

d : 송수신소간 거리 [km]

② **Norton과 Vander Pol의 식** : 대지의 도전율과 유전율에 의한 영향을 모두 고려한 것이다.

$$E = 120\pi \frac{h_e I}{\lambda d} \cdot A \text{ [V/m]}$$

단, A : 감쇠계수

(4) 지표파의 대지에 대한 영향

① 대지의 도전율 σ가 클 수록 E가 커진다.

② 대지의 유전율 ε는 작을 수록 E는 커진다.

③ 주파수가 낮을 수록 전파의 감쇠는 작다.

④ 수평편파보다 수직편파 쪽이 감쇠가 작다.

⑤ **지표파의 전계강도가 큰 순서** : 해상→해안→평야→구릉→산악→시가지의 순이다.

5·2·4 대지 반사파

(1) **대지 반사파의 주요 주파수대** : 실제로 높이 1,000 [m] 이하에서 수 [km] 거리의 초단파 통신에 있어서 대지 반사파의 영향이 크다.

(2) **수평편파의 경우 전계강도** : 수평 공중선으로부터 30 [MHz] 이상의 초단파의 수평편파를 복사할 경우 가시거리내의 전계강도 E 는 직접파의 대지반사파의 벡터적 합성치가 된다.(반사계수＝－1)

$$E = 2E_0 \sin \frac{2\pi h_1 h_2}{\lambda d} \ [\text{V/m}]$$

단, E_0 : 자유 공간 최대 전계강도 $\left(= \frac{60\pi h_e I}{\lambda d} \ [\text{V/m}] \right)$

λ : 파장 [m]

d : 송수신점간의 거리 [m]

h_1 : 송신 공중선의 높이 [m]

h_2 : 수신 공중선의 높이 [m]

초단파의 낮은 주파수대(30 [MHz] 근처) 에서 원거리에서의 전계강도는 $\lambda d \gg h_1 h_2$ 의 조건을 만족시킬 때 $\frac{2\pi h_1 h_2}{\lambda d} \ll 1$이 되므로 $\sin\left(\frac{2\pi h_1 h_2}{\lambda d}\right) \fallingdotseq \frac{2\pi h_1 h_2}{\lambda d}$ 이다. 또, $E_0 \fallingdotseq \frac{7\sqrt{GP}}{d}$ 이므로 E 는 다음 식으로 주어진다.

$$\begin{aligned} E &= 2E_0 \sin \frac{2\pi h_1 h_2}{\lambda d} \\ &\approx 2 \times \frac{7\sqrt{GP}}{d} \times \frac{2\pi h_1 h_2}{\lambda d} \approx \frac{88\sqrt{GPh_1 h_2}}{\lambda d^2} \end{aligned}$$

즉, 전계강도 E 는

① 거리 d 의 자승에 반비례한다.

② 송수신 공중선 높이의 상승적의 평방근에 비례한다.

③ 파장에 반비례하여 커지나 너무 높은 주파수에 대해서는 $\lambda d \gg h_1 h_2$ 의 조건이 만족하지 않게 되므로 곤란하다.

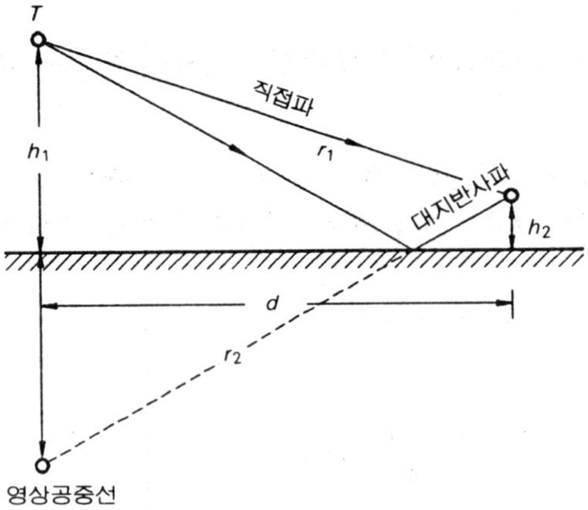

(a) 수평 공중선의 경우

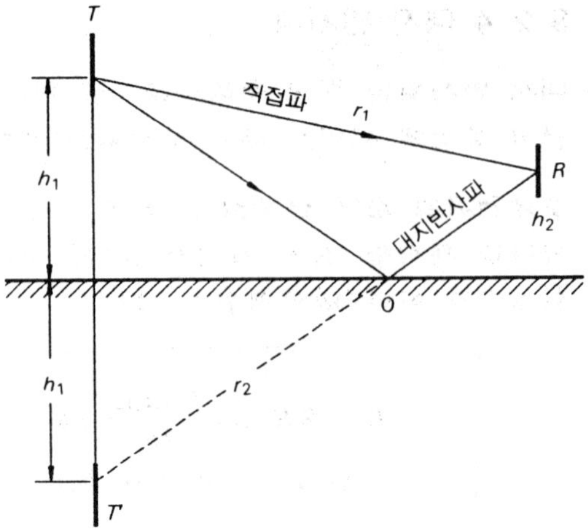

(b) 수직 공중선의 경우

〈그림 5-2〉 대지반사파의 전파

(3) 수직 편파인 경우 전계강도 : 반사계수 = +1

$$E = 2E_0 \cos\left(\frac{2\pi h_1 h_2}{\lambda d}\right)$$

이 식에서 $\lambda d \gg h_1 h_2$이면 $E = 2E_0$가 얻어진다.

예제 5-1 지상파의 전계강도(1)

평면대지상의 높이 300[m]의 송신 공중선에 주파수 200[MHz]로 10[kW]의 전력을 공급했을 때 여기서 30[km] 떨어진 지상고 4[m]인 점의 전계강도는? 단, 송신공중선의 수신점의 방향에 대한 상대이득은 8이며 대지의 반사계수는 -1이다. 지표파의 영향은 무시한다.

풀이 VHF 이상에서 지상파의 전계강도 E

$$E \fallingdotseq 2E_0 \sin\frac{2\pi h_1 h_2}{\lambda d}$$

위 식에서 E_0는 자유공간에서의 전계강도이다.

$$E_0 \fallingdotseq \frac{7\sqrt{GP}}{d} = \frac{7\sqrt{8\times10\times10^3}}{30\times10^3} = 6.6\times10^{-2}[\text{V/m}]$$

$$\sin\frac{2\pi h_1 h_2}{\lambda d} = \sin\frac{2\pi\times300\times4}{1.5\times30\times10^3} = \sin 0.17 \fallingdotseq 0.17$$

그러므로 수신전계강도 E는 다음과 같다.

$$E \fallingdotseq 2\times6.6\times10^{-2}\times0.17 \fallingdotseq 2.24\times10^{-2}[\text{V/m}]$$

[주] E_0를 표시할 때 문제에서 상대이득[dB]이 주어지는 경우 당연히 반파 다이폴에 대한 전계강도로 표시한다.

예제 5－2 지상파의 전계강도(2)

주파수 150 [MHz], 방사전력 50 [W] 의 전파를 지상고 50 [m], 상대이득 3 [dB] 의 송신 공중선에서 발사했을 때 지상고 10 [m] 에서 30 [μV/m] 의 전계강도가 생기는 수신점과 송신점간의 거리를 구하라.

풀이 $\lambda d \gg h_1 h_2$ 의 경우 전계강도 E

$$E = E_0 \frac{4\pi h_1 h_2}{\lambda d}$$

이때 $E_0 = \sqrt{49GP}/d$ 를 위 식에 대입하여 d 를 구하라.

$$d^2 = \frac{4\pi h_1 h_2}{E\lambda} \cdot \sqrt{49GP}$$

$$\therefore\ d = \left(\frac{4\pi h_1 h_2}{E\lambda}\right)^{1/2} (49GP)^{1/4}$$

상대이득 3 [dB] 은 $G=2$ 이다.

$$d = \left(\frac{4\pi \times 50 \times 10}{30 \times 10^{-6} \times 2}\right)^{1/2} \times (49 \times 2 \times 50)^{1/4} \approx (10^8)^{1/2} \times (7 \times 10)^{1/2} \approx 10^4 \times 8.3 = 83\ [\text{km}]$$

5·2·5 직접파

(1) 직접파의 주요 주파수대 : 직접파는 VHF대 이상에서 주로 사용된다.

(2) 가시거리(line of sight) : 직접파의 도달거리는 수평선(또는 지평선)에 의해서 제한을 받으므로 송수신 안테나의 높이를 높일 수록 가시거리는 멀어진다.

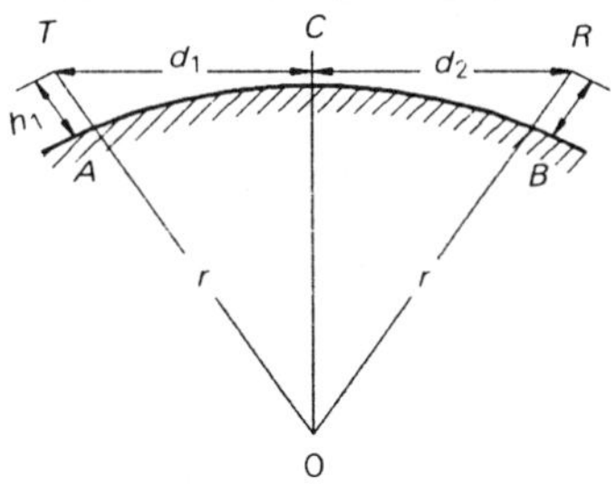

r : 실제 지구 반경(≒6370km)
h_1, h_2 : 송수신 공중선의 높이
d_1, d_2 : 수평선으로 부터 송수신 공중선까지의 거리

〈그림 5－3〉 기하학적 가시거리

① **기하학적 가시거리** : $d = \overline{TR}$

$$d = d_1 + d_2 \fallingdotseq \sqrt{2r}\,(\sqrt{h_1} + \sqrt{h_2})$$
$$\fallingdotseq 3.57\,(\sqrt{h_1} + \sqrt{h_2})\ [\mathrm{km}]$$

단, h_1 : 송신공중선의 높이 [m]

h_2 : 수신공중선의 높이 [m]

② **등가 지구 반경** : 표준 대기중에서 지구의 반경을 r, 전파통로의 곡률 반경을 R 이라고 하면

$$R \fallingdotseq \frac{4}{3} r$$

즉, 지구의 반경을 $(4/3)r$ 이라고 하면 전파는 직진한다고 생각해도 된다.

③ **전파의 가시거리(d')** : 전파의 가시거리는 표준대기에서 기하학적 가시거리보다 $\sqrt{4/3}$ 배 만큼 멀어지게 된다.

$$d' \fallingdotseq \sqrt{2R}\,(\sqrt{h_1} + \sqrt{h_2}) \fallingdotseq 4.11\,(\sqrt{h_1} + \sqrt{h_2})\ [\mathrm{km}]$$

단, h_1 : 송신공중선의 높이 [m]

h_2 : 수신공중선의 높이 [m]

[예] $h_1 = h_2 = 1$ [m] 이면 $d' \fallingdotseq 8.22$ [km] 이다.

(3) 프로파일 차트(Profile Chart) : 전파투시용지. 횡축은 송수신점간의 거리이고 종축은 수평면으로 부터의 높이를 표시한다. 대기의 굴절율이 수직방향으로만 변화하고 수평방향으로는 일정하다고 하고 송수신점을 포함한 대지에 수직인 지형단면을 그리면 전파통로상의 장애물에 대한 연구에 편리하다. 이 전파통로를 나타내는 지구 단면도가 프로파일 차트이다.

5·2·6 회절파

(1) **회절 현상** : Huygens의 원리. 전파의 통로에 장해물이 있을 경우 가시거리의 먼곳의 기하학적 음영부분까지 도달되는 현상이다.

(2) **프레넬 존(Fresnel zone)** : 전파통로상에 장해물이 있는 경우 전파는 회절작용에 의해 수신전계는 그 장해물의 크기와 파장에 의해 강약을 나타낸다. 이런 영향을 미치는 장해물 부근의 구간을 프레넬 존이라고 한다.

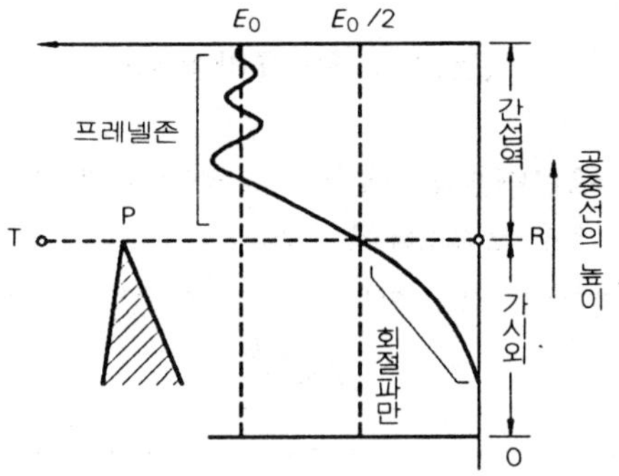

〈그림 5－4〉 프레넬 존

① 송수신점 TR간에 knife edge(쐐기형 장해물) P가 있을 경우 그 정점이 TR 선상에 있을 때 R점의 수신전계강도는 자유공간전계강도 E_0의 1/2이 된다.

② 가시선보다 낮은 수신점에서는 서서이 전계강도가 저하하는데 이는 이 영역에 회절파만이 존재하기 때문이다.

③ 가시선보다 높은 수신점에서는 서서이 전계강도가 커져서 자유공간 전계강도 E_0를 중심으로 그 값이 오르내리다가 점차로 일정값 E_0가 된다. 이 **가시선보다 윗쪽의 진동영역을 프레넬 존(Fresnel Zone)**이라고 한다.

④ **프레넬 존이 생기는 이유** : 직접파외에 P점에 의한 회절파가 존재하기 때문이며 양자의 합성전계가 수신점에서의 전계강도가 된다.

⑤ 가시선에서 최초로 전계강도가 극대점이 생기는 위치까지를 **제 1 프레넬대**, 최초의 극대점에서 최초의 극소점이 생기는 위치까지를 **제 2 프레넬대**, 같은 모양으로 제 3, 제 4…m 프로넬 대가 생긴다.

$$h_{S1} = \sqrt{\lambda \frac{d_1 d_2}{d}} \qquad (\text{단, } d = d_1 + d_2)$$

$$h_{sm} = \sqrt{m \lambda \frac{d_1 d_2}{d}}$$

(3) **클리어런스(clearance)** : knife edge와 전파통로와의 간격(h_c)을 말한다.

$$h_c = \frac{d_1 h_2 + d_2 h_1}{d} - \frac{d_1 d_2}{2R} - h'$$

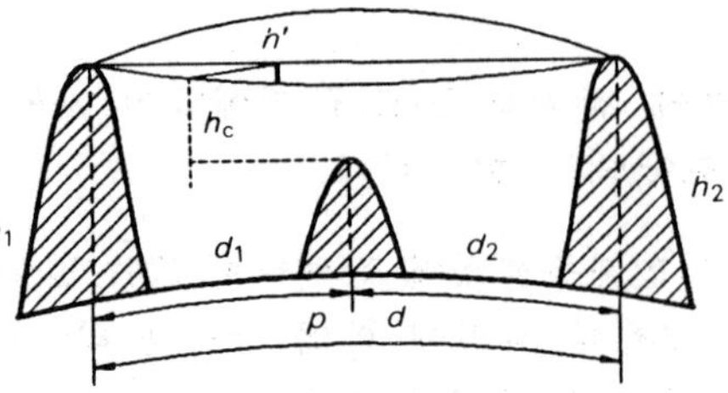

〈그림 5-5〉 클리어런스

(4) 클리어런스 프레넬비(클리어런스 계수) : 클리어런스 h_c와 제 1 프레넬 존의 반지름 h_{S1}과의 비를 말한다. 이를 μ로 표시하면,

$$\mu = \frac{h_c}{h_{s1}}$$

h_c의 부호는 가시거리내에서는 정(+), 가시거리외에서는 부(-)부호로 표시한다. 따라서 $\mu = 0$이면 가시거리와 같은 거리를 μ가 (+)부호이면 가시거리이내를, μ가 (-) 부호이면 가시거리 외를 표시를 한다.

(5) 회절계수(diffraction loss) : 회절이 없을 때의 전계강도를 E_0, 회절이 있을 때의 전계강도를 E_r이라고 할 때 회절계수 Z는 다음식으로 정의된다.

$$Z = \frac{E_r}{E_o}$$

이 회절계수는 반사계수와 마찬가지로 복소량이다.

(6) 회절 손실(diffraction loss) : 회절 손실 L_d는 다음 식으로 정의된다.

$$L_d = \frac{1}{Z^2}$$

$$[L_d] = -20 \log_{10} Z \text{ [dB]}$$

회절계수 Z와 클리어런스 계수 μ와의 근사관계식을 구하면,

$$Z \fallingdotseq \left| \frac{1}{2\pi\mu} \right|$$

$$[L_d] = 20 \log|\mu| + 16 \text{ [dB]}$$

예제 5－3　회절 손실 [Ld] 구하기

그림과 같이 $d_1 = 1.4$ [km], $d_2 = 3.6$ [km], $h_c = -55$ [m], $\lambda = 0.15$ [m] 라고 할 때

(1) 제 1 프레넬 존의 반지름(h_{S1})

(2) 클리어런스 계수(μ)

(3) 회절 계수(Z)

(4) 회절 손실 [L_d] [dB]

을 구하라.

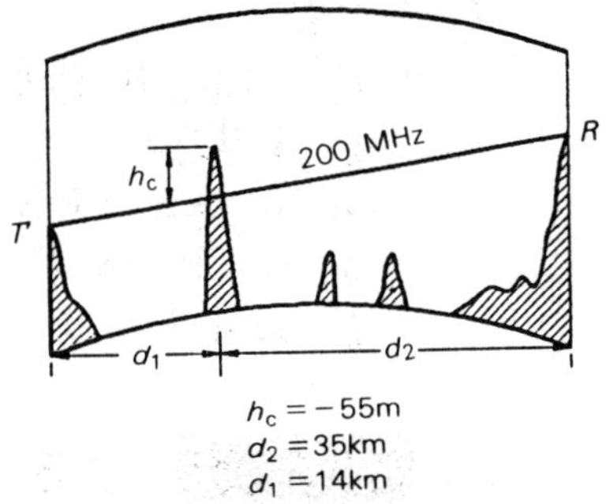

〈그림 5－6〉

풀이 (1) 제 1 프레넬 존의 반지름 h_{S1}

$$h_{S1} = \sqrt{\lambda \frac{d_1 d_2}{d_1 + d_2}} = \sqrt{0.15 \frac{1.4 \times 10^4 \times 3.6 \times 10^4}{5 \times 10^4}} = 39 \text{ [m]}$$

(2) 클리어런스 계수 μ 구하기

$$\mu = \frac{h_C}{h_{S1}} = -\frac{55}{39} = -1.4 \ (< -1)$$

(3) 회절 계수(Z)

$$Z \fallingdotseq \left| \frac{1}{2\pi\mu} \right| = 0.113$$

(4) 회절 손실 [L_d] [dB]

$$[L_d] = -20 \log Z = 19 \text{ [dB]}$$

또는

$$[L_d] = 20 \log|\mu| + 16 \text{ [dB]} = 19 \text{ [dB]}$$

(7) **산악회절이득(obstacle gain)** : VHF대에 있어서 송수신점의 중간에 높은 산악이 있으면 일반적으로 수신전계는 산악이 없는 경우보다 적어지지만 때에 따라서는 산악회절에 의해 산악이 없는 경우가 더 커질 때도 있다. 이를 산악회절이득(G_M)이라고 한다.

$$G_M \equiv \frac{\text{산악이 존재할 때의 전계강도 } (E_R)}{\text{산악이 존재하지 않을 때의 전계강도 } (E_{R0})}$$

이 산악회절 이득은 회절손실 Z 값에 따라 정해진다. 이 이득은 송수신점간의 중앙에 산악이 있는 때에 최대이다.

$$E_R = 4 E_o Z \sin \frac{2\pi h_1 h_0}{\lambda d_1} \cdot \sin \frac{2\pi h_2 h_0}{\lambda d_2}$$

$$E_{R0} = 2 E_0 \sin \frac{2\pi h_1 h_2}{\lambda (d_1 + d_2)}$$

$$E_0 \doteqdot \frac{7\sqrt{GP}}{d}$$

단, E_0 : 자유공간 전계강도

Z : 회절계수

d_1, d_2 : 송수신점에서 산악까지의 거리

h_1, h_2 : 송수신 공중선의 높이

h_o : 산악의 높이

예제 5－4 회절계수 Z 구하기

그림의 A점에서 발사된 초단파의 전파가 C 점에서 회절해서 B 점에 도달하는 경우 송신공중선의 높이 h_1 및 수신공중선의 높이 h_2를 각각 가감해서 수신 전계강도 E가 최대가 되게 하였드니 E는 A, B 2점간의 자유공간전계강도 E_o의 1/5이 되었다. C 점에서의 회절계수를 구하라. 단, 대지의 반사계수는 －1이고, d_1과 d_2는 h_1, h_2 그리고 h_0의 어느 것보다도 충분히 크다고 한다.

풀이 회절 계수를 Z라고 하면 수신전계강도 E는

$$E = 4E_0 Z \sin\frac{2\pi h_1 h_0}{\lambda d_1} \cdot \sin\frac{2\pi h_2 h_0}{\lambda d_2} \quad \cdots\cdots ①$$

문제에서 h_1을 가감하여 E가 최대로 된 경우

$$\sin\frac{2\pi h_1 h_0}{\lambda d_1} = 1 \quad \cdots\cdots ②$$

같은 방법으로 h_2를 가감하여 E가 최대로 된 경우

$$\sin\frac{2\pi h_2 h_0}{\lambda d_2} = 1 \quad \cdots\cdots ③$$

이 아니면 안된다. ② 와 ③ 식이 성립하면 ① 식은 다음과 같이 된다.

$$E = 4E_0 Z$$

문제에서 $E = E_0/5$ 이므로

$$\frac{E_0}{5} = 4E_0 Z$$

$\therefore$ $Z = 0.05$ 또는 $Z = -26$ [dB]

5·2·7 전파 전파로의 특성

(1) 전송 손실(transmission loss)의 정의

$$\text{전송 손실} = \frac{\text{송신기 출력}}{\text{송신기 입력}}$$

(2) 전파 손실(propagation loss) : 송·수신 공중선을 등방성 공중선으로 대치하였을 때의 전송 손실을 말하며 기본전송손실(basic transmission loss)이라고도 한다.

$$\text{전송 손실}(\Gamma) = \frac{\text{등방성 송신공중선의 복사전력}(P)}{\text{등방성 수신공중선의 흡수전력}(P_{ro})}$$

(3) 자유공간 전파손실(free space propagation loss) : 송·수신 공중선 간의 거리와 파장에 의해서 결정된다.

$$\text{자유공간 전파손실}(\Gamma_o) = \frac{P}{P_{ro}} = \left(\frac{4\pi d}{\lambda}\right)^2$$

일반적인 경우의 전파손실은 자유공간 전파손실 Γ_o에 대지의 영향에 의한 부가전파손실 Γ_p을 곱한 값이다.

$\Gamma = \Gamma_o \cdot \Gamma_p$ [neper]

$\Gamma = \Gamma_o + \Gamma_p$ [dB]

(4) 스팬 손실(span loss) : 송·수신 안테나가 등방성이 아닌 일반 안테나인 경우 송신기의 출력단자와 수신기 입력 단자간의 전파 손실이다.

$$\text{스팬 손실}(L_s) = \frac{\text{송신기 출력}(P_t)}{\text{수신기 입력}(P_r)} = \left[\frac{L_1 L_2}{G_1 G_2}\right][\Gamma]\,[X]$$

단, L_1, L_2 : 송·수신 급전선 손실

G_1, G_2 : 송·수신 안테나 이득

Γ : 전파 손실

X : 안테나 효과(안테나의 지향성에 기인하는 부가손실)

스팬 손실은 송·수신 급전선의 손실, 전파손실 및 안테나 효과등에 비례하고 이득에 반비례한다.

(5) 실효 전파손실(Γ_e) : 전파손실(Γ)과 안테나 효과(X)와의 적(積)이다.

$$\text{실효전파손실}(\Gamma_e) = \Gamma \cdot X = \Gamma_0 \cdot \Gamma_p \cdot X$$

(6) 실효 부가 전송손실(Γ_{pe}) : 자유공간 전파손실에 부가되는 손실 $\Gamma_p X$를 말한다.

5·3 대류권 전파

5·3·1 대류권의 특성

(1) **대류권(troposphere)** : 대류권이란 지표면으로 부터 약 10~12 [km] 이하의 범위에서 대기의 대류 현상이 일어나서 구름, 비, 안개등의 기상변화가 일어나는 영역을 말한다.

(2) **기상의 3요소**

① 기압　② 기온　③ 습도

기상의 3요소의 공간적, 시간적 변화는 대기의 유전율 변화의 요인이되고 이 변화는 굴절율의 변화를 일으켜 전파의 전파상태에 영향을 준다. 실제에 있어서는 기압보다 기온과 습도의 변동이 대류권 전파에 더 많은 영향을 준다.

5·3·2 대류권의 굴절율

(1) **대류권에서의 스넬의 법칙**

① **스넬(snell)의 법칙** : 굴절율 n_0 와 n_1 인 2개의 매질이 서로 평면적으로 접하고 있을 때

$$n_0 \cdot \sin\beta_0 = n_1 \cdot \sin\beta_1$$

또는

$$n_0 \cdot \cos\alpha_0 = n_1 \cdot \cos\alpha_1$$

단, β_0, β_1은 복사선과 법선과 이루는 각
　α_0, α_1은 복사선과 경계선이 이루는 각

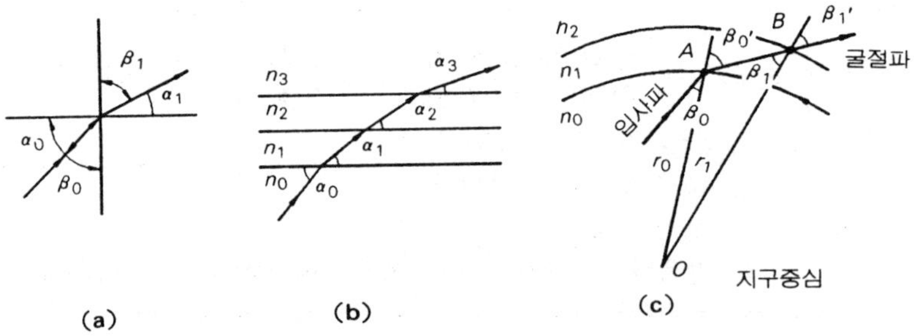

〈그림 5-7〉 구면 대기에서의 스넬의 법칙

② **실제 대기층에서의 일반화한 스넬의 법칙** : r_o는 지구 반지름, h는 송신 공중선의 높이, $r = r_o + h$ 라고 하면,

$$nr\cos\alpha = n_o r_o \cos\alpha_0$$

(2) 수정 굴절율(modified index of refraction)

① **수정굴절율(m)** : r_0는 지구 반지름, h는 송신 공중선의 높이, $r=r_0+h$이다. n은 대기의 굴절율이다.

$$n\left(1+\frac{h}{r_0}\right) \fallingdotseq n+\frac{h}{r_0} \equiv m$$

② M단위 수정굴절율(M)

$$M = \left(n+\frac{h}{r_0}-1\right) \times 10^6$$

5·3·3 등가 지구 반지름

(1) 등가 지구 반지름의 정의 : 전파는 굴절율의 변화에 따라 진행방향이 휘여진다. 즉, 전파통로는 휘여지나 계산의 편의상 전파는 직진한다고 하고, 그 대신 지구의 곡률반경을 실제보다 크게 생각한다.

등가 지구 반지름 = k × 실제의 지구의 반지름

여기서 k는 지구등가 반지름 계수이다. 이 k는 지구의 위도와 관계된다.

① 온대지방(중위도) : k = 4/3

② 한대지방(고위도) : k = 6/5～4/3

③ 열대지방(저위도) : k = 4/3～3/2

(2) 표준대기의 굴절율의 변화

① 〈그림 5-7〉의 (a) : 지구의 실제 반지름을 사용할 때(반경=r) 굴절율 n은 높이 올라 갈수록 감소한다. 표준상태에서 전파통로가 아랫쪽으로 구부러진다.

② 〈그림 5-7〉의 (b) : 지구의 등가 반지름을 사용할 때(반경=kr) 등가 굴절율 n'는 높이와 무관하게 일정하다.

③ 〈그림 5-7〉의 (c) : 지구의 표면을 평면이라고 할 때($k=\infty$) 수정 굴절율 M이 높이와 함께 증가하여 표준 대기하에서 전파통로는 위로 구부러진다.

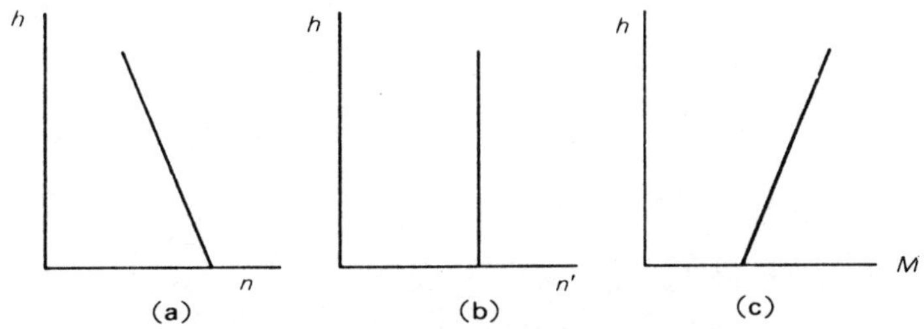

〈그림 5-8〉 표준 대기의 굴절율의 변화

5·3·4 라디오 덕트(radio duct)

(1) **M 곡선** : 수정굴절율 M의 값이 변화를 높이에 관해서 그린 곡선으로 초단파 통로의 굴절상황을 알 수 있다. 이 M곡선을 6종류의 대표적인 모양으로 분류된다.

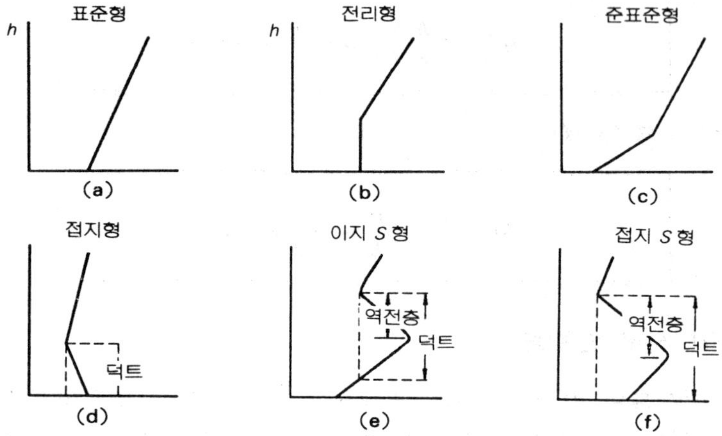

〈그림 5－9〉 M곡선의 종류

① 〈그림 5－9〉의 (a)는 표준대기에 대한 M곡선이고 나머지 5가지는 비표준대기의 M곡선이다.

② 〈그림 5－9〉의 (d), (e), (f) 에서와 같이 어떤 높이에서 올라갈수록 M이 감소하는 부분은 상층에서 굴절율 n이 급격히 감소하는 곳으로 이 **굴절율의 역전층은 라디오 턱트(radio duct)라고 한다.**

(2) **라디오 덕트의 발생 원인** : 라디오 덕트가 발생하는 원인은 기온 역전이므로 대기 상층부가 하층부보다 고온 또는 저습도가 되었을 때 발생한다.

① 전선(前線)에 의한 회로
② 이류(移流)에 의한 회로
③ 야간 냉각에 의한 덕트
④ 침강(하강 기류가 생기는 현상)에 의한 덕트
⑤ 대양상(大洋上)의 덕트(또는 건조 덕트)

5·3·5 대류권 산란전파

(1) 가시거리의 전파 : 3종의 전파형식이 있다.

① **전리층 산란전파(ionospheric scatter propagation)** : 약 80 [MHz] 이하의 주파수에 있어서 중계없이 1000～2,000 [km] 의 장거리 통신에 이용될 수 있으나 전파도중 찌그러짐이 많이 발생하여 안전도가 나빠 그 이용이 제한된다.

② **산악 회절전파** : 산악 회절 이득에 의해서 큰 수신전계를 얻을 수 있다. 그러나 이 회절 이득을 송・수신점의 중간에 산악과 같은 장해물이 있을 때에만 나타난다.

③ **대류권 산란전파** : 장해물 유무에 관계없이 초가시거리(over the horizon) 범위에 있는 지상의 송・수신점간에 이용될 수 있는 전파로이다.

(2) 대류권 산란전파의 특징

① 지리적 조건에 영향을 받지 않는다.

② 수신 전계는 불규칙하게 변하나, 비교적 안정하다.
(다이버시티 방식에 의해 실용화 가능)

③ 적당한 사용 주파수는 200～300 [MHz] 이다.

④ 기본 전파 손실은 300 [km] 에서 약 180～220 [dB] 로 매우 크다.

⑤ 산란영역이 매우 광범위하므로 지향성이 예민한 안테나로는 오히려 수신전계강도는 저하해 버리므로 대출력의 송신기가 필요하다.

5·3·6 대류권의 페이딩

(1) **감쇠형 페이딩** : 전파가 대기중에서 비, 구름, 안개등에 의한 흡수 또는 산란상태가 변화하여 발생되는데 이는 10 [GHz] 의 주파수대에서 현저하다.

(2) **신틸레이션(scintillation)형 페이딩** : 대기층의 동요, 강풍에 의한 기단의 변화 등의 기상 상태의 소변화에 의하여 발생한다.

① 이 페이딩의 전계강도 평균 레벨의 변화는 수 [dB] 이하로 작은 진폭을 갖으며 수 초에서 수십초 정도의 짧은 주기를 갖는다.

② 파장이 짧을 수록, 송수신점간의 거리가 클 수록 또 덩어리가 많을 수록 전계변동의 폭은 크다.

(3) **K형 페이딩** : 대기 굴절율 분포의 변화에 의해 전파 통로가 변화함에 따른 페이딩이다.

① **간섭성 K형 페이딩** : 등가지구 반지름 계수 K 의 변화에 의해서 직접파와 대지반사파의 통로차가 변하여 위상차가 생기므로 발생하는 페이딩이다.

② **회절성 K형 페이딩** : 대지등에 의한 회절상태가 기상조건에 따라 변화하기 때문에 발생한다.

주기면에서 보면 간섭형은 짧고, 회절형은 극히 완만하다.

(4) **덕트성 페이딩** : 전파전파 통로내에 온도 혹은 습도 따위에 의한 역전층이 발생하고 이 역전층을 전파가 통과할 때 반사파와 직접파의 간섭에 의해서 생긴다. 주기는 극히 짧고, 전계강도의 변화는 수십 [dB] 정도이다.

(5) 산란형 페이딩 : 산란형은 해면반사파나 가시외 산란파에서 보는 것과 같이 불규칙으로 변동하는 많은 다중로파가 합성되고 그들의 상호간섭에 의해서 생기는 페이딩이다.

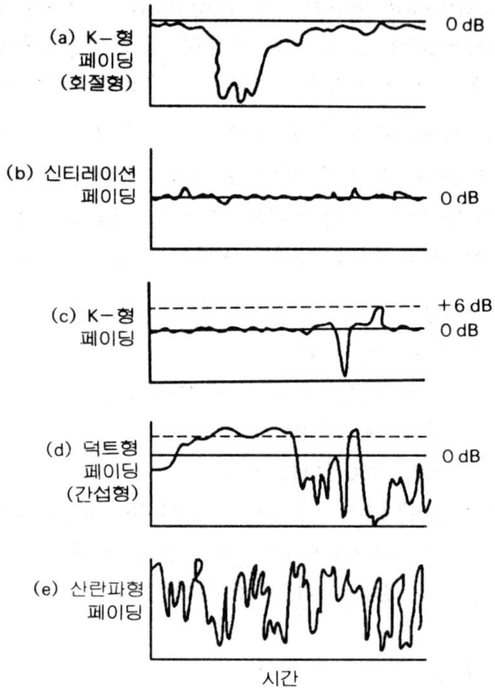

〈그림 5－9〉 대류권의 페이딩

출 제 예 상 문 제

1. 대지의 융기부나 기타 지상에 있는 전파장애물을 지나 수신점까지 도달하는 전파는?

가. 지표파　　나. 회절파

다. 대류권 산란파　　라. 직접파

해설 전파 통로에 따른 분류

- 지상파
  - 직접파
  - 반사파
  - 지표파
  - 회절파
- 공간파
  - 대류권파
    - 대류권 굴절파
    - 대류권 산란파
  - 전리층파
    - 전리층 반사파
    - 전리층 활행파
    - 전리층 산란파

① **직접파** : 송신점에서 수신점에 직접 도달하는 전파
② **반사파** : 대지, 건물, 반사판, 산악 등에서 반사한 후 수신점에서 도달하는 전파
③ **지표파** : 도전성인 지구표면을 따라서 전파하여 가는 전파
④ **회절파** : 대지의 융기부나 지상에 있는 전파 장애물을 넘어서 수신점에 도달하는 전파
⑤ **대류권 굴절파** : 초굴절 현상에 의한 전파
⑥ **대류권 산란파** : 대기의 와류에 의한 유전율의 급격한 변동으로 인한 산란현상에 의한 전파
⑦ **전리층 반사파** : E층 혹은 F층 등의 전리층에서 반사되어 수신점에 도달하는 전파
⑧ **전리층 활행파** : 전리층을 따라서 전파하는 전파
⑨ **전리층 산란파** : E층 하부의 전자밀도의 불균일에 의한 산란현상에 의한 전파

2. 다음 각 주파수대의 주요 전파중에서 틀리는 것은?

가. 초단파대－직접파와 반사파　　나. 마이크로파대－직접파와 전리층파

다. 장・중파대－지표파　　라. 단파대－전리층파

해설 각 주파수대의 주요 전파(傳播)의 관계

① 장파, 중파대 : 지표파　　② 단파대 : 전리층파
③ 초단파대 : 직접파와 반사파　　④ 마이크로파대 : 직접파

3. 장・중파대에서 주가되는 지상파는?

가. 직접파　　나. 대지반사파

다. 지표파　　라. 회절파

4. 작은 전력으로 중계국 없이 원거리 통신을 하기 위하여 가장 능률이 좋은 것은?

가. 중파　　나. 단파

다. 초단파　　라. 극초단파

해설 소전력으로 원거리 통신을 하는 것은 단파의 장점이다. 중파는 지표파 회절파동을 이용하고 초단파는 가시거리내의 통신에 사용된다.

해답 1. 나　2. 나　3. 다　4. 나

5. 전파의 스펙트럼(spectrum)은 몇개의 주파수대로 구분하는가?
가. 5　　나. 7　　다. 9　　라. 12

6. 전파의 양식 중 지상파에 속하지 않는 것은?
가. 직접파　　나. 대지 반사파
다. 회절파　　라. 대류권 굴절파

7. 시계파(공간파)란?
가. 직접파+지면 반사파　　나. 직접파+회절파
다. 직접파+지표파　　라. 직접파+전리층파

8. 다음은 그림의 전파양식을 설명한 것이다. 틀린 것은?
가. ㉮ : 전리층 반사파
나. ㉯ : 직접파
다. ㉰ : 지면 반사파
라. ㉱ : 회절파

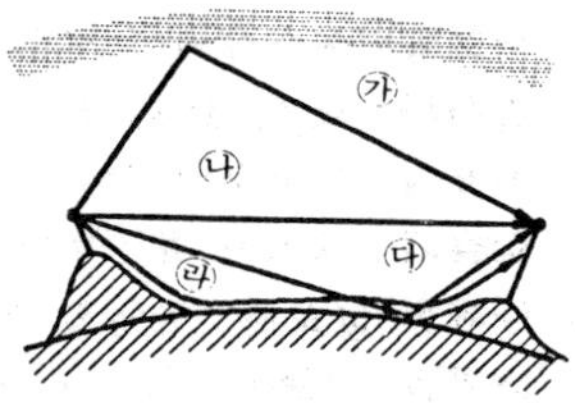

해설 지표파이다.

9. 다음 중 지표파에 관한 설명으로 틀리게 설명된 것은?
가. 산악이나 시가지보다 해상이 감쇠를 적게 받는다.
나. 중파이하에서 많이 이용된다.
다. 수평편파쪽이 감쇠가 적다.
라. 유전율이 클 수록 감쇠를 많이 받는다.

해설 지표파의 성질 요약
① 대지의 도전율이 클 수록 감쇠가 적어진다.
② 유전율이 작을 수록 감쇠가 적어진다.
③ 전파는 해상에서 가장 잘 전파하여 평지, 구릉, 산악, 시가지, 사막 순으로 감쇠가 커진다.
④ 지표파는 장·중파대에서 감쇠가 적다.
⑤ 수평편파는 대지에서 단락되기 때문에 큰 감쇠를 받는다.(지표파에서 전파해 가는 것은 거의 수직성분이다.)

10. 지표파 전파의 특징 중 틀린 것은?
가. 지면도중의 凸凹에 별로 영향을 받지 않는다.
나. 대지의 도전율이 클 수록 멀리까지 전파한다.
다. 주파수가 높을 수록 멀리까지 전파한다.
라. 수직편파가 잘 전파한다.

해설 지표파는 주파수가 낮을 수록 수직편파쪽이 멀리 전달되며 도전율이 클 수록 유전율이 작을 수록 멀리까지 도달한다.

해답 5. 다　6. 라　7. 가　8. 라　9. 다　10. 다

11. 장파 중파대에서 전파에 의해서 전파되는 전파 중 가장 많이 감쇠를 받는 매질은?

가. 해수　　나. 담수
다. 습지　　라. 건지

해설 전파는 해상을 가장 잘 전파하며 평지, 구릉, 산악, 시가지 등의 순으로 감쇠가 크다.

12. 지표파의 전파에 가장 좋은 것은?

가. 평야　　나. 해상
다. 산악 지대　　라. 시가지대

해설 지표파의 감쇠는 해상 수면상(늪) 평지, 구릉, 산악, 시가지, 사막의 순으로 커지게 된다.

13. 지표파의 주된 성질은 다음과 같다. 잘못 설명된 것은?

가. 대지의 도전율이 클 수록 전파의 감쇠는 적다.
나. 수평편파 보다 수직편파의 쪽이 감쇠가 크다.
다. 지표로부터 높이가 높을 수록 지표파 성분은 작아진다.
라. 장, 중파대에서 유용하다.

해설 지표파는 수평편파 보다 수직편파의 쪽이 감쇠가 작다.

14. 지표파에 대한 대지의 영향 중 틀린 것은?

가. 대지의 도전율 σ가 클 수록 전계 E가 커진다.
나. 대지의 유전율 ε가 클 수록 전계 E가 커진다.
다. 지표파의 전계강도가 큰 순서대로 대지의 종류를 들면 해상→해안→평야→구릉→산악→시가지의 순으로 된다.
라. 대지의 만곡 때문에 가시선 이하의 그늘진 곳의 전계강도는 상당히 약해지지만 회절 때문에 어느 정도의 전계강도가 얻어진다.

해설 **지표파의 대지에 대한 영향** : 대지의 도전율이 σ가 클 수록 전파의 감쇠가 적고, 대지의 유전율 ε이 적을 수록 감쇠가 적어진다. 해상－해안－평야－구릉－산악－시가지 순으로 감쇠가 크다.

15. 송・수신 안테나 길이가 각각 1 [m] 일 때 직접파의 통달거리는?

가. 8.22 [km]　　나. 4.11 [km]
다. 3.57 [km]　　라. 7.14 [km]

해설 기하학적 가시거리 $d = 3.57(\sqrt{h_1} + \sqrt{h_2})$ [km]
전파의 가시거리 $d = 4.11(\sqrt{h_1} + \sqrt{h_2})$ [km]

16. 송 수신공중선의 높이가 각각 9 [m] 및 4 [m] 일 때 직접파 통신이 가능한 최대 송수신거리는 얼마가 되는가?

가. 17 [km]　　나. 19 [km]
다. 21 [km]　　라. 25 [km]

해답 11. 라　12. 나　13. 나　14. 나　15. 가　16. 다

17. 초단파 통신에서 송・수신 안테나의 높이가 각각 32 [m], 25 [m] 일 때 전파가 도달될 수 있는 거리는 ?

가. 52.5 [km]　　나. 43.8 [km]

다. 35.6 [km]　　라. 20 [km]

해설 직접파는 대지면에 접촉함이 없이 송신공중선으로부터 직접수신 공중선에 도달하는 전파이다.

기하학적 가시거리 $d=d_1+d_2$

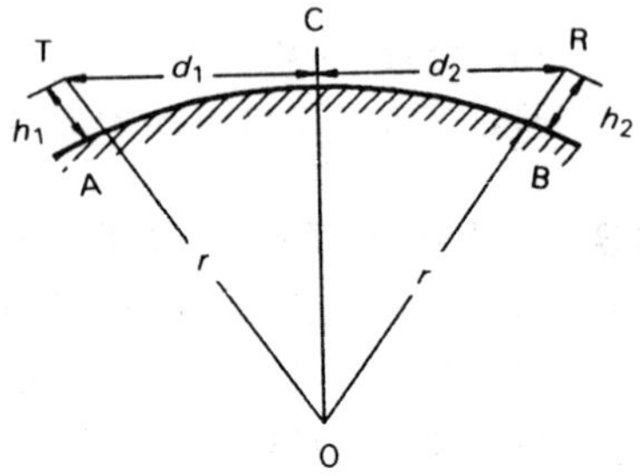

$\overline{TC} \fallingdotseq \overline{AC} \fallingdotseq d_1$, $\overline{RC}=\overline{BC} \fallingdotseq d_2$

$d_1=\sqrt{(h_1+r)^2-r^2}$　　$d_2=\sqrt{(h_2+r)^2-r^2}$

$2h_1r \gg h_1^2$, $2h_2r \gg h^2$ 이므로

$d_1 \fallingdotseq \sqrt{2h_1r}$　　$d_2 \fallingdotseq \sqrt{2h_2r}$

$d = \sqrt{2r}(\sqrt{h_1}+\sqrt{h_2}) \fallingdotseq 3.57(\sqrt{h_1}+\sqrt{h_2})$ [km]

여기서 지구의 등가반경 $R \fallingdotseq \frac{4}{3}r$ 이므로

$d' \fallingdotseq \sqrt{2R}(\sqrt{h_1}+\sqrt{h_2}) \fallingdotseq 4.11(\sqrt{h_1}+\sqrt{h_2})$ [km]

이것을 전파의 가시거리라 한다.

$\therefore\ d = 4.11(\sqrt{32}+\sqrt{25}) \fallingdotseq 43.8$ [km]

18. 높이 1023 [m] 되는 고지에 송신 파라보릭 안테나를 설치하였다. 전파의 가시거리 205.55 [km] 되는 지점에 수신 아니테나를 설치하고자 한다면 수신 안테나의 최소한 높이는 얼마로 하여야 되겠는가? (단, 두 지점간의 대지는 평탄하다고 가정한다)

가. 225 [m]　　나. 325 [m]

다. 347 [m]　　라. 700 [m]

해설 전파가시거리$(d) = 4.11(\sqrt{h_1}+\sqrt{h_2})$ [km]

$205.55 = 4.11(\sqrt{1023}+\sqrt{h_2}) = 131.45 + 4.11\sqrt{h_2}$ [km]

$\sqrt{h_2} = \frac{74.1}{4.11} = 18.03$[km]

$h_2 = 325$[m]

19. 등가지구 반경계수 설명 중 틀린 것은 ?

가. 프로 파일(Rrofile)에 사용

나. 표준대기에서 그 값은 4/3을 택한다.

다. 전파시계 거리를 생각할때 만곡한 전파로를 직선으로 간주한다.

라. 광학적 시계거리를 구할때 사용한다.

해설 지구의 등가반경은 표준대기에서 그 값을 $k = \frac{4}{3}$ 로 택한다. 이 때문에 전파의 가시거리는 기하학적 가시거리보다 신장된다.

해답 17. 나　18. 나　19. 라

20. 지구의 실제 반경을 r, 등가 반경을 R, 또 지구의 등가반경 계수를 K 라 할 때 이들은 어떤 관계식을 갖는가?

가. $R = Kr$　　나. $R = Kr^2$

다. $R = \dfrac{r}{K}$　　라. $K = Rr$

해설 등가 반경계수 $K = \dfrac{\text{등가 지구반경}(R)}{\text{실제의 지구반경}(r)}$ 등가반경계수 K는 온대지방에서는 $\dfrac{4}{3}$,

열대지방에서는 $\dfrac{4}{3} \sim \dfrac{3}{2}$, 한대지방에서는 $\dfrac{6}{5} \sim \dfrac{4}{3}$ 정도 되며 계절이나 기상에 따라 변한다.

21. 전파의 가시거리(Line of Sight)를 전파할 때 지구의 등가반경(R)을 어떻게 해 주면 전파통로는 직선으로 취급할 수 있는가? (단, R_0는 지구의 실지반경)

가. $R = R_0/2$　　나. $R = R_0^2$

다. $R = R_0/3$　　라. $R = 4/3 \times R_0$

해설 표준대기에서의 지구등가 반경계수 $k = \dfrac{4}{3}$ 로 한다.

지구등가반경 $R = k \times R_0 = \dfrac{4}{3} \times R_0 = \dfrac{4}{3} \times 6370\,[\text{km}] = 85000\,[\text{km}]$

전파의 통로를 직선으로 취급하려면 지구등가 반경계수를 지구반경의 곱으로 나타내며 이것을 지구의 등가반경이라고 한다.

22. 등방성 공중선(isotropic antenna)에서 전력 P가 복사된다면 중심으로 부터 반지름 r인 점의 전계강도는?

가. $E = \dfrac{120\sqrt{P}}{r}$　　나. $E = \dfrac{30\sqrt{P}}{r}$

다. $E = \dfrac{\sqrt{30P}}{r}$　　라. $E = \dfrac{\sqrt{45P}}{r}$

해설 등방성 공중선은 전방향으로 동일하게 복사하므로 복사전력밀도, 즉 poynting vector의 크기는

$$P_P = \frac{E^2}{120\pi} = \frac{P}{4\pi r^2}$$

따라서 등방성 공중선의 전계강도

$$E = \frac{\sqrt{30P}}{r} \fallingdotseq \frac{5.5\sqrt{P}}{r}\,[\text{V/m}] \approx \frac{173\sqrt{P\,[\text{kW}]}}{r\,[\text{km}]}\,[\text{mV/m}]$$

23. 전파 투시도(profile map)에 관하여 옳지 못한 것은?

가. 전파통로상에서 수평방향의 장애물에 관하여 살펴볼 때 사용한다.

나. 송수신점을 포함한 대지에 수직인 지형 단면도이다.

다. 전파통로는 직선으로 본다.

라. 등가지구 반계계수 K를 고려하여 그린다.

해답 20. 가　21. 라　22. 다　23. 가

해설 수평방향이 아닌 수직방향이다. 이 전파 투시도의 횡축은 송·수신점간의 거리를 종축은 수평면으로부터의 높이를 표시한다. 등가지구 반지름계수 $k=\frac{4}{3}$ 로 하여 만들어진 것으로 직선으로 전파통로를 그린 것이다. 이로부터 장해물이 전파통로를 방해 하는지의 여부를 판단한다.

24. 헬쯔 더브레트(Hertz doublet) 수신공중선으로부터 r[m] 떨어진 지점의 복사전력 P[W]일 때 최대 전계강도 E[V/m]는?

가. $E=\frac{\sqrt{30P}}{r}$　나. $E=\frac{\sqrt{45P}}{r}$　다. $E=\frac{\sqrt{49P}}{r}$　라. $E=\frac{\sqrt{90P}}{r}$

해설 헬쯔 더브레트 수신 공중선의 전계강도

$$E=\frac{\sqrt{45P}}{r}\cdot \sin\theta \doteqdot \frac{6.7\sqrt{P}}{r}\cdot \sin\theta\,[\text{V/m}]$$

윗 식에서 최대지향성 방향에 대해 $\sin\theta=1$ 이므로

$$\therefore E \doteqdot \frac{6.7\sqrt{P}}{r}\,[\text{V/m}]$$

25. $\lambda/4$ 수직 접지 공중선으로 부터 r[m] 떨어진 점의 전계강도 E[V/m]는?

가. $E\doteqdot\frac{5\sqrt{P}}{r}$　나. $E\doteqdot\frac{6.7\sqrt{P}}{r}$　다. $E\doteqdot\frac{7\sqrt{P}}{r}$　라. $E\doteqdot\frac{9.8\sqrt{P}}{r}$

해설 $E=\frac{120\pi I h_e}{\lambda r}=\frac{60I}{d}\doteqdot\frac{9.8\sqrt{P[\text{W}]}}{r[\text{m}]}[\text{V/m}]\doteqdot\frac{313\sqrt{P[\text{kW}]}}{r[\text{kW}]}[\text{mV/m}]$

26. 반파장 공중선의 복사전력이 P_r[W]일 때 거리 r[m] 떨어진 지점의 전계강도 E[V/m]는?

가. $E\doteqdot\frac{5.5\sqrt{P_r}}{r}$　나. $E\doteqdot\frac{6.7\sqrt{P_r}}{r}$

다. $E\doteqdot\frac{7\sqrt{P_r}}{r}$　라. $E\doteqdot\frac{9.8\sqrt{P_r}}{r}$

해설 반파장 공중선은 등방성 공중선에 대하여 1.64배(2.14dB)의 이득을 가지고 있다.

$$E=\frac{\sqrt{30\times 1.64P_r}}{r}=\frac{\sqrt{49.20P_r}}{r}\doteqdot\frac{7\sqrt{P_r}}{r}\,[\text{V/m}]$$

또는

$$E\doteqdot\frac{222\sqrt{P[\text{kW}]}}{r[\text{km}]}\,[\text{mV/m}]$$

반파장 공중선의 실효높이 he로 구하면 수신전계 E는

$$E=\frac{60\pi h_e I}{\lambda r}\cdot\sin\theta=\frac{60\pi\left(\frac{\lambda}{\pi}\right)I}{\lambda r}\cdot\sin\theta=\frac{60I}{r}\cdot\sin\theta\,[\text{V/m}]$$

최대 복사 방향에 대해

$$E=\frac{60I}{r}\,[\text{V/m}]$$

해답 24. 나　25. 라　26. 다

27. 주파수 150 [MHz] 의 전파를 높이 100 [m] 의 공중선에서 방사하고 있을 때 송신점에서 거리 20 [km] 의 지상고 10 [m] 의 지점에서의 전계강도 E 는? 단, 송신공중선 전력은 30 [W], 절대이득 6 [dB] 이다.

가. 0.471 [mV/m]　　나. 0.942 [mV/m]
다. 1.382 [mV/m]　　라. 2.243 [mV/m]

해설 지상파의 전계강도 E 는

$$E = 2E_o \sin\frac{2\pi h_1 h_2}{\lambda d}$$

윗 식에서 $\dfrac{2\pi h_1 h_2}{\lambda d} = \dfrac{2\pi\times100\times10}{2\times20\times10^3} = 0.157$ 이므로

$\sin\dfrac{2\pi h_1 h_2}{\lambda d} \fallingdotseq \dfrac{2\pi h_1 h_2}{\lambda d}$ 이다.

① 자유공간에서의 전계강도

$$E_0 = \frac{\sqrt{30GP}}{d} = \frac{\sqrt{30\times4\times30}}{20\times10^3} = \frac{30\times2}{2\times10^4} = 3\times10^{-3}$$

② 절대이득 6 [dB] 은 $6 = 10\log_{10}G$ 의 식에 의해 $G = 4$ 배에 해당한다.

$$\therefore\ E = \frac{4\pi h_1 h_2}{\lambda d}E_0 = \frac{4\pi\times100\times10}{2\times20\times10^3}\times3\times10^{-3} \fallingdotseq 0.942\ [\text{mV/m}]$$

28. 평면 대지상의 높이 300 [m] 의 송신 공중선에 주파수 200 [MHz] 로 10 [kW] 의 전력을 공급했을 때 여기서 30 [km] 떨어진 지상고 4 [m] 인 점의 전계강도는? 단, 송신 공중선의 수신점의 방향에 대한 상대이득은 8이고 대지의 반사계수는 −1 이고, 지표파의 영향은 무시하기로 한다.

가. 22.4 [mV/m]　　나. 32.4 [mV/m]
다. 28.6 [mV/m]　　라. 38.6 [mV/m]

해설 수신전계강도 E 는

$$E \fallingdotseq 2E_0 \sin\frac{2\pi h_1 h_2}{\lambda d}$$

① 문제에서 E_0 는

$$E_0 = \frac{7\sqrt{GP}}{d} = \frac{7\sqrt{8\times10\times10^3}}{30\times10^3} = 6.6\times10^{-2}\ [\text{V/m}]$$

$$\sin\frac{2\pi h_1 h_2}{\lambda d} = \sin\frac{2\pi\times300\times4}{1.5\times30\times10^3} = \sin\cdot 0.17 \fallingdotseq 0.17$$

② 그러므로 수신전계강도 E 는

$$E = 2\times6.6\times10^{-2}\times0.17 \fallingdotseq 2.24\times10^{-2}\ [\text{V/m}]$$

29. 주파수 150 [MHz], 방사전력 50 [W] 의 전파를 지상고 50 [m], 상대이득 3 [dB] 의 송신공중선에서 발사했을 때 지상고 10 [m] 에서 30 [μV/m] 의 전계강도가 생기는 수신점과 송신점간의 거리는?

가. 50 [km]　　나. 62 [km]
다. 75 [km]　　라. 83 [km]

해답 27. 나　28. 가　29. 라

해설 전계강도 E는

$$E = E_0 \frac{4\pi h_1 h_2}{\lambda d}$$

$$d = \frac{E_0 4\pi h_1 h_2}{E\lambda} \cdots\cdots\cdots\cdots ①$$

$$E_0 = \frac{\sqrt{49GP}}{d} \cdots\cdots\cdots\cdots ②$$

식 ②를 식 ①에 대입하여 E_0를 소거시킨다.

$$d^2 = \frac{4\pi h_1 h_2}{E\lambda} \cdot \sqrt{49GP}$$

$$\therefore\ d = \left(\frac{4\pi h_1 h_2}{E\lambda}\right)^{1/2}(49GP)^{1/4} = \left(\frac{4\pi\times50\times10}{30\times10^{-6}\times2}\right)^{1/2}\times(49\times2\times50)^{1/4}$$

$$\fallingdotseq (10^8)^{1/2}\times(7\times10)^{1/2} \fallingdotseq 10^4\times8.3 = 83\,[\mathrm{km}]$$

30. 주파수 200 [MHz], 송신전력 10 [kW], 공중선 이득 9 [dB], 송신 공중선의 높이 100 [m], 수신 공중선의 높이 10 [m]일 때 거리 15 [km]에서의 전계강도는?

가. 83 [mV/m]　　나. 166 [mV/m]

다. 200 [mV/m]　　라. 250 [mV/m]

해설 $E \fallingdotseq 2E_0 \dfrac{2\pi h_1 h_2}{\lambda d} \fallingdotseq \dfrac{88\,h_1 h_2\sqrt{GP}}{\lambda d^2}$

여기서 $E_0 = 7\sqrt{GP}/d$

P : 송신전력(10×10^3 [W])

$$\therefore\ E = \frac{88\,h_1 h_2\sqrt{GP}}{\lambda d^2} = \frac{88\times100\times10\sqrt{8\times10\times10^3}}{1.5\times(15\times10^3)^2} = 166\,[\mathrm{mV/m}]$$

31. 주파수 200 [MHz], 송신전력 10 [kW]이고 송신 안테나의 높이 100 [m], 수신 안테나의 높이 10 [m]일 때 수신 안테나의 높이를 그대로 유지한채로 송신점에 접근시켰을 때 전계강도가 최초로 0이 되는 거리는?

가. 0.5 [km]　　나. 0.8 [km]

다. 0.92 [km]　　라. 1.33 [km]

해설 전계강도 E가 최초로 0이 되는 거리

$$E = 2E_0 \sin\frac{2\pi h_1 h_2}{\lambda d}$$

의 식에서 0이 되기 위해서는

$$\frac{2\pi h_1 h_2}{\lambda d} = n\pi\ (\text{단, } n=0,\ 1,\ 2,\ \cdots\cdots)$$

이어야 한다. 그러므로

$$d = \frac{2h_1 h_2}{\lambda d}$$

이 식에서 $n=1$이면 $d = \dfrac{2h_1 h_2}{n\lambda} = \dfrac{2\times100\times10}{1\times1.5} = 1.33\,[\mathrm{km}]$

해답 30. 나　31. 라

32. 주파수 300 [MHz] 높이 100 [m] 의 송신 공중선에서 10 [km] 의 거리를 두고 수신 공중선을 설치하려고 한다. 전계강도가 최대가되는 최소의 높이는?
단, 지상파의 전계강도 E 는 $E = 2E_0 \sin \dfrac{2\pi h_1 h_2}{\lambda d}$ 이고, $h_1 h_2$ 는 각각 송, 수신 공중선의 높이, λ 는 파장 d 는 송수신점간의 거리 E_0 는 자유공간의 전계강도이다.

가. 25 [m]　　나. 50 [m]
다. 75 [m]　　라. 100 [m]

해설 전계강도가 최대가 되기 위해서는

$$\left| \sin \frac{2\pi h_1 h_2}{\lambda d} \right| = 1$$

일 것이 필요하다. 따라서 $\dfrac{2\pi h_1 h_2}{\lambda d} = (2n+1)\dfrac{\pi}{2}$ (단, n 은 모든 정수) 이어야 한다. $n = 0$ 인 때의 수신공중선의 높이가 수신전계강도 최대의 가장 낮은 높이를 주게되므로

$$\therefore\ h_2 = \frac{\lambda d}{4h_1} = \frac{1\times10^4}{4\times100} = 25\,[\text{m}]\ \left(\text{단 } \lambda = \frac{c}{f} = \frac{3\times10^8}{3\times10^8} = 1\right)$$

33. 효율이 90 [%], 상대이득이 2인 $\lambda/4$ 수직접지 공중선에 10 [kW] 의 전력을 공급했을때 거리 20 [km] 떨어진 점에서의 전계강도는 얼마인가?

가. 94 [mV/m]　　나. 66 [mV/m]
다. 59 [mV/m]　　라. 47 [mV/m]

해설 전계강도$(E) = \dfrac{7\sqrt{\eta GP}}{d} = \dfrac{7\sqrt{0.9\times2\times10\times10^3}}{20\times10^3} \fallingdotseq 0.047$ [V/m]　　$\therefore$ 47 [mV/m]

34. 주파수 300 [MHz] 의 전파를 지상 10 [m] 높이의 안테나에서 방사하고 있을 때 거리 20 [km], 지상 10 [m] 지점의 전계 강도는? (단, 송수신 안테나의 상대이득은 각각 3 [dB] 이고 방사전력은 200 [W] 이다.)

가. 0.44 [mV/m]　　나. 0.22 [mV/m]
다. 7 [mV/m]　　라. 14 [mV/m]

해설 $P = 200$ [W], $G = 2$ (3 [dB]) 이므로

$$E = \frac{88\,h_1 h_2\sqrt{GP}}{1d^2} = \frac{88\times10\times10\times\sqrt{2\times200}}{1\times(20\times10^3)^2} = 0.44$$

35. 자유공간에서 안테나의 방사전력이 100 [W] 이며 안테나의 효율이 90 [%] 일때, 10 [km] 떨어진 점에서의 전계강도가 60 [dB] 되었다. 이 안테나의 이득은 얼마인가?

가. −16.6 [dB]　　나. 33.3 [dB]
다. −20 [dB]　　라. 56 [dB]

해설 $\dot{E} = \dfrac{7\sqrt{\eta GP}}{d}$, $G = \dfrac{d^2 E^2}{49\eta P}$

해답 32. 가　33. 라　34. 가　35. 가

36. 전파의 회절현상에 관한 사항 중 틀린 것은?

가. 주파수가 낮을 수록 심하다. 나. 파장이 짧을 수록 심하다.
다. 장·중파대에서 많이 일어난다. 라. 초단파대에서도 일어날 수 있다.

해설 전파의 회절현상은 파장이 길 수록 심하다.

37. 다음 전파중에서 가장 회절이 잘되는 것은?

가. 텔레비젼파 나. 방송파
다. 마이크로파 라. 극초단파

해설 회절은 파장이 긴 장·중파대에서 심하다.

38. 초단파대를 사용할 경우 가시거리내에서 전계강도에 영향을 주는 사항이 아닌 것은?

가. 송·수신 안테나 거리 나. 사용 주파수
다. 회절 계수 라. 송·수신 안테나

해설 VHF의 전계강도 $E = 2E_0 \sin\frac{2h_1h_2}{\lambda d}$ 이므로 통신거리, 안테나의 높이, 사용파장, 기상의 요소 및 반사 지점의 대지의 정수가 영향을 준다.

39. 주파수 150 [MHz], 상대이득 10 [dB], 복사전력 10 [kW], 송신공중선의 높이 100 [m], 수신 공중선의 높이 4 [m] 이고 송수신점간의 거리 80 [km] 이다. 그런데 송신점에서 60 [km] 지점에 높이 300 [m] 의 칼날모양의 산이 있다. 이때의 수신점의 전계강도는? 단, 대지는 평면이며, 대지의 반사계수는 −1, 회절계수 s 는 0.1 이다.

가. 1.04 [mV/m] 나. 2.08 [mV/m]
다. 3.02 [mV/m] 라. 4.06 [mV/m]

해설 대지의 반사계수가 −1 이므로 수신전계강도 E 는

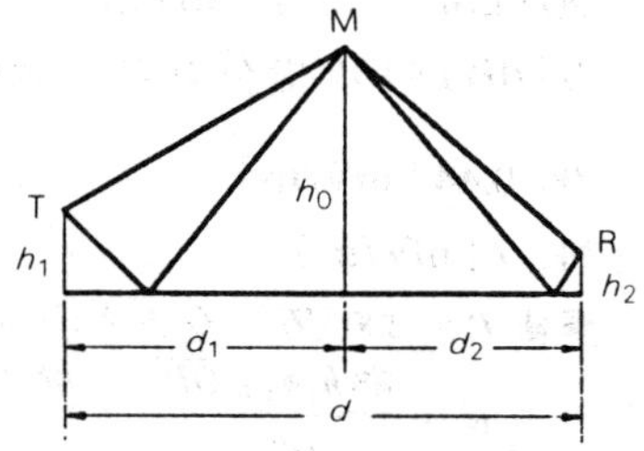

$$E = 4E_0 S \sin\frac{2\pi h_1 h_0}{\lambda d_1}\cdot\sin\frac{2\pi h_2 h_0}{\lambda d_2}$$

$$E_0 = \frac{7\sqrt{GP}}{d} = \frac{7\sqrt{10\times10^4}}{80\times10^3} = 2.77\times10^{-2}\,[\text{V/m}]$$

$$\sin\frac{2\pi h_1 h_0}{\lambda d_1} = \sin\frac{2\pi\times100\times300}{2\times60\times10^3} = \sin\frac{\pi}{2} = 1$$

$$\sin\frac{2\pi h_0 h_2}{\lambda d_2} = \sin\frac{2\pi\times300\times4}{2\times20\times10^3} = \sin 0.188 \fallingdotseq 0.188$$

$$\therefore\ E = 4\times2.77\times10^{-2}\times0.1\times1\times0.188 \fallingdotseq 2.08\,[\text{mV/m}]$$

40. 다음 그림에서 프레넬 존(fresnel zone)의 영역은?

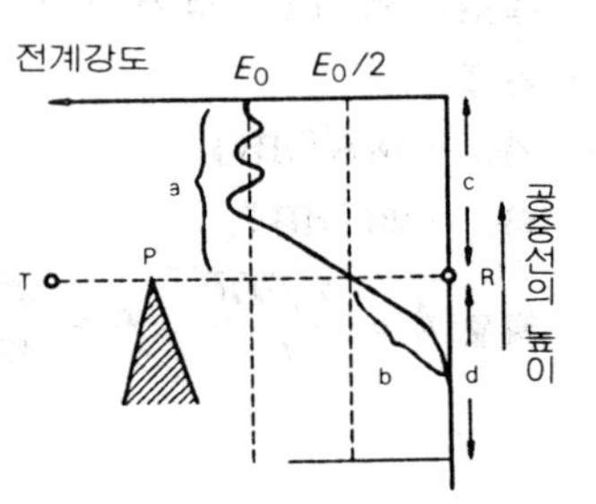

가. a 영역
나. b 영역
다. c 영역
라. d 영역

해답 36. 나 37. 나 38. 다 39. 나 40. 가

해설 프레넬 존

① 송수신점 TR간에 나이프에지 p 가 있을 때 그 정점이 TR 선상에 있으면 R 점의 수신전계강도는 자유공간 전계강도 E_0 의 1/2 이 된다.

② 가시선보다 높은 수신점에서는 서서히 전계강도가 상승하여 E_0 를 중심으로 해서 그 값이 오르내리다가 점차로 일정값 E_0 로 된다. 이 가시선보다 윗쪽의 진동영역을 프레넬 존이라고 한다.

문제의 그림에서

a 영역 : 프레넬 존(직접파와 회절파가 간섭을 일으켜서 생기는 영역)
b 영역 : 회절판만 있는 영역
c 영역 : 간섭역
d 영역 : 가시거리 외

41. Fresnel zone의 넓이와 파장과의 관계는?

가. 파장에 반비례한다. 나. 파장에 비례한다.
다. 파장의 자승에 반비례한다. 라. 파장의 자승에 비례한다.

해설 $A_n = \dfrac{\pi d \lambda r_{avg}}{r_0 + d}$ [m²]

42. 클리어런스(clearance) 계수란?

가. knife edge와 전파통로와의 간격
나. 클리어런스와 제1 프레넬존의 반지름과의 비
다. 제 1 프레넬 존과 제 2 프레넬 존과의 비
라. 프레넬 존과 회절 손실과의 비

해설 클리어런스와 클리어런스계수

(1) **클리어런스(clearance)** : 나이프에지(knife edge)와 전파통로와의 간격을 말하며 h_c 로 표시한다.

(2) **클리어런스 계수** : 클리어런스 프레넬 비라고도 한다. 클리어런스 h_c 와 제 1 Fresnel zone 의 반지름 ρ_1 과의 비이다.

$u \equiv h_c / \rho_1$

h_c 의 부호는 가시거리 내에서는 정(+)부호, 가시거리 외에서는 부(−) 부호로 표시한다.

43. 회절이 있는 전파로의 어떤 점의 수신전계강도를 E_r, 회절의 원인을 제거했을 때의 전계강도를 E_0 라고 할 때 회절계수 Z 는?

가. $Z \equiv E_o \cdot E_r$ 나. $Z \equiv E_o / E_r$
다. $Z \equiv E_r / E_o$ 라. $Z \equiv E_r / (E_o \cdot E_r)$

해설 회절계수는 반사계수와 같이 복소량이다.

44. 일반적으로 n 번째 Fresnedl zone에 접하는 장해물의 클리어런스 계수 u 는?

가. $\pm n$ 나. $\pm 1/n$
다. $\pm n^2$ 라. $\pm \sqrt{n}$

해답 41. 나 42. 나 43. 다 44. 라

45. 회절 손실 L_d는? 단, Z는 회절계수이다.

가. $L_d \equiv Z$ 　　　　나. $L_d \equiv \frac{1}{Z}$

다. $L_d \equiv Z^2$ 　　　　라. $L_d \equiv \frac{1}{Z^2}$

해설 $[L_d] = -20\log_{10} Z\,[\mathrm{dB}]$

46. 장해점에서 제 1 Fresnel zone의 반지름 ρ_1은?

가. $\rho_1 = \sqrt{\lambda \frac{d_1 d_2}{(d_1 + d_2)}}$

나. $\rho_1 = \sqrt{\lambda \frac{d_1}{(d_1 + d_2)}}$

다. $\rho_1 = \sqrt{\lambda \frac{d_2}{d_1}}$

라. $\rho_1 = \sqrt{\lambda \frac{d_1}{d_2}}$

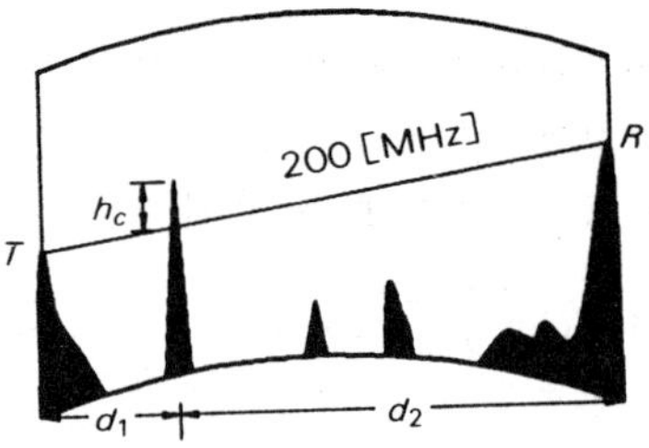

해설 $\rho_n = \sqrt{n\lambda \frac{d_1 d_2}{(d_1 + d_2)}}$

47. 스팬 손실(span loss) L_s이란?

가. 자유 공간에 있어서의 전파손실

나. 송수신 공중선을 등방성 공중선으로 대치하였을 때의 전송손실

다. 송신기 입력단자와 송신기 출력단자간의 전파손실

라. 송수신 공중선이 등방성이 아닌 일반 안테나일 때 송신기의 출력단자와 수신기 입력단자간의 전파손실

48. 다음 중 스팬 손실에 반비례하는 것은 어느 것인가?

가. 송·수신 궤전계의 손실 　　　　나. 전파손실

다. 안테나 효과 　　　　라. 안테나의 이득

해설 스팬 손실 : 송·수신 궤전계의 손실, L_1, L_2, 전파 손실 Γ 및 안테나 효과(안테나의 지향성에 기인하는 부가손실) X 등에 비례하고 송·수신 안테나 G_1, G_2에 반비례한다.

$$L_S = \frac{P_t}{P_r} = \left[\frac{L_1 L_2}{G_1 G_2}\right][\Gamma][X]$$

첫째 괄호 내의 것은 안테나계의 설비설계에 의해서 결정되는 양이고 둘째 괄호내의 것은 전파로의 고유한 양이며, 셋째 괄호내의 것은 양자에 의해 결정된다.

49. 대기의 굴절율은 무엇으로 결정되는가?

가. 유전율 　　　　나. 도전율

다. 주파수 　　　　라. 대기층

해답 45. 라 46. 가 47. 라 48. 라 49. 가

해설 비유전율이 ε_{s1}, ε_{s2}인 대기층이 연속되어 있을 때의 굴절율 n은

$$n \fallingdotseq \sqrt{\frac{\varepsilon_{S2}}{\varepsilon_{S1}}}$$

즉, 굴절율은 비유전율과 관계가 있고, 유전율은 상대습도와 관계되며, 상대습도는 기온에 따라 좌우된다. 따라서 기온과 습도가 고도에 의해서만 변화한다고 하면 대기는 서로 다른 굴절율을 갖는 엷은 층이 무수히 겹쳐져서 쌓인 것으로 생각할 수 있다. 따라서 서로 붙어 있는 두개의 대기층에 대해 snell의 법칙을 적용할 수 있다.

50. 표준대기에서 대류권내에 전파통로 높이 h가 300 [m], 반지름이 6370 [km]일 때 수정굴절율 m은 얼마인가?

가. 1.036 나. 1.0036 다. 1.00036 라. 1.000036

해설 표준대기의 굴절율은 1.0003130 이므로

$$m = n + \frac{h}{r_o} = 1.0003130 + \frac{300}{6370 \times 10^3} = 1.00036$$

51. 지구의 반경을 $R = 6370$ [km]라고 할대 표준대기의 굴절율 $n = 1.000313$이고 대류권내의 전파통로의 높이를 300 [m]라 하면 M 단위의 수정 굴절율은 얼마인가?

가. 313 나. 340 다. 353 라. 360

해설 $M = \left(n + \frac{h}{r_o} - 1\right) \times 10^6 = \left(1.000313 + \frac{300}{6370 \times 10^3} - 1\right) \times 10^6 = 360$

52. 지상으로 부터의 높이가 6.37 [km]인 대기의 굴절율이 1.000313이라면 수정 굴절율 M은? (단, 지구반경은 6,370 [km]라고 한다.)

가. 313 나. 1313 다. 2313 라. 0.313

해설 $M = \left(n + \frac{h}{r_o} - 1\right) \times 10^6 = \left(1.000313 + \frac{6.37}{6370} - 1\right) \times 10^6 = 1313$

53. 라디오 덕트(Radio duct)는 굴절율 분포 즉, 온도의 역전층 및 높이에 의한 굴절율 변동에 의해 발생하는데 그 조건은? (단, M : 수정 굴절율, h : 지상높이 임)

가. $\frac{dM}{dh} > 1$ 나. $\frac{dM}{dh} < 1$ 다. $\frac{dM}{dh} < 0$ 라. $\frac{dM}{dh} > 0$

해설 곡선의 기울기, 즉 $\frac{dM}{dh}$ 값이 부일 때를 역전층이라 하고, 이때 라디오(Radio) 덕트가 생긴다.

54. 다음은 고도가 높아 질수록 수정 굴절율 M이 감소하는 굴절율의 역전층에 대한 설명이다. 잘못 기재되어 있는 것은?

가. 역전층에서는 전파통로의 곡율이 지표면의 곡율보다 작다.
나. 가시거리보다 먼거리까지 전파가 된다.
다. 전파의 포획현상으로 역전층은 도파관과 같은 역할을 한다.
라. 라디오 덕트가 발생한다.

해설 역전층에서는 전파통로의 곡율이 지표면의 곡율보다 크다.

해답 50. 다 51. 라 52. 나 53. 다 54. 가

55. 전파의 대류권 전파에 있어서 라디오 덕트의 생성원인 아닌 것은?

가. 전선에 의한 덕트　　나. 주간 냉각에 의한 덕트
다. 대양상의 덕트　　라. 이류성 덕트

해설 **라디오 덕트의 원인** : 덕트 생성 조건은 $\frac{dM}{dh}<0$ 이다.

① 전선에 의한 덕트 : S형 덕트 발생
② 대양상 덕트(또는 건조 덕트)
③ 이류성 덕트 : 해안선에 많이 발생한다.
④ 야간 냉각에 의한 덕트 : 접지 덕트 발생

56. 라디오 덕트에 대한 설명으로 적당한 것은?

가. 라디오 덕트 발생원인중 하나는 주간 냉각에 의한 라디오 덕트이다.
나. 대양성 덕트는 육상의 건조한 대기가 해상으로 흘러 들어가면서 생긴다.
다. 전파가 라디오 덕트 내를 전파하는 것은 전파가 도파관을 전파하는 것과 같다.
라. 침강에 의한 덕트는 표준형 덕트를 발생시킨다.

57. 수정 굴절율 M 곡선 중에서 $(dM/dh)<0$ 의 부분이 존재하지 않는 것은?

가. 접지형　　나. 전이형
다. 접지 S형　　라. 이지 S형

해설 $(dM/dh)<0$ 인 부분에서 덕트(duct)가 발생하는데 덕트가 발생하지 않는 형태는 ① 표준형 ② 준표준형 ③ 전이형이 있고 덕트(duct)가 발생하는 형태는 ① 접지형 ② 접지 S형 ③ 이지 S형이 있다.

58. 마이크로파대의 통신망에 있어서 실용상 특히 문제되는 페이딩(fading)은 어느형인가?

가. K형　　나. 신틸레이션(Scintillation) 형
다. 선택형　　라. 닥트(duct) 형

해설 **닥트형 페이딩** : 전파 전파통로내에 온도 혹은 습도 등에 의해 발생되는 역전층을 전파가 통과할 때 반사되므로 이 반사파와 발생하는 직접파의 간섭에 의해 생긴다. 이 페이딩은 마이크로파대에서 실용상 특히 문제가 된다.

59. 대기의 굴절률 분포의 변화에 의해 생기는 전파통로의 굴절 효과가 변화하고 그 때문에 직접파와 대지반사파의 위상차가 시간적으로 변화하는 경우에 생기는 페이딩은?

가. K형　　나. 닥트형　　다. 산란형　　라. 신틸레이션형

해답 55. 나　56. 다　57. 나　58. 라　59. 가

해설 K형 페이딩은 등가지구 반경계수 K의 변화에 따른 페이딩으로 해상전파와 같이 해면 반사파가 비교적 센 경우에 특히 문제가 된다.

60. 다음 중 초단파대 이상의 페이딩이 아닌 것은?

가. 도약성(skip) 페이딩　　나. K형 페이딩

다. 덕트형(duct) 페이딩　　라. 신틸레이션(scintillation) 페이딩

해설 도약성 페이딩을 도약거리 근처에서 일어나는 페이딩으로 단파대의 페이딩에 속한다.

61. 대류권 산란파 통신이 많이 사용되는 거리는?

가. 가시거리　　나. 50～100 [km]

다. 150～2000 [km]　　라. 2000～4000 [km]

해설 대류권 산란파 전파의 특징

① 기본 전파 손실은 매우크다.
② 지리적 조건에 영향을 받지 않는다.
③ 수신전계는 불규칙하게 변하나 비교적 안정하다.
④ 적당한 사용주파수는 200～300 [MHz] 정도이다.
⑤ 대출력 송신기가 필요하다.
* 회절이론은 70～150 [km] 까지 유효, 산란이론 150 [km] 이상에서 적용

62. 초단파대 이상의 전파전파에서 가시거리 이상으로 전파되는 성질의 것이 아닌 것은?

가. 전리층 산란　　나. 대류권 산란

다. F층 반사　　라. 초굴절 전파

해설 VHF대 이상의 전파는 초기에는 주로 가시거리내의 통신에만 이용되어 왔으나 초가시거리(Over-Horizion)에서도 수신이 가능한 경우가 있다. 이것은 산악회절전파, 전리층 산란파, 대류권 산란파, Radio duct, 산재 E층에 의한 전파 등이다. 이중 전리층산란파는 distortion이 많이 발생되고 안정도가 좋지 못하며 산악회절파는 송수신점 중간에 산악과 같은 장애물이 있을 때만 나타난다. 또한 Radio duct는 공간적, 시간적으로 불안정하기 때문에 고정통신에 사용할 수가 없다. 그러나 대류권 산란파는 장애물의 유무에 관계없이 초가시적 거리 범위에 있는 지상의 송수신점간에 이용될 수 있는 전파로이다. 즉, 이것은 지세나 지형에 특별한 제약을 받지 않는다.

63. 초단파및 극초단파대 전파가 가시거리보다 먼 지점까지 도달하는 경우에 해당되지 않는 사항은?

가. 라디오 닥트에 의한 경우

나. F층 반사에 의한 경우

다. 스포라딕 E층(E_s)에 의한 경우

라. 산란에 의한 경우

해설 VHF, UHF 가시거리의 전파는 (가), (다), (라)외에 산악회절 이득에 의한 산악회절파 통신이 있다.

해답 60. 가　61. 다　62. 다　63. 나

64. 초단파가 가시거리를 넘어서 이례적으로 멀리 전파하는 일이 있는데 그 원인이 아닌것은?

가. 초굴절 또는 라디오 덕트에 의한 전파

나. 대류권 산란에 의한 전파

다. 산악 회절파에 의한 전파

라. F층의 반사에 의한 전파

해설 가시거리의 전파는 초굴절 또는 라디오 덕트에 의한 전파, 대류권 산란에 의한 전파, 산악 회절파에 의한 전파 외에 스포라딕 E층(E_s)에 의한 것 등이 있다.

65. 극초단파대의 통신에서 발생하는 훼이딩(Fading)과 관계 없는 것은?

가. 전리층 반사파에 의한 간섭성 훼이딩

나. 직접파와 대지반사파의 간섭으로 발생하는 K형 훼이딩

다. 대기중의 와류가 원인이 되어 유전율의 불규칙한 공기 뭉치로 인한 산란파와 직접파의 간섭 훼이딩

라. 전파 통로내에 온도 습도의 역전층으로 인해서 발생하는 닥트형 훼이딩

해설 전리층 반사파에 의한 간섭성 훼이딩은 단파통신에서 발생하는 훼이딩이다.

해답 64. 라 65. 가

제 6 장

전파의 전파이론(Ⅱ)

6·1 전리층 전파

6·1·1 전리층 전파

(1) **전리층(ionosphere)** : 전리층이란 지구를 둘러싸고 있는 상층대기가 태양의 방사에너지(주로 자외선)에 의하여 전리된 층을 말하며 이 층은 전파를 반사시키는 작용을 한다.

(2) **전리층의 생성**

① **전리층의 생성 원인** : 태양의 자외선이나 연 X선, 대전 미립자에 의한 상승대기의 전리작용

② **전리작용** : 상층대기는 주로 중성상태인 산소와 질소분자로 구성되어 있고, 이들은 태양에서 방사된 자외선, 중성자, 대전미립자, 방사선등과 충돌하여 외각의 전자를 방출하여 전기적 평형을 깨뜨리고 양이온이 되는 현상을 전리작용이라 한다. 전리작용은 자외선이 클 수록, 또 대기의 밀도가 클 수록 심해진다. 대기의 밀도는 낮은 층일 수록 크고 높이와 더불어 지수함수적으로 감소하는데 대하여 자외선은 상층에 갈 수록 세다.

③ **전자밀도** : 태양의 천정각과 관련이 있다. 단위 부피당 자유전자수 N은

$$N = K\sqrt{\cos x}$$

단, K : 반사계수, x : 태양의 천정각이다.

(3) **전리층의 분류** : 전리층은 크게 E층, F층으로 구분된다. 또 F층은 F_1층과 F_2층으로 분리되며 단파통신에서는 주로 F_2층을 이용한다. 이외에 스포래딕 E_S층, D층 등이 있다.

〈1〉 ***E* 층** : 지상 약 100 [km] 의 높이(*D* 층 바로 위)에 존재하며 층 높이는 계절에 따라 약간 변화한다.

① 층의 높이	약 100~120 [km]
② 전리층 전자 밀도의 변화	전자밀도는 태양의 고도에 영향을 받아 정오경 가장 크고 야간에는 적어진다. 계절 변화로는 겨울보다 여름이 전자밀도가 크다.
③ 전파에 주는 영향	○ 주간에도 중단파까지 반사한다. 중파는 층내에서 감쇠, 장파는 잘 반사되고 단파 이상은 투과한다. ○ 야간에는 장중파대 전파를 잘 반사한다.

〈2〉 ***F* 층** : 지상 약 200~400 [km] 의 높이에 있는 가장 높은 전리층이다. 전자밀도가 가장 크다.

① 층의 높이	약 200~400 [km] ○ F_1층 : 약 200 [km] 의 높이 ○ F_2층 : 약 300~400 [km] 의 높이
② 전리층 전자 밀도의 변화	주간에 전자밀도는 F_2, F_1 층 순으로 크고 야간에는 F_1과 F_2층이 합쳐지며 전자밀도는 적어진다.
③ 전파에 주는 영향	○ 단파 통신은 주로 F_2층에 의한 반사를 이용한다. ○ 초단파는 투과한다.

〈3〉 ***D* 층** : 지상 약 50~90 [km] 높이에 있는 층으로 가장 고도가 낮고 전자밀도도 적은 층이다.

① 층의 높이	약 50~90 [km] : 가장 낮다.
② 전리층 전자 밀도의 변화	○ 주간에 존재하고 야간에는 소멸한다. ○ 여름에 자주 발생하고 겨울에는 적다.
③ 전파에 주는 영향	○ 장파는 반사하나 중파대 이상은 모두 투과한다. ○ 일반적으로 감쇠층으로 작용한다.

〈4〉 **스포래딕(sporadic) *E* 층** : E_S층, 전자밀도가 E 층 보다 훨씬커서 80 [MHz] 정도의 초단파도 반사시킨다.

① 층의 높이	약 100 [km]
② 전리층 전자밀도의 변화	이층은 6~8월 중에 야간보다 주간에 자주 나타난다.
③ 전파에 주는 영향	단파통신에는 방해를 주나 초단파는 잘 반사하는 경우가 있다.

(3) 전리층의 관측법

① **이론상의 높이 *h'*** : 전파의 속도가 광속도 c 였다고 하면 수직으로 발사된 전파는 h' 에서 반사된 것으로 한다.

$$h' = \frac{ct}{2} \text{ [m]}$$

단, c : 광속도(3×10^8 [m/s])

t : 직접파와 전리층 반사파의 시간차(sec)

② **$h'-f$ 곡선** : 전리층의 이론상의 높이 h'와 주파수 f와의 관계를 그린 곡선

③ **임계 주파수 f_0** : 최대 전자밀도 N_m과의 관계식을 다음과 같다.

$$f_0 = 9\sqrt{N_m}$$

단, f_0 : 수직으로 발사된 전파의 임계 주파수(Hz)

N_m : 전리층의 최대전자밀도(개/m^3)

예제 6-1 전리층의 관측법

지표면에서 펄스파를 전리층을 향해서 수직으로 발사하였더니 0.002초 후에 반사파를 볼 수 있었다. 전리층의 이론상 높이는 몇 [km]인가?

풀이 전리층의 이론상 높이 h'는

$$h' = \frac{ct}{2} = \frac{3\times10^8\times2\times10^{-3}}{2} = 300 \text{ [km]}$$

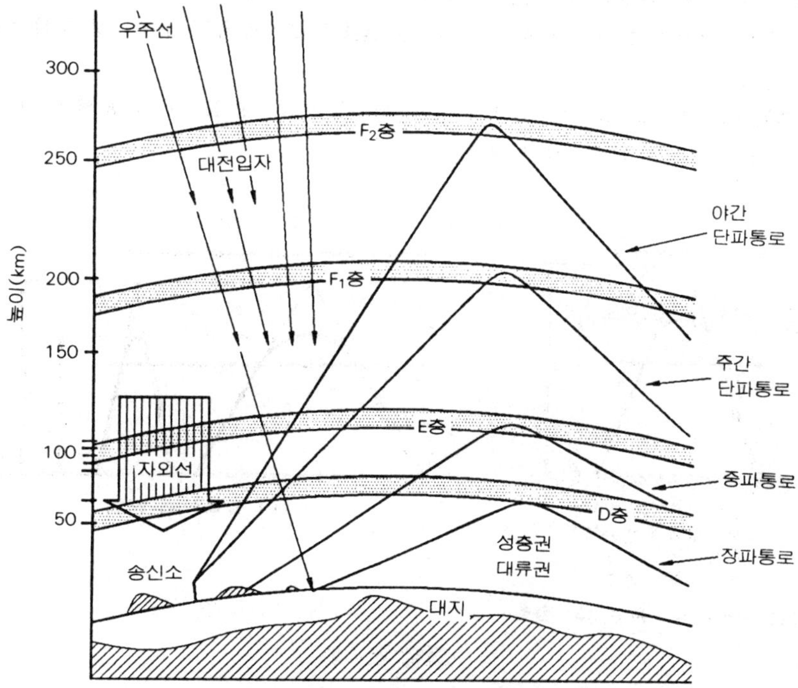

〈그림 6-1〉 전리층

6·1·2 전리층에 의한 굴절과 반사

(1) 전리층의 굴절율(n)

$$n = \sqrt{1 - \frac{81N}{f^2}}$$

단, f : 주파수 [Hz]

N : 전자밀도 [개/m³]

(2) secant 법칙 : 수직으로 발사된 주파수와 비스듬히 발사된 주파수(전리층에의 입사각 θ_0)가 각각 전리층 중의 동일 전자밀도의 점에서 반사할 때의 관계를 나타내는 법칙. 최대전자밀도 N_m의 점에서 반사해오는 비스듬히 발사된 전파의 주파수 f_m은,

$$f_m = f_0 \sec \theta_0$$

단, f_m : 경사 입사파의 주파수

f_0 : 임계 주파수

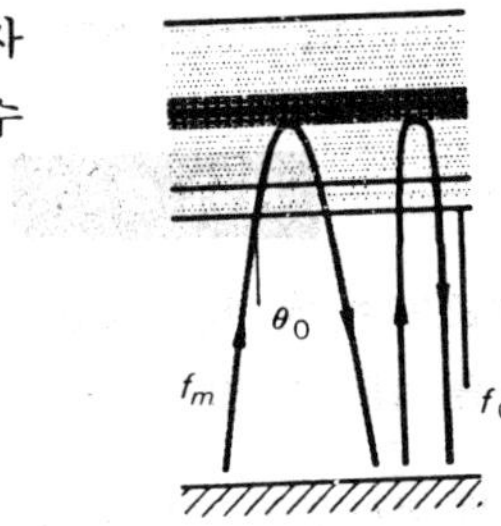

〈그림 6−2〉

(3) 전리층에서의 전파의 진로

① 브레이트 · 튜우브(Breite Tuve)의 정리 : 경사로 입사한 전파가 전리층 속을 AHB와 같이 실제로 통과하는데 필요한 시간은 AH'B 를 광속도 c 로 통과하는데 필요한 시간과 같다.

② 마르틴(Martyn)의 정리 : 입사각이 달라도 실제로 동일 높이 h 에서 반사되는 두 전파의 이론상 높이 h'는 서로 같다.

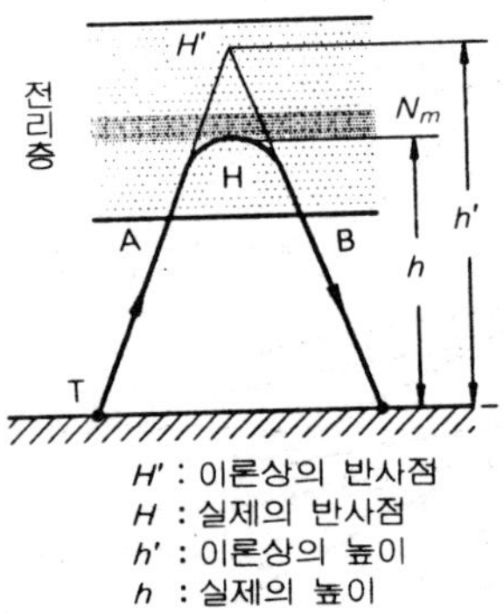

(a) 브레이트 · 튜우브의 정리

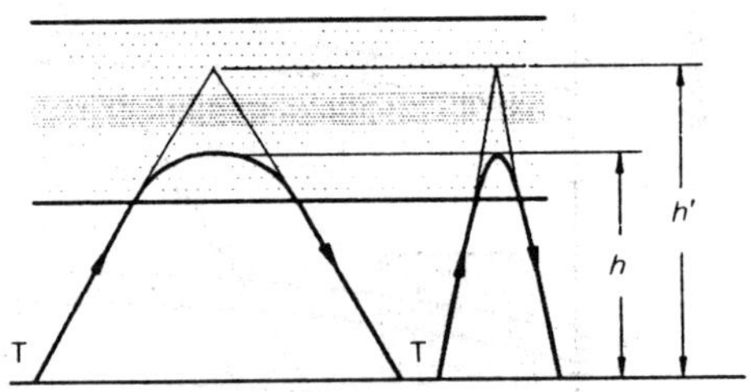

(b) 마르틴의 정리

〈그림 6−3〉

6·1·3 MUF(Maximum Usable Frequency)

(1) **MUF : 최고 사용 주파수**

① **MUF의 정리** : 송수신점간 거리 r이 주어졌을 때 전리층을 반사하여 수신에 이를 수 있는 주파수 중에서 가장 높은 주파수를 **최고 사용 주파수** 라고 한다.

② **MUF의 식** : 전리층이 일정한 전자밀도 N_m으로 분포된 경우의 MUF는 다음식의 f_m으로 구해진다.

$$f_m = f_0 \sec\theta_0 = f_0\sqrt{1+\left(\frac{r}{2h'}\right)^2}$$

$$\theta_0 = \tan^{-1}\left(\frac{r}{2h'}\right)$$

단, r : 송수신점간의 거리

f_o : 임계주파수

h' : 이론상의 높이

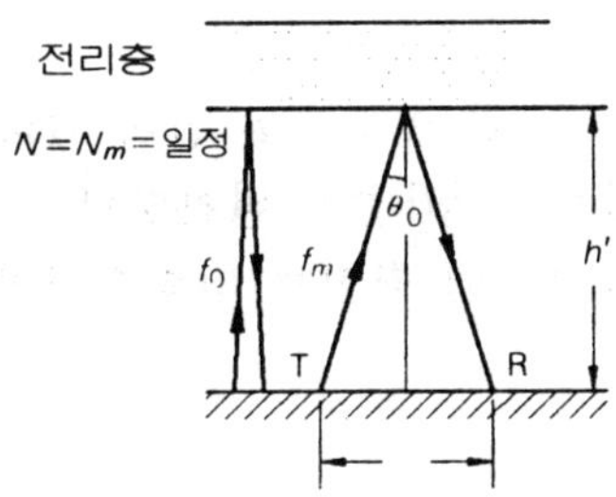

(a) 균일 전자밀도인 경우

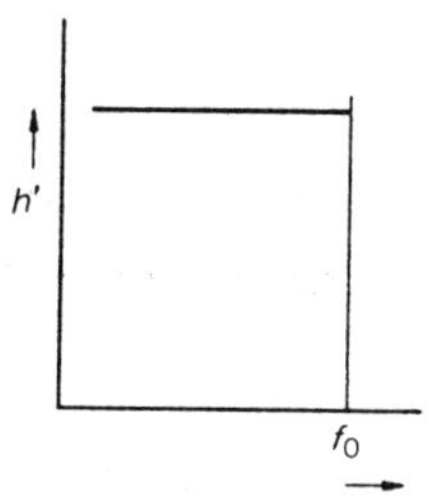

(b) $h'-f$ 곡선

〈그림 6-4〉 MUF의 식

예제 6-2 **MUF 구하기**

어떤 시각에 E층의 임계주파수가 4 [MHz] 였다면 송수신점간 400 [km] 의 지점에서 E층의 반사로 전파하는 최고의 주파수 [MUF] 를 구하라. 단, E층의 높이는 100 [km] 이다.

풀이 그림에서

$$\overline{OA} = \sqrt{\overline{AH}^2 + \overline{OH}^2}$$
$$= \sqrt{200^2 + 100^2} \fallingdotseq 223\ [\text{km}]$$

따라서 MUF는

$$\text{MUF} = f_0 \sec\theta_0 = 4\ [\text{MHz}] \times \frac{\text{OA}}{\text{OH}}$$
$$= 4 \times \frac{223}{100} = 8.92\ [\text{MHz}]$$

이고, 최적 운용 주파수 (FOT) 는 MUF × 0.85
이므로 8.92 × 0.85 = 7.58 [MHz] 이다.

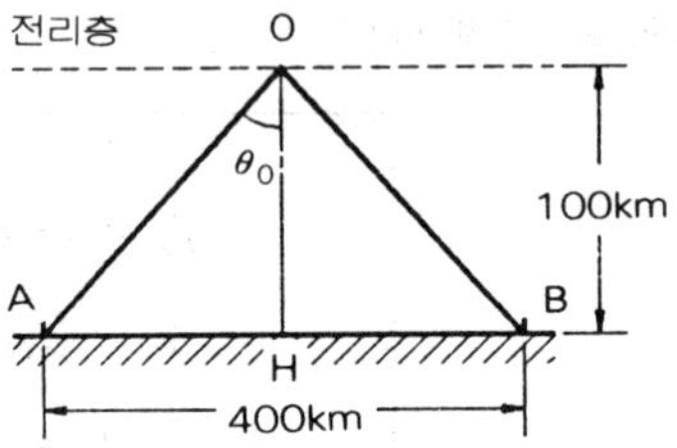

〈그림 6-5〉

(2) MUF의 특징

① **MUF의 결정 요인** : 전리층의 높이, 전자밀도의 분포 및 송수신점 간의 거리 등으로 정해진다. 전리층의 상태가 시시각각으로 변화하므로 MUF도 변화한다.

② **현실적인 전리층에서 MUF 구하기** : MUF는 $h'-f$ 곡선과 접하는 전송곡선의 주파수 f 로서 구한다.

6·1·4 $h'-f$ 곡선과 전송곡선

(1) **$h'-f$ 곡선** : 전리층의 겉보기 높이 h' 와 발사 주파수 f 와의 관계를 그린 곡선이다. 이 $h'-f$ 곡선은 전송 곡선과 조합시켜서 *MUF* 를 결정 하는데 사용한다.

$$h' = \frac{1}{2} tc$$

단, t : 전파를 수직으로 전리층에 발사하고 그 반사해오는 전파의 왕복시간

c : 광속도(=3×10^8 [m/s])

(2) **전송 곡선(transmission curve)** : 수직으로 발사된 주파수 f과 경사로 발사된 주파수 f' 사이에는

$$f' = f \sec \theta_0$$

의 관계가 있으므로

$$f = \frac{f'}{\sec \theta_0} = \frac{f'}{\sqrt{1 + \left(\frac{D}{2h'}\right)^2}}$$

단, C : 통신거리이다.

〈그림 6-6〉은 D = 2000 [km] 일 때의 $h'-f$ 곡선이다. MUF는 $h'-f$ 곡선과 접하는 (점c) 전송곡선의 주파수 f (이경우 20 [MHz])로서 구해진다.

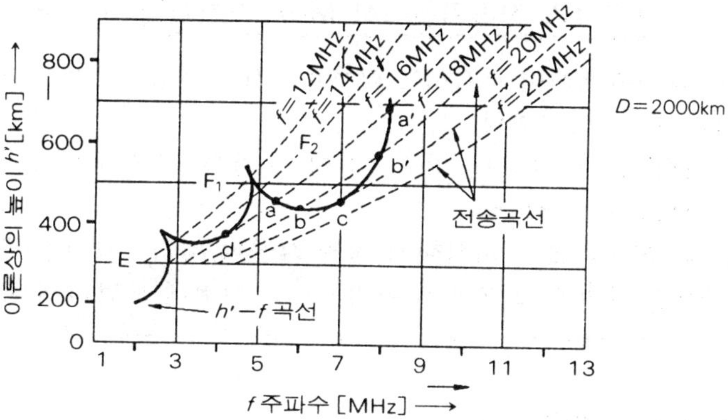

〈그림 6-6〉 $h'-f$ 곡선과 전송곡선

〈1〉 〈그림 6-6〉에서 b점의 의미 : 경사로 발사된 18 [MHz] 의 전파가 수직으로 발사된 6 [MHz] 의 전파와 동일 이론상의 높이 350 [km] 의 점에서 반사하여 D=2000 [km] 지점에 이른다는 것을 의미한다. 이때 전파통로는 〈그림 6-7〉에서 ① 을 지난다.

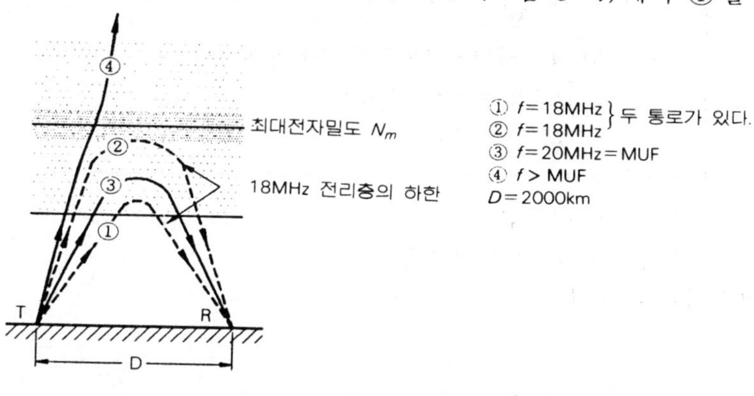

〈그림 6-7〉 D 가 정해졌을 때의 주파수와 전파통로

〈2〉 〈그림 6-6〉에서 b와 b′점의 의미 : $h'-f$ 곡선과 두점 b 와 b' 에서 교차하는 전송곡선의 주파수 $f=18$ [MHz]의 전파는 통로(발사각)를 달리하는 두 전파로에서 수신점에 도달한다. ② 쪽이 통로가 길어 감쇠가 크므로 ① 의 통로를 사용한다.

〈3〉 〈그림 6-6〉에서 c점의 의미 : 경사 발사된 20 [MHz] 의 전파가 D=2000 [km] 의 수신점에 도달하는 통로가 오직 하나뿐(점 c 에서만 접하므로)이고, 이론상의 높이 380 [km] 의 점에서 반사하는 전파로라는 것을 의미한다. ③ 의 통로를 지난다. 이 경우 $h'-f$ 와 전송곡선의 교차하는 주파수 중 가장 높으므로 MUF 에 해당된다.

〈4〉 〈그림 6-6〉에서 교점이 없는 경우의 의미 : $h'-f$ 곡선과 교점이 없는 전송곡선은 전리층 반사를 하지 않고 통과해 버리므로 수신점에 이르지 않는다는 것을 의미한다. ④ 의 전파로에 해당된다.

※ $h'-f$ 곡선과 전송곡선에서 MUF 구하기

(1) $h'-f$ 곡선과 전송곡선이 교차하는 경우의 의미 : 전송곡선의 주파수가 수신점에 도달한다는 것을 의미한다.
(2) MUG의 선정 : $h'-f$ 곡선과 전송곡선이 교차하는 주파수 중에서 최고 높은 주파수를 MUF 라고 한다.
(3) $h'-f$ 곡선과 전송곡선이 교차하지 않는 경우의 의미 : 교차점이 없는 경우에는 전리층 반사를 하지 않고 통과해 버리므로 수신점에 도달하지 못함을 의미한다.

6·1·5 도약거리와 불감지대

(1) 도약거리(skip distance) : 송신소에서 발사된 전리층 반사파가 처음으로 지상에 되돌아오는 점의 거리를 말한다. 이 도약거리 r_s는

$$r_s = 2h'\sqrt{\left(\frac{f}{f_0}\right)^2-1}$$

단, h' : 최대전자밀도의 전리층의 이론적인 높이(m)
f_0 : 임계주파수 [Hz]
f : 사용 주파수

① 도약거리는 h' 에 비례한다.
② 도약거리는 $f>f_0$ 일 때에 생긴다.
③ 도약거리는 f/f_0 가 클 수록 크다.

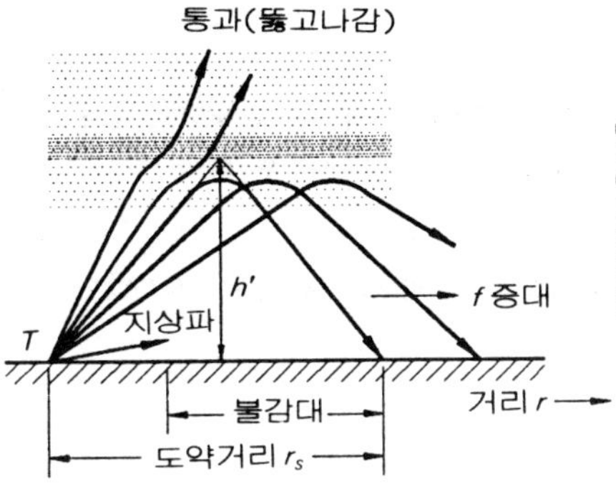

(a) 도약거리와 불감대

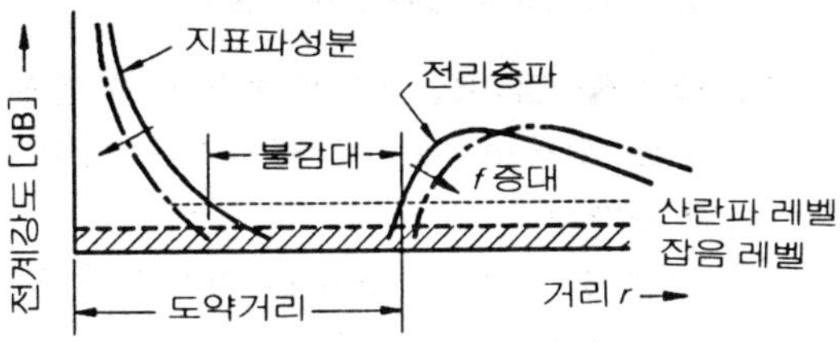

(b) 도약거리내의 전계강도

〈그림 6-8〉 도약거리와 불감지대

(2) **불감지대(dead zone)** : 도약거리 내에 있어서 지표파는 어떤 거리까지 도달하지만 이 지표파가 감쇠되어 지는 점에서 부터 멀어지면 전파를 수신하지 못하는 지대가 된다. 이를 불감지대라고 한다.

① 불감지대는 주파수가 높을 수록 커진다.

② 불감지대에서는 산란파에 의한 미약한 전계가 존재하므로 어느 정도까지는 수신이 가능하다.

예제 6-3 도약거리 구하기

F층의 임계주파수가 6 [MHz] 일 때, 8 [MHz] 의 전파로 통신하는 때의 도약러리를 구하라. 단, F층의 높이는 300 [km], F 층의 전자밀도는 도약거리 내에서 일정하고 전리층 및 대지는 평면이라고 한다.

풀이 정할(secant) 법칙에서 $8=6\sec\theta_0$ ∴ $\cos\theta_o = \dfrac{6}{8}$ 그림에서 d는 도약거리 이다.

$$\tan\theta_0 = \frac{(d/2)}{300} = \frac{d}{600}$$

$$\therefore\ d = 600\tan\theta_0$$

$$= 600\frac{\sqrt{1-\cos^2\theta_0}}{\cos\theta_0} = 600\frac{\sqrt{1-(9/16)}}{(3/4)}$$

$$= 600\times\frac{\sqrt{7}}{3} = 200\times\sqrt{7} \fallingdotseq 530\ [\text{km}]$$

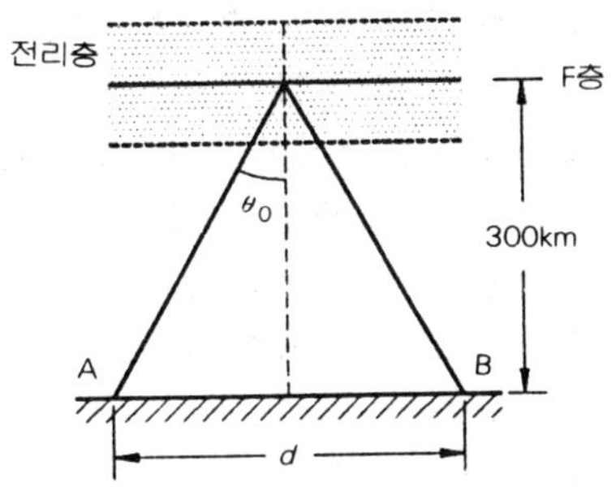

6·1·6 전리층에서의 감쇠

(1) **제 1 종 감쇠(Γ_1)** : 전리층을 통과할 때의 감쇠로서 주파수가 높을 수록 작으므로 높은 주파수 일수록 좋다. 이 감쇠는 전자밀도, 평균충돌횟수, 주파수 등에 의하여 변화한다.

① 제 1 종 감쇠는 전리층 반사파가 E 층 또는 D 층을 통과할 때 받는 감쇠이다.
② 전자밀도 N 에 비례한다.
③ 사용주파수 f 의 제곱에 반비례한다.
④ 평균 충돌 횟수 v 에 비례한다.
⑤ 전리층을 비스듬히 통과 할 수록 크다(입사각 θ_0 의 $\cos\theta_0$ 에 반비례한다)
⑥ D, E 층에 의한 제 1 종 감쇠는 500～2000 [kHz] 정도에서 최대이다.
⑦ LUF 를 결정하는 중요한 요소이다.

(2) **제 2 종 감쇠(Γ_2)** : 전리층에서 반사할 때의 감쇠를 말한다. 주파수가 높아지면 전리층 내부 깊숙히 전파가 들어가므로 이 감쇠는 커진다.

① 제 2 종 감쇠는 전파가 F_2 층에서 반사할 때에 받는 감쇠이다.
② 주파수 f 가 높을 수록 커진다
③ 평균 충돌횟수에 비례한다.
④ 경사 입사에서는 일반적으로 작게된다.
⑤ 제 2 종 감쇠량은 MUF 에 관계가 있으므로 시각, 계절, 태양 활동의 주기 따위에 의해서 변한다.

6·1·7 LUF(Lowest Usable Frequency)

(1) LUF : 최저사용주파수

① 전리층을 통과할 때의 감쇠(제 1 종 감쇠)는 주파수가 낮을 수록 증대하므로 송신 전력과 기타를 정하면 수신가능한 최저 주파수가 존재한다.
② **주간이나 여름철에 LUF가 높다** : 제 1 종 감쇠는 전자 밀도가 클 수록 크다.

(2) LUF 를 결정하는 중요한 요인

① **전리층의 감쇠량** : 태양흑점, 계절, 위치등의 영향
② **입사각** : 송수신점 간의 전파통로의 길이 및 위치
③ 송신전력과 안테나 이득
④ 수신점에서의 잡음
⑤ 수신공중선의 지향 특성
⑥ 전파통로의 길이
⑦ 통신의 전송형식

6·1·8 FOT(Frequency of Optimum Traffic)

(1) FOT : 최적사용주파수

① FOT는 MUF의 85[%]의 주파수이다.

$$FOT = MUF \times 0.85$$

② MUF는 사용 가능 주파수의 상한이고 LUF는 하한을 표시한다. MUF는 전리층 전자밀도 등의 변동에 의해서 통과될 가능성이 많고, LUF는 감쇠로 인한 통신불능이 염려되므로 FOT를 선정하여 사용한다.

(2) FOT의 특징

① FOT의 결정 요인 : MUF에 의하여 결정되므로 전리층 상태에 따라 좌우된다.

② FOT의 이용 : FOT는 감쇠가 가장 적고 안전하게 통신할 수 있는 주파수이다.

6·1·9 단파통신에서 발생하는 페이딩

〈1〉 페이딩이 생기는 원인에 따른 분류

(1) 간섭성 페이딩(interference fading)

① 원 인 : 동일 송신전파를 수신하는 경우에 전파의 통로가 둘이상인 경우 이들 전파가 간섭하여 일으키는 페이딩이다.

② 대 책 : 공간 다이버시티 사용

(2) 편파성 페이딩(polarization fading)

① 원 인 : 전파가 전리층을 통하는 경우 지구자계의 영향으로 전리층 반사파는 정상파와 이상파로 갈라지고 이들이 합성되어 타원편파가 된다. 이 타원의 축은 시시각각으로 회전하므로 일정방향의 안테나로 수신하면 안테나의 유기전압이 변한다. 이와같이 편파면의 회전에 의해 생기는 페이딩을 편파성 페이딩이라 한다.

② 대 책 : 편파 다이버시티 사용

(3) 흡수성 페이딩(absorption fading)

① 원 인 : 전파가 전리층을 통과할 때 감쇠(흡수)를 받는다. 그때 감쇠량이 변화하기 때문에 생기는 페이딩이다.

※ 흡수성 페이딩 중 주파수에 따라서 흡수의 크기가 다른 것을 선택성페이딩, 같은 것을 동기성 페이딩이라고 한다.

② 대 책 : AGC 회로 사용

(4) 도약성 페이딩(skip fading)

① 원 인 : 도약거리 부근에서 통신을 하고 있을 때 전리층의 상태가 조금만 변화하여도 전파가 잡혔다 안잡혔다 하는 페이딩이다. 주로 일출, 일몰시에 발생한다.

② 대 책 : 주파수 다이버시티 사용

〈2〉 변동의 주파수 특성에 따른 페이딩의 분류

(1) 선택성 페이딩(selective fading)

① 원 인 : 전리층의 상태에 따라서 어느 주파수의 성분이 변화를 받는 경우가 있다. 즉 부분대역에 대한 페이딩 상태가 매우 다르게 나타난다. 음성통신에서 선택성 페이딩이 생기면 음질이 나빠진다.

② 대 책 : 주파수 다이버시티 사용

(2) 동기성 페이딩(synchronous fading)

① 원 인 : 어떤 통신대역 내의 각 주파수에 대한 수신전계가 대체로 균일하게 변동하는 페이딩이다.

② 대 책 : AGC 회로 사용

〈3〉 페이딩의 방지대책

(1) AGC(자동이득제어) 회로를 사용한다 : 동기성 페이딩에서는 유효하나 선택성 페이딩에 대해서는 비효과적이다.

(2) 다이버시티(diversity) 방식을 사용한다.

① 공간 다이버시티(space diversity) : 2개 혹은 3개의 안테나를 공간적으로 서로 띄워서 설치하고 이들의 수신출력을 합성 또는 양호한 출력을 선택 수신하여 페이딩을 경감하는 방식이다.

② 주파수 다이버시티(frequency diversity) : 동일 송신점에서 동시에 서로 다른 둘 이상의 주파수를 발사하여 수신하는 방식이다.

③ 편파 다이버시티(polarization) : 서로 90° 다른 편파의 수신 안테나로 따로 따로 수신하는 방식이다.

(3) 송신 공중선에 의한 경감 : 페이딩 방지 공중선, 즉 지향성을 갖게한다.

(4) MUSA(multiple unit steerable antenna system)방식을 사용한다. : 지향성이 예민한 공중선에 의해 일정한 입사각의 전파만을 수신한다.

(5) 리미터(limitter)를 사용한다. : 전신에서는 유효하다.

(6) 적당한 변조방식을 채용한다. : FM방식, SSB방식, PM방식 등으로 한다.

6·1·10 전리층에 관한 여러가지 현상

〈1〉 델린저(dellinger) 현상

(1) 발생 원인 : 자외선의 이상 증가에 의한 D층 혹은 E층의 전자밀도의 증대

(2) 통신에 주는 영향 : 단파의 전파가 주간에 갑자기 수십분동안 불량하게되는 소멸현상이 발생. 주파수가 높아질 수록 영향은 적어진다.

(3) **발생구역 및 시각** : 태양에 소사된 지구 반면에서 태양고도가 높은 곳에 발생(저위도일 수록 현저)

(4) **상 황** : 돌발적으로 발생. 보통 수십분정도 계속된다.

(5) **출현 주기** : 태양의 자전주기 27일과 관련이 있다.

(6) **전리층에 주는 영향** : D층 및 E층의 전자밀도 증가

〈2〉 자기람(magnetic storm) : 자기 폭풍

(1) **발생 원인** : 태양의 폭발에 의해서 방출되는 하전입자가 지구자장의 작용으로 고위도 지방에 집결하여 소용돌이 모양을 하여 전리층을 교란하기 때문에 전파장애를 일으킨다.

(2) **통신에 주는 영향** : 단파대의 높은 주파수가 영향을 받아 전계강도가 저하되는데 낮은 주파수에서는 영향이 적다.

(3) **발생구역 및 시각** : 전세계에서 주야 불문으로 발생한다.

(4) **상 황** : 지속시간이 보통 1~2일 정도로 비교적 길다. 처음에는 양극지방에 발생하여 차차 중위도, 저위도 지방으로 진행한다.

(5) **출현 주기** : 태양의 자전주기(27일)와는 무관하게 발생한다. 빈번성이 적다.

(6) **전리층에 주는 영향** : E층의 전자밀도는 현저한 지자기 변화의 경우에 영향을 받으나 거의 불변이다. F층의 전자밀도는 저하하고 높이는 높아진다.

6·1·11 전파통로에 관한 여러가지 현상

〈1〉 에코우(Echo)

(1) **에코우의 원인** : 에코우는 수신할 때 동일 신호가 시간 차를 가지고 나타나는 현상이다. 이것은 지구의 반대방향을 전파하고 오거나, 지구를 수회 돌고 오는 것이 동시에 수신되기 때문이다.

(2) **에코우의 종류**

① 역회전 에코우

② 지구 1주 에코우

③ 지자극(pola) 에코우

④ 근거리 에코우

⑤ 장시간 지연(long delay) 에코우

(3) **에코우의 영향**

① 전파의 도달시간차가 짧을 때는 그다지 영향이 적다.

② 고속도 통신, 사진전송에 주는 방해는 크다.

(4) 방지법

① **첨예한 단일 지향성을 갖는 비임안테나를 사용**
② 사용 주파수를 교체한다.
③ 공중선에 반사기를 단다.

〈2〉 다중 신호(multiple signal)

(1) 다중신호의 원인 : 송신점에서 하나의 수신점에 도달하는 전파통로는 다수개가 있다. 전리층에 의한 단파의 원러리전파의 경우 전파는 전리층과 대지사이를 몇번이고 반사되면서 전파하므로 입사각과 반사횟수가 다른 많은 전파가 수신점에 도달하는데 이를 다중신호라고 한다.

(2) 방지법

① 주파수의 선택을 적당히 한다.
② 지향성 안테나를 사용한다.

〈3〉 대척점 효과(antipode effect)

(1) 대척점(antipode) : 지구상의 어느 한점에 대해서 꼭 지구의 반대쪽에 있는 점이다.

(2) 대척점 효과 : 송수신점이 대척점에 가까운곳에 서로 위치하는 경우에는 양점을 맺는 대원 코스가 되는 통로가 무수히 존재한다. 수신점에는 모든 방향에서 전파가 도래되기 때문에 비교적 큰 전계강도가 된다. 이른 대척점 효과라 한다.

※ 한국과 알젠틴의 브에노스아일레스와 사이에 대척점 효과가 인정되고 있다.

6·2 우주통신 전파

6·2·1 우주통신의 개요

(1) 우주 공간 : 지구의 대기권의 외측

① 외기권 : 전리층부에서 외측으로 지구반경의 약 9배정도의 영역. 이 외기권에는 반알렌대(Van Alen대)라는 매우 강한 방사능을 지닌 두 벨르대가 있다.

② 자기권 : 전리층과 외기권을 포함해서 지구자계의 영향이 미치는 범위

③ 흑성 공간 : 외기권의 외측

④ 심우주 : 지구에서 달사이의 거리 이상인 범위

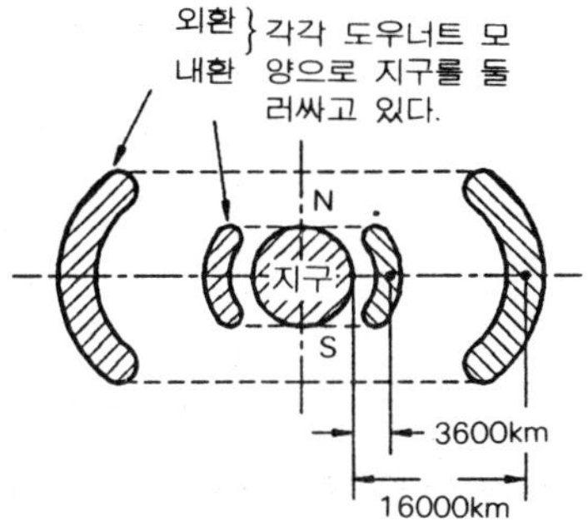

〈그림 6-10〉 반알렌대

(2) 우주통신 : 우주국은 보통 인공위성상에 설치되어 있는 국이고, 지구국은 지구의 표면상 또는 항공기 상에서 우주통신을 목적으로 하는 국이다. 우주 통신은,

① 우주국과 지구국

② 우주국과 우주국

③ 우주국을 중계로하는 2지구국

의 사이에서 행해지는 통신을 말한다.

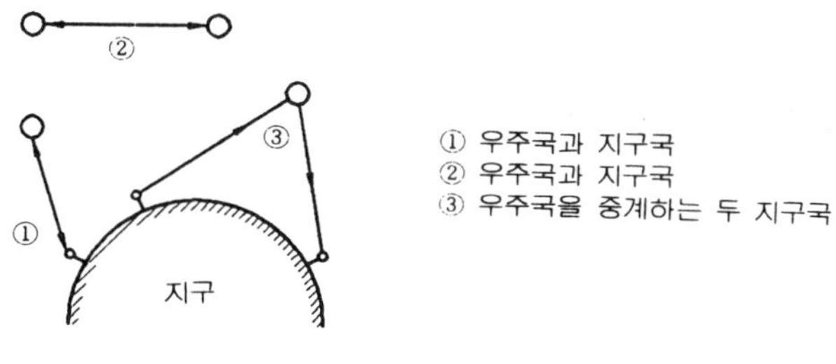

〈그림 6-11〉 우주 통신

(3) 인공 위성

① 이동 위성 : 궤도의 고도에 따라 저고도, 중고도로 나누어진다.

② 정지 위성 : 24시간의 공전주기를 가지고 지구의 자전방향으로 동기하여 적도면상에서 고도 약 35900[km]의 원궤도를 가지는 위성이다.

(4) 통신 위성

① 수동 위성 : 단지 전파를 반사하기만 하는 것으로 증폭기를 가지고 있지 않다. 수신전력은 거리의 4승에 반비례한다.

② 능동 위성 : 증폭 작용을 가지고 수신파를 증폭하여 재발사 한다. 지상에서의 제어에 의하여 전파의 발사, 정지등을 할 수 있게 되어 있다.

6·2·2 자유공간 전파의 기본적인 사항

(1) **유효 수신전력** : 자유공간에서의 유효수신전력 P_a[W]는,

$$P_a = G_{at} \cdot G_{ar} \cdot P\left(\frac{\lambda}{4\pi r}\right)^2 [\mathrm{W}]$$

단, G_{at}, G_{ar} : 송수신안테나의 절대이득[배]

P : 송신전력[W]

r : 송수신점간 거리[m]

(2) **전파 손실** : 자유공간의 전파손실 L[dB]는

$$L[\mathrm{dB}] = 20\log\left(\frac{4\pi r}{\lambda}\right)$$
$$= 32.44 + 20\log r[\mathrm{km}] + 20\log f[\mathrm{MHz}]$$

6·2·3 최적 우주통신주파수

(1) 전파의 창(radio window) : 우주통신에 적당한 주파수에는 상한과 하한이 있는데 이 주파수 범위를 전파의 창이라한다. 일반적으로 100MHz~10MHz 정도의 범위가 실용성이 있다.

(2) 전파의 창의 범위를 결정하는 요소

① 전리층의 영향
② 대류권의 영향
③ 잡음의 영향
④ 정보 전송량의 문제
⑤ 송수신계의 문제

6·2·4 전파상의 문제점

(1) 도플러 효과(Doppler effect) : 인공위성 또는 우주비행체는 매우 빠른 속도로 운동하고 있으므로 전파 발진원의 이동에 따라서 수신 주파수가 변화하는 현상이다.

(2) 패러데이 회전 : 지구자계의 영향에 의해 전리층이 부등방성 매질로되어 있으므로 전리층을 통과하는 전파는 편파면이 회전한다.

① 패러데이 회전의 크기 : 지구자계와 전파의 진행방향 전리층의 전자밀도에 관계한다. 주파수의 자승에 반비례하므로 낮은 주파수에서 문제로 된다.

② 패러데이 회전에 의해서 수신 안테나 편파면과 전파의 편파면이 다르면 수신전력이 감소하여 손실이 커진다.

(3) **플라즈마 층** : 전자와 이온으로 분리된 층을 말하며, 전리층도 일종의 플라즈마 층이다. 이 층의 임계주파수가 매우 높게되므로 전파는 대단히 흡수를 받아 통신이 방해된다. VHF나 UHF대에서 흡수가 크므로 10GHz이상의 높은 주파수가 필요하다.

(4) 전파 뒤짐 시간

(5) 페이딩

(6) 혼신

(7) 덕트에 의한 영향

(8) 흡수와 굴절

(9) 잡음

6·3 전파 잡음

6·3·1 전파 잡음의 기초

(1) **잡음의 발생원인별 분류**：잡음은 크게 내부잡음과 외부잡음으로 분류되며 외부잡음에는 자연잡음과 인공잡음이 있다.

- 잡음
  - 내부 잡음：수신기 내부에서 발생하는 잡음
  - 외부 잡음
    - 자연 잡음：대기 잡음, 태양 잡음, 우주 잡음
    - 인공 잡음：인공적인 공작물, 전기기계 등에서 발생되는 잡음.

(2) **자연 잡음**：자연 현상에서 의해서 생기는 잡음

① **대기 잡음**：넓은 의미의 공전, 온도 잡음, 침적 잡음.

② **태양계 잡음**：태양, 흑성 등

③ **우주 잡음**：은하계 항성, 성운 등

(3) **인공 잡음**

① **불꽃 방전**：불꽃식 고조파 이용설비에 의한 잡음, 자동차, 항공기 등의 내연기관, 계전기 등

② **취동 접촉**：전차, 전기드릴 등

③ **코로나 방전**：송전선, 오존 발생기 등

④ **글로우 방전**：형광방전등, 네온사인 등

⑤ **지속 진동**：고주파 이용설비, 수신설비 등

6·3·2 공전 잡음

(1) **공전 잡음의 종류**

① **클　　릭(click)**：충격적으로 예민한 「찌륵 찌륵」하는 음이 짧은 시간차로 격하여 수신출력에 나타난다. 근거리에서 발생한 미약한 천둥이 원인 되는 수가 많다.

② **그라인더(glinder)**：가장 많은 공전으로 「카아카아」하는 연속성 잡음이 출력에 나타난다. 원거리의 격심한 뇌우가 원인이 되는 수가 많다.

③ **히　　싱(hissing)**：「쉬쉬」라고 하는 연속성 잡음이 나타난다. 이는 눈보라 또는 바람이 심할 때 생긴다.

(2) **공전방해의 경감법**：공전 방해를 완전히 제거하는 방법은 없다.

① 지향성 공중선을 사용한다.

② 비접지 공중선을 사용한다.

③ 수신기의 선택도를 좋게한다.

④ 수신기에 잡음 억압회로나 리미터 등을 사용한다.

⑤ 짧은 파장을 사용한다.

⑥ 공전이 적은 지역에 수신소를 건설한다.

출 제 예 상 문 제

1. 전리층에서 일어나는 현상이 아닌 것은?

가. 전파의 굴절 나. 전파의 산란 다. 편파면의 회전 라. 전파의 회절

해설 전리층에서는 굴절 반사, 산란, 감쇠현상이 일어나며 지구 자계의 영향으로 편파면의 회전 현상등이 일어난다.

2. 주간에 전리현상을 활발하게 하여 전리층의 전자밀도가 크게 되는 원인은?

가. 자외선 나. 반사, 굴절 다. 자기장 라. 간섭

해설 **전리현상** : 태양에서 방사된 자외선, 중성자, 대전 미립자, 방사선 등의 에너지를 흡수하여 자유전자와 양이온으로 전리되는 현상

3. 전파가 전리층에 들어갔을 때 일어나는 현상이 아닌 것은?

가. 진로의 만곡 나. 감쇠작용

다. 편파면의 회전 라. 닥트(Radio duct) 현상

해설 duct 현상은 대류권의 초굴절 현상이다.

4. 다음은 전리층에 대한 설명이다. 틀린 것은?

가. E층은 지상 약 200[km] 부근에 있다.

나. E층은 지상 약 200～400[km] 범위에 있다.

다. F_2층은 전자밀도가 제일 높고 F_2, E층의 순으로 된다.

라. D층은 지상 약 60～90[km] 부근에 있으며 전자 밀도는 작다.

해설 E층은 지상에서 약 100～120[km], 야간은 약간 높다.

5. 다음 설명 중 틀리는 것은?

가. 전리층 D층은 고도가 낮고 전자밀도가 많은 층이다.

나. E층의 반사 주파수대는 중파대이다.

다. F층의 구성은 야간과 주간이 다르다.

라. Es(Sporadic E－layer)층은 초단파 통신에 영향을 준다.

해설 D층은 지면에서 50～90[km] 사이에 있으며 가장 고도가 낮고 전자밀도도 적은 층이다. 높이가 낮으므로 주간에 태양을 향하고 있는 동안만 존재하고 야간에는 존재하지 않는다.

① D층은 장파대는 반사하나 그 이상의 전파는 모두 투과한다.

② 중파대 이상의 전파는 투과시 많은 감쇠를 준다.

6. 다음은 전리층에 대한 설명이다. 틀린 것은 어느 것인가?

가. D층은 중파 및 장파에 대하여 주야간에 관계없이 큰 감쇠를 준다.

나. E층은 낮은 주파수의 단파를 반사한다.

다. F층은 단파를 반사하고, 초단파 이상은 뚫고 나간다.

라. 전자밀도는 D, E, F층의 순으로 크다.

해답 1. 라 2. 가 3. 라 4. 가 5. 가 6. 가

해설 D 층은 야간에 존재하지 않는다.

※ 각 전리층의 중요사항

(1) D 층

① **층의 높이** : 약 50～90 [km]

② **전자밀도의 대소** : 다른 층보다 가장 적다.

③ **전파에 주는 영향** : 장파에 대해서는 반사층으로 작용하나 전파의 흡수, 감쇠층이 된다.

(2) E 층

① **층의 높이** : 약 100 [km]

② **전자밀도의 대소** : D층보다 크고 F층보다 작다.

③ **전파에 주는 영향** : 주간은 중단파까지 반사하나 중파는 층내를 통과할 때 감쇠를 받는다. 야간에는 장중파를 반사한다.

(3) E_s (스포라딕 E) 층

① **층의 높이** : E 층과 거의 같은 약 100 [km]

② **전자밀도의 대소** : E 층보다 전자밀도가 커서 80 [MHz] 정도의 초단파도 반사시킨다. 5～8월 중 주간에 많이 발생한다.

③ **전파에 주는 영향** : 단파통신에 방해를 주거나 초단파의 이상 원거리 전파를 일으킨다.

(4) F 층

① **층의 높이** : 약 200～400 [km]

② **전자밀도의 대소** : 가장 크다.

③ **전파에 주는 영향** : 단파대를 전파를 반사시킨다. 초단파는 통과하고 그 때 감쇠를 받는다.

7. 스포라딕 E 층 (E_S층)에 대한 설명 중 틀린 것은?

가. 전리층의 높이는 E 층과 거의 같다.

나. E_S 층은 단파대, 초단파대의 전파도 반사한다.

다. 여름철 5～8월 중 주간에 주로 발생한다.

라. E_S층의 전자밀도는 가장 낮다.

8. 다음은 각 전리층의 변화에 대해 설명한 것이다. 이 중 틀린 것은?

가. D 층은 주야에 관계없이 존재한다.

나. 전리층의 높이는 D, E, F_1 및 F_2층의 순으로 높다.

다. E 층은 주간에 약 10 [MHz] 의 전파도 반사시키며, E 층 반사파는 약 1000 [km] 이내의 통신에 중요한 역할을 한다.

라. F_2 층의 전자밀도는 정오 조금뒤에 최대이고 점차적으로 적어진다.

9. 전리층의 높이를 측정하기 위하여 지상에서 수직으로 충격파를 발사한 후 1.6 [m/sec] 뒤에 반사파를 측정하였다면 반사층의 높이는 얼마인가?

가. 240 [km]　　나. 480 [km]　　다. 120 [km]　　라. 300 [km]

해설 전리층의 관측법

$$h' = \frac{ct}{2} = \frac{3\times10^8\times1.6\times10^{-3}}{2} = 2.4\times10^5 = 240\,[\text{km}]$$

해답 7. 라　8. 가　9. 가

10. 지구 표면에서 상공으로 향하여 충격파를 발사 하였더니 $\frac{2}{3}$ [ms] 후에 반사파를 감지 하였다. 이때의 반사층의 높이는 얼마인가?

가. 50 [km]　　나. 100 [km]　　다. 200 [km]　　라. 400 [km]

11. 단파 통신에서 야간에 있어서 주간보다 낮은 주파수 사용하는데 그 이유는?

가. E층의 흡수가 작기 때문에

나. F층의 전자밀도가 커지기 때문에

다. F층의 전자밀도가 작아지기 때문

라. 낮은 주파수일 수록 페이딩(Fading)이 작기 때문

해설 단파대에서는 지상파의 크기 때문에 그 전파는 전리층 반사파가 주가된다. 전리층은 일반적으로 주간에는 전자밀도가 높고, 야간에는 전자밀도가 낮아진다.

12. 전리층의 굴절률을 나타내는 식은?
(단, N : 전자밀도 [개/m²], h : 전리층의 높이 [m] 이다.)

가. $n = \sqrt{1 - \frac{81N}{f^2}}$　　나. $n = \sqrt{1 + \left(\frac{N}{2h'}\right)^2}$

다. $n = \sqrt{1 + \frac{81N}{f^2}}$　　라. $n = \sqrt{1 - \left(\frac{N}{2h'}\right)^2}$

해설 전리기체의 비유전율 $\varepsilon_s = 1 - \frac{Ne^2}{\varepsilon_0 m \omega^2}$ 전리층에서의 비투자율 μ_s 는 약 1이므로 굴절율 $n \fallingdotseq \sqrt{\varepsilon_s}$

$$n = \sqrt{1 - \frac{Ne^2}{\varepsilon_0 m \omega^2}} = \sqrt{1 - \frac{e^2}{\pi m} \cdot \frac{N}{f^2}} = \sqrt{1 - \frac{81N}{f^2}}$$

전리층의 굴절율은 전자밀도와 주파수의 함수이다.

13. 전리층의 최대전자밀도 N_{max} 이 9×10^{12} [개/m³] 일 때 이 전리층에서 반사될 최대임계 주파수는?

가. 9 [MHz]　　나. 27 [MHz]　　다. 3 [MHz]　　라. 30 [MHz]

해설 전리층에서의 굴절율 $n = \sqrt{1 - \frac{81N}{f^2}}$　N : 전자밀도, f : 주파수 임계점에서는

$\frac{dn}{dh} = 0$, 즉 $n = 0$ 되므로 그때 주파수가 임계주파수 f_c 이다. $f_c = 9\sqrt{N_{max}}$ 이때 전자밀도가 최대가 되므로

$$f_c = 9\sqrt{9 \times 10^{12}} = 9 \times 3 \times 10^6 = 27 \times 10^6 = 27 \text{ [MHz]}$$

14. 전리층의 전자밀도의 최대치가 N_m 이라 할 때 전리층에서 반사되는 최대 주파수 f_c 는?

가. N_m에 비례한다.　　나. N_m^2에 비례한다.

다. $\sqrt{N_m}$에 비례한다.　　라. N_m에 반비례한다.

해설 $f = 9\sqrt{N_m}$

해답 10. 나　11. 다　12. 가　13. 나　14. 다

15. 전리층의 전자 밀도가 N[개/m³]일 때 임계 주파수는?

가. $f_0 = 81\sqrt{N}$　나. $f_0 = \sqrt{N}/\cos\theta$　다. $f_0 = \sqrt{9N}\cos\theta$　라. $f_0 = 9\sqrt{N}$

해설 굴절율 n을 임계 주파수로 표시하면

$$n = \sqrt{1 - \left(\frac{f_0}{f}\right)^2}$$

여기서, $f < f_0$이면 n은 허수로되어 반사하고

$f > f_0$이면 $n > 0$가 되어 투과하며

$f = f_0$이면 $n = 0$으로 되어 반사와 투과의 임계점에 있게 된다.

따라서 $81N/f^2$이 1이 되는 때이다.

16. 전리층의 임계주파수(critical frequency)에 관한 다음 설명 중 옳은 것은?

가. 전리층의 전자밀도에 따라 다르다.

나. 모든 전리층은 각각의 임계 주파수를 갖는데 D층 보다는 E층, E층 보다는 F층의 임계주파수가 높다.

다. 어떤 전리층이 발사한 전파를 반사 시킬 수 있는 최고주파수이다.

라. 임계주파수 f_c와 전리층의 전자밀도 N[개/cm³] 사이에는 $f_c = \sqrt{9}N$의 관계가 있다.

해설 **임계주파수** : 전리층에 대해 지상에서 수직으로 발사한 전파가 부딪쳤을 때 이 층에서 반사되는 반사와 투과의 경계주파수 굴절율 n을 임계주파수로 주사하면 f_c(임계주파수) $= 9\sqrt{N}$가 된다.

17. 전리층의 굴절율이 n이 0이 되는 주파수는?

가. 임계주파수　나. 최고 사용 주파수(MUF)

다. 최저 사용 주파수(LUF)　라. 최적 운용 주파수(FOT)

해설 임계주파수의 정의와 특징

(1) 정　의 : 어떤 전리층이 수직으로 발사한 전파를 반사시킬 수 있는 최고주파수

(2) **각 층의 임계 주파수** : 모든 전리층은 임계 주파수를 가지고 있으며 $D \to E \to F$층의 순으로 임계주파수가 높다.

① E층의 임계주파수 : 약 4[MHz]

② F_1 및 F_2층의 임계 주파수 : 각각 약 5.6[MHz], 9.8[MHz]

(3) **굴절율과 임계주파수** : $n = 0$을 기준으로 해서 n이 정수이면 투과하고 허수이면 반사한다. $n = 0$이 되는 주파수가 임계주파수이다.

$f_c = 9\sqrt{N}$

18. 전리층의 임계주파수의 설명 중 맞는 것은?

가. E층의 전자밀도로 주어진다.

나. 낮에는 밤보다 낮다.

다. F층을 통과하는 주파수이다.

라. 전리층의 최대 전자밀도의 1/2승에 비례한다.

해설 임계주파수$(f_0) = 9\sqrt{N_{max}}$

∴ 전리층 최대전자밀도의 1/2승에 비례하므로 전자밀도가 클 수록 임계주파수는 높다.

해답 15. 라　16. 가　17. 가　18. 라

19. 전리층에 수직으로 입사한 전파의 주파수가 임계주파수와 같다면 반사되는 점은?

가. 전자밀도가 최대인 점　　나. 전자밀도가 최소인 점

다. 전리층의 최상단　　라. 전리층의 최하단

20. 전리층 전파전파에 있어서 일반적으로 임계 주파수 f_0와 최고 사용가능 주파수(MUF)와의 관계는 전파의 입사각을 ϕ_0 라고 할 때는 다음 중 어느 것인가?

가. $f_{MUF} = f_0 \sin \phi_0$　　나. $f_{MUF} = f_0 \cos \phi_0$

다. $f_{MUF} = f_0 / \sin \phi_0$　　라. $f_{MUF} = f_0 / \cos \phi_0$

해설 $MUF = f_0 \sec \phi = f_0 \dfrac{1}{\cos \phi_0}$

21. 전리층을 통과하는 주파수 중 가장 낮은 주파수를 무엇이라 하는가?

가. FOT　　나. MUF　　다. LUF　　라. 임계 주파수

해설 전리층에서 수직입사파의 반사와 투과의 경계주파수를 임계주파수라고 하고, 임계주파수보다 높은 주파수라도 전리층에 비스듬히 입사했을 때는 반사하는데 이때의 경계주파수가 MUF이다.

22. 송수신 점이 결정된 후 전리층 반사파로 통신할 수 있는 가장 높은 주파수에 해당된 것은?

가. FOT　　나. LUF　　다. MUF　　라. 임계주파수

해설 MUF(최고 사용 주파수)

① 단파통신에서 사용되는 최고 주파수이다.

② 송수신점간의 거리와 전리층의 상태에 의해 결정된다.

23. 임계주파수가 5.6[MHz]인 전리층에 30°의 입사각으로 전파를 입사시켰을 때 최고사용주파수(MUF)는 약 얼마인가?

가. 3.5[MHz]　　나. 6.45[MHz]

다. 5.6[MHz]　　라. 64.5[MHz]

해설 임계주파수와 최고 사용주파수 관계

$$\sqrt{1-\left(\frac{f_c}{f}\right)^2} = \sin \phi$$

$$\left(\frac{f_c}{f}\right)^2 = 1 - \sin^2 \phi = \cos^2 \phi$$

$$\therefore\ f = f_c \sec \phi = f_c \frac{1}{\cos \phi}$$

문제에서 $f_c = 5.6$[MHz]이고 $\phi = 30°$일 때 M.U.F는

$$f = f_c \sec \phi = 5.9 \times 10^6 \times \frac{1}{\cos 30°} = 5.6 \times 10^6 \times \frac{2}{\sqrt{3}} = 6.45 \times 10^6 = 6.45\,[\text{MHz}]$$

24. 전리층 E층의 임계주파수를 10[MHz]라 하고 입사각 60°로 입사시킬 때 최고사용주파수(MUF)는 몇 [MHz]인가?

가. 10　　나. 20　　다. 40　　라. 80

해답 19. 가　20. 라　21. 라　22. 다　23. 나　24. 나

해설 MUF는 정합 법칙에 의해서 $f = f_c \sec\phi$ 이므로

$$MUF = 10\times10^6\times\frac{1}{\cos 60°} = 10\times10^6\times2 = 20\,[MHz]$$

25. 어떤 시각에 있어 E 층의 임계주파수가 2 [MHz] 였다면 송·수신점간의 거리가 400 [km] 일 때 E 층의 반사로 전파되는 최고사용 주파수(*MUF*)는 약 얼마인가?

가. *1.2* [MHz]
나. 2.5 [MHz]
다. 4.5 [MHz]
라. 5 [MHz]

해설 $f = f_c \sec\phi$ 의 식에서 $\sec^2 x = 1+\tan^2 x$ 의 관계를 이용하면

$$f = f_c\sqrt{1+\tan^2\phi} = f_c\sqrt{1+\left(\frac{d/2}{h'}\right)^2}$$

문제에서 E 층의 겉보기 높이 $h' \fallingdotseq 100$ [km], 거리 $d = 400$ [km], $f_c = 2$ [MHz]

$$f = f_c\sec\phi = f_c\sqrt{1+\left(\frac{d}{2h'}\right)^2} = 2\times10^6\times\sqrt{1+\left(\frac{400}{2\times100}\right)^2} \fallingdotseq 4.46\,[MHz]$$

26. 송수신점간의 거리 $d=1000$ [km] 전리층의 높이 $h=100$ [km] 임계주파수 $f_c=4$ [MHz] 일 때 최고사용주파수(M.U.F)는 얼마냐?

가. 4 [MHz]
나. 10 [MHz]
다. 20 [MHz]
라. 40 [MHz]

해설 정합법칙에 의해서 $f = f_c\sec\phi_0 = f_c\sqrt{1+\left(\frac{d}{2h'}\right)^2}$

$$f = f_c\sqrt{1+\left(\frac{d}{2h'}\right)^2} = 4\times10^6\sqrt{1+\left(\frac{1000}{2\times100}\right)^2} \fallingdotseq 20\,[MHz]$$

27. 어떤 시각에 있어서 E 층 임계주파수가 2 [MHz] 였다면 송신점으로 부터 200 [km] 인 지점에서 E 층 반사파로 전파되는 MUF 는? (단, E 층의 겉높이가 100 [km] 이다.)

가. 1.56 [MHz]
나. 2.83 [MHz]
다. 3.65 [MHz]
라. 4.52 [MHz]

해설 MUF(최고 사용 주파수) : 송수신점 거리 d 가 주어졌을 때 전리층 반사를 하여 수신에 이를수 있는 주파수 중에서 제일 높은 주파수

$$f_m = f_c\sqrt{1+\left(\frac{d}{2h}\right)^2} = 2\sqrt{1+\left(\frac{200}{200}\right)^2} = 2\sqrt{2} \fallingdotseq 2.83\,[MHz]$$

28. 임의의 시각에 F_1층의 임계주파수가 4.5 [MHz] 이라고 하면 송수신간 거리 400 [km] 일 때 F_1층의 반사를 이용하여 전파되는 최고사용주파수는 몇 [MHz] 인가? 단, F_1층의 겉보기 높이는 약 200 [km] 이다.

가. 4.3 [MHz]
나. 5.0 [MHz]
다. 5.8 [MHz]
라. 6.3 [MHz]

해설 $f = f_c\sec\phi = f_c\sqrt{1+\left(\frac{d}{2h'}\right)^2} = 4.5\sqrt{1+\left(\frac{400}{200\times2}\right)^2} \fallingdotseq 6.36\,[MHz]$

해답 25. 다 26. 다 27. 나 28. 라

29. 어떤 시각에 F_1층의 임계주파수 3.5 [MHz] 이라면 송수신점 간의 거리 500 [km] 일 때 F_1층의 반사를 이용하여 전파되는 M.U.F는 ? 단, F_1층의 겉보기의 높이는 250 [km] 이다.

가. 3.5 [MHz]　　나. 4.95 [MHz]　　다. 5.95 [MHz]　　라. 7.0 [MHz]

30. MUF(Maximum Usable Frequency)는 무엇에 의하여 결정되는가 ?

가. 송 · 수신점간의 거리와 전리층의 상태

나. 임계 주파수

다. 최저 사용 주파수와 임계 주파수

라. 공중선의 높이와 전리층 상태

해설 MUF는 전자밀도 즉, 전리층 상태와 송수신점간의 거리에 따라 결정된다.

(1) **MUF의 정의** : MUF는 정해진 송 · 수신소 간에서 사용할 수 있는 최고 주파수이다.

(2) **MUF의 특징**

① MUF는 항상 송 · 수신소 간에 존재하는 반사점에서의 임계주파수보다 높은데 그 이유는 입사각이 항상 90° 보다 작기 때문이다.

② 송 · 수신소간의 거리를 증가시키면 MUF도 증가한다.

(3) **두 송 · 수신소간의 주파수의 선택** : 사용주파수가 MUFT보다 높으면 반사되어 정해진 수신점에 들어오지 않으며, 반대로 너무 낮으면 주간에 D층, E층의 감쇠를 받아 곤란하다.

최적운용주파수 = MUF × 85 [%]

31. 최적 운용 주파수(FOT)와 최고 사용 가능 주파수(M.U.F)와의 관계는 ?

가. FOT = 0.7×(M.U.F)　　나. FOT = 0.8×(M.U.F)

다. FOT = 0.75×(M.U.F)　　라. FOT = 0.85×(M.U.F)

해설 F층의 FOT는 보통 MUF의 85 [%]를 사용한다. 이 FOT는 MUF를 결정하는 요소, 즉

① 전자밀도(전리층의 상태)

② 전파의 방사각

③ 송 · 수신점간의 거리

등에 의해 좌우된다. 전자밀도는 주 · 야 계절에 따라 변하므로 FOT도 그에 따라서 변화된다.

32. 다음은 단파대에서 송신점에서의 거리에 대한 전계강도의 변화를 보인 것이다. ① 과 ② 의 명칭은 ?

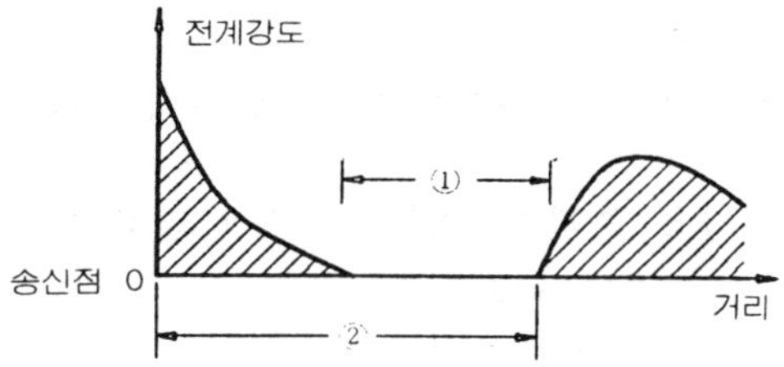

가. ① 도약 거리 ② 불감 지대

나. ① 불감 지대 ② 도약 거리

다. ① 도약 거리 ② 양청 구역

라. ① 양청 구역 ② 도약 거리

해설 도약 거리(skip distance)

(1) **정　의** : 전리층 반사파가 최초로 지상에 도달하는 점과 송신점과의 거리〈그림에서 ②〉

(2) **불감 지대(dead zone)** : 지표파의 수신 불능 위치에서 전리층파가 되돌아 오는 위치까지의 지대. 주파수가 높을 수록 이 영역을 넓어진다.〈그림에서 ①〉

(3) **송신점에서 가까운 곳의 수신** : 장 · 중파에서 지표파가 존재하므로 지상파에 의한 수신이 가능하다.

해답 29. 나　30. 가　31. 라　32. 나

33. 도약 거리를 나타내는 식은? (단, h : 최대 전자 밀도의 진리층의 이론적인 높이 [m], f_0 : 임계 주파수 [Hz], f : 사용 주파수 [Hz] 이다.)

가. $r = 2h\sqrt{\left(\frac{f}{f_0}\right)^2 - 1}$ 　　나. $r = h^2\sqrt{\left(\frac{f}{f_0}\right)^2 - 1}$

다. $r = 2h\sqrt{\left(\frac{f_0}{f}\right)^2 - 1}$ 　　라. $r = h^2\sqrt{\left(\frac{f_0}{f}\right)^2 - 1}$

해설 정할의 법칙에서

$f = f_0 \sec\phi_0 = f_0\sqrt{1 + \left(\frac{r}{2h'}\right)^2}$ 이므로

도약 거리 r 은

$$r = 2h'\sqrt{\left(\frac{f}{f_0}\right)^2 - 1}$$

34. 어떤 지역에 있어서 전리층(F)의 임계 주파수가 6 [MHz] 라고 할 때 7.8 [MHz] 의 전파를 사용하면 도약거리는 약 얼마가 되겠는가? (단, F 층의 겉보기 높이는 400 [km] 이고, 전자밀도는 균일하다고 본다.)

가. 664 [km] 　　나. 758 [km]

다. 842 [km] 　　라. 968 [km]

해설 도약거리(d) $= 2h'\sqrt{\left(\frac{f}{f_0}\right)^2 - 1} = 2\times400\sqrt{\left(\frac{7.8}{6}\right)^2 - 1} = 800\sqrt{0.69} \fallingdotseq 664$

35. 전파의 도약거리와 가장 관계가 있는 것은?

가. 전파의 형식 　　나. 송신기의 출력

다. 안테나의 높이 　　라. 전파의 주파수

해설 도약거리는 전파의 주파수와 전리층의 밀도에 의해서 변한다.

① 도약거리는 주파수가 낮고, 전리층의 전자밀도가 클 수록 거리는 짧아진다.

② 도약거리는 공중선에서 상공으로 향해서 고각도로 전파의 방사가 많을 수록 거리는 짧아진다.

36. 도약거리와 가장 관련있는 주파수대는?

가. 장파 　　나. 중파

다. 단파 　　라. 초단파

해설 전파의 회절현상은 파장이 길 수록 심하다.

37. 최저사용 주파수(LUF)를 낮게 결정하기위한 조치사항으로 적절하지 못한 것은?

가. 송신전력의 증대 　　나. 안테나 이득의 증대

다. 수신잡음의 증대 　　라. 수신전력의 증대

해설 수신점에서의 잡음량이 많아지면 상대적으로 S/N 이 저하하여 LUF는 높아진다.

① E 층에 의한 감쇠량이 클 수록 LUF 가 높아진다.

② 송신전력과 안네나 이득이 클 수록 LUF 는 낮아진다.

③ 수신점에서의 잡음강도가 크면 S/N 이 저하되어 LUF 는 높아진다.

해답 33. 가 34. 가 35. 라 36. 다 37. 다

38. 다음 중 *LUF*와 관계 없는 것은?

가. 송신 전력 나. 송수신 안테나의 이득

다. 수신점에서의 잡음 라. 송수신 안테나의 복사저항

해설 최저사용주파수(LUF)

(1) 정　의 : 정해진 송・수신소간에 각 시간에 따라 사용할 수 있는 최저주파수

(2) LUF의 선정 : 사용주파수가 낮으면 *D*층과 같은 흡수층에서의 감쇠로 인해 통신이 불가능하게 된다. 그러므로 수신점에서의 수신신호레벨이 잡음레벨보다 약간 높아서 최저의 수신상태를 유지할 수 있는 주파수를 LUF로 선정한다.

(3) LUF를 결정하는 주된 사항

① 송신 전력 ② 송・수신 공중선의 이득

② 수신점에서의 잡음 ④ 수신 공중선의 지향 특성

⑤ 수신 장치에 최소로 필요한 수신입력 전력 ⑥ 전리층의 전자밀도, 태양 흑점 등

⑦ 전파통로의 길이 ⑧ 통신방식

39. 전파가 전리층에서 받는 감쇠 중 제 1 종감쇠는?

가. *E*층을 투과 할 때 받는 감쇠

나. *F*층을 투과 할 때 받는 감쇠

다. *E*층 또는 *F*층에서 반사할 때 받는 감쇠

라. *F*층에서 반사할 때 받는 감쇠

해설 제 1 종 감쇠 : 전파가 전리층을 투과할 때 통로가 약간 구부러지거나 구부러지지 않더라도 전파는 감쇠되는데 이러한 흡수를 무만곡 흡수(Nandeviative Absorption)라 하고 이 흡수에 의한 감쇠를 제 1 종감쇠라고 한다.

① 제 1 종 감쇠는 *F*층 반사파가 *D*층이나 *E*층을 투과할 때 받는 감쇠이다.

② 제 1 종 감쇠는 *D*층에 의해서 가장 심하게 받는다.

40. 단파대에서 다음 중 제 1 종 감쇠의 설명으로 맞는 것은?

가. *E*층의 전자밀도가 클 수록, 주파수가 낮을 수록 크다.

나. *E*층의 전자밀도가 클 수록, 주파수가 클수 록 크다.

다. *E*층의 전자밀도가 작을 수록, 주파수가 낮을 수록 크다.

라. *E*층의 전자밀도가 작을 수록, 주파수가 클 수록 크다.

해설 제 1 종 감쇠는 전자밀도에 비례, 주파수의 자승에 반비례 한다.

41. 전리층의 제 1 종 감쇠에 대하여 설명을 잘못한 것은?

가. 전리층을 투과할 때 받는 감쇠이다. 나. 전자밀도에 비례한다.

다. 기압에 거의 비례한다. 라. 주파수의 자승에 비례한다.

해설 전리층 반사파가 전리층을 통과할 때 받는 감쇠를 제 1 종 감쇠라고 한다. 즉 F층 반사파는 D층과 E층에서 제 1 종 감쇠를 받고 E층반사파는 D층에서 제 1 종감쇠를 받는다.

① 주파수 자승에 반비례 한다.

② 전자밀도에 비례한다.

③ 평균충돌횟수에 거의 비례한다.(기압에 거의 비례한다.)

④ 전리층을 비스듬히 통과 할수록 크다.($\cos\phi_0$ 에 반비례)

해답 38. 라 39. 가 40. 가 41. 라

42. 전리층에서 제 1 종 감쇠는 주파수에 어떠한 영향을 받는가?

가. 주파수의 자승에 반비례한다.
나. 주파수의 자승에 비례한다.
다. 주파수의 $\frac{1}{2}$ 승에 비례한다.
라. 주파수에 비례한다.

해설 **제 1 종 감쇠** : 전리층 통과시 감쇠
① 주파수 f의 제곱에 거의 반비례
② 전자밀도 N, 평균 충돌회수 v 에 거의 비례
③ 전리층을 비스듬히 통과할 수록 크다.

43. 전리층에서 반사될 때의 감쇠 중 제 2 종 감쇠는?

가. 파장이 길 수록 심하다.
나. 파장이 짧을 수록 심하다.
다. 전리층에 따라 다르다.
라. 파장과 관계없다.

해설 **제 2 종 감쇠** : 전파가 전리층에서 반사될 때 받는 감쇠를 말한다. F 층 반사파는 F 층에서, E 층 반사는 E 층에서 받는다. 이때의 에너지 흡수를 만곡흡수라고 한다.

① 주파수가 높을 수록 크다. 사용주파수가 MUF보다 높으면 무한대로 되나 MUF 의 70 [%] 이하의 주파수에서는 무시될 정도로 작게 된다.
② 평균 충돌횟수에 거의 비례한다.
③ 전리층에 깊숙히 전파가 들어갈 수록 심하다.(즉 비스듬히 들어갈 수록 작다.)

44. 전리층의 제 2 종 감쇠에 대한 설명 중 옳은 것은?

가. 전리층에서 입사와 반사때에 받는 감쇠이다.
나. 평균 충돌회수에 반비례한다.
다. 입사각에는 영향을 받지 않는다.
라. MUF 근처에서 최대로 된다.

해설 **제 2 종 감쇠량은** ① 주파수가 높을 수록 크며
② 평균 충돌횟수에 거의 비례하며
③ 수직입사에 가까울 수록 크다(비스듬히 들어갈 수록 작다)
④ MUF 근처에서 최대가 된다.

45. 전리층에서 제 2 종 감쇠는?

가. 주파수에 비례한다.
나. 주파수의 자승에 비례한다.
다. 주파수에 반비례한다.
라. 주파수의 자승에 반비례한다.

해설 제 1 종 감쇠는 주파수의 자승에 반비례하나, 제 2 종 감쇠는 주파수의 자승에 비례한다.
(1) **제 1 종 감쇠** : 전리층을 **투과할** 때 받는 감쇠로서 주파수의 자승에 반비례하고, 수직입사에 가까울 수록 이 감쇠는 적어진다.
(2) **제 2 종 감쇠** : 전리층을 **반사할** 때 받는 감쇠로서 주파수의 자승에 비례하고, 수직입사에 가까울 수록 이 감쇠는 커진다.

46. 전리층에서 받는 제 1 종 감쇠와 굴절율 n 과의 관계는?

가. 제 1 종 감쇠 $\propto n$
나. 제 1 종 감쇠 $\propto \frac{1}{n}$
다. 제 1 종 감쇠 $\propto \sqrt{n}$
라. 제 1 종 감쇠 $\propto n^2$

해답 42. 가 43. 나 44. 라 45. 나 46. 나

해설 감쇠정수 $\alpha = k \dfrac{NP}{f^2 n}$ 단, $f > 2$[MHz]일 때

여기서 k : 비례상수, P : 대기압, N : 전자밀도, n : 굴절율이다.

47. 자이로 주파수(Gyro-frequency) f_H는? 단, m은 전자의 질량, g는 전자의 전하량, B는 자속밀도이다.

가. $\dfrac{qB}{2\pi m}$ 나. $\dfrac{qB}{m}$ 다. $\dfrac{qB}{\pi m}$ 라. $\pi mq \cdot B$

해설 자이로 주파수 : f_H

$$f_H = \frac{qB}{2\pi m} = \frac{\mu q H}{2\pi m} = \frac{B}{35.5} \times 10^6 [\text{MHz}]$$

자이로 주파수는 지자기(地磁氣)에 의하여 결정되는 것으로 지역에 따라 다르며 우리나라에서는 약 1[MHz]이다.

48. 전리층 중의 자유전자는 특히 전파의 주파수가 자이로 주파수로 되었을 때 어떤 운동을 하는가?

가. 직선운동 나. 포물선 운동 다. 원운동 라. 나선운동

해설 전리층 중의 자유전자는 전파의 전자계의 영향에 의해서 직선운동을 한다. 그러나, 지구자계 B가 있는 경우 전자는 원궤도가 되며, 이때 전자의 속도가 일정하지 않으므로 실제는 타원 또는 나선운동하게 된다. 특히 전파의 주파수가 자이로 주파수로 되었을 때는 직경이 점차 증대하며 나선운동을 하게 된다.

49. 자이로 주파수에서의 감쇠가 최소로 되는 것은?

가. 지구자계와 전파의 전계방향이 일치할 때
나. 지구자계와 전파의 전계방향이 수직일 때
다. 지구자계와 전파의 자계방향이 수평일 때
라. 지구자계와 전파의 자계방향이 수직일 때

해설 자이로 주파수에서 감쇠는 지구자계와 전파의 전계방향이 수직으로 되었을 때 최대이고, 지구자계와 전계방향이 일치했을 때는 최소이다.

50. 다음 중 전파가 지구자계의 영향을 받지 않는 경우에 해당되는 것은?

가. 지구자계가 전파의 자계방향에 있을 때
나. 지구자계가 전파의 방향에 있을 때
다. 지구자계가 전파의 전계방향에 있을 때
라. 지구자계가 전파의 전계방향과 60° 일 때

해설 지구자계의 방향이 전파의 전계, 자계, poynting vector 중에서 어떤 방향과 일치하느냐에 따라서 전자의 운동방향이 달라진다.

(1) **지구자계가 전계방향에 일치할 때** : 지구자계와 존재하지 않을 때와 같다.

(2) **자계방향에 지구자계가 작용하면** : 전자는 poynting vector 방향에 힘을 받아 원운동을 한다. 전계와 poynting vector에 평행방향의 전류성분을 생기게 한다.

(3) **지구자계가 poynting vector의 방향으로 작용하면** : 전자는 자계방향으로 편향되어 전계, 자계에 각각 평행인 전류성분이 생긴다.

해답 47. 가 48. 라 49. 가 50. 다

51. 지구자계가 있을 때 전리층의 입사점에서의 직선편파는 전리층을 지나면서 일반적으로 어떻게 되는가?

가. 원편파 나. 타원편파 다. 직선편파 라. 쌍곡선편파

해설 타원편파는 두 직선편파의 합성으로 보인다.

52. 페이딩(fading)의 원인은?

가. 전파의 회절 나. 델린저 현상

다. 전파의 도달시각차 라. 전파간의 간섭

해설 페이딩의 원인과 현상

(1) 원 인：두가지 다른 전파 경로를 통해서 오는 전파간의 간섭(또는 지표파와 전리층파, 또는 공간파 상호간의 간섭), 전리층에서 감쇠정도, 편파면의 변동등이 원인이다.

(2) 현 상：전파를 수신할 때 수신들인 불규칙하게 변한다. 주로 단파통신에서 심한 현상이다.

53. 동일 송신전파를 수신하는 경우에 전파의 통로가 2가지 이상 있는 경우에 이들 전파가 서로 간섭하여 생기는 페이딩은?

가. 선택성 페이딩 나. 도약성 페이딩

다. 흡수성 페이딩 라. 간섭성 페이딩

해설 공간다이버시티를 사용한다.

54. 전파가 전리층을 통과할 때 감쇠를 받는데 그 감쇠량이 변화하기 때문에 생기는 페이딩은?

가. 흡수성 페이딩 나. 도약성 페이딩

다. 간섭성 페이딩 라. 편파성 페이딩

해설 전리층의 흡수는 급격하게 변화하는 일이 없으므로 일반적으로 이 페이딩의 주기는 길다.

55. 전리층 상태에 따라서 어느 주파수의 성분만이 변화를 받는 페이딩은?

가. K형 페이딩 나. 선택성 페이딩

다. 동기성 페이딩 라. 편파성 페이딩

해설 주파수 다이버시티를 사용한다.

56. 도약거리 부근에서 발생되는 페이딩은?

가. 흡수성 페이딩 나. 선택성 페이딩

다. 편파성 페이딩 라. 스킵 페이딩

57. 직선 편파가 전리층에서 반사할 때 타원편파로 되기 때문에 생기며 주기가 빠르고 연속적인 fading은?

가. skip fading 나. flutter fading

다. polarization fading 라. absorption fading

해설 편파 다이버시티를 사용한다.

해답 51. 나 52. 라 53. 라 54. 가 55. 나 56. 라 57. 다

58. 간섭성 fading의 일종으로 보통 오로라지대내 혹은 이 근처를 통하는 통로상의 전리층 요란 기인하여 생기는 페이딩은?

가. 플루터 페이딩　　나. 스킵 페이딩
다. K형 페이딩　　라. 선택성 페이딩

59. 주파수가 다른 2개의 전파를 수신하면 페이딩의 모양이 다르므로 2가지의 수신전파를 합성하여 페이딩을 경감시키는 것은?

가. 공간 다이버시티　　나. 주파수 다이버시티
다. 편파 다이버시티　　라. MUSA 방식

해설 주파수 다이버시티는 선택성 페이딩을 경감시킨다.

60. 둘이상의 수신공중선을 서로 다른 장소에 설치하고 이 두 수신공중선의 출력을 합성하면 페이딩에 의한 출력의 변동이 작게할 수 있다. 이와 같이 페이딩을 경감하는 방식은?

가. 공간 다이버시티　　나. 주파수 다이버시티
다. 편파 다이버시티　　라. AVC

해설 공간다이버시티는 공중선을 설치하는데 광대한 토지를 필요로하는 결점이 있다.

61. 간섭성 페이딩 방지대책으로 가장 적합한 것은?

가. AVC 또는 AGC　　나. MUSA 방식
다. 편파 다이버시티　　라. 공간 다이버시티

해설 페이딩 방지대책

(1) 간섭성 페이딩 : 공간 다이버시티　　(2) 선택성 페이딩 : 주파수 다이버시티
(3) 편파성 페이딩 : 편파 다이버시티　　(4) 흡수성 페이딩 : AVC 또는 AGC회로 부착

62. 선택성 페이딩의 방지대책으로 가장 적당한 것은?

가. 공간 합성법　　나. 주파수 합성법　　다. 편파 합성법　　라. AVC

63. 다음은 단파 무선전화 통신에서 페이딩(fading) 방지 또는 경감법에 관계되는 것이다. 부적합한 것은 어느것인가?

가. 공간 다이버시티(diversity) 수신법　　나. A.G.C
다. 톱 로오딩(Top loading) 공중선　　라. 주파수 다이버시티 수신법

해설 Fading이란 수신점의 전계강도가 시시각각으로 다른 현상을 말한다.

① Space diversity(공간 다이버시티)　　② A.V.C(A.G.C)등 사용
③ 주파수 diversity　　④ 편파 diversity
⑤ M.U.S.A 방식등을 사용하면 어느정도 경감시킬 수 있다. 이상은 단파대에서의 대책이고 장중파 방송용에는 근거리 Fading을 방지하기 위하여 안테나를 Top loading으로 하여 근거리 Fading을 경감시킬 수 있다.

해답 58. 가　59. 나　60. 가　61. 라　62. 나　63. 다

64. 대류권 산란파 통신에서 페이딩을 감소 시킬수 있는 방법은?

가. AVC 나. limitter

다. Sapace diversity 라. 편파 diversity

해설 수신 전계는 수십 파장 떨어진 지점에서는 동시성이 소멸되므로 공간 다이버시티를 사용하면 fading을 방지할 수 있다.

65. 단파 통신에서 훼이딩(Fading)에 대한 경감 방법으로 적합하지 않은 것은?

가. 간섭성 훼이딩은 합성 수신법을 사용한다.

나. 편파성 훼이딩은 서로 수직으로 놓인 공중선을 사용하여 합성한다.

다. 흡수성 훼이딩은 수신기에 AVC를 부가한다.

라. 선택성 훼이딩은 수신기에 AGC 조절로 경감한다.

해설 선택성 fading은 전리층에서 반송파와 측파대가 받는 감쇠의 정도가 달라 발생되는 fading으로 전리층이 급속히 상·하·좌·우로 이동할 때 주로 발생된다.
이에 대한 방지책으로는 주파수 diversity가 가장 적당하다.

66. 전파의 페이딩(fading) 방지책이 아닌 것은?

가. 공간 다이버시티(diversity) 또는 주파수 다이버시티를 사용한다.

나. 수신기에 AVC를 첨가한다.

다. 서로 수직으로 놓인 공중선을 합성하여 사용한다.

라. 송신 주파수를 안정시킨다.

해설 fading 방지책 : ① 공간 다이버시티 ② 주파수 다이버시티 ③ 편파 다이버시티 ④ MUSA 사용 ⑤ AGC 사용 ⑥ 직류 Limiter(전신)

67. 같은 송신소에서 발사된 전파가 2가지 또는 그이상의 통로를 거쳐서 수신점에 도달하는 현상은?

가. 페이딩 나. 에코 다. 자기람 라. 델런져

해설 에코는 고속도 통신, 사진전송, 단파방송등에 악 영향을 준다.

68. 동일 신호가 전리층 상태에 따라서 지구의 반대방상에서 전파해 오는 에코는?

가. 근거리 에코 나. long delay 에코

다. 자극 에코 라. 역회전 에코

69. 지구의 자극부근을 통과할 때 단파 신호가 찌그러짐을 일으켜 수신점에 에코와 같은 현상으로 도달하는 것은?

가. 폴라(pola) 에코 나. 지구 일주 에코

다. 역회전 에코 라. 다중 에코

해설 폴라(pola)에코는 지자극 에코라고 한다.

70. 전리층 산란파에 의해 나타나는 에코는?

가. 역회전 에코 나. 장시간 지연 에코

다. 근거리 에코 라. 지자극 에코

해답 64. 다 65. 라 66. 라 67. 나 68. 라 69. 가 70. 다

해설 근거리 에코 : 송신점 근처에서 나타나는 현상이다. 주 전파는 지표파이고, 에코 전파는 전리층 산란파에 의해서 나타난다.

71. 에코(echo)의 방지 방법이 아닌 것은?

가. 사용주파수를 바꾼다.

나. 공중선에 트랩을 단다.

다. 첨예한 지향성을 갖는 비임 안테나는 사용한다.

라. 송·수신소를 적당한 장소로 선정한다.

해설 공중선에 반사기를 부착한다.

72. 태양의 폭발에 의해 방출된 자외선이 E 층의 전자밀도를 증가시켜 통신을 불가능하게 만드는 현상은?

가. 룩셈부르크 현상(Luxemburg effect) 나. 자기폭풍(magnetic storm)

다. 페이딩 현상(fading effect) 라. 델린저 현상(Dellinger effect)

해설 델린저 현상

① 원　　인 : 자외선의 이상증가에 의한 D 층 또는 E 층의 전자밀도의 증대

② 발생시간 : 태양의 이상이 인지될 때

③ 계속시간 : 돌발적으로 발생하여 10분 혹은 수십분 계속되다가 회복

④ 출현주기 : 빈번성이 있다.

이에 비해 자기람은 주야 불문으로 전 세계에서 발생하며 지속시간은 비교적 길어서 2~3일 정도 때로는 수일에 걸치는 일도 있다.

73. 델리저(Dellinger) 현상을 설명하는 내용이 아닌 것은?

가. 발생원인은 자외선의 이상증가로 인하여

나. 발생시기는 주야로 발생

다. 전리층의 변화는 D 층, E 층 영역의 전자밀도 증대로 인하여

라. 발생구역은 태양의 직사광선이 비추는 곳에

해설 델리저(Dellinger) 현상은 주간에 한하여 발생한다.

74. 다음 중 델린져 현상과 관계없는 사항은?

가. 이 현상이 발생하면 D, E 층의 전자밀도가 증가하고 F 층은 별로 변동이 없다.

나. 출현주기는 빈번하며 보통 27일(자전주기) 발생주기로 주기성이 있는 것으로 믿어왔으나 명확한 주기성은 없다.

다. 이 현상이 발생하면 최소한 2~3일 정도 통신을 못한다.

라. 태양의 방사표면에서 돌연 자외선이 증가하여 이 현상이 발생한다.

75. 태양에서 발생하는 자외선의 돌발적 증가로 인하여 발생되는 전파방해는?

가. 공전 나. 델린져현상(Dellinger Phoenomena)

다. 자기람(Magnetic storm) 라. 에코우(Echo)

해답 71. 나 72. 라 73. 나 74. 다 75. 나

76. 다음은 자기람에 관한 설명이다. 잘못된 것은?

가. 태양면에 폭발이 생기는 동시에 나타난다.

나. 지구 자계의 영향을 받아, 극지방은 자기람이 더욱 심하다.

다. 1~2일 계속된다.

라. 20 [MHz] 이상의 주파수대에 영향을 준다.

해설 자기람(Magnetic Storm)

태양활동에 따라서 방출된 하전 미립자가 지구로 날아와서 지구자계에 현저한 혼란을 일으키는 것

특 징 : ① 원 인 : 태양 폭발 ② 발생구역 : 지구 전역(고위도 지방이 심하다)

③ 상 황 : 느린 속도로 발생, 수일동안 발생

④ 영 향 : 20 [MHz] 이상의 전파에 영향

⑤ 전리층에 주는 변화 : F_2층의 임계주파수 저하, 높이는 높아지고 흡수증가

⑥ 출현 주기 : 미리 예측가능(태양폭발 후 0.5~1일후 발생)

77. 자기람과 델린저 현상에 대한 방지대책으로 옳은 것은?

가. 자기람 및 델린저 현상에 대하여 모두 주파수를 높게한다.

나. 자기람 및 델린저 현상에 대하여 모두 주파수를 낮게한다.

다. 자기람은 주파수를 낮게하고 델린저 현상은 주파수를 높게 선택한다.

라. 자기람은 주파수를 높게하고 델린저 현상은 주파수를 낮게 한다.

해설 자기람과 델린저 현상의 비교

	델린저 현상(Dellinger effect)	자기람(Magnetic storm)
원 인	태양면의 폭발에 의해서 방출된 다량의 자외선이 E층 또는 D층의 전자밀도를 증가시켜 임계 주파수의 상승, 전리층내의 감쇠의 증가 등 때문이라고 생각된다.	태양 폭발에 의해서 방출된 하전 미립자군이 지구 가까이 도달되면 지구자계의 작용으로 인하여 굴절되고 극지방 상공에 집결하여 이것을 싸는 환전류를 형성해서 극광을 나타내며 전리층을 교란시킨다.
통신에 주는 영향	1.5~20 [MHz] 정도의 단파 통신에 영향을 주고 이보다 낮거나 높은 주파수는 영향을 받지 않으며 낮은 주파수 쪽이 영향을 많이 받는다.	20 [MHz] 이상의 높은 주파수의 전파에 영향이 심하다. 전파 통로가 극히 극지방을 통과할 때에는 더 큰 영향을 받는다.

78. 태양의 표면에서 발생되는 적외선의 돌발적인 증가로 특수한 미립자가 남아 전리층을 교란하는 전파 방해는?

가. 공전　　나. 델린져 현상　　다. 자기람　　라. 에코우

79. 외기권에서 매우 강한 방사능을 지닌 두 벨트대는?

가. 반 알렌대　　나. 자기권　　다. 혹성공간　　라. 우주공간

해설 반알렌대(Van Alen belt)는 지구자기의 축을 축으로하여 도우넛 모양으로 지구를 둘러싸고 있다. 이 반알렌대는 전파전파에는 거의 영향이 없으나, 여기를 통과하는 통신기나 인간에는 방사능에 대한 방지책이 필요하다.

해답 76. 가　77. 다　78. 다　79. 가

80. 중위도 지방에서는 태양폭발이 관측된 후 얼마후에 자기람이 발생되는가?

가. 수분 후　　나. 수십분 후

다. 수시간~수십시간 후　　라. 수일 후

해설 빈발성이 적으며 태양폭발이 선행되기 때문에 미리 예측할 수 있다. 중위도 지방에서는 태양폭발이 관측된 다음 0.5~1일 후 발생한다.

	델린저 현상(Dellinger effect)	자기람(Magnetic storm)
발생 구역과 시간	주간의 구역에 한하고 저위도 지방에 발생한다.	지구 전역(특히 고위도 지방이 심하다)에서 주야 구별없이 발생한다.
상　황	돌발적으로 발생하여 10분 혹은 수십분 계속되다가 차차 고위도 지방에서부터 회복된다.	느린 속도로 발생하고 지속 시간은 비교적 길어서 1~2일 때로는 수일 계속된다. 처음에 지구의 자극 부근에서 발생하여 점차로 저위도 지방으로 진행한다. 저위도 지방일 수록 영향은 적다.

81. 지구의 대기권의 외측은?

가. 심우주　　나. 외기권

다. 반알렌대　　라. 우주공간

82. 전리층과 외기권을 포함해서 지구자계가 영향하는 범위는?

가. 자기권　　나. 우주공간

다. 혹성공간　　라. 반 알렌대

83. 우주통신에 해당하지 않는 것은?

가. 우주국과 우주국　　나. 지구국과 지구국

다. 우주국과 지구국　　라. 우주국을 중계로 하는 두 지구국

84. 수동 위성의 수신전력은?

가. 거리의 2승에 반비례한다.　　나. 거리의 4승에 반비례한다.

다. 거리의 3승에 반비례한다.　　라. 거리의 5승에 반비례한다.

85. 자유공간에서의 유효수신전력은? 단, P는 송신전력이고, G_t, G_r은 송·수신 안테나의 절대이득이고 r은 송수신점간의 거리이다.

가. $G_t \cdot G_r \cdot P \cdot \left(\frac{\lambda}{4\pi r}\right)^2$ [W]　　나. $G_t \cdot G_r \cdot P \cdot \left(\frac{\lambda}{2\pi r}\right)^2$ [W]

다. $G_r \cdot P \cdot \left(\frac{\lambda}{\pi r}\right)^2$ [W]　　라. $G_r \cdot P \cdot \left(\frac{\lambda}{r}\right)^2$ [W]

86. 우주통신에 적합한 주파수의 상환과 하한의 주파수 범위를 무엇이라고 하는가?

가. 도파관 창　　나. 반알렌대　　다. 심우주대　　라. 전파의 창

해설 일반적으로 100 [MHz]~10 [GHz] 정도의 범위가 실용적이다.

해답 80. 다　81. 라　82. 가　83. 나　84. 나　85. 가　86. 라

87. 전파의 창(Radio window)의 범위를 결정하는 중요한 요소가 아닌 것은?

가. 전리층의 영향　　나. 도플러 효과의 영향

다. 대류권의 영향　　라. 우주 잡음의 영향

해설 우주 통신에 상한과 하한을 결정하는 적당한 주파수 범위이며 일반적으로 100 [MHz] ~ 10 [GHz] 정도의 범위가 실용적이다. 그러나 심한 경우 스포라딕 *E*층 등의 발생을 고려하여 안전한 통신을 확보하기 위해서는 100 [MHz] ~ 6 [GHz] 정도로 한다.

※ **전파의 창의 범위를 결정하는 요소**

① 전리층의 영향　　② 대류권의 영향

② 잡음의 영향　　④ 정보 전송량의 문제

⑤ 송수신계의 문제(송신출력, Ant이득, 피이더 손, 내부잡음 등)

88. 인공위성 또는 우주 비행체는 매우 빠른 속도로 운동하고 있으므로 전파발생원의 이동에 따라서 수신주파수가 변화한다. 이것을 무엇이라고 하는가?

가. 패러데이 회전　　나. 플라즈마

다. 도플러 효과　　라. 전파의 창

해설 수신주파수의 변이를 도플러 시프트(doppler shift)라고 한다.

89. 우주통신에 전파상 문제점에 해당되지 않는 것은?

가. 플라즈마층　　나. 페이딩(fading)

다. 에코우(echo)　　라. 패러데이 회전

해설 (가), (나), (라)이외에 도플러 효과, 전파의 지연시간, 혼신, 덕트에 의한 영향, 흡수와 굴절, 잡음등이 있다.

90. 공전은 어느 잡음에 속하는가?

가. 우주 잡음　　나. 태양계 잡음

다. 대기잡음　　라. 주기성 잡음

해설 공전잡음은 AM파를 수신할 때에 들리는 것으로 클릭(click), 그라인더(grinder), 휘슬러(whistler)등이 있다.

91. VHF대의 초단파 통신에 영향을 크게 주는 잡음은

가. 인공 잡음　　나. 공전 잡음

다. 불꽃 잡음　　라. 태양 잡음

92. 침적 잡음에 해당되는 것은?

가. 클릭(click)　　나. 그라인더(grinder)

다. 히싱(hissing)　　라. 휘슬러(whistler)

해설 침적잡음은 대전한 빗방울, 모래 먼지, 눈보라 등에 의해서 생긴다. 이를 히싱(hissing)이라고 한다.

해답 87. 나　88. 다　89. 다　90. 다　91. 라　92. 다

93. 매우 넓은 주파수대에 걸쳐 균일한 스펙트럼(spectrum)을 갖는 잡음은?

가. 침적잡음　　나. 백색잡음

다. 코로나 방전　　라. 글로우 방전

해설 백색잡음(white noise)은 주파수대폭 B의 전역에서 잡음의 각 주파수 성분의 에너지가 평탄하고, 주파수대에 비례할 만한 잡음이다.

[예] 형광등의 잡음, 쇼트 잡음 등.

94. 공전(空電)의 잡음을 경감시키는 방법 중 적당하지 않은 것은?

가. 수신기의 수신대역폭을 넓게하여 수신전력을 증가시킨다.

나. 수신출력을 증대시켜 S/N비를 크게한다.

다. 지향성 안테나를 사용한다.

라. 비접지 안테나를 사용한다.

해설 공전에 의해서 생기는 잡음은 click, grinder, hissing 등이 있으며 이 공전의 방해를 완전히 제거하는 방법은 없고 경감을 시킬 수 있다.

① 지향성 안테나를 사용한다.
② 수신 대역폭을 좁히고, 선택도를 높인다.
③ 송신 출력을 증대시켜 수신점의 S/N를 크게 한다.
④ 수신기에 억압 회로를 사용한다.

95. 공전방해를 완전히 제거하는 방법은?

가. AVC　　나. 없다

다. 중화법　　라. 애드콕 공중선

해설 대기 중의 자연 현상에 의해서 발생하는 잡음전파를 대기잡음, 혹은 공전(atmospherics, statics)이라 한다. 이것이 문제되는 것은 20[MHz] 이하의 주파수에 있어서 그 영향은 주파수가 높을수록 작다.

① Click : 번개등이 원인이라고 생각되고 있다.
② Grinder : 비교적 먼 곳의 번개 또는 뇌우가 원인이다.
③ Hissing : 대기의 전기적 변동, 우박, 강설, 모래, 먼지 등이 그 원인으로 알려져 있고 이 공전의 방해를 완전히 제거하는 방법은 없고, 경감시킬 수는 있다.

해답 93. 나 94. 가 95. 나

MEMO

부 록

과년도 출제 문제

1 안테나(개론)공학 기출문제 수록

1. 전리층에 전파가 입사할 때 받는 현상이 아닌 것은?

가. 전파의 산란

나. 델린져 현상

다. 감쇠(흡수)현상

라. 편파면의 회전

2. 다음 중 길이 l [m]인 반파장 안테나의 실효고는?

가. 0.32 l [m]　　나. 0.42 l [m]

다. 0.54 l [m]　　라. 0.64 l [m]

◆ 해설 ◆　반파장 안테나의 실효고는 λ/π 이다. $l = \lambda/2$에서 $\lambda = 2l$이므로 실효고 he는

$$h_e = \frac{\lambda}{\pi} = \frac{2\ell}{\pi} = 0.64\ell$$

3. 통신 선로의 임피던스를 정합시키는 이유는?

가. 전력을 최소로 공급하기 위해.

나. 반사계수를 1로 만들기 위해.

다. 투과계수를 0로 만들기 위해.

라. 반사파가 생기지 않도록 하기 위해.

◆ 해설 ◆　임피던스 정합 ($Z_o = Z_L$)의 경우

① 최대 전력을 전송한다.

② 반사계수(T) = 반사전압 / 입사전압 = $= \frac{Z_L - Z_O}{Z_L + Z_O} = 0$

③ 정재파비(S) = $= \frac{1-T}{1+T} = \frac{1-0}{1+0} = 1$

4. 도약거리를 나타내는 식은? (단, h' : 전리층의 겉보기 높이[m], f_o : 임계주파수 [Hz], f : 사용 주파수[Hz]이다.)

해답　1. 나　2. 라　3. 라　4. 가

가. $d=2h'\sqrt{\left(\frac{f}{f_o}\right)^2-1}$ 나. $d=h'\sqrt{\left(\frac{f}{f_o}\right)^2-1}$

다. $d=2h'\sqrt{\left(\frac{f_o}{f}\right)^2-1}$ 라. $d=h'\sqrt{\left(\frac{f_o}{f}\right)^2-1}$

◆ 해 설 ◆ 도약거리는 단파대에서 생긴다. 도약거리는 전리층의 이론적 높이 h′에 비례한다.

> **참 고** 도약거리(skip distance)
> : 전리층 반사파가 지상에 도달하는 점과 송신점고의 거리를 말한다.

5. 전리층의 전자밀도가 N[개/m³]일 때 임계주파수는?

가. $f_o=81\sqrt{N}$ 나. $f_o=\frac{\sqrt{N}}{\cos\phi_o}$

다. $f_o=\sqrt{9\cos\phi_o}$ 라. $f_o=9\sqrt{N}$

◆ 해 설 ◆ 굴절율 n은

$$n=\sqrt{1-(\frac{f_c}{f})^2}$$

사용 주파수가 f가

① $f<f_c$ 이면 n은 허수로 되어 반사하고

② $f>f_c$ 이면 n > 0으로 되어 투과하며

③ $f=f_c$ 이면 n = 0으로 되어 반사와 투과의 임계점에 있게 된다. 그리고 임계 주파수 f_c는 = $f_c=9\sqrt{N}$ 으로 부터 구할 수 있다.

6. 반사기의 관한 설명으로 옳지 못한 것은?

가. 평면 반사판을 설치하면 이득이 2배 만큼 증가한다.

나. 야기 안테나에서의 반사기는 유도성이다.

다. 코너 리플렉터(coner reflector)일 때 반사판 사이의 각이 좁을 수록 이득이 크다.

라. 반사기를 설치하면 단향성이 된다.

◆ 해 설 ◆ 반사기에 관한 설명

① 반사기의 길이는 λ/2보다 길며 유도성을 나타낸다.

② 반사기를 설치하면 단방향성이 된다.

해답 5. 라 6. 가

7. 무한장의 전송선로에 고주파 전압을 가한 경우, 전송선의 현상은?

가. 반사파만 존재한다.

나. 진행파만 존재한다.

다. 반사파와 진행파가 존재한다.

라. 반사파와 진행파가 존재하지 않는다.

8. 송신안테나가 수퍼 턴 스타일(super turn style)안테나인 경우에 수신안테나로서 수평다이폴 안테나를 사용하여야 하는 이유는? (즉, 수직 dipole은 안되는 이유)

가. 전파의 직진성 때문에

나. 전파의 회절 현상 때문에

다. 전파는 횡파이기 때문에

라. 전파의 편파성 때문에

◆ 해 설 ◆ 무한장의 선로에는 반사파가 없으므로 진행파만 존재한다.

9. 헤르츠 다이폴에서 발생하는 세가지 전자계에 관한 설명으로 옳지 않은 것은?

가. 복사전계는 파장과 관계가 있다.

나. 0.16λ 이내의 거리에서는 복사전계의 크기가 가장 크다.

다. 정전계는 수반하는 자계가 없으며 에너지 이동이 없다.

라. 복사계는 통신에 이용 되고 있다.

◆ 해 설 ◆ 정전계와 복사전계의 크기가 같아지는 점은 0.16λ 이며, 이 지점보다 가까우면 정전계와 유도계가 지배적이고, 먼 곳에서는 복사전계가 지배적이다.

10. 수직접지 안테나의 설명으로 옳지 않는 것은?

가. 발사전파가 수직편파다.

나. 높이는 반드시 $\frac{\lambda}{4}$ 이어야 한다.

다. 수평면내에서는 무지향성이다.

라. 안테나의 길이가 긴 경우에는 직렬로 콘덴서를 삽입해서 공진 시킨다.

◆ 해 설 ◆ 수직접지 안테나는

① 수직편파이다.

② 수평면내 지향성은 무지향성, 수직면내 지향성은 쌍반원형이다.

11. 폴디드 다이폴 안테나의 특성중 옳지 않은 것은?

가. 평행2선식 급전선과는 정합장치를 요하지 않는다.

나. 반파다이폴과 비슷한 복사저항을 갖는다.

해답 7. 나 8. 라 9. 나 10. 나 11. 나

다. 실효고는 반파다이폴의 약 2배이다.

라. 광대역성을 갖는다.

◆ 해 설 ◆ 폴디드 다이폴 안테나는

① 실효고는 반파 다이폴이 약 2배이다.

② Q가 낮고, 광대역성이다.

③ 반파 다이폴에 비하여 복사저항이 크다.(약300[Ω])

④ 2선식 피더와 정합의 직결된다.

12. 반파다이폴 안테나에 관한 설명 중 틀린 것은?

가. 반송주파수의 $\lambda/2$ 길이를 갖는 공진 안테나이다.

나. 진행파형 안테나이다.

다. 전류는 양쪽 끝에서 0이된다.

라. 전압은 양쪽 끝에서 최대가 된다.

◆ 해 설 ◆ 정재파형 안테나이다.

13. 600[Ω] 및 150[Ω]의 선로를 1/4 파장의 선로인 임피던스 변성기로 정합시키고자 한다. 삽입 해야할 선로의 임피던스는 얼마로 해야 하는가?

가. 600[Ω] 나. 300[Ω]

다. 150[Ω] 라. 75[Ω]

14. 회절 현상에 대한 설명으로 틀린 것은?

가. 극초단파에서 일어난다.

나. 프레스넬 존이 있으면 잘 일어난다.

다. 쐐기형 장애물이 있으면 잘 일어난다.

라. 직접파에 의한 전계강도 보다도 더 크다.

15. 루프 안테나를 장 · 중파대의 방향탐지에 사용하는 경우 발생되는 문제점은 야간 오차이다. 이를 방지하기 위하여 루프 안테나의 수평부분을 제거한 안테나는?

가. 애드콕 안테나 나. 웨이브 안테나

다. T형 안테나 라. 역 L형 안테나

◆ 해 설 ◆ 루프(loop) 안테나는 소형이고 취급이 간단하여 방향탐지에 편리하다. 그러나, 야간오차가 생겨 안정된 동작이 안되는 결점이 있다. 에드콕(adcock)안테나는 방향탐지, 야간오차를 경암하는데 효과가 있다.

해답 12. 나 13. 나 14. 라 15. 가

16. 전파 통로에 의한 분류가 아닌 것은?

가. 직접파(direct wave)

나. 대지파(surface wave)

다. 대지 반사파(ground reflected wave)

라. 극초단파(micro wave)

◆ 해설 ◆ (라)항은 주파수에 의한 분류 방식이다.

17. 탑로딩(top loding)의 효과는 다음 중 어느 것인가?

가. 고유 주파수의 증가

나. 실효 길이의 감소

다. 복사 저항의 감소

라. 복사 효율의 증가

◆ 해설 ◆ 탑로딩을 설치하면 안테나의 높이는 등가적으로 높게되고 복사 저항이 증가하여 복사 효율의 증가를 가져온다.

참고 탑로딩(top loading)의 효과

❶ 고유 주파수의 저하
❷ 고유 파장의 증가
❸ 실효 길이의 증가
❹ 복사저항의 증가
❺ 고각도 방사의 감소

18. 극초단파에서 사용되는 안테나가 아닌 것은?

가. parabora 안테나

나. cassegrain 안테나

다. horn reflect 안테나

라. rhombic 안테나

◆ 해설 ◆ rhombic 안테나는 진행파 안테나로 단파의 고정국 송·수신 안테나로서 가장 많이 사용된다.

19. 지름 3[mm], 선간격 30[cm]의 평형 2선식 급전선의 특성 임피던스는?

가. 약 300[Ω]

나. 약 420[Ω]

다. 약 590[Ω]

라. 약 637[Ω]

◆ 해설 ◆

$$Z_0 = \sqrt{\frac{L}{C}} = 120\log_e\frac{2D}{d} = 276\log_{10}\frac{2D}{d}$$

$$= 276\log_{10}200 \doteqdot 637[\Omega]$$

해답 16. 라 17. 라 18. 라 19. 라

20. 파라볼라 안테나는 이득은 사용 파장과 어떤 관계가 있는가?

가. 파장에 비례한다.

나. 파장에 반비례한다.

다. 파장에 제곱에 비례한다.

라. 파장에 제곱에 반비례한다.

◆ 해 설 ◆ 파라볼라 안테나의 이득

$$G = \frac{4\pi}{\lambda^2} A_e = 4\frac{\eta\pi}{\lambda^2} A$$

이득 G는 파장의 제곱에 반비례하고, 개구면적 A에 비례한다. 개구면적은 안테나의 벌어진 면적, 즉 기하학적 면적(A = Ae/η)이다.

해답 20. 라

2 안테나(개론)공학 기출문제 수록

1. 지름 3[mm], 선간격 30[cm] 의 평행 2선식 급전선의 특성 임피이던스는?

가. 약 300[Ω]　　　나. 약 420[Ω]

다. 약 590[Ω]　　　라. 약 637[Ω]

◆ 해 설 ◆　2선식 급전선의 특성 임피던스 Z_o는

$$Z_o = \sqrt{\frac{L}{C}} = 120\log_e\frac{2D}{d} = 276\log_{10}\frac{2D}{d}$$
$$= 277\log_{10}200 = 637[\Omega]$$

2. 도파관의 정합방법 중 비가역성 회로를 사용하여 정합시키는 방법은?

가. 도파관의 창　　　나. 테이퍼 변성기

다. 아이솔레이터　　　라. 무반사 종단기

◆ 해 설 ◆　도파관의 임피던스 정합

① 아이솔레이터 : 비가역 회로의 일방 통행성을 이용하는 방법
② 무반사 종단기 : 반사파를 흡수하는 방법
③ 테이퍼 변성기 : 임피던스 변환에 의한 방법
④ Q－matching : 1/4 파장 길이의 도파관 삽입법
⑤ 도파관 창에 의한 정합

3. 마이크로파용 안테나의 특징으로 옳지 않은 것은?

가. 고지향성이다.

나. 파장이 짧기 때문에 크기를 소형으로 할 수 있고, 고이득을 얻을 수 있다.

다. 이득과 지향성은 안테나의 개구면에 반비례한다.

라. 송수신 안테나의 결합도를 작게할 수 있으므로, 송수신기를 동일장소에 설치 할 수 있다.

◆ 해 설 ◆　마이크로파 안테나에서 이득이나 지향성은 안테나의 개구면적에 비례한다.

해답　1. 라　2. 다　3. 다

4. 선로의 반사계수 = 0.4 인 때의 전압정재파비(VSWR)는 약 얼마인가?

가. 0.22 　　나. 0.43

다. 1.2 　　라. 2.3

◆ 해 설 ◆ 　전압정재파비(VSWR)는 반사계수를 m이라고 할 때

$$VSWR = \frac{1+|m|}{1-|m|} = \frac{1+0.4}{1-0.4} = 2.3$$

5. 이지 S형 라디오 덕트가 발생하였을 때 전파통로는 ?

가.

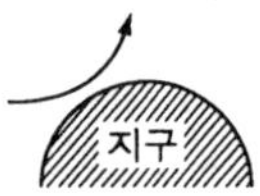

나.

다.

라.

◆ 해 설 ◆ 　문제에서 (라)항은 표준형, (다)항은 접지 S형, (나)항은 이지 S형이다. 이지 S형 덕트내에서는 덕트의 상·하 경계층에서 초굴절이 일어난다.

6. 폴디드(folded)다이폴 안테나에 관한 설명으로 옳지 않은 것은 ?

가. 2개 접어진 안테나인 경우 급전점 임피이던스는 약 292[Ω]이다.

나. 두 도체의 굵기가 다르면 임피이던스도 달라진다.

다. 수신 최대 유효전력은 반파장 다이폴의 1/4로 된다.

라. 지향성은 반파장 다이폴과 같다.

◆ 해 설 ◆ 　폴디드 다이폴 안테나의 특징

① 2개의 접어진 안테나인 경우 급전점 임피던스는 약 292[Ω]이다.
　R = 4 × (반파 다이폴의 복사저항) = 4 × 73.13 ≃ 292[Ω]

② 평행도선의 갯수, 간격, 굵기의 비를 변화시킴으로서 임피던스 변환비를 변화시킬 수 있다.

③ 전계강도, 이득, 지향성은 반파다이폴과 같다.

④ 실효길이는 반파다이폴의 약 2배이다.

⑤ 수신 안테나로 사용시 개방전압은 반파다이폴의 2배이나, 수신 최대 유효 전력은 변화가 없다.

7. 다음 중 수직접지 안테나의 설명 중 틀린 것은?

가. 방송업무용으로 많이 쓰인다. 　　나. 복사저항은 36.56[Ω]이다.

다. 발사전파는 수직편파이다. 　　라. 선박 통신용으로 많이 쓰인다.

해답 　4. 라 　5. 나 　6 다 　7. 라

◆ 해 설 ◆ 수직접지 안테나의 특징
① 실효 길이 : $\lambda / 2\pi$
② 복사 저항 : 36.56[Ω]
③ 방사 전파 : 수직편파
④ 용도 : 방송업무용
선박 통신용으로 많이 이용되는 것은 역 L형 안테나이다.

8. 두 개 이상의 안테나를 서로 떨어진 곳에 설치하고 두 출력을 합성하여 페이딩을 방지하는 방식은?

가. 주파수 다이버시티　　나. 공간 다이버시티
다. 편파 다이버시티　　라. 변조 다이버시티

◆ 해 설 ◆ 공간다이버시티란 두개 이상의 수신 공중선을 서로 다른 장소에 설치하고, 이 두 공중선의 출력을 합성하면 fading에 의한 출력의 변동이 작게되는 방식이다.

9. 초단파(VHF)대 안테나가 아닌 것은 ?

가. 롬빅(rhombic)안테나　　나. 슬리브(sleeve)안테타
다. 브라운(brown)안테나　　라. 휩(whip)안테나

◆ 해 설 ◆ 롬빅 안테나는 단파대 안테나이다.

10. 야간에 타원편파의 수평편파 성분을 상쇄시켜 야간오차를 방지할 수 있는 안테나는 ?

가. 웨이브 안테나(Wave Antenna)
나. 루우프 안테나(Loop Antenna)
다. 애드코크 안테나(Adcock Antenna)
라. 파라볼라 안테나(Parabola Antenna)

◆ 해 설 ◆ 애드코크 안테나는 방향 탐지용 안테나로써 야간 오차를 경감하는데 사용된다.

참고 애드코크 안테나의 특징
❶ 야간 오차 방지　　❷ 수직 편파
❸ 방향 탐지용　　❹ 수평면내 지향특성은 8자형

11. 엔드 파이어 헬리컬 안테나의 특성이 아닌 것은 ?

가. 광대역, 고이득 진행파 안테나이다.
나. 전력이득은 약 11 – 15[dB] 정도이다.
다. 복사저항은 약 100～200[Ω] 정도이다.

해답 8. 나　9. 가　10. 다　11. 라

라. 반치각은 $\theta = \dfrac{50C}{\sqrt{\dfrac{np}{\lambda}}}$ 이다.

◆ 해 설 ◆ 엔드파이어 헬리컬 안테나의 특징

① 고이득, 광대역, 진행파 안테나이다.

② 반치각 θ 는

$$\theta = \frac{52}{\frac{c}{\lambda}\sqrt{\frac{np}{\lambda}}}$$

c : 원둘레

p : pitch(나선 중심에서 중심까지의 거리)

③ 100 – 1000MHz대의 고이득 송수신 방송용, 위성 통신용으로 사용된다.

12. 도파관창(wave guide window)의 목적은 ?

가. 도파관내의 반사파를 감쇠시켜 정재파를 감소시킨다.

나. 도파관내의 임피이던스를 변환시켜 정재파비를 1에 가깝게 한다.

다. 도파관내의 진행파를 방해하여 출력을 조절한다.

라. 도파관의 보호를 위한 차단망이다.

◆ 해 설 ◆ 도파관창은 도파관의 임피던스를 변환한다.

13. 제 1 Fresnel Zone의 반경과 파장과의 관계는?

가. 파장의 평방근에 반비례한다.

나. 파장의 평방근에 비례한다.

다. 파장의 자승에 반비례한다.

라. 파장의 자승에 비례한다.

◆ 해 설 ◆ 제 n Fresnel zone의 반지름 ρ_n 은

$$\rho_n = \sqrt{n\lambda \frac{d_1 d_2}{(d_1 + d_2)}}$$

제 1 Fresnel zone의 반지름 ρ_n 은 파장 λ 의 평방근에 비례한다.

$$\rho_1 = \sqrt{\lambda \frac{d_1 d_2}{(d_1 + d_2)}}$$

14. 다음 중 진행파 안테나에 해당되지 않는 것은?

가. 롬빅 안테나

나. 비버리지 안테나

다. 반파다이폴 안테나

라. 진행파 V형 안테나

해답 12. 나 13. 나 14. 다

◆ 해 설 ◆ 진행파 안테나의 종류

① 롬빅 안테나
② 웨이브(wave) 안테나
③ 헬리컬 안테나
④ 진행파 V형 안테나
⑤ 어골형(fishbone) 안테나

※ 웨이브 안테나는 발명자의 이름을 붙여 비버리지(Beverage)안테나 라고도 한다.

15. 주파수 1000[kHz]용의 $\frac{1}{4}$ 파장 수직접지 안테나의 실효길이는 얼마인가?

가. 37.7[m] 나. 47.7[m]

다. 57.7[m] 라. 67.7[m]

◆ 해 설 ◆ $\lambda/4$ 수직접지안테나의 실효길이는 $\lambda/2\pi$ 이다.

파장 $\lambda = c/f = 3\times10^8/1000\times10^3 = 300$[m] 이므로

$$h_e = \frac{\lambda}{2\pi} = \frac{300}{2\times3.14} = 47.7[m]$$

16. 다음 중 정재파에 대한 설명으로 맞은 것은?

가. 선로의 특성임피던스와 부하 임피던스가 정합되어 있을 때 ($Z_o = Z_L$)에 생긴다.

나. 한방향으로 진행하는 진행파이다.

다. 전류와 전압의 분포상태는 $\lambda/2$의 거리마다 최대가 된다.

라. 선로의 각 점에 따라 전류 및 전압의 위상이 다르다.

◆ 해 설 ◆ 정재파는 임피던스 부정합 상태 ($Z_o \neq Z_L$)일 때 발생하며, 진행파와 반사파의 합성파이다 이 정재파의 전류와 전압의 불포상태는 $\lambda/2$의 거리마다 최대가 된다. 또한 전압, 전류 위상은 선로상의 어디에서나 같다.

참고 정재파와 진행파의 비교

	정재파	진행파
발생원인	부정합 상태 ($Z_o \neq Z_L$)	정합상태 ($Z_o = Z_L$)
정 의	진행파와 반사파의 합성파	한 방향으로 진행하는파
전압, 전류 위상	선로상 어디에서나 같다	선로상의 각 점에 따라 다르다
전압, 전류 분포	$\lambda/2$ 거리마다 최대	선로상 어디서나 같다.
전송효율	적다	크다

해답 15. 나 16. 다

17. 다음 안테나 정의에 대한 설명으로 잘못된 것은?

가. 안테나는 보통 고주파 회로에 접속하여 사용되는 일종의 능동회로이다.

나. 전기에너지와 전파에너지간의 상호변환장치이다.

다. 무선용의 송·수신기와 공간을 결합하는 중계장치이다.

라. 전자파를 복사 또는 수신하는 일종의 에너지 변환장치이다.

◆ 해설 ◆ 안테나는 보통 고주파 회로에 접속하여 사용되는 하나의 특수한 전기회로이다.

① 안테나는 전자파를 복사 또는 수신하는 일종의 에너지 변환장치이다.

② 안테나는 무선용의 송·수신기와 공간을 결합하는 중계장치이다.

③ 안테나는 전기 에너지(전력)와 전자파 에너지간의 상호 변환장치이다.

18. 중파 안테나의 연장코일의 사용목적은?

가. 안테나의 고유파장보다 짧은 파장의 전파에 공진시키기 위해서

나. 안테나의 교유파장보다 긴 파장의 전파에 공진시키기 위해서

다. 고조파의 복사를 방지 시키기 위해서

라. 안테나에 고주파 전압을 유도시키기 위해서

◆ 해설 ◆ 안테나에 연장코일(loading coil)은 고유 파장보다 긴 파장에 공진시키기 위한 것이다.

①「연장 코일」은 안테나의 고유 주파수보다 낮은 주파수(긴 파장)에 동조시키기 위해 사용한다.

②「연장 코일」은 안테나에 직렬로 삽입하여 사용한다.

③ 안테나의 고유 주파수를 높게하려면 안테나에 직렬로「단축 콘덴서」를 삽입한다.

19. 다음은 전리층에 대한 설명이다. 틀린 것은?

가. E층은 지상 약 200[km]부근에 있다.

나. F층은 지상 약 200 – 400[km]의 범위에 있다.

다. F2층은 전자밀도가 제일 높고 연이어 F1층, E층이 순으로 된다.

라. D층은 지상 약 60 – 80[km] 부분에 출현하며 전자 밀도는 적다.

◆ 해설 ◆ E층은 지상 약 100km 높이에 존재한다. F층에서는 F_1층이 약 200km, F_2층이 300~400km의 높이에 존재한다고 한다.

20. 전파의 성질에 관한 설명 중 잘못된 것은?

가. 회절 현상이 있다.　　나. 균일 매질중을 전파는 직진한다.

다. 간섭이 있다.　　라. 종파이다.

◆ 해설 ◆ 전파는 횡파이다. 공기중에서 전파의 속도는 진공중의 속도와 같다.

해답 17. 가 18. 나 19. 가 20. 라

3 안테나(개론)공학 기출문제 수록

1. 안테나의 빔(Beam)폭에 관한 설명으로 옳은 것은?

가. 복사전계가 최대 복사전계강도의 1/2이 되는 두 방향 사이각

나. 복사전력밀도가 최대 복사방향의 1/2이 되는 두 방향 사이각

다. 복사전계가 0이 되는 두 방향사이각

라. 최대복사방향을 중심으로 총복사 전력의 90(%)를 포함하는 범위의 사이각

◆ 해 설 ◆ 빔폭은 반치각 또는 반치폭이라고도 한다. 「가」항은 최대 복사 전계가 $1/\sqrt{2}$ 되는 두 방향 사이의 각으로 수정하여야 한다.

2. 정재파를 설명하는데 옳지 못한 것은?

가. 한 방향으로 진행하는 파이다.

나. 정합이 되어 있지 않았을 때 생긴다.

다. 정재파가 크면 클수록 전송 손실이 크다.

라. 전류전압의 위상은 선로상 어느 점에서도 동일하다.

◆ 해 설 ◆ 정재파 V형 안테나는 방사특성이 8자형이다.

3. 자유공간내에 있는 그림과 같은 12소자 비임 안테나의 이득은 얼마인가? (단, 반파장 다이폴의 복사저항은 73.13[Ω], 전복사저항은 452.3[Ω]이다.)

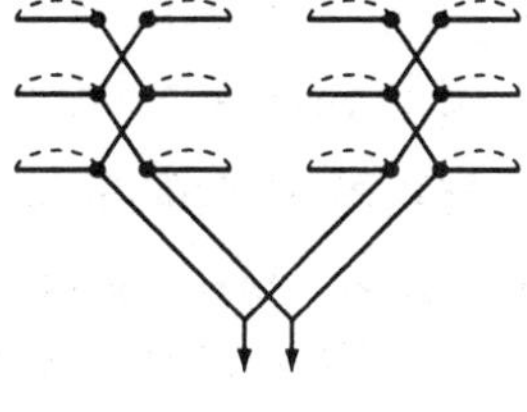

가. 5.82　　나. 6.74

다. 7.85　　라. 23.28

4. 주간에 전리현상을 활발하게 하여 전리층의 전자 밀도가 크게 되는 원인은?

가. 자외선　　나. 반사, 굴절

다. 자기장　　라. 간섭

해답 1. 나 2. 가 3. 라 4. 가

5. 다음 도파관창 중에서 LC 병렬 회로로 볼 수 있는 것은?

가. 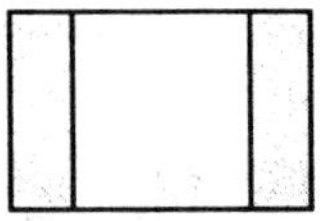

나. 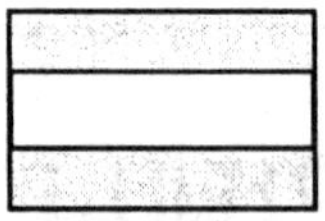

다. 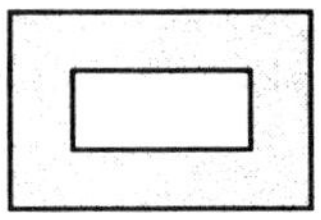

라. 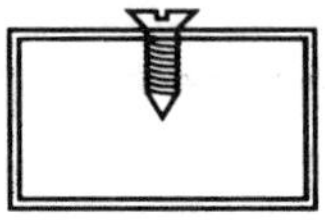

6. 복사저항이 36[Ω], 접지저항이 14[Ω]인 안테나에 1KW의 전력이 공급되고 있을때 복사전력은? (단, 여기서 다른 손실 무시한다.)

가. 350 [W]　　나. 390 [W]

다. 720 [W]　　라. 1000 [W]

◆ 해 설 ◆

$$\eta = \frac{P_r}{P_i} = \frac{I^2 R_r}{I^2(R_r + R_l)} = \frac{R_r}{R_r + R_l} = \frac{36}{36+14} = 0.72$$

$$\therefore\ P_r = \eta P_i = 0.72 \times 1000[\mathrm{W}] = 720[\mathrm{W}]$$

7. 100[m]의 수직접지 공중선이 750[kHz]의 주파수로 20[KW]의 전력을 복사할때 20[km] 떨어진 지점의 전계 강도는?

가. 70 [mV/m]　　나. 49 [mV/m]

다. 35 [mV/m]　　라. 25 [mV/m]

◆ 해 설 ◆

$$E = \frac{9.9\sqrt{P[\mathrm{W}]}}{d[\mathrm{m}]}[\mathrm{V/m}] = \frac{313\sqrt{P[\mathrm{KW}]}}{d[\mathrm{km}]}[\mathrm{mV/m}]$$

8. 태양에서 발생하는 자외선의 돌발적 증가로 인하여 발생되는 전파방해는?

가. 에코우(echo)　　나. 룩셈부르크 효과(luxemburg effect)

다. 델린저 현상(dellinger effect)　　라. 자기람(magnetic storm)

◆ 해 설 ◆ 델린저현상은 태양의 폭발에 의해 방출된 자외선이 E층의 전자밀도를 증가시켜 통신을 불가능하게 만드는 현상이다.

9. 자유공간의 파동 임피던스를 나타내는 것중에서 틀린 것 은? (단, ε은 유전율, μ는 투자율, E는 전계, H는 자계로서 자유공간의 값이라 한다.)

가. 120π　　나. $\sqrt{\mu/\varepsilon}[\Omega]$

다. $E/H[\Omega]$　　라. $\mu H^2[\Omega]$

해답 5. 다　6. 다　7. 가　8. 다　9. 라

◆ 해 설 ◆ $Z = \frac{E}{H} = \sqrt{\frac{\mu_o}{\varepsilon_o}} = 120\pi = 377[\Omega]$

10. 단파안테나는 장파안테나에 비해 다음과 같은 특성이 있다. 틀린 것은 ?

가. 발사하려는 파장과 같은 고유파장의 안테나를 얻기 쉽다.

나. 광대역성을 얻기 쉽다.

다. 복사효율이 좋다.

라. 안테나의 높이가 높을수록 특성이 우수해 진다.

11. 지표면으로부터 전리층을 향하여 수직으로 펄스파를 발사한 후 0.0004초에 반사파를 확인했다. 어느 층에서 반사 되었는가?

가. D층 　　나. E층

다. F_1층 　　라. F_2층

◆ 해 설 ◆ $h = \frac{t \cdot c}{2} = \frac{1}{2} \times 4 \times 10^{-4} \times 3 \times 10^{8} = 60[\text{km}]$

12. 송신안테나(반파장 안테나)로부터 수신점의 전계강도는 ?

가. 거리의 3승에 반비례한다. 　　나. 거리의 제곱에 반비례한다.

다. 거리에 반비례한다. 　　라. 거리의 평방근에 반비례한다.

◆ 해 설 ◆ $E = \frac{7\sqrt{P[\text{W}]}}{d[\text{m}]}[\text{V/m}]$

13. 다음의 비동조급전에 대한 설명 중 옳은 것은?

가. 송신기와 안테나 사이의 거리가 가까울수록 많이 사용한다.

나. 급전선의 길이는 사용파장과 특별한 관계가 없으므로 충분히 길게할 수 있다.

다. 임피던스 정합장치를 사용하지 않으므로 정재파가 급전된다.

라. 전송효율이 나쁜 것이 단점이다.

◆ 해 설 ◆ 비동조급전선은 전송효율이 동조급전선보다 좋다. 또한 급전선의 길이가 길때에 사용된다.

14. 특성 임피이던스가 50[Ω]인 선로에 부하를 걸어줄 때 전압 정재파의 실효치의 최대치는 50[V] 최소치가 20[V]이다. 정재파비는 얼마인가?

가. 0.4 　　나. 5

다. 6.25 　　라. 2.5

해답 10. 라 11. 가 12. 다 13. 나 14. 라

◆ 해 설 ◆ 정재파비는 정재파의 최대치와 최소치의 비이다.

$$S = \frac{V_{max}}{V_{min}} = \frac{50}{20} = 2.5$$

15. 다음중에서 주로 단파대에서 사용되지 않는 안테나는?

가. Rhombic Antenna
나. Fish bone Antenna
다. Wave Antenna
라. Zeppeline Antenna

◆ 해 설 ◆ 웨이브(Beverage) 안테나는 장 · 중파대 (주로 수 100kHz 이하)의 수신용 안테나이다.

16. 파라볼라안테나(parabolic Antenna)의 특징 설명중 잘못된 것은?

가. 비교적 소형이고, 구조가 간단하다.
나. 지향성이 예리하고 이득이 높다.
다. 부엽(Side lobe)이 비교적 적다.
라. 광대역 임피이던스 정합이 어렵다.

◆ 해 설 ◆ 부엽이 비교적 많다.

17. 단파대에서 제1종 감쇠의 설명으로 맞는 것은?

가. E층의 전자밀도가 클수록, 주파수가 낮을수록 크다.
나. E층의 전자밀도와 주파수가 클수록 크다.
다. E층의 전자밀도와 주파수가 낮을수록 크다.
라. E층의 전자밀도가 작을수록, 주파수가 클수록 크다.

◆ 해 설 ◆ 1종 감쇠는 전리층 통과시 감쇠로 층의 전자밀도가 클수록, 주파수가 낮을수록 감쇠는 커진다.

18. 반사기에 관한 설명으로 옳지 못한 것은?

가. 평면 반사판을 설치하면 이득이 2배만큼 증가한다.
나. 야기 안테나에서의 반사기는 유도성이다.
다. 코너 리플렉터(corner reflector)일 때 반사판 사이의 각이 좁을수록 이득이 크다.
라. 반사기를 설치하면 단향성이 된다.

19. 위성통신용 안테나로 가장 적당한 것은?

가. 대수주기(Log periodic) 안테나
나. 롬빅(Rhombic) 안테나
다. 카세그레인(Cassegrain) 안테나
라. 수퍼게인(Supergain) 안테나

해답 15. 다 16. 다 17. 가 18. 가 19. 다

20. 대류권 산란파의 특징이 아닌것은?

가. 지리적(대지)조건의 영향을 받지 않는다.

나. 가시거리외 통신이 가능하다.

다. 전파 손실은 자유공간 전파에 비해 매우 크다.

라. 지향성이 예민한 공중선을 사용하여야 한다.

◆ 해 설 ◆ 산란영역이 매우 광범위하므로 지향성이 예민한 안테나로는 오히려 수신전계강도는 저하해 버리므로 대출력의 송신기가 필요하다.

해답 20. 라

4 안테나(개론)공학 기출문제 수록

1. 주파수가 다른 2개의 전파가 같이 전리층의 한점을 두전파가 지나갈 때 복사전력이 강한쪽의 전파에 의하여 다른쪽의 전파가 변조되어 강한쪽의 전파가 흡입되는 현상을 무엇이라 하는가?

가. luxemburg effect　　나. Control point

다. antipode effect　　라. Magnetic storm

◆ 해 설 ◆　룩셈부르그효과는 전리층내에서 주파수가 다른 2개의 전파간의 간섭현상이다.

2. 개구면 안테나에 해당되지 않는 것은?

가. 렌즈 안테나　　나. 곡면 반사경 안테나

다. 슬롯(slot) 안테나　　라. 유전체 봉 안테나

◆ 해 설 ◆　슬롯 안테나는 도체판으로 구성된 판상 안테나에 해당한다.

3. 전자 호온으로 전파의 모우드를 천천히 변화시켜 다시 구면파를 Parabola 반사경으로 평면파로 변화시키고 동시에 비임의 방향을 거의 직각 방향으로 향하여 급전점 쪽으로 전파가 돌아오지 않도록 하고 있으며 주파수가 변화해도 지향성도 정재파비도 악화되지 않는 안테나는?

가. Cassegrain 안테나　　나. Horn reflector 안테나

다. parabola 안테나　　라. Polyrod 안테나

◆ 해 설 ◆　Horn reflector 안테나는 전자나팔과 Parabola 반사경의 일부를 조합한 안테나이다.

4. Beam antenna는 수개의 반파장 안테나를 동일평면내에 규칙적으로 배치하는 일반적인 배열 간격은?

가. λ　　나. $\frac{1}{2}\lambda$

다. $\frac{3}{4}\lambda$　　라. $\frac{1}{4}\lambda$

해답　1. 가　2. 다　3. 나　4. 나

◆ 해 설 ◆ 비임 안테나에서 소자의 배열 간격은 급전의 편의상 보통 가로 세로 모두 $\lambda/2$로 한다.

5. End fire helical antenna의 특징으로 맞는 것은?

가. 이득이 낮다 나. 반사파가 존재한다

다. 지향성을 갖는다 라. HF대에 이용된다

◆ 해 설 ◆ 엔드파이어헤리컬 안테나는 광대역, 고이득 진행파 안테나로 100~1000MHz 대에서 이용한다.

6. 완전도체면에 수직으로 입사하는 파의 세기가 $Ei = Eoxe^{-jkz}$ 일 때 이 도체면에서 반사되는파 $Er = -Eoxe^{+jkz}$ 와의 합성에 의한 파의 세기는 얼마인가?

가. E = - 2jEox cos kz 나. E = 2Eox cos kz

다. E = - 2Eox sin kz 라. E = 2jEo sin kz

7. 다음중 비동조 급전선의 특징이 아닌 것은?

가. 안테나와 송신기 사이의 거리가 면 경우에 적합한 급전선이다

나. 급전선의 정합장치가 필요하다

다. 급전선상에 정재파가 존재하므로 손실이 크다

라. 전송 효율은 동조급전선 보다 양호하다

8. 초단파 및 극초단파대의 전파가 가시거리의 지점보다 멀리 도달되는 경우 중 옳지 않은 것은?

가. 라디오 덕트에 의한 경우 나. 회절에 의한 경우

다. 산란에 의한 경우 라. 투과에 의한 경우

◆ 해 설 ◆ 가시거리외까지 전파하는 원인

① 초굴절(라디오덕트) ② 전리층 산란

③ 대류권 산란 ④ 산악회절

⑤ 스포라딕 E층

9. 반파장 다이폴 안테나로부터 복사전력이 81[W]이고, 최대 복사방향 7[km]지점에서의 전계강도는?

가. 6[mV/m] 나. 9[mV/m]

다. 12[mV/m] 라. 15[mV/m]

◆ 해 설 ◆

$$E = \frac{7\sqrt{P[\mathrm{W}]}}{d[\mathrm{m}]} \times \frac{7\sqrt{81}}{7\times10^3} = 9[\mathrm{mV/m}]$$

해답 5. 다 6. 라 7. 다 8. 라 9. 나

10. 전리층에서 단파대의 감쇠량과 관계 적은 것은?

가. 입사각　　나. 전파의 간섭

다. 평균충돌 횟수　　라. 전자밀도

◆ 해 설 ◆ 1종 감쇠는 전리층을 통과할 때 받는 감쇠로 전자밀도에 비례하고, 평균 출돌 횟수에 비례하며, 입사각 cos θ_o에 반비례한다.

11. 단파대 통신에서 주간보다 야간에 낮은 주파수를 사용하는 이유는 무엇인가?

가. 전리층에서의 전파 흡수가 작으므로

나. 주간보다 야간의 전자밀도가 낮으므로

다. 주간보다 야간의 전자밀도가 커지므로

라. 낮은 주파수가 전파의 회절이 강하므로

12. 그림과 같은 정방사원 배열이 Broadside array 가 되려면 이때의 조건은?

가. $I_1 = I_2 = I_n$, $\delta = 0$

나. $d = \frac{\lambda}{2}$, $\delta = 0$

다. $d = \frac{\lambda}{2}$, $\delta = \frac{\pi}{2}$

라. $I_1 = I_2 = I_n$, $\delta = \frac{\pi}{2}$

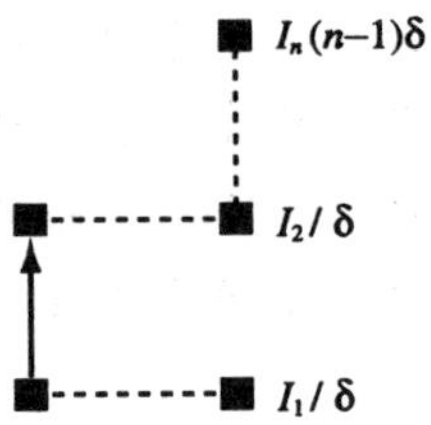

13. 다음 안테나 중에서 수평면에 대해 무지향성인 것은?

가. λ/4수직접지 안테나　　나. 롬빅 안테나

다. 야기 안테나　　라. 파라볼라 안테나

14. 장파 및 중파용 안테나와 관계 적은 것은?

가. λ/4수직접지 안테나　　나. T형 안테나

다. λ/2 doublet 안테나　　라. 역 L형 안테나

15. λ/2 다이폴 안테나의 실효높이(또는 실효길이)는?

가. 0.50λ　　나. 0.32λ

다. 0.24λ　　라. 0.12λ

◆ 해 설 ◆ 반파장 다이폴 안테나의 실효길이 $h_e = \lambda/\pi$ 이다.

해답 10. 나　11. 나　12. 가　13. 가　14. 다　15. 나

16. Loop 안테나의 설명중 틀린 것은?

가. 8자형 지향특성을 갖는다

나. 급전선과 정합이 쉽다

다. 방향탐지 무선표지 또는 측정에 이용된다

라. 소형으로 이동이 용이하다

◆ 해 설 ◆ 효율이 나쁘며 급전선과의 정합이 어렵다.

17. 델린저(dellinger)현상의 특징으로 맞지 않는 것은?

가. 자외선의 이상(異常)증가로 발생한다

나. 발생지역은 저위도 지방이 심하다

다. 1.5～20[MHz]정도의 단파통신에 영향을 준다

라. E층 또는 D층의 전자밀도가 감소한다.

◆ 해 설 ◆ 자외선의 이상 증가로 D층 혹은 E층의 전자밀도가 증대한다.

18. 다음중 무손실 선로에서 얻어지는 조건은?

가. R = 0, G = ∞　　나. R = ∞, G = 0

다. R = ∞, G = ∞　　라. R = 0, G = 0

◆ 해 설 ◆ 무손실 선로의 특성임피던스 $Z_o = \sqrt{L/C}$ 이다.

19. λ/4 수직접지 안테나에서 기저부 전류가 10[A]일 때 복사전력은 얼마인가?

가. 365.6[W]　　나. 3656[W]　　다. 731.3[W]　　라. 7313[W]

◆ 해 설 ◆

$$P_r = 160\pi^2\left(\frac{h_e}{\lambda}\right)^2 I_o^2$$

$$= 36.56 I_o^2[W] \quad (\because\ h_e = \lambda/2\pi)$$

20. 도파관의 전기적 특성 설명 중 틀린 것은?

가. 특성임피던스는 관내의 전계강도 대(對) 자계강도의 비이다

나. 자계(H)에 평형으로 위치한 저항판은 감쇄기로서 동작한다

다. 관내를 전파하는 전자파의 파장은 자유 공간에서의 파장보다 항상길다

라. 관내의 장애물이 전계에 영향을 미칠 때는 C 성분으로 작용한다.

◆ 해 설 ◆ 도파관의 전기적 특성

① 특성임피던스 $Z_o = E_Z / H_Z$ 이다.

② 도파관내에서의 위상속도는 자유공간에서의 속도보다 빠르게 되므로 도파관내의 파장은 자유공간의 파장보다 길어진다.

해답 16. 나　17. 라　18. 라　19. 나　20. 나

5 안테나(개론)공학 기출문제 수록

1. 다음 중 루프(Loop) 안테나의 수평면내의 지향특성은?

가. 

나. 

다. 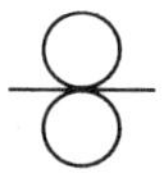

라. 

◆ 해 설 ◆ 각종 안테나의 지향 특성

종 류	수평면	수직면
수직접지 안테나 		
루프 안테나 		
반파 안테나 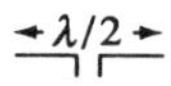		

2. 다음 중 진행파와 반사파가 있는 급전선은?

가. 무한장 급전선　　　　나. SWR = 1인 급전선

다. 정규화 부하 임피이던스가 1인 급전선　　　　라. 반사계수가 1인 급전선

◆ 해 설 ◆ (가)항 : 무한장 급전선은 진행파만 존재하고, 반사파는 존재하지 않는다.

(나)항 : SWR = 1이면 진행파만 존재한다.

(다)항 : 정규화 임피던스 $Z_r = 1 = Z_L / Z_o$ 즉, 특성 임피던스로 종단되므로 진행파만 존재한다.

3. Beam antenna는 수개의 반파장 안테나를 동일 평면내에 규칙적으로 배치하는데 일반적인 배열 간격은?

가. λ　　나. $\frac{1}{2}\lambda$　　다. $\frac{3}{4}\lambda$　　라. $\frac{1}{4}\lambda$

◆ 해 설 ◆ 비임 안테나에서 소자의 배열 간격은 급전의 편이상 보통 가로, 세로 모두 $\lambda/2$이다.

해답 1. 라　2. 라　3. 나

4. 다음 중 정재파(Standing wave) 안테나에 해당되는 것은?

가. 롬빅(Rhombic) 안테나
나. V형(Progressive wave V – type) 안테나
다. 비버리지(Beverage) 안테나
라. 야기(Yagi) 안테나

◆ 해설 ◆ (가)항 : 진행파형이다.
(나)항 : 정재파 V형과 진행파 V형이 있다.
(다)항 : 웨이브 안테나로 진행파 안테나이다.

5. 주파수가 다른 2개의 전파가 같은 전리층의 1점을 두 전파가 지나갈 때 복사전력이 강한쪽의 전파에 의하여 다른 쪽의 전파가 변조되어 강한쪽의 전파가 혼입되는 현상을 무엇이라 하는가?

가. luxemburg effect
나. control point
다. antipode effect
라. magnetic storm

◆ 해설 ◆ 룩셈부르그 효과이다. 이 효과는 Tellegen에 의해 룩셈부르그 방송국과 네덜란드 베트문스터 방송국 사이에서 발견된 현상이다.

6. 다음 중 고조파 안테나에 대한 설명으로 옳은 것은?

가. 고조파의 차수가 커질수록 부엽이 적어진다.
나. 고조파의 차수가 작을수록 복사임피던스는 증가한다.
다. 단파용의 진행파 안테나이다.
라. 정재파 V형 안테나를 구성할 수 있다.

◆ 해설 ◆ 고조파 안테나의 특성
① 고조파의 차수가 커질수록 lobe의 수는 증가한다.
② 단파용의 정재파 안테나이다.

7. 다음 중 라디오 덕트에 대한 설명으로 옳은 것은?

가. 고정통신에 사용할 수 없다.
나. 도파관과 같이 차단주파수 이하의 전파만을 통과시킨다.
다. 일반적으로 큰 감쇠없이 원거리 통신도 가능하므로 안정성이 있다.
라. 기상상태의 변화에 기인하지 않고 자주 발생한다.

◆ 해설 ◆ 라이오덕트에서는 도파관과 같이 차단주파수 이상의 전파만을 통과시킨다. 일반적으로 큰 감쇠없이 원거리까지 전파되지만 안정성이 없다.

8. 전파투시도(profile map)에 관한 설명으로 적합하지 않은 것은?

가. 전파통로상에서 수평방향의 장애물을 탐색할 때
나. 전파통로는 직선으로 계산한다.

해답 4. 라 5. 가 6. 라 7. 가 8. 가

다. 등가지구 반경계수를 고려해서 그린다.

라. 송수신점을 포함한 대지에 수직인 지형 단면도이다.

◆ 해 설 ◆ 전파투시도는

① 송 · 수신점을 포함한 대지에 수직인 지형 단면도이다.

② 전파 통로상에서 수직 방향의 장애물을 계산할 때 사용한다.

③ 등가 지구 반경계수 K를 고려하여 그린다.

④ 전파통로는 직선적으로 계산한다.

9. 역 L형 안테나의 수평부분의 기능 중 틀린 것은?

가. top loading의 일종이다. 나. 수신전압을 최대로 유기시킨다.

다. 안테나의 대지용량을 증가시킨다. 라. 안테나의 실효고를 크게 한다.

◆ 해 설 ◆ 역L형 안테나의 수평부분의 기능

① top loading의 일종이다.

② 안테나의 실효고를 크게한다.

③ 안테나의 대지 용량을 증가시킨다.

④ 수평편파가 복사되므로 수신전압을 유기시키지 못하기 때문에 무효복사부라고 한다.

10. 복사 저항이 50[Ω]이고, 손실 저항이 10[Ω]인 안테나에 200[W]의 전력이 공급되고 있다면 이 안테나의 복사 전력은 몇[W]인가?

가. 66.67 [W] 나. 96.67 [W]

다. 166.67 [W] 라. 196.67 [W]

◆ 해 설 ◆ 안테나의 효율 η는

$$\eta = \frac{P_r}{P_i} = \frac{I^2 R_r}{I^2(R_r + R_l)} = \frac{R_r}{R_r + R_l}$$

문제에서 $R_r = 50[\Omega]$, $R_l = 10[\Omega]$ 이므로

$\eta = 50/(50+10) = 5/6$ 이다.

$\therefore\ P_r = \eta P_i = (5/6)(200) = 166.67[W]$

11. 안테나의 급전선(도파관)에 스터브(stub)를 다는 이유는?

가. 복사전력을 증폭시키기 위하여

나. 안테나의 지향성을 높이기 위하여

다. 안테나의 리액턴스 성분을 제거하여 임피던스를 정합시키기 위하여

라. 안테나의 서셉턴스 성분을 제거하여 대역폭을 증가시키기 위하여

◆ 해 설 ◆ 스터브는 도파관과 부하를 정합시키기 위해 사용된다.

12. 다음 중 지표파의 진행에 가장 손실이 적은 지역은?

해답 9. 나 10. 다 11. 다 12. 가

가. 해면이나 수면　　나. 시가지
다. 산악지역　　라. 사막지대

◆ 해 설 ◆　지표파의 감쇠가 적은 순위는 해면이나 수면 < 해안 < 평야(습지) < 평야(건지) < 구릉 < 산악지대 < 사막지대 < 시가지 이다.

13. 미소 다이폴의 수평면내 지향성 계수는 얼마인가?

가. 1　　나. 0　　다. 2　　라. 0.5

◆ 해 설 ◆　지향성 계수

	수직면내 지향성 $D(\theta)$	수평면내 지향성 $D(\phi)$
미소 다이폴	$\sin\theta$	1
반파장 다이폴	$\cos\left(\frac{\pi}{2}\cos\theta\right)/\sin\theta$	1

14. 주파수 30[MHz]의 전파에 대한 1/4파장은 몇[m]인가?

가. 1.5[m]　　나. 2.5[m]　　다. 3.5[m]　　라. 4.5[m]

◆ 해 설 ◆　$\lambda = c/f = 3\times10^8 / 30\times10^6 = 10$ 이므로 1/4 파장은 2.5[m]이다.

15. 위성 통신용으로 사용하는 마이크로파용 안테나로 적당하지 않은 것은?

가. horn reflector antenna　　나. slot antenna
다. parabola antenna　　라. cassegrain antenna

◆ 해 설 ◆　위성 통신용 안테나

① Parabola 안테나　　② 혼 리플렉터 안테나
③ 카세그레인 안테나　　③ 헬리컬 안테나

이 중에서 ①, ②, ④는 위성에 정착하는 안테나이나, ③은 지구국 안테나이다.

16. 중위도 지방(한국)에서는 태양폭발이 관측된 후 얼마후에 자기람이 발생되는가?

가. 수분후　　나. 수십분후
다. 수시간~수십시간후　　라. 수일후

◆ 해 설 ◆　중위도 지방에서 자기람은 태양폭발이 관측된 후 0.5~1일 후 발생한다.

참 고　자기람(자기폭풍)

❶ 원인 : 태양 폭발
❷ 발생구역 : 지구 전역
❸ 상황 : 느린 속도로 발생
❹ 영향 : 20MHz이상의 전파에 영향

해답　13. 가　14. 나　15. 나　16. 다

17. 파라보라 안테나(Parabola antenna)의 특성 중 옳지 않은 것은?

가. 이득은 안테나의 개구면적에 비례한다.

나. 같은 크기에서는 파장이 많을수록 이득은 크다.

다. 지향성은 예민하나 방향조정은 잘 안된다.

라. 반사면을 망으로 하거나 도전도료를 칠하여도 특성에는 커다란 변동은 없다.

◆ 해 설 ◆ 파라보라 안테나의 특성

① 이득은 개구면적에 비례한다.

$$G = \frac{4\pi}{\lambda^2} A_e = \frac{4\pi A}{\lambda^2} \eta$$

여기서, A_e : 실효개구면적($= \eta A$), A : 기하학적 개구면적이다.

② 지향성이 예민하고, 방향 미조정용으로 이용되고 있다.

③ 이득은 파장의 제곱에 반비례한다.

18. 대수주기 안테나의 가장 큰 특징은?

가. 구조가 간단하다.

나. 적은 소자로 큰 이득을 얻을수 있다.

다. 주파수 대역이 아주 넓다.

라. 지향성을 전자적으로 가변할 수 있다.

◆ 해 설 ◆ 대수주기안테나는 광대역 수신 안테나이다. 단파대에서 마이크로파대까지 사용되며, 특히 초단파대역에서 주로 사용되고 있다.

19. 대기의 작은 기단군(氣團群), 난류 등에 의해 초가시거리 전파에서 가장 심하게 수반하는 페이딩(fading)은?

가. 감쇠형

나. K형

다. 신틸레이션형

라. 산란파형

◆ 해 설 ◆ 산란형 페이딩은 작은 기단군, 난류 등에 의하여 생긴 산란파를 수신하는 경우 진폭이 시시각각 변화하여 발생하는 페이딩으로 초가시거리 전파일 때 나타난다.

20. 반파장 다이폴 안테나에서 100[W]가 복사될 때 100[km]떨어진 점에서의 전계강도는?

가. 0.7×10^{-3}[V/m]

나. 15×10^{-3}[V/m]

다. 0.15×10^{-3}[V/m]

라. 0.07×10^{-3}[V/m]

◆ 해 설 ◆

$$E = \frac{7\sqrt{P}}{d} = \frac{7\sqrt{100}}{100 \times 10^3} = 0.7 \times 10^{-3} [\text{V/m}]$$

> **참 고** 반파장 다이폴 안테나에서 전계강도
>
> $$E = \frac{60I[\text{A}]}{d[\text{m}]} [\text{V/m}] = \frac{7\sqrt{P[\text{W}]}}{d[\text{m}]} [\text{V/m}] = \frac{222\sqrt{P[\text{kW}]}}{d[\text{km}]} [\text{mV/m}]$$

해답 17. 다 18. 다 19. 라 20. 가

6 안테나(개론)공학 기출문제 수록

1. 전자계에서 전계의 세기 E, 자계의 세기 H, 전계와 자계사이의 각이 θ ($\theta < 90$) 일때 포인팅(poynting)벡터의 크기는 어떻게 표시되는가?

가. $EH\sin\theta$ 　　나. $EH\cos\theta$

다. $EH\tan\theta$ 　　라. EH

◆ 해 설 ◆ Poynting vector : 자유공간에서 전계 E와 자계 H가 서로 직각이고, 이 양자에 수직되는 방향으로 속도 v 로 전파가 진행할 경우 단위 넓이당 단위시간내에 $P = EH = E^2/120\pi$ [watt/m²]의 에너지가 전파한다. 이 에너지의 크기와 방향을 포인팅 벡터라고 한다. 문제에서 $\theta < 90°$ 일 때는

$$P = E \times H$$

이므로 그 크기는 $P = EH\sin\theta$ 가 된다.

2. 다음 중 슬롯(slot)안테나를 광대역화하기 위한 방법으로 타당한 것은?

가. 도파관에 슬롯을 여러개 설치한다.

나. 슬롯에 공동(cavity)를 설치한다.

다. 슬롯의 폭을 넓게한다.

라. 슬롯에 저항을 설치한다.

◆ 해 설 ◆ 슬롯의 폭을 넓게 하면 대역폭이 넓어진다.

3. 다음 중 틀린 것은?

가. 델린저(Dellinger)현상은 단파통신에서 수신불량을 일으키는 현상의 하나이다.

나. 전리층을 이용한 단파통신에서 주간에는 야간보다 낮은 주파수를 사용한다.

다. 장파통신에서 지표파의 감쇠는 주파수가 낮을 수록 작다.

라. 주로 중파는 E층에서, 단파는 F층에서 반사한다.

◆ 해 설 ◆ 주간은 야간보다도 E층의 전자밀도가 높으므로 LUF는 주간이 높아져 주파수도 높아진다. F층의 전자 밀도는 주간에 가장 크고, 야간은 작아지므로 MUF도 주간에 높고, 야간에는 낮아진다. 따라서 MUF와 LUF의 사이에 선정된 FOT로 주간은 비교적

해답 1. 가 2. 다 3. 나

높은 주파수를, 야간은 낮은 주파수를 사용하여야 한다.

4. 루우프 안테나를 방향탐지에 사용할 경우 180° 불확정이 발생하여 전파도래 방향을 결정할 수 없다. 다음 중 이러한 단점을 개선한 안테나는?

가. 수직 안테나와 루우프 안테나를 조합한 안테나

나. 비버리지 안테나와 루우프 안테나를 조합한 안테나

다. 애드콕 안테나

라. 베르니토시 안테나와 루우프 안테나를 조합한 안테나

◆ 해 설 ◆ 하나의 루우프 안테나는 180°의 불확정으로 인하여 전파의 도래 방향을 결정할 수 없으므로 Loop와 수직접지 안테나를 조합한 안테나를 사용한다. 이때 지향 특성을 심장형(heart 형)의 단일 지향특성을 얻는다.

5. 구형 도파관에서 단면의 양변길이가 각각 a,b일 때 TE_{11}파의 차단파장은?

가. $\sqrt{a^2+b^2}$ 나. $ab/\sqrt{a^2+b^2}$

다. $2ab/\sqrt{a^2+b^2}$ 라. $3ab/\sqrt{a^2+b^2}$

◆ 해 설 ◆ 구형 도파관에서 TEmn파의 차단 파장

$$\lambda_c = \frac{2}{\sqrt{\left(\frac{m}{a}\right)^2+\left(\frac{n}{b}\right)^2}}$$

위 식에서 m = 1, n = 1 이므로

$$\lambda_c = \frac{2}{\sqrt{\left(\frac{1}{a}\right)^2+\left(\frac{1}{b}\right)^2}} = \frac{2ab}{\sqrt{a^2+b^2}}$$

6. 다음 중 접지 안테나의 능률을 나쁘게 하는 것은?

가. 복사 저항을 작게한다.

나. 코로나 손을 작게한다.

다. 접지 저항을 작게한다.

라. 실효고를 높인다.

◆ 해 설 ◆ 안테나의 능률 η는

$$\eta = \frac{R_r}{R_r+R_l}\times 100[\%]$$

위 식에서 복사저항 R_r가 클수록, 손실저항 R_l이 작을수록 효율은 커진다.

7. 마이크로파 통신에 사용되는 안테나가 아닌 것은?

가. 롬빅 안테나

해답 4. 가 5. 다 6. 가 7. 가

나. 렌즈(Lens) 안테나

다. 파라블라(parabola) 안테나

라. 혼 반사기(horn reflector) 안테나

◆ 해 설 ◆ 롬빅 안테나는 단파용 안테나로 주로 사용된다.

8. 반지름 1[m], 권수 10회의 루우프 안테나가 있다. 주파수 10[MHz]에 대한 실효고는?

가. π [m] 나. 1 [m]

다. 6.6 [m] 라. 10 [m]

◆ 해 설 ◆ 루우프 안테나의 실효고

$$h_e = \frac{2\pi AN}{\lambda}$$

위 식에서 $A = \pi r^2 = 3.14 \times (1)^2 = 3.14[m^2]$ 이고, $N = 10$, $\lambda = c/f = 3 \times 10^8 / 10 \times 10^6 = 30$ 이므로

$$h_e = \frac{2 \times 3.14 \times 3.14 \times 10}{30} \simeq 6.6[m]$$

9. 그림에 표시하는 것과 같이 도파관내의 양쪽벽에 장애물을 삽입했을 때 장애물에 의한 전기적 등가회로는? (단, 도파관내의 전자파는 H_{10} mode이다)

가. 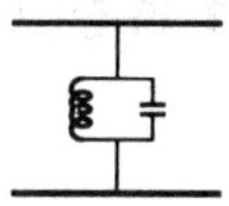 나. 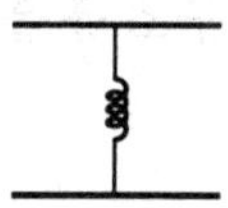

다. 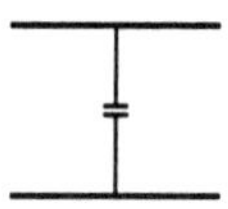 라. 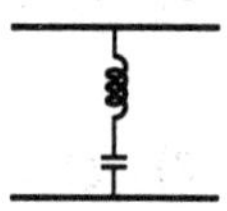

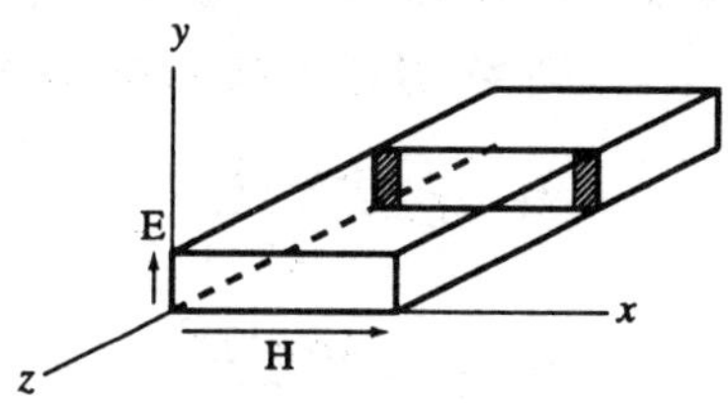

◆ 해 설 ◆ 그림 (a)의 경우는 자기적 에너지가 전기적 에너지보다 많이 축적되므로 인덕턴스가 병렬로 들어간 것과 등가이다. 그림 (b)의 경우는 전기적 에너지가 많이 축적되므로 캐패시터가 병렬로 들어간 것과 등가이다.

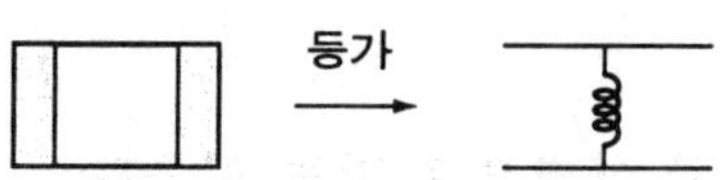

(a)

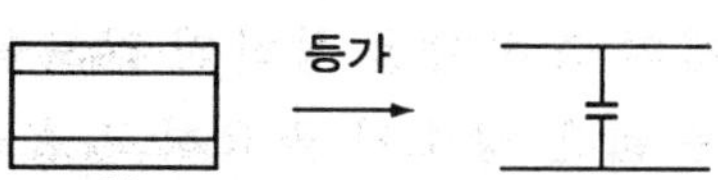

(b)

10. 마이크로파 통신에서 회절 현상과 관련하여 옳지 않은 것은?

가. 수신점은 제 1 Fresnel zone이상에 두는 것이 좋다.

해답 8. 다 9. 나 10. 다

나. Clearance란 Knife edge와 전파 통로와의 간격을 말한다.

다. 장애물이 둥근 형태일수록 회절이 잘 된다.

라. 송수신점간의 중앙에 산악이 있는 때에 산악회절 이득은 최대가 된다.

11. 전리층의 임계 주파수가 2[MHz]이고 전리층의 높이는 100[km]일 때 송수신점간의 거리 500[km]에 대한 MUF는 대략 얼마인가?

가. 4.92[MHz] 나. 5.12[MHz]

다. 5.38[MHz] 라. 5.51[MHz]

◆ 해설 ◆ 전리층

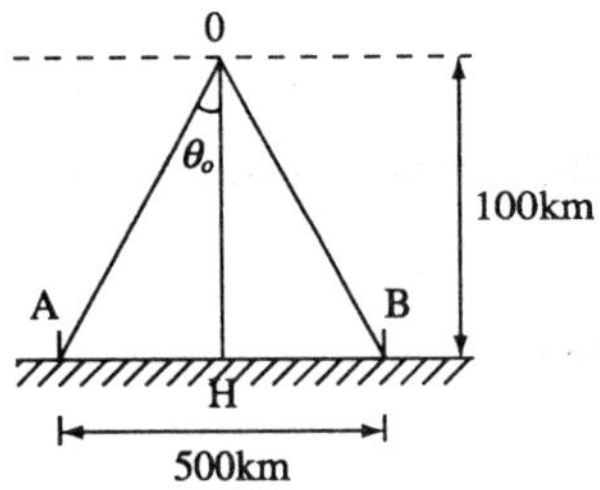

그림에서

$$\overline{OA} = \sqrt{\overline{AH}^2 + \overline{OH}^2} = \sqrt{250^2 + 100^2} \approx 269[\text{km}]$$

따라서 MUF는

$$\text{MUF} = f_o \sec\theta_o = 2[\text{MHz}] \times \frac{\overline{OA}}{\overline{OH}} = 2 \times \frac{269}{100} = 5.38[\text{MHz}]$$

12. 지름 D[m]일 때 파라볼라 안테나의 개구효율을 η라 할 때 파장(λ)의 전파에 대한 절대이득 G의 식은?

가. $G = \dfrac{\eta\pi^2 D^2}{\lambda^2}$ 나. $G = \dfrac{\eta\lambda^2 D^2}{16}$

다. $G = \dfrac{4\eta\pi^2 D^2}{\lambda^2}$ 라. $G = \dfrac{\eta\pi^2 D^2}{4}$

◆ 해설 ◆ 이득 G는 파장의 제곱에 반비례하고, 개구면의 직경 D에 비례한다. 면적 $A = \pi(D/2)^2$ 이므로

$$G = \eta\frac{4\pi A}{\lambda^2} = \eta\frac{\pi^2 D^2}{\lambda^2}$$

13. 롬빅(Rhombic)안테나에 대한 설명으로 맞는 것은?

가. 구조는 빔 안테나보다 간단하고 수직편파 성분이 주가된다.

나. 각 변의 주빔이 안테나계의 축방향을 향하지 않도록 정한다.

다. 부엽이 비교적 많고 매우 넓은 장소가 필요하고 효율은 좋지 않다.

라. 초단파대 안테나로 협대역성이다.

◆ 해설 ◆ 롬빅안테나는 단파대용 안테나로 구조는 비임 안테나보다 간단하다. 수평편파 성분이 주가되며 진행파형으로 광대역이다. 부엽이 비교적 크고 매우 넓은 장소가 필요하며 효율이 나쁘다.

해답 11. 다 12. 가 13. 다

14. 주파수 1[MHz]에 대한 전기적 미소다이폴의 복사전계가 그 정전계보다 이론상 커지는 것은 송신 안테나에서 대략 얼마만큼 떨어진 곳에서 부터인가?

가. 50[m]　　　　나. 300[m]

다. 1000[m]　　　　라. 1500[m]

◆ 해 설 ◆　복사전계 = 정전계가 되는 거리 d = $\lambda / 2\pi$ 이다.

$$\lambda = \frac{c}{f} = \frac{3 \times 10^8}{1 \times 10^6} = 300[m]$$

$$d = \frac{\lambda}{2\pi} = \frac{300}{2\pi} \simeq 48[m]$$

15. 다음은 도파관창을 이용한 리액턴스 소자에 대한 회로와 그 등가회로이다. 맞게 나타낸 것은?

가.

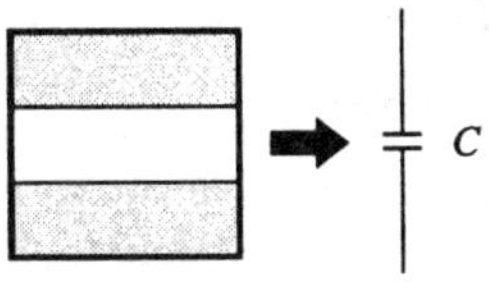

나.

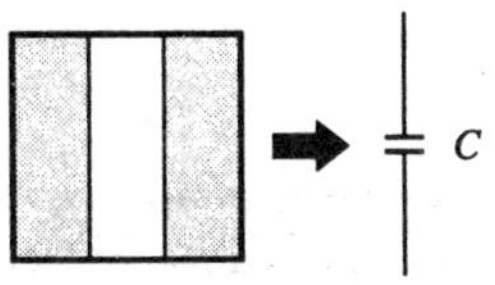

다.

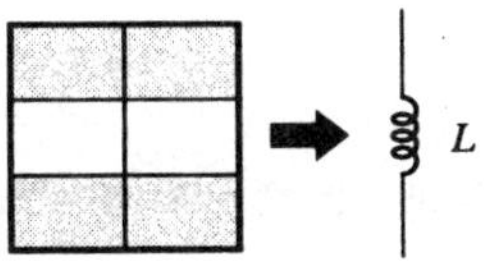

라.

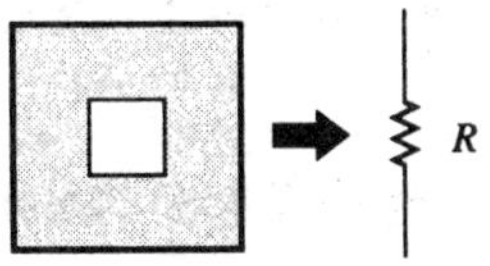

16. 반파장 더블렛 안테나의 복사 임피던스는?

가. $75.24 + j46.24[\Omega]$　　　　나. $300 + j50[\Omega]$

다. $73.12 + j42.55[\Omega]$　　　　라. $100 + j215[\Omega]$

17. 길이 20m되는 안테나에 주파수 10[MHz]를 발사시켜 반파장 다이폴 안테나로 사용코자 한다. 송신기의 출력 회로와 안테나 사이에 어떠한 것을 접속시키면 되는가?

가. 단축 콘덴서

나. 저항

다. 연장 코일

라. 단축콘덴서와 연장코일

◆ 해 설 ◆　반파장 안테나의 고유 파장 λ_o는

$\lambda_o = 2l = 2 \times 20 = 40[m]$

이고, 사용파장 $\lambda = c/f = 3 \times 10^8 / 10 \times 10^6 = 30[m]$이다.

해답　14. 가　15. 가　16. 다　17. 가

$\lambda_o > \lambda$ 이므로 단축 콘덴서를 안테나에 직렬로 접속한다.

18. 그림은 $\lambda/4$ 결합기를 나타낸 것이다. 맞는 것은?

가. $Z_{o3} = \sqrt{Z_{o2} \cdot Z_{o1}}$

나. $Z_{o2} = \sqrt{Z_{o1} \cdot Z_{o3}}$

다. $Z_{o1} = \sqrt{Z_{o2} \cdot Z_{o3}}$

라. $Z_{o1} = Z_{o2} \cdot Z_{o3}$

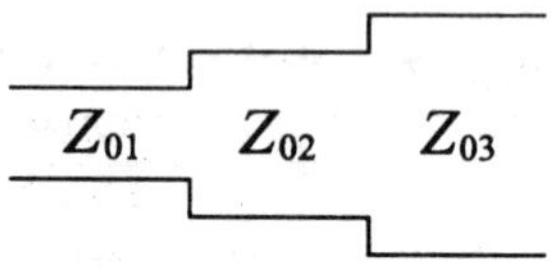

19. 송신 안테나의 높이가 30.25[m]이고, 수신 안테나의 높이가 20.25[m] 일때 초단파의 직접파 최대 가시거리는 얼마인가?

가. 20.5[km]　　나. 32.2[km]

다. 41.1[km]　　라. 53.4[km]

◆ 해 설 ◆

$$d = 4 \cdot 11(\sqrt{h_1} + \sqrt{h_2})$$
$$= 4 \cdot 11(\sqrt{30.25} + \sqrt{20.25})$$
$$= 4 \cdot 11(5.5 + 4.5) = 41.1[km]$$

20. 전리층에서의 전자밀도를 N이라할 때 전리층에 수직입사한 파의 임계 주파수 f_c는?

가. $9\sqrt{N}$　　나. $90\sqrt{N}$

다. $6\sqrt{N}$　　라. $60\sqrt{N}$

◆ 해 설 ◆ 전리층에서의 굴절율 n은 전자밀도를 N이라 하면,

$$n = \sqrt{1 - \frac{81N}{f^2}}$$

임계점에서 dn/dh = 0, 즉 n = 0이 될 때의 주파수가 임계 주파수 fc이다.

$$f_c = 9\sqrt{N}$$

해답 18. 나 19. 다 20. 가

7 안테나(개론)공학 기출문제 수록

1. 어떤 안테나의 복사전력이 100[W]이고, 최대 복사 방향으로 거리 r인 점의 전계강도가 300[μV/m]이었고 같은 송신점에 반파장다이폴 안테나를 세워 복사전력 200[W]일 때 동일지점 r점에서 100[μV/m]의 전계강도가 측정 되었다면 피측정 안테나의 상대이득은 몇 dB인가 ?

가. 9.54　　　나. 12.55
다. 15.03　　　라. 20.14

2. 평행2선식 급전선의 특성 임피던스는 무엇에 의해서 정해지는가?

가. 선간거리　　　나. 선의굵기
다. 선로의 길이　　　라. 선간거리와 선의 굵기

◆ 해 설 ◆　평행2선식 급전선의 특성 임피던스는 평행도선의 직경(d)과 선간거리(D)에 의해 정해진다.

$$Z_0 = \sqrt{\frac{L}{C}} = 276\log_{10}\frac{2D}{d}[\Omega]$$

3. 파라보라안테나(Parabola antenna)에서 파라보라의 개구직경이 클수록 어떻게 되는가 ?

가. 지향성이 커지고 이득은 적어진다.
나. 지향성은 변함없으나 이득은 커진다.
다. 지향성이 커지고 이득도 커진다.
라. 지향성은 커지나 이득은 변함없다.

◆ 해 설 ◆　이득은 직경의 제곱에 비례하여 커진다.

4. 주파수 1000(kHz)용의 $\frac{1}{4}$ 파장 수직접지 안테나의 실효길이는 얼마인가 ?

가. 37.7(m)　　　나. 47.7(m)
다. 57.7(m)　　　라. 67.7(m)

해답　1. 나　2. 라　3. 다　4. 나

◆ 해 설 ◆ $\lambda = c / f = 3 \times 10^8 / 1000 \times 10^3 = 300[m]$

$h_e = \lambda / 2\pi = 300 / 2\pi = 47.7[m]$

5. 다음 중 가장 광대역인 안테나는?

가. Discone Ant.

나. Logarithmically periodic Ant.

다. Horn reflector Ant.

라. Dipole Ant.

◆ 해 설 ◆ '나'는 대수주기 안테나이다.

6. 전파가 전파하는 도중 전파로에 전기적 성질이 변한 곳이 있으면, 그 지점에서 전파의 굴절작용이 생겨서 전파의 진행 방향이 변한다. 이 현상과 가장 관계 깊은 오차는 ?

가. 야간 오차　　나. 해안선 오차

다. 대척점 오차　　라. 편파 오차

7. 그림과 같이 서로 다른 크기의 도파관 A와 C를 도파관 B로 정합하려면 B의 특성 임피던스는 얼마인가?

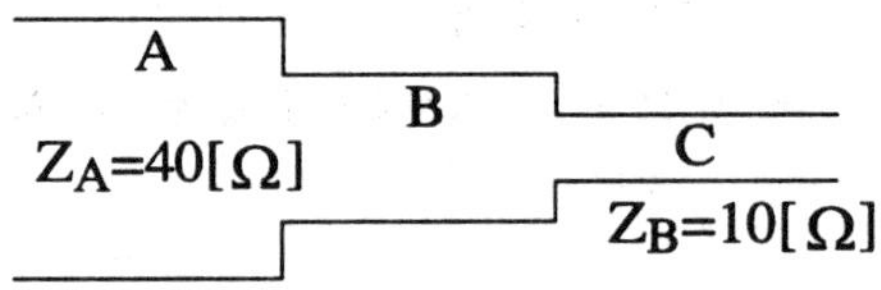

가. 20[Ω]

나. 30[Ω]

다. 50[Ω]

라. 400[Ω]

◆ 해 설 ◆ $Z = \sqrt{Z_A \cdot Z_B} = \sqrt{40 \times 10} = \sqrt{400} = 20[\Omega]$

8. 장 · 중파대에서 야간에 유용한 전리층파 전파는 ?

가. E층 반사파

나. F층 반사파

다. 스포래딕 E층 반사파

라. 전리층 산란파

9. 자유 공간에 놓인 미소 다이폴(dipole)에 의한 임의의 점에서 복사전계를 나타낸 식은 ?

가. $\dfrac{\sqrt{45\,Pr}}{d}$(V / m)　　나. $\dfrac{\sqrt{6.79\,Pr}}{d}$(V / m)

해답 5. 나　6. 나　7. 가　8. 가　9. 가

다. $\frac{\sqrt{30 Pr}}{d}$ (V / m)

라. $\frac{9.8\sqrt{Pr}}{d}$ (V / m)

10. 대류권 산란파 전파의 특징중 잘못된 것은?

가. 지향성이 예민한 공중선이 필요하다.

나. 적당한 주파수는 200-3000[MHz]이다.

다. 다이버시티(Diversity)방식에 의해서 실용 가능하다.

라. 지리적 제한을 받지 않는다.

11. 반파장 더블렛(doublet)의 단축율 δ의 표시로써 옳은 것은? (단, Z_o는 특성 임피던스)

가. $\delta \fallingdotseq 42.55 / Zo$

나. $\delta \fallingdotseq 42.55 / (\pi \cdot Zo)$

다. $\delta \fallingdotseq 73.13 / Zo$

라. $\delta \fallingdotseq 73.13 / (\pi \cdot Zo)$

◆ 해 설 ◆ 단축율 $\delta = \frac{Xr}{\pi Z_o} \times 100[\%]$

위 식에서 반파장 안테나의 경우 Xr = 42.55이다.

12. 전리층의 전자밀도가 N[개/m^3]일때 임계주파수는?

가. $f_o = 81\sqrt{N}$

나. $f_o = \frac{\sqrt{N}}{\cos\theta_o}$

다. $f_o = \sqrt{9\cos\theta_o}$

라. $f_o = 9\sqrt{N}$

◆ 해 설 ◆ 전리층의 임계주파수는 전리층의 최대 전자밀도의 1/2승에 비례한다.

13. 다음 중 인공잡음의 원인에 속하지 않는 것은?

가. 글로우 방전

나. 코로나 방전

다. 불꽃 방전

라. 공전 방전

◆ 해 설 ◆ 공전은 대기잡음으로 자연잡음에 속한다.

참고 외부잡음의 분류

자 연 잡 음	① 대기잡음 ② 태양계 잡음 ③ 우주잡음
인 공 잡 음	① 불꽃방전 ② 코로나방전 ③ 글로우방전 ④ 지속진동(고주파이용설비)

14. 루우프 안테나를 장.중파대의 방향 탐지에 사용하는 경우 발생되는 문제점은 야간오차이다. 이를 방지하기 위하여 루우프 안테나의 수평부분을 제거한 안테나는?

해답 10. 가 11. 나 12. 라 13. 라 14. 가

가. 애드콕크(adcock) 안테나

나. 웨이브(wave) 안테나

다. T형 안테나

라. 역 L형 안테나

◆ 해 설 ◆ 애드콕크 안테나는 야간오차를 방지하기 위한 안테나이다.

15. 다음 중 종단저항이 없는 안테나는 어느 것인가?

가. 웨이브 안테나 나. 어골형 안테나

다. 롬빅 안테나 라. 정관형 안테나

16. 안테나의 손실저항이 발생하는 원인이 아닌 것은?

가. 접지저항에 의한 손실

나. 복사저항의 증가에 따른 손실

다. 도체저항에 의한 손실

라. 유전체 손실

◆ 해 설 ◆ 손실저항의 종류

① 접지저항에 의한 손실

② 도체저항에 의한 손실

③ 유전체 손실

④ 누설저항손실 및 코로나손실

⑤ 와전류손실

17. 다음 중 전파의 특성에 관한 설명 중 틀린 것은?

가. 유전율이 커지면 파장은 길어진다.

나. 전계 벡터가 X축과 Y축으로 구성되어 크기가 같은 경우에는 원편파라고 한다.

다. 복사 전계의 크기는 거리에 반비례한다.

라. 전파의 주파수가 높을수록 직진성이 강하다.

18. 다음 중 비동조 급전선의 설명으로 맞지 않는 것은?

가. 임피던스 정합 회로를 사용한다.

나. 급전선상에는 진행파를 실어서 전송한다.

다. 전송 효율이 동조 급전선 보다 나쁘다.

라. 동축 케이블을 비동조 급전선으로 사용한다.

◆ 해 설 ◆ 비동조급전선의 효율은 동조급전선보다 좋다.

해답 15. 라 16. 나 17. 가 18. 다

19. 마이크로파에 사용하는 안테나의 이득과 관계없는 것은?

가. 구경(aperture) 나. 주파수

다. 송신기 출력 라. 반사면의 고르기

20. 무손실 전송선로의 인덕턴스가 1[μH/m], 캐패시턴스가 400[pF/m]일 때 부하임피던스가 100[Ω]인 경우 종단에서 의 반사계수는?

가. 1/2 나. 1/3

다. 1/4 라. 1/5

◆ 해설 ◆ 무손실 선로의 특성임피던스 $Z_0 = \sqrt{L/C} = \sqrt{10^{-6}/400 \times 10^{12}} = 50[\Omega]$ 이다.

부하임피던스가 100[Ω]이므로 반사계수 m은

$$m = \frac{100-50}{100+50} = \frac{50}{100} = \frac{1}{3}$$

해답 19. 다 20. 나

8 안테나(개론)공학 기출문제 수록

1. 델린저 현상(dellinger effect)을 가장 강하게 받는 전파대는?

가. 장파　　나. 단파

다. 초단파　　라. 극초단파

◆ 해 설 ◆　델린저 현상은 1.5 ~ 20 [MHz] 정도의 단파통신에 영향을 준다.

2. 비동조급전에 대한 설명 중 옳은 것은?

가. 송신기와 안테나 사이의 거리가 가까울수록 많이 사용한다.

나. 급전선의 길이는 사용파장과 특별한 관계가 없으므로 충분히 길게할 수가 있다.

다. 임피던스 정합장치를 사용하지 않으므로 정재파가 급전된다.

라. 전송효율이 나쁜 것이 단점이다.

◆ 해 설 ◆　비동조 급전선은

① 송신기와 안테나 사이의 거리가 멀 때 사용된다.

② 정합장치가 필요로 한다.

③ 정재파가 없으므로 손실이 적어 전송효율이 좋다.

3. 선로의 특성 임피던스를 Z_0, 부하 임피이던스를 Z_R이라고 할 때 정재파비가 1인 경우는?

가. 반사파가 없을 경우

나. 반사계수가 1인 경우

다. $Z_R \neq Z_0$인 경우

라. 진행파와 반사파의 크기가 같은 경우

◆ 해 설 ◆　정재파비가 1인 급전선은 반사파는 없고, 진행파만 존재한다.

4. 지름 2[mm]의 도선을 중심간격 50[Cm]로 자유공간에 설치한 평행 2선식 급전선의 특성 임피던스는 약 얼마인가?

(단, ε_s=1이다.)

해답　1. 나　2. 나　3. 가　4. 다

가. 540[Ω] 나. 645[Ω]
다. 745[Ω] 라. 850[Ω]

◆ 해 설 ◆ $Zo = 277\log_{10}\frac{2D}{d} = 277\log_{10}500 \fallingdotseq 745[\Omega]$

5. 송수신 점이 결정된 후 전리층 반사파로 통신할 수 있는 가장 높은 주파수를 무엇이라고 하는가?

가. 임계주파수 나. FOT
다. LUF 라. MUF

6. 라디오 덕트(Radio duct)의 발생원인에 해당되지 않는 것은?

가. 주간 냉각에 의한 라디오 덕트
나. 전선의 역전층에 의한 라디오 덕트
다. 이류에 의한 라디오 덕트
라. 침강에 의한 라디오 덕트

◆ 해 설 ◆ 라디오덕트의 발생원인

① 야간 냉각에 의한 덕트
② 전선에 의한 덕트
③ 이류에 의한 라디오 덕트
④ 침강에 의한 라디오 덕트

7. 공급전력 1[kW]에 대하여 안테나 전류가 10[A]인 안테나에 4[kW]를 공급하면 공중선 전류는?

가. 2.5[A] 나. 10[A]
다. 20[A] 라. 40[A]

◆ 해 설 ◆ $R_r = P / I^2 = 1000 / 10^2 = 10[\Omega]$ 이다. $P_r = 4[kW]$ 이고 $R_r = 10[\Omega]$ 이므로 전류 I는 $I = \sqrt{4000 / 10} = 20[A]$ 이다.

8. VHF대 이상의 전파는 주로 가시거리 통신에만 이용되어 왔으나 초가시거리에서도 수신이 가능한 경우가 있다. 그 전파통로로써 가장 적합한 것은?

가. 지표반사파 나. 스포라딕(sporadic)E층 전파
다. 대류권 산란파 라. 라디오 덕트

해답 5. 라 6. 가 7. 다 8. 다

9. 비유전율 ε_s=3, 비투자율 μ_s=3인 유리에서 전파의 전파속도는 자유공간 전파속도의 몇 배인가?

가. $\frac{1}{3}$배　　　　나. 1배

다. 3배　　　　라. 9배

◆ 해 설 ◆　$v = \frac{C}{\sqrt{\varepsilon_s \mu_s}} = \frac{C}{\sqrt{3 \times 3}} = \frac{1}{3}C$

10. 수직 안테나와 루프 안테나를 조합한 안테나에 관한 설명이다. 틀린 것은?

가. 방향탐지용 안테나로 사용된다.

나. 두 안테나를 합성함으로써 동상의 방향이 합성되어 단일 지향특성을 가진다.

다. 수직안테나에 유기되는 전압은 전파의 도래 방위각에 따라 진폭이 변화된다.

라. 루프안테나에서 전계와 유기기전력사이에는 90도의 위상차가 있다.

11. 다음 중 지표파와 관계없는 것은?

가. 주파수가 높을수록 감쇠가 심하다.

나. 지표파의 통달거리는 주파수 외에도 대지 도전율, 유전율에 대해서도 영향을 받는다.

다. 감쇠는 해수, 습지, 건지 순으로 커진다.

라. 수직편파 보다는 수평편파 쪽이 감쇠가 적다.

◆ 해 설 ◆　지표파는

① 주파수가 낮을수록 전파의 감쇠는 작다.

② 수평편파보다 수직편파쪽이 감쇠가 적다.

③ 감쇠는 해수, 습지, 건지, 구릉, 산악, 사막, 시가지 순으로 커진다.

12. 폴디드(folded)안테나(소자수 2개)에 10[A]의 전류가 흐를 때 복사전력은 얼마인가?

가. 11.2[kW]　　　　나. 29.2[kW]

다. 58.4[kW]　　　　라. 117[kW]

◆ 해 설 ◆　2선 폴디드 안테나의 복사저항은 292[Ω]이다. 복사전력

$P_r = I^2 R_r = (10)^2 \times 292 = 29.2$[kW] 이다.

해답　9. 가　10. 다　11. 라　12. 나

13. 특성 임피던스가 50[Ω]이고 전파속도가 광속도의 4/5배인 무손실 선로의 단위 길이당의 인덕턴스는 약 몇 pH인가?

가. 2.1　　나. 1.55
다. 0.73　　라. 0.21

14. 그림과 같은 반파장 다이폴 안테나의 지향성계수 D(θ)를 나타내는 식은?

가. $\dfrac{\cos((\pi/2)\cos\theta)}{\cos\theta}$

나. $\dfrac{\sin((\pi/2)\cos\theta)}{\sin\theta}$

다. $\dfrac{\cos((\pi/2)\cos\theta)}{\sin\theta}$

라. $\dfrac{\sin((\pi/2)\sin\theta)}{\cos\theta}$

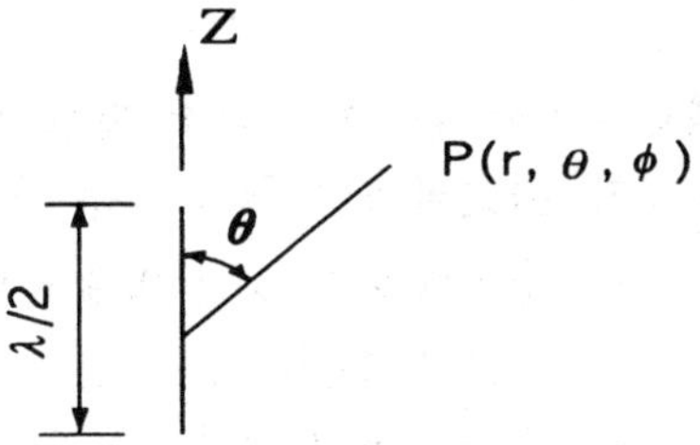

15. 안테나에 반사기를 붙이면 어떤 효과가 나타나는가?

가. 급전선과의 정합이 용이하다.
나. 광대역 특성이 얻어진다.
다. 지향성을 갖도록 만들 수 있다.
라. 접지 저항이 작아진다.

◆ 해 설 ◆　단방향 특성이 얻어진다.

16. 도선을 대지와 평행하게 다이아몬드형으로 치고 한쪽 끝에 특성임피던스와 같은 저항을 접속한 안테나는?

가. 루프 안테나　　나. 슈퍼게인 안테나
다. 애드콕 안테나　　라. 롬빅 안테나

◆ 해 설 ◆　롬빅 안테나는 한쪽 끝에 특성임피던스와 같은 저항을 접속한 안테나로 단일 지향 특성을 나타낸다.

17. 복사전력 P[W]인 수직 접지 안테나에서 최대 복사방향으로 d[m]만큼 떨어진 점의 전계의 세기는?

가. $\dfrac{7\sqrt{P}}{d}$[V / m]　　나. $\dfrac{9.9\sqrt{P}}{d}$[V / m]

다. $\dfrac{222\sqrt{P}}{d}$[V / m]　　라. $\dfrac{313\sqrt{P}}{d}$[V / m]

해답　13. 라　14. 다　15. 다　16. 라　17. 나

◆ 해설 ◆ 전계강도(최대복사방향)

① 반파장 다이폴 안테나의 경우

$$E = \frac{7\sqrt{P[W]}}{d[m]}[V/m] = \frac{222\sqrt{P[kW]}}{d[m]}[mV/m]$$

② λ/4 수직접지 안테나의 경우

$$E = \frac{9.9\sqrt{P[W]}}{d[m]}[V/m] = \frac{313\sqrt{P[kW]}}{d[m]}[mV/m]$$

18. 다음은 접지와 관련된 것이다. 틀린 설명은?

가. 대지의 도전율이 나쁜 곳에서는 카운터 포이즈를 사용한다.

나. 중소규모의 중파 방송국에서는 방사상 접지를 많이 사용하는데 보통 120줄 정도를 매설한다.

다. 대규모 방송국에서는 어스 스크린(Earth Screen)이 가장 적합하다.

라. 안테나전류가 기저부에 밀집하는 것을 피하는 접지 저항을 줄이는 방식을 다중 접지라고 한다.

19. 사용하고자 하는 주파수의 파장을 λ, 안테나의 공진파장을 λ_0라고 할 때, $\lambda > \lambda_0$인 경우에는 무엇을 삽입하여 안테나를 공진시키는가?

가. 의사 안테나　　　　나. R. L. C

다. 단축 콘덴서　　　　라. 연장 코일

◆ 해설 ◆ 사용파장이 공진파장보다 길다.
즉, 안테나가 짧다는 의미이므로 연장 코일이 필요하다.

20. 진행파 안테나의 특성 중 적합하지 않은 것은?

가. 대역폭이 좁다.

나. 구조가 간단하다.

다. 단방향성이다.

라. 설계 및 설치가 용이하다.

◆ 해설 ◆ 진행파 안테나의 대역폭은 광대역이다.

해답 18. 다 19. 라 20. 가

9 안테나(개론)공학 기출문제 수록

1. 지름 3[mm], 선간격 30[cm]의 평행 2선식 급전선의 특성 임피이던스는?

가. 약 300[Ω]　　나. 약 420[Ω]

다. 약 590[Ω]　　라. 약 637[Ω]

◆ 해 설 ◆　평행 2선식 급전선의 특성임피던스 Z_o는

$$Z_o = \sqrt{\frac{L}{C}} = 276\log_{10}\frac{2D}{d}$$
$$= 276\log_{10}200 = 637[\Omega]$$

2. 다수의 반파장 안테나를 동일 평면상에 규칙적인 종횡으로 배열하고, 각 소자에 동일 진폭, 동일 위상의 전류를 급전하면 배열면과 직각 방향으로 예민한 지향성을 갖는안테나는?

가. 루프(Loop) 안테나　　나. 애드콕(Adcock) 안테나

다. 롬빅(Rhombic) 안테나　　라. 비임(Beam) 안테나

◆ 해 설 ◆　비임 안테나는 단파용으로 고이득 지향성 안테나로 사용된다.

3. 전리층에서 반사될 때의 감쇠인 제2종 감쇠의 특징을 바르게 설명한 것은?

가. MUF 근처에서 감쇠가 최대로 되며, 파장이 길수록 심하다.

나. MUF 근처에서 감쇠가 최대로 되며, 파장이 짧을수록 심하다.

다. MUF 근처에서 감쇠가 최소로 되며, 파장이 길수록 심하다.

라. MUF 근처에서 감쇠가 최소로 되며, 파장이 짧을수록 심하다.

◆ 해 설 ◆　제2종 감쇠는 E층 또는 F층에서 반사할 때 받는 감쇠로서 주파수가 높아질수록 (즉, 파장이 짧을수록) 커진다. 이 감쇠는 MUF 근처에서 최대로 된다.

4. 단파통신에 페이딩(Fading)에 대한 경감 방법으로 적합하지 않은 것은?

가. 간섭성 페이딩은 공간 합성수신법을 사용한다.

나. 편파성 페이딩은 편파 합성수신법을 사용한다.

다. 흡수성 페이딩은 수신기에 AVC를 부가한다.

해답　1. 라　2. 라　3. 나　4. 라

라. 선택성 페이딩은 수신기에 AFC로 경감한다.

◆ 해 설 ◆ 선택성 페이딩은 방지책으로 주파수 다이버시티가 가장 적당하다.

참고 페이딩 방지 대책
① 간섭성 페이딩 : 공간 합성 수신법
② 편파성 페이딩 : 편파 합성 수신법
③ 흡수성 페이딩 : AVC 또는 AGC 회로 부가
④ 선택성 페이딩 : 주파수 합성 수신법

5. 다음 중 텔레비젼 수신용 안테나로 사용되지 않는 것은?

가. 브라운 안테나　　나. 인라인 안테나
다. 코니컬 야기 안테나　　라. U라인(line) 안테나

◆ 해 설 ◆ 텔레비젼 수신용 안테나
① 인라인(in line) 안테나　　② 코니컬(conical) 안테나
③ U라인 안테나　　④ 대수 주기(log periodic) 안테나

6. 특성임피던스 600[Ω] 및 150[Ω]의 선로를 임피던스 변성기로 정합시키고자 한다. 파장이 λ일 때 삽입해야 할 선로의 특성임피던스와 길이는?

가. 75[Ω], λ / 2　　나. 300[Ω], λ / 3
다. 300[Ω], λ / 4　　라. 377[Ω], λ / 4

◆ 해 설 ◆ $Z_o = \sqrt{Z_{o1} \cdot Z_{o2}} = \sqrt{(600)(150)} = 300[\Omega]$

7. 다음 중 주파수 100[MHz] 이상에서 사용되는 안테나가 아닌 것은?

가.슈퍼 게인 안테나(Super gain antenna)
나.야기 안테나(Yagi antenna)
다. 코너 리플렉터 안테나(Corner reflector antenna)
라. 웨이브 안테나(Wave antenna)

◆ 해 설 ◆ 웨이브 안테나는 수 100[kHz] 이하의 수신용 안테나로 사용된다.

8. 전파가 전리층에 부딛쳤을때 그 주파수 이상으로 되면 투과하는 주파수를 무엇이라 하는가?

가. 임계 주파수　　나. 자이로 주파수
다. 최고사용 주파수　　라. 최저 주파수

◆ 해 설 ◆ 임계주파수는 전리층의 전자밀도에 의하여 변화한다.

해답 5. 가　6. 다　7. 라　8. 가

9. 헤르츠 다이폴에서 발생하는 세가지 전자계에 관한 설명으로 옳지 않은 것은?

가. 복사전계는 파장과 관계가 있다.

나. 0.16λ 이내의 거리에서는 복사전계의 크기가 가장 크다.

다. 정전계는 수반하는 자계가 없으며 에너지 이동이 없다.

라. 복사계는 통신에 이용되고 있다.

◆ 해설 ◆ $d = 0.16\lambda$ 인 지점(유도전계 = 복사전계)을 경계로 해서 이 지점보다 가까우면 정전계 > 유도전계가 지배적이고, 먼 곳에서는 복사 전계가 지배적이다.

① 복사전계는 파장 λ에 반비례한다.

② $d = 0.16\lambda$ [m]에서 복사전계 = 유도전계 이다.

③ 복사전계는 무선통신에 이용된다.

10. 통신 선로의 임피던스를 정합시키는 이유는?

가. 부하에 전력을 최소로 공급하기 위해

나. 반사계수를 1로 만들기 위해

다. 투과계수를 0으로 만들기 위해

라. 반사파가 생기지 않도록 하기 위해

◆ 해설 ◆ 정합이 안된 경우에는 반사에 의해 급전선상에 정재파가 실려 전력 손실이 커진다. 임피던스 정합시에는 부하에 최대전력이 공급된다.

11. 동조 급전선에서 송신기의 결합회로와 급전선과의 접속점이 정재파 전류의 파복이 되는 경우에는 결합회로의 공진회로는 어떻게 해야 하나?

가. 직병렬 공진회로　　나. 병렬 공진회로

다. 직렬 공진회로　　라. 직결합 회로

◆ 해설 ◆ 급전선의 결합점이 전류파복일 때는 직렬 공진이고, 전압파복이 될 때는 병렬 공진회로가 된다.

12. 길이 3[m]의 반파장 안테나가 있을때 기본파의 고유주파수는 몇 [MHz]인가?

가. 3　　나. 6

다. 25　　라. 50

◆ 해설 ◆ $l = \lambda / 2$에서 $\lambda = 2l = 2 \times 3 = 6$[m]이다.

$\therefore f = C / \lambda = 3 \times 10^8 / 6 = 50$[MHz]

13. 고도가 높아질수록 수정굴절률 M이 감소하는 굴절율의 역전층에 대한 설명이다. 잘못 기재되어 있는 것은?

가. 역전층에서는 전파통로의 곡율이 지표면의 곡율보다 작다.

해답　9. 나　10. 라　11. 다　12. 라　13. 가

나. 가시거리 보다 먼거리까지 전파가 전파된다.

다. 전파의 포획현상으로 역전층은 도파관과 같은 역할을 한다.

라. 라디오 덕트가 발생한다.

◆ 해 설 ◆ 역전층에서는 전파통로의 곡율이 지표면의 곡율보다 크다.

14. 파라보라 안테나(parabola antenna)의 1차 복사기로 사용되지 않는 것은?

가. 원주형 혼(horn)

나. $\lambda/2$ 다이폴(dipole)

다. 슬롯(slot) 안테나

라. 전파렌즈(Lens)

◆ 해 설 ◆ 파라보라 안테나의 1차 복사기

① 반파 다이폴 ② 전자 나팔(horn) ③ 슬롯(slot)

15. 복사 저항 40[Ω], 손실 저항 10[Ω]인 안테나에 100[W]의 전력이 공급되고 있을 때의 복사 전력은 얼마인가?

가. 80[W]

나. 90[W]

다. 100[W]

라. 110[W]

◆ 해 설 ◆ 복사전력 $P_r = \eta P_i$ 이다.

$$P_r = \frac{R_r}{R_r + R_l} \times P_i = \frac{40}{40+10} \times 100 = 80[\mathrm{W}]$$

16. 대지의 도전율이 나쁜 경우(건조지, 암산, 건물의 옥상등)에 적용되는 접지방식은?

가. 지선망방식

나. 카운터 포이즈방식

다. 다중접지방식

라. 동판을 지하에 매설하는 방식

◆ 해 설 ◆ 카운터 포이즈방식은 중전력용으로 사용된다.

17. 초단파(VHF)대 안테나로 적당하지 않은 것은?

가. 롬빅(rhombic) 안테나

나. 슬리브(sleeve) 안테나

다. 브라운(brown) 안테나

라. 휩(Whip) 안테나

◆ 해 설 ◆ 롬빅 안테나는 단파 고정국 송수신용 안테나이다.

18. 루우프 안테나와 수직 안테나를 조합하면 수평면내 지향성은 어떻게 되는가?

가. 전방향성이 된다.

나. 단일 지향성이 된다.

다. 8자 지향성이 된다.

라. 무지향성이 된다.

◆ 해 설 ◆ 루우프 안테나와 수직 안테나를 조합하면 심장형(heart 또는 cardiod 형)의 단일 지향 특성이 얻어진다.

해답 14. 라 15. 가 16. 나 17. 가 18. 나

19. 자유공간내에 Hertz dipole이 있다. 그 복사전력이 40[W] 라 할 때 최대 복사방향 1[km] 에서의 전계강도는?

가. 0.03 [V/m]
나. 0.04 [V/m]
다. 0.05 [V/m]
라. 0.07 [V/m]

◆ 해설 ◆ 헤르쯔쌍극자의 전계강도

$$E = 6.7\sqrt{P} / d$$
$$= 6.7\sqrt{40} / 1\times10^3$$
$$= 0.04[V/m]$$

20. 델린저 현상에 관한 설명으로 옳은 것은?

가. 주간의 구역만 영향을 받는다.
나. 30[MHz] 이상의 주파수가 영향을 많이 받는다.
다. F층은 전자밀도가 현저히 증가한다.
라. 발생주기가 규칙적이다.

◆ 해설 ◆ 델린저 현상은 돌발적으로 발생, 보통 수십분 정도 계속된다.

① 원인 : 자외선의 이상 증가에 의한 D층 또는 E층 전자밀도의 증대
② 발생시간 : 태양이 있는 주간에만 발생
③ 출현주기 : 비번성이 있다.
④ 계속시간 : 돌발적으로 발생, 수십분 계속되다가 회복
⑤ 통신에 주는 영향 : 1.5～20[MHz] 정보의 단파통신에 영향을 준다.

해답 19. 나 20. 가

10 안테나(개론)공학 기출문제 수록

1. 복사저항 300[Ω]인 두개의 안테나를 λ/4 임피이던스 변환기를 사용하여 300[Ω]의 평행 2선식 급전선에 정합시키 고자 할때 변환기의 임피이던스는 얼마이어야 하는가?

가. 212[Ω]

나. 300[Ω]

다. 313[Ω]

라. 424[Ω]

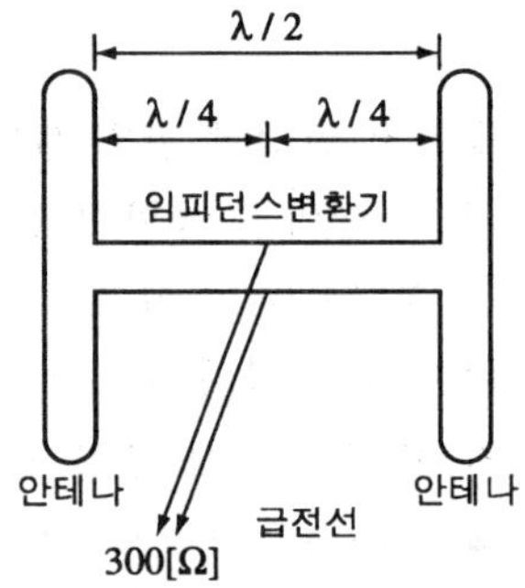

2. 빛의 속도를 C[m/s]라 할때 자유공간(진공)의 유전율[F/m]은? (단, μ = 4π × 10^{-7}이다)

가. $\dfrac{10^7}{10\pi C}$

나. $\dfrac{10^{-7}}{4\pi C}$

다. $\dfrac{10^7}{4\pi C^2}$

라. $\dfrac{10^{-7}}{4\pi C^2}$

◆ 해 설 ◆ $\varepsilon_o = \dfrac{10^{-9}}{36\pi} = \dfrac{10^7}{4\pi C^2}$

3. 중파대 주파수의 전파에 관한 설명중 틀리는 표현은?

가. 지상파와 공간파에 의해 전파 한다.

나. 주간의 전파 전파는 지상파가 주가된다.

다. 야간에서는 D층과 E층에 의한 감쇠가 없고 F층에서 반사된다.

라. 일몰시 강한 페이딩이 일어난다.

◆ 해 설 ◆ 중파는 E층에서 반사되므로 감쇠는 D층에서 일어난다.

4. 낮은 대역에서는 이득이 크고, 높은 대역에서는 이득이 작은, 텔레비전 수신용 광대역 안테나는?

해답 1. 라 2. 다 3. 다 4. 가

가. 인라인 안테나　　　　나. 롬빅 안테나
다. 애드콕 안테나　　　　라. 제펠린 안테나

◆ 해 설 ◆　광대역 TV 수신용 안테나에는 in line 안테나, U line 안테나, 대수주기 안테나, 복합형 안테나 등이 있다.

5. 접어진 다이폴(folded dipole) 안테나의 설명으로 옳지 않는 것은?

가. 한 번 접었을 때 급전점 임피던스는 293[Ω]이다.
나. 도체의 굵기가 다르면 임피던스도 달라진다.
다. 실효길이는 반파장 다이폴의 2배이다.
라. 텔레비젼의 평행 2선 급전선과 정합이 불가능하다.

◆ 해 설 ◆　폴디드 안테나는 텔레비젼의 2선식 급전선과 정합이 직결된다.

6. 지상파의 전파모양(propagation mode)과 관계 없는 것은?

가. 주파수　　　　나. 대지의 유전률
다. 대지의 도전률　　　　라. 온도

◆ 해 설 ◆　지상파 중 지표파는 대지의 도전률이 클수록, 대지의 유전률이 작을수록 E가 커지고, 주파수가 낮을수록 감쇠가 작다.

7. 초단파의 가시거리내의 특징에 관한 설명 중 틀린 것은 ?

가. 지표파는 감쇠가 크므로 이용이 불가능하다.
나. 직접파와 대지반사파에 의하여 수신전계가 정해진다.
다. 회절파에 의한 수신전계는 장해물과 Fresnel Zone의상대적 크기에 의해 정해진다.
라. 신틸레이션, K형 및 덕트형 fading 을 받으며 해상 전파는 육상전파보다 안정하고 페이딩의 영향을 덜받는다.

◆ 해 설 ◆　K형 및 duct형 페이딩을 받으며 해상전파는 육상전파에 비하여 불안정하고 심한 페이딩을 받는다.

8. 다음중 $\lambda/4$ 수직접지 안테나의 설명중 틀린 것은?

가. 방송업무용으로 많이 쓰인다.　　　　나. 복사저항은 36.56[Ω]이다.
다. 발사전파는 수직편파이다.　　　　라. 단파용 선박 통신용으로 많이 쓰인다.

◆ 해 설 ◆　장중파용 송신안테나이다.

9. 지상에서 수직 상방으로 충격파를 발사후 1[msec]반사파를 관측했다. 이때 전리층의 높이는 ?

해답　5. 라　6. 라　7. 라　8. 라　9. 다

가. 137[km] 나. 145[km]

다. 150[km] 라. 159[km]

◆ 해 설 ◆ $h = \frac{tc}{2} = \frac{1}{2} \times 1 \times 10^{-3} \times 3 \times 10^{8} = 150[\text{km}]$

10. λ/4 수직접지 안테나로 400[kW]의 전력을 복사할 때 200[km] 떨어진 곳에서의 전계 강도는 얼마인가? (단, 대지는 완전도체로 본다.)

가. 313[mV/m] 나. 31.3[mV/m]

다. 3.13[mV/m] 라. 0.313[mV/m]

◆ 해 설 ◆ $E = \frac{313\sqrt{P[\text{kW}]}}{d[\text{km}]}[\text{mV/m}] = \frac{313\sqrt{400}}{200} = 31.3[\text{mV/m}]$

11. 평행2선식 급전선에서 특성임피이던스에 대한 설명이다.틀린것은?

가. 도선의 직경에 비례하고, 선간거리에 반비례한다.

나. 도선의 직경에 비례하고, 선간거리에 비례한다.

다. 도선의 직경에 반비례하고, 선간거리에 비례한다.

라. 도선의 직경에 반비례하고, 선간거리에 반비례한다.

◆ 해 설 ◆ $Z_o = \sqrt{\frac{L}{C}} = 120\log_e \frac{2D}{d} = 276\log_{10} \frac{2D}{d}$ (단, D : 선간거리, d : 굵기)

12. 수퍼게인(super gain)안테나를 TV송신용으로 사용하려고할 때 고려하여야할 사항으로 맞지 않는 것은?

가. 직렬공진과 병렬공진을 조합하여 합성리액턴스 성분을 크게하여 광대역 특성을 갖게 한다.

나. 안테나의 Q를 낮게 하여 광대역성으로 한다.

다. 광대역으로 하기 위하여 안테나 소자의 직경을 크게한다.

라. 트랩회로를 설치하여 광대역성으로 한다.

13. Wave 안테나의 특징이 아닌 것은?

가. 광대역성이다. 나. 지향성은 단향성이다.

다. 주로 수신용에 이용된다. 라. 정재파형 안테나이다.

◆ 해 설 ◆ 진행파형 안테나이다.

해답 10. 나 11. 다 12. 가 13. 라

14. 반파장 다이폴 안테나에 대해 잘못된 것은 ?

가. 반송 주파수의 λ/2 길이를 갖는 공진 안테나이다.

나. 진행파형 안테나이다.

다. 전류는 양쪽 끝에서 0 이 된다.

라. 전압은 양쪽 끝에서 최대가 된다.

◆ 해 설 ◆ 반파다이폴은 중앙에서 급전하므로 중앙에서 최대, 양끝단에서 최소 0[A]인 전류분포를 나타낸다.

15. 선로의 특성 임피던스를 Z_O, 부하 임피던스를 Z_R 이라고 할경우, 정재파비가 1이라고 하는 것은?

가. 반사파가 없을 경우

나. 반사계수가 1인 경우

다. $Z_R > Z_O$인 경우

라. 진행파와 반사파의 크기가 같은 경우

◆ 해 설 ◆ 정재파비 S = 1일 때는 반사파가 없으므로 반사계수 0 진행파만 존재한다. 즉 부하와 급전선이 완전히 정합되어 있음을 의미한다.

16. 안테나의 효율에 관한 사항으로 옳지 않은 것은?

가. 손실저항에 비해 복사저항이 클수록 효율이 좋다.

나. 접지 안테나의 길이가 λ/4보다 짧을수록 접지저항이 작아야 효율에서 유리하다.

다. 손실저항이 작으면 복사저항에 관계없이 효율이 나빠진다.

라. 안테나의 절연이 불량하면 효율이 나빠진다.

17. 도파관의 임피던스 정합회로가 아닌 것은 ?

가. 분배기(distributor)

나. 1/4파장 임피던스 변성기(Q transformer)

다. 도파관 창(window)

라. 스터브 공진기(stub tuner)

18. 자유공간(유전율 = ε_o,투자율 = μ_o)을 속도 V[m/s]로 전파하는 전자파 E[V/m]및 H[A/m]가 있다. 전계 및 자계간의 관계식은 ?

가. $\frac{E}{H} = \frac{\mu_o}{\varepsilon_o}$ 나. $\frac{E}{H} = \sqrt{\frac{\mu_o}{\varepsilon_o}}$

해답 14. 나 15. 가 16. 다 17. 가 18. 나

다. $EH = \varepsilon_o \mu_o$ 라. $EH = \sqrt{\varepsilon_o H_o}$

◆ 해 설 ◆

$$Z = \frac{E}{H} = \sqrt{\frac{\mu_o}{\varepsilon_o}} = 120\pi = 377[\Omega]$$

19. 안테나의 전력이 10[W]에서 85[W]로 증가하였을 때 전계 강도는 몇 배 증가하는가?

가. 약 3.5배 나. 약 2.9배

다. 약 2.5배 라. 약 2.4배

◆ 해 설 ◆

$$E = K\frac{\sqrt{P}}{d} \text{ 이므로 } E \propto \sqrt{P} = \sqrt{85/10} \doteq 2.9$$

20. 태양에서 발생하는 자외선의 돌발적 증가로 인하여 발생되는 전파방해는?

가. 에코우(echo)

나. 룩셈부르크 효과(luxemburg effect)

다. 델린저 현상(dellinger effect)

라. 자기람(magnetic storm)

◆ 해 설 ◆ 델린저현상은 태양의 폭발에 의해 방출된 자외선의 이상 증가로 인하여 발생하는 현상으로 돌발적으로 발생하여 10분 혹은 수십분 계속되다가 회복된다.

해답 19. 나 20. 다

11 안테나(개론)공학 기출문제 연습

1. 그림과 같은 동축 급전선의 특성 임피던스는 얼마인가?(단, d = 5mm, D = 2cm, ε_s = 2.3)

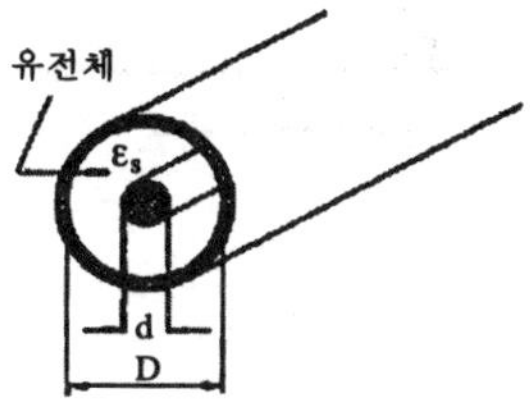

가. 약 55Ω　　　　나. 약 65Ω
다. 약 75Ω　　　　라. 약 85Ω

◆ 해 설 ◆

$$Z_o = \frac{138}{\sqrt{\varepsilon_s}}\log_{10}\frac{D}{d}[\Omega]$$

2. λ/4 수직접지안테나와 반파장 다이폴안테나에 동일전력을 공급했을때 전계강도의 비(λ/4 수직접지안테나 : 반파장 다이폴안테나)는 대략 얼마인가?

가. 2:1　　　　나. 0.5:1
다. 1.414:1　　　　라. 0.707:1

◆ 해 설 ◆ 전계강도의 비

$$(\lambda/4\ \text{수직접지}) : (\lambda/2\ \text{다이폴}) = (\frac{9.9\sqrt{P_r}}{r}) : (\frac{7\sqrt{P_r}}{r})$$
$$= 1.414 : 1$$

3. 전리층의 제1종 감쇄에 대한 설명 중 잘못된 것은?

가. 주파수 자승에 반비례한다.
나. 전자밀도에 반비례한다.
다. 평균충돌 횟수에 거의 반비례한다.
라. 전지층을 비스듬히 통과할수록 크다.

◆ 해 설 ◆ 1종 감쇄는 전리층을 통과할 때의 감쇄로서 전자밀도에는 비례한다.

4. 안테나 선로의 중간에 코일을 삽입하면 어떤 역활을 하는가?

가. 등가적으로 안테나의 길이가 길어진 것과 같은 효과가 있다.
나. 더 높은 주파수에서 공진하는 효과가 있다.

해답 1. 가　2. 다　3. 나　4. 가

다. 지향성을 변화시키는 효과가 있다.
라. 임피던스를 정합시키는 작용을 한다.
◆ 해 설 ◆ 연장코일이다.

5. 아래와 같은 구형 도파관에 TM10 파의 차단 파장은?

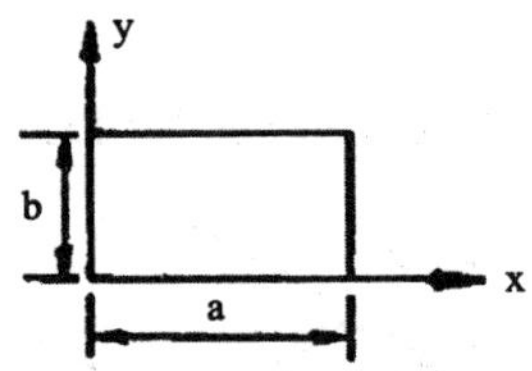

가. 2/a 나. a
다. 2a 라. 3a

◆ 해 설 ◆ λ = 2 × 긴변 = 2a

6. 야기(Yagi) 안테나에 대한 설명 중 틀린것은?
가. 단향성의 예민한 지향특성을 갖는다.
나. 도파기의 수를 증가시키면 이득이 증가한다.
다. 도파기의 길이는 반파장보다 짧다.
라. 각 소자의 간격은 반파장보다 크다.
◆ 해 설 ◆ 각 소자의 간격은 λ/4보다 조금 짧다.

7. 직각좌표계(x, y, z)로 표시되는 전계 E가 X성분, 자계 H가 Y성분을 가질때 포인팅 전력 P의 진행방향은?
가. x방향 나. y방향
다. z방향 라. x와y 방향
◆ 해 설 ◆ 전계와 자계의 직각방향이다.

8. 안테나의 빔폭(반치각)에 관한 설명으로 옳은 것은?
가. 최대 복사전계강도의 1/2이 되는 두방향사이의 각
나. 최대 복사전력의 1/2이 되는 두 방향사이의 각
다. 복사전계가 0이 되는 두방향사이의 각
라. 최대 복사방향을 중심으로 총 복사 전력의 90%를 포함하는 범위의 사이의 각
◆ 해 설 ◆ 반치각이란 main lobe의 최대 방사방향에서 -3dB로 되는 값(전력밀도의 $\frac{1}{2}$ 또는 전계강도의 $\frac{1}{\sqrt{2}}$ 되는 값)을 갖는 각도를 말한다.

9. 브로드사이드 헤리칼안테나의 권수가 5일때 도선 선단에서의 전력은 급전점에서의 전력과 비교할 경우 감쇄값으로 가장 타당한것은?
가. 5dB 나. 10dB
다. 30dB 라. 100dB

해답 5. 다 6. 라 7. 다 8. 나 9. 다

10. 카세그레인 안테나에 관한 설명 중 틀린 것은?

가. 위성통신의 지구국용 안테나로 사용된다.
나. 1차 복사기와 송신기가 직결되므로 급전계 전송손실이 작다.
다. 2개의 반사기와 1개의 복사기로 구성된다.
라. 송신할 때 1차 복사기 주반사기 부반사기 순으로 전파가 진행된다.

11. 다음 중 극초단파대 이상에서 안테나의 특성분석에 사용되는 요소로 가장 적합한것은?

가. 전계강도　　나. 실효길이
다. 수신전압　　라. 전력밀도

12. 안테나에 광대역성을 부여하는 방법과 관계가 가장 적은 것은?

가. 진행파 여진형 소자를 이용하는 방법
나. Q를 낮게 하여 공진특성을 완만하게 하는 방법
다. 자기 임피던스의 변화를 증대시키는 방법
라. 대수 주기형으로 하는 방법

13. 다음 평행 2선식 급전선 중에서 특성 임피던스가 가장 높은 것은?

가. 선의 지름 1.2mm, 선의간격 40cm
나. 선의 지름 2.4mm, 선의간격 40cm
다. 선의 지름 3.0mm, 선의간격 30cm
라. 선의 지름 1.2mm, 선의간격 30cm

◆ 해설 ◆

$$Z_o = 276\log_{10}\frac{2D}{d}$$

14. 동축 케이블과 비교하여 도판관의 특징으로 옳지 않은 것은?

가. 저역필터의 역할을 한다.
나. 복사손실이 없다.
다. 표피작용에 의한 저항손실이 적다.
라. 유전체 손실이 적다.

◆ 해설 ◆　고역 필터의 역할을 한다.

15. 태양에서 방출된 자외선의 돌발적 증가로 인하여 발생되는 전파방해는?

가. 에코현상
나. 룩셈부르크 효과
다. 델린저 현상
라. 자기람

◆ 해설 ◆　델린저 현상은 돌발적으로 발생하여 보통 수십분 정도 계속된다.

16. 사용주파수가 1.5MHz인 1/4 파장 수직접지 안테나의 실효고는 약 몇 m인가?

해답　10. 라　11. 라　12. 다　13. 가　14. 가　15. 다

가. 32 나. 50
다. 70 라. 140

◆ 해 설 ◆

$\lambda = c / f = 3 \times 10^8 / 1.5 \times 10^6 = 200[m]$

$he = \frac{\lambda}{2\pi} = \frac{200}{2\pi} \fallingdotseq 32[m]$

17. 다음 중 단파에서 페이딩의 종류에 따른 이의 경감 대책으로 가장 적합하지 않은 것은?
가. 간섭성 페이딩 : 공간 다이버시티
나. 편파성 페이딩 : 편파 다이버시티
다. 흡수성 페이딩 : AGC 회로
라. 선택성 페이딩 : AFC 회로

◆ 해 설 ◆ 선택성 페이딩 : 주파수 다이버시티 사용

18. 반파장 다이폴 안테나의 복사 저항은 몇 Ω인가?
가. 36.6 나. 73.13
다. 293 라. 300

◆ 해 설 ◆ 반파장 다이폴은 73.13[Ω]이고, λ/4 수직접지는 36.56[Ω]이다.

19. 단파통신의 일반적 특징이 아닌것은?
가. 소전력으로 원거리 통신이 가능하다.
나. 장파에 비해 공전의 방해가 크다.
다. 페이딩의 영향을 받는다.
라. 델린저현상의 영향을 받는다.

20. 전파가 대류권을 진행할 때 받는 빗방울에 의한 감쇄와 가장 관계 깊은 손실은?
가. 산란에 의한 손실 나. 회절에 의한 손실
다. 분자에 의한 손실 라. 반사에 의한 손실

해답 16. 가 17. 라 18. 나 19. 나 20. 라

12 안테나(개론)공학 기출문제 연습

1. 무손실 선로의 경우 특성임피던스는 얼마인가?
(단, L = 인덕턴스, C = 캐패시턴스, R = 저항)

가. $j\omega\sqrt{\frac{L}{G}}$
나. $\frac{1}{j\omega}\sqrt{\frac{R}{C}}$
다. $\sqrt{\frac{L}{C}}$
라. $\sqrt{\frac{C}{L}}$

◆ 해설 ◆

$$Z_o = \sqrt{\frac{L}{C}}$$

2. 구형도파관의 차단파장 λc, 관내 파장을 λg, 자유공간에서의 파장을 λa 라 할 때 도파관 내에서 전자파의 에너지가 전송되기 위한 조건은?

가. $\lambda a > \lambda c, \lambda a > \lambda g$
나. $\lambda a > \lambda c, \lambda a < \lambda g$
다. $\lambda a < \lambda c, \lambda a > \lambda g$
라. $\lambda a < \lambda c, \lambda a < \lambda g$

3. 지구가 완전도체 평면이라고 할 때 실효고가 20[m]인 수직 접지 안테나에서 주파수가 10[MHz]이고 안테나의 기저부 전류가 5[A]라고 한다. 이 때 10[km] 떨어진 곳에서의 최대 수신 전계는 약 몇 [mV/m] 인가?

가. 63
나. 84
다. 105
라. 126

◆ 해설 ◆

파장 $\lambda = c / f = 3 \times 10^8 / 10 \times 10^6 = 30$ [m]

$$E = \frac{120\pi I_o h_e}{\lambda d} = \frac{120\pi \times 5 \times 20}{30 \times 10 \times 10^3} = 125.6 \text{ [mV/m]}$$

4. 수직접지 안테나에 정관부하(top loading)를 설치할 경우 얻는 효과로 옳은 것은?

가. 고유 주파수가 증대한다.
나. 실효고가 감소한다.
다. 복사저항이 감소한다.
라. 고각도 복사를 억제한다.

◆ 해설 ◆ 톱로딩은 중파방송에서 고각도 방사를 억제시키고 근거리 페이딩을 방지하는 역할을 한다.

5. 주파수가 다른 2개의 전파가 같은 전리층의 한점을 두 전파가 지나갈 때 복사전력이 강한

쪽의 전파에 의하여 다른쪽의 전파가 변조되어 강한 쪽의 전파가 혼입되는 현상을 무엇이라 하는가?

가. Luxemburg effect　　나. Control point

다. Antipode effect　　라. Magnetic storm

◆ 해 설 ◆　룩셈부르그 효과는 전리층내에서 주파수가 다른 2개의 전파간에 생기는 간섭현상이다.

6. 단파대 통신에서 주간보다 야간에 낮은 주파수를 사용하는 이유로 가장 타당한 것은?

가. 전리층에서의 전파 흡수가 작으므로

나. 주간보다 야간의 전자밀도가 낮으므로

다. 주간보다 야간의 전자밀도가 커지므로

라. 낮은 주파수가 전파의 회절이 강하므로

◆ 해 설 ◆　전리층은 주간에 전자밀도가 높고, 야간에는 낮으므로 야간에는 주간보다 낮은 주파수를 사용해야 한다.

7. 반파장 다이폴(dipole) 안테나의 실효길이는?

가. $\frac{\lambda}{\pi}$　　나. $\frac{\pi}{\lambda}$

다. $\frac{2\lambda}{\pi}$　　라. $\frac{2\pi}{\lambda}$

◆ 해 설 ◆　$\lambda/4$ 수직접지 안테나의 실효고는 $\lambda/2\pi$ 이고, 반파장 다이폴의 경우는 λ/π 이다.

8. 다음 중 공전(空電)의 특징이 아닌 것은?

가. 주로 초단파 통신에 방해를 주며 200[kHz] 이하에서는 문제가 되지 않는다.

나. 장파대의 공전은 겨울보다 여름에 자주 나타난다.

다. 공전은 적도 부근에서 가장 격렬히 발생한다.

라. 단파대에서는 한밤중 전후에 최대이고 정오경에 최소가 된다.

◆ 해 설 ◆　공전은 AM파를 수신할 때 영향을 준다.

9. 다음의 동조급전 방식에 대한 설명 중 옳은 것은?

가. 송신기와 안테나 사이의 거리가 멀수록 많이 사용한다.

나. 전압급전일 때 직렬공진의 급전회로를 사용하려면 급전선의 길이를 $\lambda/4$의 기수배로 사용한다.

다. 전류급전일 때 병렬공진의 급전회로를 사용하려면 급전선의 길이를 $\lambda/4$의 우수배로 사용한다.

라. 임피던스 정합회로를 사용하므로 진행파가 급전된다.

◆ 해 설 ◆　동조급전선은 급전선이 짧을 때 사용한다.

10. 위성통신장치는 송수신기가 한 시스템 내에 설치되어 있다. 송수신할 때 동일한 주파수를 사용하지 않는 이유로 가장 타당한 것은?

가. 강한 송신전력이 수신기에 영향을 미치기 때문에

해답　5. 가　6. 나　7. 가　8. 가　9. 나

나. 송신안테나의 이득이 비교적 낮기 때문에
다. 수신안테나가 매우 낮은 레벨의 신호까지도 감지해야 하므로
라. 지상에서 발사된 전파가 위성에 도달하는 동안 세력이 약해지므로

11. 전리층의 제2종 감쇠에 대한 설명 중 틀린 것은?
가. 전리층에서 반사할 때에 받는 감쇠이다.
나. 감쇠량은 전자밀도에 반비례 한다.
다. 감쇠량은 수직으로 입사할수록 작아진다.
라. 감쇠량은 주파수가 높을수록 커진다.
◆ 해설 ◆ 제2종 감쇠는 전리층에서 반사할 때 받는 감쇠이다. 주파수가 높아질수록 감쇠는 커진다. 경사 입사일수록 감쇠는 작아진다.

12. 제펠린(zeppelin)안테나에 대한 설명 중 틀린 것은?
가. 전압급전 방식을 사용한다.
나. 평형형 동조급전방식을 사용한다.
다. 수신기 급전회로에서 직렬공진시 급전선의 길이는 λ/2의 우수배로 한다.
라. 수평면내 지향성은 8자형 패턴을 가진다.
◆ 해설 ◆ 제펠린 안테나는 전압급전방식이며 평형형 동조급전선을 사용한다.
λ/4의 기수배로 해야한다.

13. 3개의 도체에 사용하여 3단의 폴디드(folded) 안테나를 구성하 경우 복사저항은 약 얼마인가?
가. 73[Ω] 나. 110[Ω]
다. 292[Ω] 라. 658[Ω]
◆ 해설 ◆
$R_f = n^2R = 32 \times 73.13 \fallingdotseq 658[\Omega]$

14. 다음 방식 중 원편파를 발생할 수 없는 것은?
가. 전자나팔에 원편파 변환기를 사용한다.
나. 원추형 전자나팔에 렌즈형 안테나를 사용한다.
다. 엔드 파이어 헤리컬(end fire helical) 안테나를 사용한다.
라. 직교 다이폴 안테나에 90도의 위상차를 두어 급전한다.

15. 안테나의 복사 저항이 25[Ω]이고 손실 저항이 5[Ω]일 때 이 안테나의 복사 효율약 얼마인가?
가. 16% 나. 20%
다. 30% 라. 83%
◆ 해설 ◆

$$\eta = \frac{\text{복사저항}}{\text{복사저항}+\text{손실저항}} \times 100 = \frac{25}{25+5} \times 100 = 83.3\%$$

해답 10. 가 11. 다 12. 다 13. 라 14. 나 15. 라

16. 장중파대의 송신 안테나의 접지 방식 중 대전력 방송국에 가장 적합한 것은?

가. 심굴식 접지　　나. 방사상 접지
다. 다중 접지　　라. 카운터 포이즈

◆ 해설 ◆ 다중접지는 대전력 송신국에, 심굴접지는 소전력용으로, 카운터 포이즈는 중전력용으로 사용된다.

17. 다음 중 파라볼라(parabola) 안테나의 특징이 아닌 것은?

가. 비교적 소형이고 구조가 간단하다.
나. 지향성이 예리하고 이득이 높다.
다. 부엽(side lobe)이 비교적 적다.
라. 광대역 임피던스 정합이 어렵다.

◆ 해설 ◆ 파라보라 안테나는 부엽이 비교적 많다.

18. 비유전율이 9, 비투자율이 1인 매질 내를 전파하는 전자파의 속도는 자유공간을 전파할 때의 속도의 몇 배인가?

가. 2　　나. 3
다. $\frac{1}{2}$　　라. $\frac{1}{3}$

◆ 해설 ◆

$$v = c\cdot\frac{1}{\sqrt{\varepsilon_s\mu_s}} = c\cdot\frac{1}{\sqrt{9\times1}} = \frac{1}{3}\times c$$

19. 도약거리에 대한 설명 중 틀린 것은?

가. 단파에서의 불감지대와 연계된다.
나. 사용주파수가 높을수록 크게 된다.
다. 전리층의 겉보기 높이에 반비례한다.
라. 사용주파수가 임계 주파수 보다 높을 때 생긴다.

◆ 해설 ◆ 도약거리는 송신소에서 반사된 전리층 반사파가 처음으로 지상에 되돌아오는 점의 거리를 말한다.

20. TV 수신용 광대역 야기 안테나의 종류가 아닌 것은?

가. 스롯형 안테나　　나. 코니컬형 안테나
다. U 라인형 안테나　　라. In 라인형 안테나

◆ 해설 ◆ TV 수신용 안테나

① 대수 주기 안테나　　② 유라인(U line) 안테나
③ 인라인 안테나　　④ 코니컬 안테나

해답 16. 다 17. 다 18. 라 19. 다 20. 가

13 안테나(개론)공학 기출문제 연습

1. 구형 도파관의 모양이 다음 그림과 같을 때 차단 주파수는?
(단, 관내의 유전체는 진공이고, TE_{10} 모드이다.)

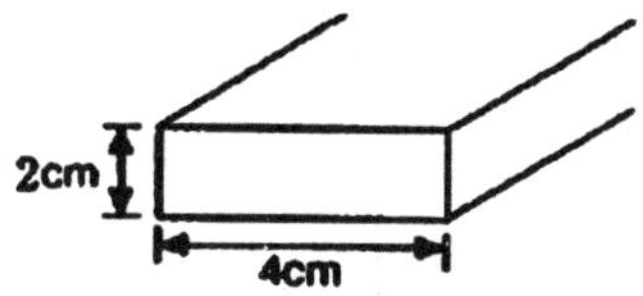

가. 1.25[GHz] 나. 2.5[GHz] 다. 3.75[GHz] 라. 4.5[GHz]

◆ 해설 ◆

$$\lambda_c = 2a = 2 \times 4 = 8[\text{cm}]$$

$$\therefore f_c = \frac{3 \times 10^{10}}{\lambda_c} = \frac{3 \times 10^{10}}{8} = 3.75[\text{GHz}]$$

2. 미소 다이폴로부터 복사되는 전계의 세기는?
(단, r 은 수십 파장 이상되는 아주 먼 거리이다.)

가. r 에 반비례하고 sinθ 에 비례한다.
나. r 에 비례하고 cosθ 에 비례한다.
다. r 에 비례하고 $\sin^2\theta$ 에 비례한다.
라. r 에 반비례하고 $\cos^2\theta$ 에 비례한다.

◆ 해설 ◆

$$E_\theta = \frac{60\pi I l}{\lambda r}\sin\theta[\text{V / m}]$$

따라서, E_θ 는 r에 반비례하고 sinθ 에 비례한다.

3. 급전선이 일반적으로 갖추어야 하는 조건이 아닌 것은?

가. 전송 효율이 가급적 높아야 한다.
나. 송신용의 경우 절연 내력(내압)이 큰 것이 좋다.
다. 특성 임피던스는 높은것이 좋다.
라. 유도 방해를 받거나 주지 말아야 한다.

◆ 해설 ◆ 급전선은 효율이 좋고 급전선의 파동임피던스가 적당하고 송신용일 때는 절연내력이 커야한다.

4. 롬빅 안테나의 특징 중 틀린 것은?

해답 1. 다 2. 가 3. 다

가. 진행파형으로 광대역성이다.
나. 단일 방향의 예리한 지향특성을 갖는다.
다. 수평편파 성분이 주로 사용된다.
라. 넓은 설치장소가 필요하므로 효율이 좋다.

5. 비유전율이 9이고 비투자율이 1인 매질 내를 전파하는 전자파의 속도는 자유공간을 전파할 때의 속도의 몇 배가 되는가?

가. 2배　　나. 3배

다. $\frac{1}{2}$ 배　　라. $\frac{1}{3}$ 배

◆ 해설 ◆

$$v = \frac{c}{\sqrt{\varepsilon_s \mu_s}} = \frac{c}{\sqrt{9 \times 1}} = \frac{1}{3}c$$

6. 다음 중 선형안테나의 설명으로 틀린 것은?

가. 직렬공진하는 파장 중 가장 긴 파장을 고유파장이라 한다.
나. 최저의 공진주파수를 고유주파수라 한다.
다. 접지점에서 전류는 최소이고 전압은 최대이다.
라. 개방점에서 전류는 0(zero)이고 전압은 최대이다.

7. 그림과 같이 도선의 길이가 $\frac{\lambda}{4}$ 인 선단을 단락할 경우 a, b 점에서 본 임피던스는? (단, λ는 전류의 파장임)

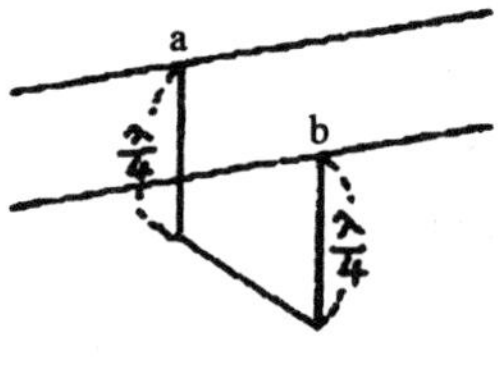

가. 0　　나. 유도성　　다. 용량성　　라. ∞

◆ 해설 ◆ 도선의 길이가 λ/4인 선단을 단락시키면 임피던스는 ∞가 된다.

8. 대류권 산란파의 특징이 아닌 것은?

가. 기본 전파손실은 300km에서 약 180 ~ 220[dB]이다.
나. 산란영역이 너무 크면 전파왜곡이 발생한다.
다. 적당한 주파수는 200 ~ 5000[kHz]이다.
라. 지리적 조건의 영향을 받지 않는다.

◆ 해설 ◆ 적당한 주파수는 200~300[MHz] 이다.

9. 파라볼라 안테나(parabola antenna)의 이득은?

가. 포물면경의 개구면에 반비례한다.

해답 4. 라　5. 라　6. 다　7. 라　8. 다

나. 개구면의 면적과 이득은 전혀 관계가 없다.
다. 같은 주파수에서는 개구면과 관계가 없다.
라. 파장이 짧아질수록 이득이 매우 커진다.

◆ 해설 ◆

$G = \frac{4\pi}{\lambda^2} A_e = \frac{4\pi}{\lambda^2} \eta A$ 따라서, 이득은 파장이 짧을수록 커진다.

10. 동축급전선의 정전용량이 10[pF/m]일 때, VHF 주파수대의 특성 임피던스는?
(단, 선간매질의 비유전율(ε_s)은 2.25, 동선의 비투자율(μ_s)은 1이다.
또한 전파속도 υ_p는 $\frac{1}{\sqrt{\mu\varepsilon}}$ 이다.)

가. 100[Ω]　　나. 500[Ω]　　다. 750[Ω]　　라. 1000[Ω]

◆ 해설 ◆

$Z_o = \sqrt{\frac{L}{C}} = \frac{138}{\sqrt{\varepsilon_s}} \log_{10} \frac{D}{d}$ [Ω]

11. λ/4 수직접지 안테나의 수직면내 지향 특성은?

가.

나.

다.

라.
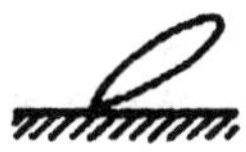

◆ 해설 ◆ 수평면내 지향특성은 무지향성이나 수직면내 지향특성은 쌍반원형이다.

12. λ/2 다이폴 안테나에 대한 설명으로 틀린 것은?
가. 실효길이는 λ/π 이다.
나. 복사 전계는 $\frac{7\sqrt{P_r}}{d}$ 이다.
다. 전압 분포는 sin 분포로 나타내고, 전류 분포는 cos 분포로 나타낸다.
라 수직면 지향성은 ∞자 형이고, 수평면 지향성은 무지향성이다.

◆ 해설 ◆ 수직 다이폴 안테나의 경우 수평면내 지향성이 무지향성이다.

13. 전리층 전파에서 발생하는 페이딩 현상을 방지하는 방법이 아닌 것은?
가. 주파수 다이버시티　　나. 공간 다이버시티
다. 편파 다이버시티　　라. 변조 다이버시티

◆ 해설 ◆ 다이버시티는 공간, 주파수, 편파다이버시티로 구분한다.

14. λ/4 수직 접지 안테나의 복사저항이 35[Ω], 접지저항이 5[Ω]이다. 안테나에 공급되는 고주파 전력이 5[kW]일 때, 20[km] 지점에서의 전계강도는 약 [mV/m] 인가?
가. 18　　나. 27　　다. 31　　라. 33

해답　9. 라　10. 나　11. 가　12. 다　13. 라

◆ 해설 ◆

$$\eta = \frac{R_r}{R_r + R_l} = \frac{35}{35+5} = 0.875$$

$$P_r = \eta P_i = 0.875 \times 5 = 4.375[\text{kW}]$$

$$E = \frac{9.9\sqrt{P_r[\text{W}]}}{d[\text{m}]}[\text{V/m}] = \frac{313\sqrt{P_r[\text{kW}]}}{d[\text{km}]}[\text{mV/m}] \quad \therefore E = \frac{313\sqrt{4.375}}{20} = 33\ [\text{mV/m}]$$

15. 라디오 덕트(Radio Duct)의 발생 원인에 해당하지 않는 것은?

가. 주간냉각에 의한 라디오 덕트　　나. 전선에 의한 라디오 덕트
다. 이류에 의한 라디오 덕트　　라. 침강에 의한 라디오 덕트

◆ 해설 ◆ 야간 냉각에 의한 라디오덕트이다.

16. 다음 중 종단저항이 없는 안테나는 어느 것인가?

가. 웨이브 안테나　　나. 어골형 안테나
다. 롬빅 안테나　　라. 정관형 안테나

◆ 해설 ◆ 정관형 안테나 수직접지안테나이다. 수평면내 지향성이 무지향성이다.

17. 단파안테나는 장파안테나와 비교하여 다음과 같은 특성이 있다. 틀린 것은?

가. 발사하려는 파장과 같은 고유파장의 안테나를 얻기 쉽다.
나. 광대역성을 얻기 쉽다.
다. 복사효율이 좋다.
라. 주로 수직편파를 이용하므로 접지가 필요하다.

18. 전파가 전리층에 부딪혔을 때 그 주파수 이상으로 되면 투과하는 주파수를 무엇이라 하는가?

가. 임계 주파수　　나. 자이로 주파수
다. 최고사용 주파수　　라. 최저 주파수

◆ 해설 ◆ 임계주파수는 어떤 전리층이 수직으로 발사한 전파를 반사시킬 수 있는 최고의 주파수이다.

19. 송신 안테나로부터 복사된 편파가 지구 표면으로 퍼지는 지상파가 아닌 것은?

가. 대지 반사파　　나. 회절파　　다. 대류권파　　라. 지표파

◆ 해설 ◆ 지상파(ground wave)는 직접파, 대지반사파, 지표파 그리고 회절파를 말한다. 대류권파는 공간파(sky wave)라고 한다.

20. 다음 중 진행파 안테나에 해당하지 않는 것은?

가. 어골형 안테나　　나. 비버리지 안테나
다. 반파장다이폴 안테나　　라. 진행파 V형 안테나

◆ 해설 ◆ 수평 다이폴 안테나는 수평면내 지향성이 8자형이다.

해답 14. 라 15. 가 16. 라 17. 라 18. 가 19. 다 20. 다

14 안테나(개론)공학 기출문제 연습

1. 미소다이폴 안테나의 복사저항을 계산하는 식은?(단, λ:파장, l:안테나 길이)

가. $80\pi^2(\frac{l}{\lambda})^2$ 나. $80\pi(\frac{l}{\lambda})$

다. $80\pi^2(\frac{l}{\lambda})$ 라. $80\pi(\frac{l}{\lambda})^2$

◆ 해설 ◆

복사전력 $P_r = 80\pi^2 I^2(\frac{l}{\lambda})^2$ [W]

복사저항 $R_r = P_r / I^2$

2. 슈퍼 턴스타일(Super Turnstile) 안테나에 대하여 잘못 설명한 것은?

가. 수평면내 지향성을 세밀하게 조정하기 쉽다.
나. 최대 이득을 얻을 수 있는 적립(stack) 간격이 있다.
다. 광대역성으로 만들기 위하여 batwing 안테나를 사용한다.
라. 2개의 소자 안테나는 90도 위상차를 두어 급전한다.

◆ 해설 ◆ 수평면내 지향 특성은 거의 무지향성이다.

3. Es(산재 E)층에 대한 설명으로 틀린 것은?

가. Es층은 항상 존재하며, 계절에 따라 변화가 없다.
나. Es층의 출현은 장소에 따라 다르다.
다. Es층은 태양의 흑점주기와 별로 관계가 없는 것으로 알려져 있다.
라. Es층은 E층과 거의 비슷한 높이에서 생긴다.

◆ 해설 ◆ sporadic E층은 6~8월 중에 야간보다 주간에 자주 나타난다.

4. 자유공간에 수평으로 놓인 반파 다이폴 안테나의 중앙 급전점의 전류가 10A 이다. 안테나와 직각인 방향으로 10km 떨어진 점의 전계강도는 약 얼마인가?

가. 43[mV/m] 나. 47[mV/m]

다. 60[mV/m] 라. 84[mV/m]

◆ 해설 ◆

$$E = \frac{60I}{d} = \frac{60(10)}{10 \times 10^3} = 60 \text{ [mV/m]}$$

5. 임피던스가 50Ω인 급전선의 입력전력 및 반사전력이 각각 50W 및 8W 일 때의 전압 정재파비는 약 얼마인가?

해답 1. 가 2. 가 3. 가 4. 다

가. 6.25　　나. 2.33
다. 0.43　　라. 0.16

◆ 해 설 ◆

반사계수 $m = V_r / V_i$ 이므로

$$\frac{P_r}{P_i} = \frac{V_r^2 / R}{V_i^2 / R} = \frac{V_r^2}{V_i^2} = m^2$$

따라서 $m^2 = 50/8 = 6.25$ 이므로

$m = 2.5$ 이다.

$$\text{VSWR} = \left|\frac{1+m}{1-m}\right| = \left|\frac{1+2.5}{1-2.5}\right| = 2.33$$

6. 정관 안테나에서 정관(top loading)의 역할에 해당되지 않는 것은?

가. 실효 길이를 증가시킨다.
나. 대지와의 정전용량을 증가시킨다.
다. 고유주파수를 증가시킨다.
라. 고각도 복사를 억제시킨다.

◆ 해 설 ◆ 고유 파장이 증대된다.(고유주파수는 저하된다.)

7. 장 · 중파용 안테나의 일반적인 특징 중 옳지 않은 것은?

가. 설치비가 저렴하고, 광대역성이다.
나. 안테나의 이득이 낮다.
다. 고유파장의 안테나를 얻기 어렵다.
라. 주로 수직편파에 의한 지표파를 이용하므로 접지가 필요하다.

8. 안테나의 급전선(도파관)에 스터브(stub)를 사용하는 이유로 가장 타당한 것은?

가. 반사전력을 증폭시키기 위하여
나. 안테나의 지향성을 높이기 위하여
다. 임피던스를 정합시키기 위하여
라. 대역폭을 증가시키기 위하여

◆ 해 설 ◆ 스터브의 길이를 조정하여 정합을 취한다.

9. 다음 중 집파다이폴(collector)을 여러 개 설치하여 전파를 모으고 그 기전력을 급전선에 결합시키는 원리를 사용한 단파대의 수신용 안테나는?

가. 어골형 안테나　　나. 롬빅(rhombic) 안테나
다. 슬리브(sleev) 안테나　　라. 벤트(bent) 안테나

10. 라디오 덕트(radio duct)에 대한 설명으로 가장 적합한 것은?

가. 라디오 덕트 발생원인 중 하나는 주간 냉각에 의한 라디오 덕트이다.
나. 대양성 덕트는 육상의 건조한 대기가 해상으로 흘러들어가면서 일어난다.
다. 라디오 덕트 내에서는 도파관과 같이 차단주파수 이상의 전파만 통과시킨다.

해답　5. 나　6. 다　7. 가　8. 다　9. 가

라. 침강에 의한 덕트는 표준형 덕트를 발생시킨다.

◆ 해 설 ◆ 야간 냉각에 의한 덕트이다.

11. SHF대의 전파방식과 관계 적은 것은?

가. 직접파 나. 라디오 덕트

다. 대류권 산란파 라. 전리층(F2층) 반사파

◆ 해 설 ◆ 전리층 반사파는 HF대 전파방식이다.

12. 대기의 작은 기단군(氣團群), 난류 등에 의한 원인으로 초가시거리 전파에서 가장 심하게 수반하는 페이딩은?

가. 감쇠형 나. K형

다. 신틸레이션형 라. 산란파형

13. 반파장 다이폴 안테나의 실효면적은?

가. $0.02\lambda^2$ 나. $0.13\lambda^2$

다. $0.44\lambda^2$ 라. $0.95\lambda^2$

◆ 해 설 ◆ 반파장 다이폴의 실효고는 λ/π이고 실효면적은 $0.13\lambda^2$ 이다.

14. 매질의 비유전율이 9이고, 비투자율이 1일 때 전파속도는 얼마인가?

가. $\frac{1}{9}\times10^8$ [m/sec] 나. $\frac{1}{3}\times10^8$ [m/sec]

다. 1×10^8 [m/sec] 라. 3×10^8 [m/sec]

◆ 해 설 ◆

$$v=\frac{c}{\sqrt{\varepsilon_s\mu_s}}=\frac{3\times10^8}{\sqrt{9\times1}}=1\times10^8\ [\mathrm{m/sec}]$$

15. 다음 안테나 중 방향탐지기와 관련이 없는 것은?

가. Loop 다이폴 안테나 나. Adcock 안테나

다. Bellini-Tosi 안테나 라. Wave 안테나

◆ 해 설 ◆ 방향탐지용으로 애드콕 안테나, 루프 안테나 그리고 Bellini-Tosi 안테나등을 사용한다.

16. 다음 중 건조지, 바위산, 건물의 옥상 등에 사용되는 접지방식으로 가장 적합한 것은?

가. 심굴식접지 나. 방사상접지

다. 다중접지 라. 카운터포이즈

◆ 해 설 ◆ 카운터 포이즈는 대지의 도전율이 나쁜 곳에 적용되는 용량 접지 방식이다.

17. 급전선이 갖추어야 할 필요조건이 아닌 것은?

가. 외부로 전파 복사가 잘 되어야 한다.

나. 유도 방해를 주거나 받지 않아야 한다.

다. 전송 효율이 좋아야 한다.

해답 10. 다 11. 라 12. 라 13. 나 14. 다 15. 라 16. 라

라. 임피던스 정합이 용이해야 한다.

◆ 해 설 ◆ 급전선은 전송효율이 좋고 급전선의 파동임피던스가 적당해야 한다.

18. TE_{10} mode인 구형 도파관의 특성임피던스는 약 몇 Ω인가?
(단, 주파수는 10GHz, 긴 변의 길이는 3cm 이다.)

가. 377　　　　나. 435

다. 502　　　　라. 626

19. 델린저 현상의 전반적인 특징으로 옳은 것은?

가. 15일 주기로 발생하고 전자밀도가 증가한다.

나. 저위도보다 고위도 지방이 심하다.

다. 소실현상이라고 한다.

라. 지속 시간은 2일에서 5일간 계속된다.

◆ 해 설 ◆ 델린저 현상은 돌발적으로 발생하여 수십분 정도 지속된다.

20. 파장에 따라 크기를 달리하고 단파대에서 마이크로파대까지 사용할 수 있는 광대역 안테나는?

가. 대수주기형 안테나

나. 빔 안테나

다. 롬빅 안테나

라. 어골형 안테나

◆ 해 설 ◆ 대수주기형은 주로 초단파 대역에서 사용한다.

해답 17. 가 18. 나 19. 다 20. 가

15 안테나(개론)공학 기출문제 연습

1. 빛의 속도를 C[m/s]라 할 때 자유공간(진공)의 유전율[F/m]은?
(단, $\mu_0 = 4\pi \times 10^{-7}$)

가. $\dfrac{10^7}{4\pi C}$　　나. $\dfrac{10^{-7}}{4\pi C}$

다. $\dfrac{10^7}{4\pi C^2}$　　라. $\dfrac{10^{-7}}{4\pi C^2}$

◆ 해 설 ◆

$$\varepsilon_o = \frac{1}{120\pi C} = \frac{10^7}{4\pi C^2} = \frac{10^{-9}}{36\pi}$$
$$= 8.854 \times 10^{-12}\ [F/m]$$

2. 그림과 같은 반파장 폴디드(folded) 다이폴 안테나에서 A, B점에 접속할 급전선의 특성 임피던스는 몇 Ω이 가장 적합한가?(단, 소자수는 3개이다.)

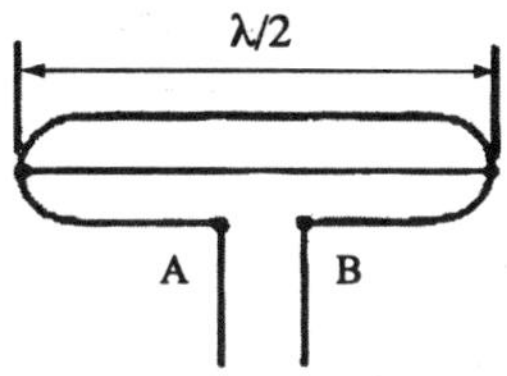

가. 73　　나. 146

다. 219　　라. 657

◆ 해 설 ◆

$R_f = n^2R = 3^2 \times 73.13 \simeq 657\Omega$

3. 급전선의 반사계수를 나타내는 식 중 옳은 것은?(단, Z_o :특성임피던스, Z :수단의 부하임피던스)

가. $\dfrac{Z - Z_o}{Z + Z_o}$　　나. $\dfrac{Z + Z_o}{Z - Z_o}$

다. $\dfrac{2Z_o}{Z + Z_o}$　　라. $\dfrac{2Z_o}{Z - Z_o}$

◆ 해 설 ◆　반사계수(m)는 반사전압과 입사전압의 비이다.

$$m = \frac{\text{부하임피던스} - \text{특성임피던스}}{\text{부하임피던스} + \text{특성임피던스}}$$

해답　1. 다　2. 라　3. 가

4. 동축 급전선의 특성 임피던스는?(단, D :외부 도체의 직경, d :내부 도체의 직경)

가. $Z_o = \frac{138}{\sqrt{\varepsilon_s}} \log_{10} \frac{D}{d}$ [Ω]　　나. $Z_o = \frac{238}{\sqrt{\varepsilon_s}} \log_{10} \frac{D}{d}$ [Ω]

다. $Z_o = \frac{276}{\sqrt{\varepsilon_s}} \log_{10} \frac{D}{d}$ [Ω]　　라. $Z_o = \frac{376}{\sqrt{\varepsilon_s}} \log_{10} \frac{D}{d}$ [Ω]

◆ 해 설 ◆

$$Z_o = \sqrt{\frac{L}{C}} = \frac{138}{\sqrt{\varepsilon_s}} \log_{10} \frac{D}{d} \text{ [Ω]}$$

5. λ/4 수직접지 안테나의 수직면내 지향 특성은?

가. 　　나. 

다. 　　라. 

◆ 해 설 ◆ 　수직면내 지향성은 쌍반원형이고, 수평면내 지향성은 무지향성이다.

6. 자유공간에 있는 길이 2m의 미소 다이폴 안테나에서 주파수 3MHz의 전파를 공급할 경우 최대복사 방향에서의 복사저항은 약 몇 Ω인가?

가. 0.316　　나. 0.632

다. 3.16　　라. 6.32

◆ 해 설 ◆

$$\lambda = c / f = 3 \times 10^8 / 3 \times 10^6 = 100 \text{ [m]}$$

$$R_r = 80\pi^2 (\frac{l}{\lambda})^2 = 80\pi^2 (\frac{2}{100})^2 \fallingdotseq 0.316 \text{ [Ω]}$$

7. 복사저항이 36Ω, 접지저항이 14Ω인 안테나에 1kW의 전력이 공급되고 있을 때, 복사전력은 몇 W 인가?(단, 여기서 다른 손실은 무시한다.)

가. 350　　나. 390

다. 720　　라. 2570

◆ 해 설 ◆

$$\eta = \frac{P_r}{P_i} = \frac{I^2 R_r}{I^2 (R_r + R_l)} = \frac{R_r}{R_r + R_l} = \frac{36}{36 + 14} = 0.72$$

$$\therefore \ P_r = \eta P_i = 0.72 \times 1000 \text{ [W]} = 720 \text{ [W]}$$

8. 복사전력 P[W]인 λ/4 수직접지 안테나에서 최대 복사방향으로 d[m]만큼 떨어진 점의 전계의 세기는 몇 V/m 인가?

가. $\frac{7\sqrt{P}}{d}$　　나. $\frac{9.9\sqrt{P}}{d}$

해답　4. 가　5. 가　6. 가　7. 다

다. $\frac{222\sqrt{P}}{d}$　　라. $\frac{313\sqrt{P}}{d}$

◆ 해설 ◆ λ/4 수직접지 안테나의 전계강도

$$E = \frac{120\pi I_o h_e}{\lambda d} = \frac{9.9\sqrt{P}}{d}\ [V/m]$$

9. 파라볼라 안테나(parabola antenna)의 이득 G는?
(단, η는 개구효율, A는 기하학적 개구면적)

가. $2\pi\frac{A}{\lambda}$　　나. $\eta 4\pi\lambda A$

다. $\eta\frac{4A}{\pi}$　　라. $\eta\frac{4\pi A}{\lambda^2}$

◆ 해설 ◆

$$G = \frac{4\pi}{\lambda^2}A_e = \frac{4\pi}{\lambda^2}\eta A$$

Ae : 실효(유효) 개구면적,

A : 개구면적

10. 단방향 지향성 안테나가 아닌 것은?

가. 엔드파이어 헤리컬 안테나(Endfire Helical Antenna)
나. 파라볼라 안테나(Parabola Antenna)
다. 코너 리플렉터 안테나(Corner reflector Antenna)
라. 루프 안테나(Loop Antenna)

◆ 해설 ◆ 루프안테나는 수평면내 8자 지향성이다.

11. 마이크로웨이브(micro wave) 통신의 특징이 아닌 것은?

가. 사용주파수의 범위가 넓어 광대역이 가능하다.
나. PTP(point to point) 통신이 가능하다.
다. 중계 없이 원거리 통신이 가능하다.
라. 외부 잡음의 영향이 적다.

12. 두개 이상의 안테나를 서로 떨어진 곳에 설치하고 두 출력을 합성하여 페이딩을 방지하는 방식은?

가. 주파수 다이버시티
나. 공간 다이버시티
다. 편파 다이버시티
라. 변조 다이버시티

◆ 해설 ◆ 공간다이버시티는 2개 이상의 안테나를 공간적으로 서로 띄어서 설치한 후 이들 출력을 합성하여 페이딩을 경감시킨다.

해답 8. 나　9. 라　10. 라　11. 다　12. 나

13. 공전잡음을 경감시키는 방법 중 틀린 것은?

가. 지향성 안테나를 사용한다.
나. 수신기의 수신대역폭을 좁히고 선택도를 높인다.
다. 송신출력을 감소시켜 수신점의 S/N 비를 작게 한다.
라. 수신기의 적절한 잡음억제회로를 넣는다.

◆ 해 설 ◆ 공전 경감을 위해서는 지향성 공중선을 사용하고 비접지 공중선을 사용하며 수신기의 선택도를 좋게 해야 한다. 또 수신기에 잡음억압회로나 리미터 등을 사용한다.

14. 어느 송 · 수신소 사이의 MUF(maximum usable frequency)가 10MHz 일 때 FOT(frequency of optimum transmission)는 얼마인가?

가. 5MHz　　나. 6.5MHz
다. 7.5MHz　　라. 8.5MHz

◆ 해 설 ◆

FOT = MUF × 0.85 = 10MHz × 0.85 = 8.5MHz

15. 다음 중 전리층 반사파를 적게 하고 양청구역을 넓히기 위하여 만든 중파방송용 안테나는?

가. 원정관 안테나　　나. 루프 안테나
다. 웨이브 안테나　　라. 애드콕 안테나

◆ 해 설 ◆ 원정관(toploading) 안테나를 사용하여 중파방송에서 고각도 방사를 억제시키고 근거리 페이딩을 방지시킨다.

16. 롬빅(rhombic) 안테나에 대한 설명으로 틀린 것은?

가. 진행파 안테나로서 광대역이다.
나. 설치장소가 협소하고, 수직편파용 안테나이다.
다. 단방향성으로 상대이득은 대략 10 ~ 13[dB] 정도이다.
라. 부엽이 비교적 많고, 효율이 나쁘다.

◆ 해 설 ◆ 롬빅안테나는 넓은 장소를 필요로 하며 수평편파 안테나이다.

17. Bellini-Tosi 안테나에 대한 설명 중 틀린 것은?

가. loop 안테나 2개를 직각으로 배치하고 여기에 goniometer를 연결한 것이다.
나. 자동 방향탐지기(ADF)에 사용한다.
다. 수색코일(search coil)에 사용한다.
라. 단일방향의 결정을 위한 수직 안테나는 필요 없다.

◆ 해 설 ◆ Bellini-tosi 안테나는 두개의 루프안테나를 직각으로 교차시킨것에 고니오메터를 연결한 것이다.

18. 라디오 덕트(radio duct)의 발생 원인에 해당하지 않는 것은?

가. 주간 냉각에 의한 라디오 덕트
나. 전선에 의한 라디오 덕트

해답 13. 다 14. 라 15. 가 16. 나 17. 라

다. 이류에 의한 라디오 덕트
라. 침강에 의한 라디오 덕트
◆ 해설 ◆ 야간 냉각에 의한 라디오 덕트이다.

19. 급전선에서 정재파비가 1인 경우는?
가. 반사계수의 값이 1이다.
나. 급전선의 고유 임피던스가 1Ω이다.
다. 급전선의 고유 임피던스와 부하 임피던스가 같다.
라. 급전선의 표피효과를 무시할 수 있을 때이다.
◆ 해설 ◆ S=1이면 반사파가 없고 진행파만 존재한다. 즉, 반사계수는 0이다. 부하와 급전선이 완전히 정합되어 있다는 의미이다.

20. 반파장 소자를 종횡으로 일정하게 배열하여 각 소자에 동위상 전류를 공급하면 한쪽 방향으로 지향성이 강해지는 안테나는?
가. V형 안테나 나. 롬빅 안테나
다. 빔 안테나 라. 제펠린 안테나

해답 18. 가 19. 다 20. 다

Memo...

SHJ 도서출판 신화전산기획
SHIN-HWA JUNSAN KIHOEK

안테나공학

인쇄 2018년 3월 15일
발행 2018년 3월 20일

저 자 이 성 렬
발행인 임 영 철
발행처 도서출판 신화전산기획
주소 / 서울특별시 성동구 마조로 3나길 28
전화 / (02) 833-5145~6
팩스 / (02) 848-2498
등록 / 301-2010-034
홈페이지 / www.shj.co.kr

값 18,000원 ISBN 978-89-5534-074-7